전 생애
인간성장발달

전 생애 인간성장발달

초판 발행 2023년 2월 24일
초판 2쇄 발행 2025년 1월 25일

지은이 김태임, 김희순, 신영희, 심미경, 박인희, 유하나, 정선경, 하영옥
펴낸이 류원식
펴낸곳 교문사

편집팀장 성혜진 | **디자인** 신나리 | **본문편집** 홍익 m&b

주소 10881, 경기도 파주시 문발로 116
대표전화 031-955-6111 | **팩스** 031-955-0955
홈페이지 www.gyomoon.com | **이메일** genie@gyomoon.com
등록번호 1968.10.28. 제406-2006-000035호

ISBN 978-89-363-2449-0(93590)
정가 29,000원

HUMAN GROWTH AND DEVELOPMENT

전 생애
인간성장발달

김태임 · 김희순 · 신영희 · 심미경 · 박인희 · 유하나 · 정선경 · 하영옥 지음

교문사

인간성장발달은 수정에서 죽음에 이르는 인간의 전 생애 동안 나타나는 신체, 인지, 심리사회, 도덕발달 등 다양한 측면의 변화와 관련 현상을 다루는 교과목입니다. 학생들에게 인간의 발달과정 전반에 대한 지식과 방향을 안내해 줌으로써 인간발달에 대한 총체적 조망과, 다가올 미래를 사전에 예측하고 이를 준비할 수 있는 기초를 제공하는 데 그 목적이 있습니다.

이번에 발간된 「전 생애 인간성장발달」은 저자들의 강의 경험을 토대로 인간 성장발달에 대한 이해의 수준에서 한 걸음 더 나아가 이를 실생활과 연결함으로써 인간의 성장발달 현상에 대한 총체적 이해를 돕고, 양질의 삶을 안내하기 위한 목적으로 집필하였습니다. 특히 고령화 시대를 맞이하여 죽음과 임종의 문제를 포함하여 이에 대한 이해와 사전 준비를 할 수 있도록 안내하였습니다.

1장에서는 인간의 성장발달에 대한 전반적인 이해를 돕는데 필요한 내용으로 구성하였고, 2장에서는 인간발달 현상을 이해하는데 근거가 되는 주요 발달이론을 소개하였습니다. 3~13장에서는 수정에서 사망에 이르는 인간의 각 발달단계에서 일어나는 발달 특성과 변화, 발달단계별 성장발달 증진 방법과 관련 이슈들을 포함하여 구성하였습니다. 아울러 각 단원 마무리마다 「마무리 학습」을 추가하여 발달단계별 주요 주제나 이슈들을 성찰해 보는 시간을 갖고 심도 있는 학습활동이 이루어질 수 있도록 하였습니다.

이 책이 인간을 대상으로 하는 학문 분야 학생들에게 유용한 교재와 참고서가 되기를 기대합니다. 아울러 복잡한 현대 사회를 살고 있는 일반인들에게도 현재를 점검하고, 미래를 준비할 수 있는 안내서로서 널리 활용되고 사랑받기를 기대해 봅니다.

끝으로 집필 작업을 진행하면서 함께 고민하고 토론하며 뜻을 같이해 주신 교수님들, 이 책이 출간되기까지 최선을 다하여 격려와 지원을 보내주신 교문사 류원식 대표님과 편집부 직원 여러분께 깊은 감사를 드립니다. 이후 이 책이 더욱 알찬 내용으로 성장할 수 있도록 여러분의 지속적인 격려와 충고를 부탁드리며, 지속적인 수정과 보완을 통해 책의 완성도를 높이기 위해 노력하겠습니다.

2023년 2월
저자 일동

인간발달의 기초

학습 목표

1. 인간발달의 견해에 대해 설명할 수 있다.

2. 인간발달의 구성 영역에 대해 설명할 수 있다.

3. 인간발달의 개념적 특성에 대해 설명할 수 있다.

4. 인간발달의 원리를 이해하고 이를 설명할 수 있다.

5. 인간발달의 단계와 단계별 특성에 대해 설명할 수 있다.

6. 인간발달의 쟁점을 이해하고 설명할 수 있다.

CHAPTER 1

인간발달의 기초

1. 인간발달의 개념

인간발달은 수정에서 죽음에 이르는 동안 성장과 성숙 및 학습의 상호작용에 의해 이루어지는 양적·질적 변화의 과정이다. 여기에서 성장growth이란 신장, 체중, 기관의 무게 등이 양적으로 증가하거나 구조와 기능이 복잡해지는 것으로, 환경조건이나 학습에 크게 좌우되지 않는 특성이 있다. 성숙maturation이란 유전적 요인에 근거하여 구성요소나 기술이 최적의 발달 수준을 성취하기 위해 조절해 나아가는 과정을 의미하며, 학습learning이란 훈련, 연습과 같은 외부 자극에 의해 이루어지는 후천적인 변화 과정을 의미한다.

1) 인간발달의 견해

20세기 중반까지 인간발달은 청년기까지만 진행된다는 전통적 관점traditional perspective이 지배적이었다. 즉, 인간발달에 대한 전통적 견해는 출생~청년기까지 발달을 전제로 한 변화가 급격히 진행되며, 성인기에는 안정되고 노년기에는 쇠퇴하는 것으로 보았다.

그러나 1970년대에 이르러 과학과 의학의 발달, 영양 및 위생상태의 개선으

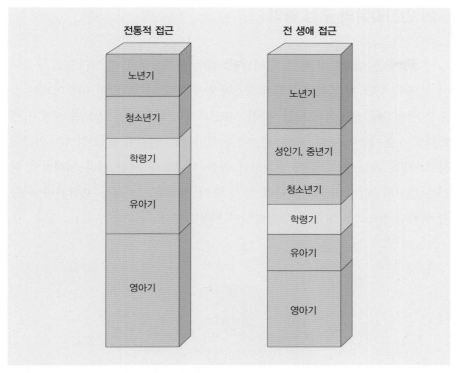

그림 **1-1** **발달의 관점**: 전통적 접근과 전 생애 접근

로 인간의 평균수명이 연장되었고, 인구집단에서 성인과 노년 인구가 차지하는 비율이 상대적으로 증가함에 따라 자연히 이들은 인간발달의 주요 관심과 연구의 대상이 되었다. 더욱이 노년 인구집단은 인간발달에 대한 전통적 접근의 견해와는 달리, 여전히 건강하고 적극적인 삶을 영위하게 됨에 따라 인간발달은 전 생애에 걸쳐 이루어진다는 전 생애적 관점life-span perspective을 받아들이게 되었다.

오늘날 인간발달은 수정에서부터 사망에 이르기까지 전 생애에 걸쳐 진행된다는 전 생애적 관점을 전제로 하고 있다. 이는 인간발달이 시간의 경과에 따른 양적·질적 변화 과정으로, 각각의 발달단계는 이전 발달단계의 영향을 받고, 동시에 앞으로 다가올 발달단계에 영향을 미친다는 의미를 내포하고 있다. 따라서 인간발달의 전 과정에서 각 발달단계가 차지하는 비중은 매우 크며, 어느 단계도 결코 간과해서는 안 됨을 의미한다(그림 1-1).

2) 인간발달의 구성 영역

인간발달은 생물학적 발달, 인지발달, 심리·사회발달의 세 영역으로 구성되어 있으며, 이들 세 영역의 복합적 상호작용에 의해 인간발달이 이루어지는 것으로 설명한다. 생물학적 발달 영역은 유전과 환경의 영향을 받으며 신체가 변화하고 운동기능이 변화·발달하는 것을 의미하고, 인지적 발달 영역은 인간의 사고, 기억, 지능, 언어 등이 변화되는 것을 의미한다. 또한 심리·사회발달 영역은 인간의 정서, 대인관계, 성격, 동기 등이 변화하는 과정을 포함하며, 이들 각 영역의 상호작용을 통해 인간발달이 이루어진다(그림 1-2).

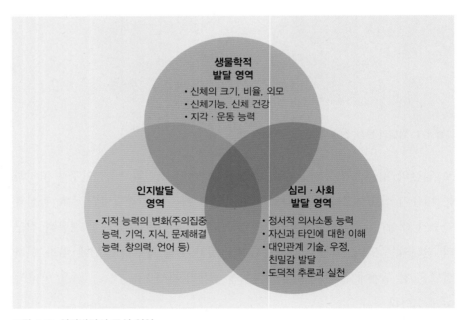

그림 **1-2** 인간발달의 구성 영역

3) 인간발달의 개념적 특성

발달은 인간의 전 생애에 걸쳐 일어나는 지속적인 변화 과정이다. 이러한 변화 과정은 계획된 순서에 의해 체계적으로 일어나기 때문에 예측이 가능하고 연속적인 과정을 밟지만, 각각의 발달 속도는 일정하지 않으며 개인차가 존재하는 것으로 알려져 있다.

오늘날 널리 받아들여지고 있는 인간발달의 개념적 특성을 요약하면 다음과 같다.

(1) 전 생애발달

전 생애발달lifelong이란 인간발달이 전 생애에 걸쳐 지속되는 것을 의미한다. 발달학자들은 편의상 발달단계를 구분하여 설명하고 있지만, 인간의 전 생애 과정에서 각 발달단계는 이후의 발달단계에 결정적 영향을 미치고, 각 발달단계는 상호 긴밀하게 연관되어 있으며, 때로는 서로 겹치기도 한다. 또한 발달단계는 사람들 대부분에서 유사한 패턴으로 진행되는 것처럼 보이지만, 전 생애에 걸쳐 인간이 경험하고 적응하는 것은 그 시기와 양상이 매우 다양하여 개인차가 현저하다.

(2) 다차원성, 다방향성

인간은 생물학적, 심리·사회적 영향을 복합적으로 받으며 항상 새로운 요구와 기회에 직면하고 이에 적응하면서 발달해 나아간다. 따라서 인간의 발달과정은 다양한 요인 간의 복합적 상호작용의 산물로서 다차원성multi-dimensional의 특성이 있다.

다방향성multi-directional이란 모든 인간발달이 정해진 경로로 진행되는 것이 아니며, 개인이 속한 상황의 영향을 받으며 연령이 증가함에 따라 각 개인은 서로 다른 발달 경로를 따라가면서 개인차가 발생하는 것을 의미한다. 즉, 인간발달은 수행 능력이 향상되는 것에 국한하지 않고, 발달단계마다 성장과 쇠퇴의 특성을 동시에 포함하며, 다방향적 성향을 보인다. 예를 들면, 학령기 아동이 언어와 음악 능력을 향상하기 위해 에너지를 투입한다면 아동이 갖고 있는 다른 잠재 능력을 발달하기 위한 에너지 투입은 소홀해질 것이며, 성인이 되어 교사라는 직업을 선택했다면 다른 직업을 선택하는 기회는 포기해야 하는 것 등을 통해 인간발달의 경로는 다방향적 속성이 있음을 알 수 있다.

인간의 초기 발달 과정은 주로 획득하는 것이 많고 후기 발달 과정은 잃는 것이 많은 것처럼 보이지만, 인간은 전 생애에 걸쳐 끊임없이 기능적 쇠퇴

그림 **1-3** 인간발달의 다방향성

신체

인지

사회
정서

영아기 　 발달 과정 　 성인기

를 보상하기 위해 노력하고, 현재 본인이 가진 기술을 향상하기 위해 새로운 기술을 발전시켜 나아간다는 것을 알 수 있다. 이는 노화와 더불어 노인의 인지기능은 쇠퇴하지만, 지혜의 폭과 깊이가 증가하는 것을 통해서도 설명할 수 있다.

(3) 가소성

가소성plasticity은 일명 유연성이라고도 하며, 학습이나 환경적 조건에 의해 변화할 수 있는 개체의 역량을 의미한다. 전 생애발달의 관점을 지지하는 학자들은 인간은 발달단계마다 가소성이 있음을 제시하고 있다. 즉, 미숙아에게 해로운 빛의 차단, 소음 제거 등과 같은 발달지지 환경을 제공해 주었을 때 체중이 증가한 사례나, 시설 거주 영아들에게 통합 감각자극을 제공해 주었을 때 성장발달 상태가 개선된 사례, 노년기에도 기술이나 능력이 감퇴하지만 특별한 훈련을 통해 기술이나 능력이 향상된 사례 등은 인간의 발달 과정에 있어 가소성이 있음을 입증하는 증거라고 할 수 있다. 또한 가소성은 회복의 개념에서도 그 예를 찾아볼 수 있다. 회복resilience이란 '발달을 저해하는 환경에서 효율적으로 적응할 수 있는 개인의 능력'을 의미하는데, 일반적으로 적응력이 높거나 타인과 친밀한 관계를 유지하고 있는 경우, 사회적 지지 및 지역사회의 적극적 개입(방과 후 활동, 집단 활동, 종교 활동 등) 등을 통해 회복력을 증가시킬 수 있다.

(4) 규범적 · 비규범적 환경의 영향

인간은 그가 속해 있는 환경의 영향을 받으며 발달해 나아가기 때문에 그 변화과정은 개인에 따라 매우 다양하다. 일반적으로 인간의 발달에 영향을 미치는 요소는 크게 규범적 환경과 비규범적 환경으로 구분한다.

① 규범적 환경

규범적 환경이란 다수의 인간집단에서 유사하게 관찰할 수 있는 보편적이고 전형적인 환경을 의미한다. 규범적 환경에는 연령, 사회적 제도나 관습 및 역사적 상황에 따른 영향을 들 수 있다. 1세를 전후하여 걸음마를 시작하게 되고, 12~14세 사이에 사춘기가 시작되며, 40대 후반에서 50대 초반의 여성이 폐경을 맞이하게 되는 것 등은 생물학적 특성의 영향을 받으며 나타나는 연령별 특성이다. 6~7세가 되면 초등학교에 입학하고, 18세경에 대학에 입학하게 되는 것 등과 같은 사회적 제도나 관습 역시 인간의 발달 과정에 많은 영향을 미치는 요소이다. 특히 연령에 따른 인간의 발달은 아동기와 청소년기에는 매우 예측력이 높은데, 이는 아동기와 청소년기에는 생물학적 변화가 급격히 진행되는 시기이고, 개인이 속해 있는 사회의 문화는 연령에 따라 습득해야 할 다양한 경험을 부과함으로써 그들이 속해 있는 사회의 일원이 되기 위해 필요한 새로운 기술을 습득하도록 도와주기 때문이다.

역사적 상황 역시 인간발달에 많은 영향을 미치는 것으로 알려져 왔다. 이는 같은 시대에 태어난 사람들은 다른 시대에 태어난 사람들과 구분되는 삶을 경험하고, 그가 속해 있는 시대적 상황의 영향을 받으며 발달해 나아가는 것을 의미한다. 오늘날 정보의 혁명으로 컴퓨터와 인터넷이 보급됨에 따라 과거와는 다른 '스마트폰 중독'이라는 신종 용어가 생겨났고, 성장기 어린이들이 음란 매체에 무방비 상태로 노출됨에 따라 심각한 사회문제가 되고 있다. 또

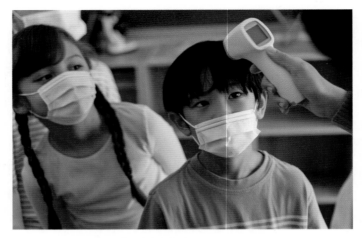

그림 **1-4** 코로나19로 인한 일상의 변화

한 과거에는 주로 성인에게서만 볼 수 있었던 비만, 당뇨와 같은 만성질환들이
아동기에 발병하는 현상이 나타나고 있으며, 코로나19의 확산은 전 세계 사람
들의 일상생활 전반을 완전히 변화시키기도 했다. 이를 고려해 볼 때 사회적·
역사적 상황이 인간발달에 미치는 영향은 실로 매우 큰 것을 알 수 있다.

② 비규범적 환경

비규범적 환경이란 한 사람 또는 소수의 인간에게 영향을 미치는 매우 불
규칙적이고 예측이 불가능한 상황을 의미한다. 인간은 비규범적 환경의 영향
을 받으며 보다 다중지향적인 방향으로 발전해 나갈 수 있다. 전 생애 접근을

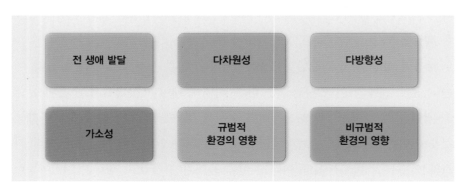

그림 **1-5** 인간발달의 개념적 특성

지지하는 학자들은 성인기 발달 과정은 아동기에 비해 연령에 따른 영향보다는 비규범적 환경의 영향을 보다 많이 받음을 강조하였다. 즉, 인간의 발달과정은 일직선이 아닌, 마치 나무의 줄기가 뻗어나가듯 무수히 많은 잠재력과 가능성을 갖고서 다양한 방향으로 발달해 나가는 것을 알 수 있다.

4) 인간발달의 원리

인간의 성장과 발달은 그 과정과 형태를 특징짓는 일련의 보편적 원리가 존재하는데, 이 원리들은 일정한 순서와 방향에 따라 이루어지기 때문에 예측이 가능하다. 비록 성격이나 운동발달 및 발달 시기 등에 있어 개인차가 존재하기는 하지만 연령이나 발달단계 및 발달의 원리나 특성은 보편적 양상을 갖는다. 인간발달에 보편적으로 적용되는 원리를 살펴보면 다음과 같다.

(1) 방향성

인간발달이 일정한 순서와 방향으로 진행되는 것을 방향성이라고 한다. 발달에 이처럼 일정한 순서와 방향이 있다는 것은 이전 발달단계가 다음 발달단계의 기초가 된다는 것을 의미하며, 다음 단계로 이행한다는 것은 낮은 차원에서 더욱 높은 차원으로 발달이 이루어짐을 의미한다. 발달의 방향에 적용되는 원칙에는 두미의 법칙, 근처-원처의 법칙, 전체-특수의 법칙 단순-복잡의 법칙 등이 있다.

① 두미의 법칙

두미의 법칙cephalocaudle principle이란 발달이 머리에서 다리와 발의 방향으로 진행되는 것을 의미한다. 예를 들면, 영아가 머리와 얼굴의 움직임을 조절함으로써 목을 가누고, 그 후 팔을 이용하여 가슴을 들어 올리게 되며, 6~12개월 사이에 다리 조절을 시작하여 기기, 서기, 걷기 등이 가능해지는 일련의 과정을 통해 두미의 법칙에 의해 발달이 진행되는 것을 볼 수 있다. 즉, 상지의 조절은 하지의 조절보다 먼저 발생한다.

② 근처-원처의 법칙

근처-원처의 법칙proximo-distal principle이란 발달의 방향이 신체의 중심부에서 시작되어 말초 쪽으로 진행되는 것을 의미하며, 이는 뇌와 척수의 발달이 선행된 후 신체 말초 부위의 발달이 진행된다는 의미이다. 즉, 아동의 팔과 다리가 발달한 후 손과 발 그리고 손가락, 발가락의 순으로 발달이 진행되어 미세 운동발달이 이루어지는 과정으로 그 예를 들 수 있다.

③ 전체-특수의 법칙

전체-특수의 법칙general to specific principle이란 발달이 전체적·일반적인 활동에서 정교하고 세분화된 활동으로 진행되는 것을 의미한다. 예를 들면, 영아가 어떤 물건을 잡으려 할 때 처음에는 팔과 손바닥을 이용하여 잡다가 차차 손목과 손가락을 이용하여 잡게 되고, 걸음걸이도 처음에는 몸 전체를 이용하는 부자연스러운 움직임을 보이지만 차츰 걸음걸이에 필요한 근육과 팔다리를 사용하게 되는 것을 통해 설명할 수 있다. 즉, 성장과 발달이 대근육 운동발달에서 시작하여 매우 정교한 소근육 운동발달로 진행되는 것을 의미한다.

④ 단순-복잡의 원리

단순-복잡의 원리는 아동이 문제를 해결하고 사고하는 과정에서 인지와 언어기술을 사용하는데, 아동의 인지와 언어발달 과정이 단순simple thought하고 구체적인 사고concrete thought에서 복잡complex thought하고 추상적인 사고formal operational thought로 진행되는 것을 의미한다.

아동이 사물과 사물의 유사점과 차이점을 인식하는 과정을 살펴보면, 아동은 초기 단계에서 사물의 특징적 속성만을 고려하여 이들을 인식하기 시작하며, 점차 인지발달이 진행됨에 따라 사물의 속성이 다양하다는 것을 이해하게 되고, 나아가 사물과 사물의 복합적 관계를 인식할 수 있게 된다. 아동이 사과와 오렌지의 유사점과 차이점을 인식해 가는 과정을 살펴보면, 초기 단계에서 아동은 '사과는 빨갛고, 오렌지는 주황색이다.'(색깔), '사과와 오렌지는 둥글다.'(형태), '사과와 오렌지는 먹는 것이다.'(기능) 등과 같이 사과와 오렌지의 색깔, 형태, 기능과 같은 특징적인 면에 대한 인식을 통해 이들을 이해하기 시

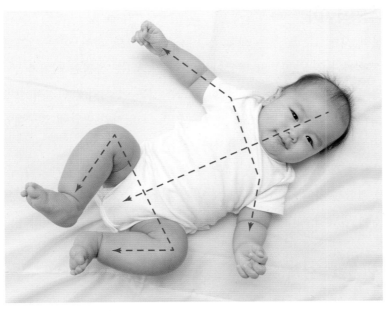

그림 **1-6** 발달의 방향

작한다. 아동은 인지발달이 진행됨에 따라 점차 사물의 다양한 속성이나 기능을 고려하기 시작하며, 나아가 '사과와 오렌지는 과일이다.'와 같은 매우 높은 수준의 복합적인 인식이 가능해진다. 또한 언어발달의 경우, 단순한 울음으로부터 옹알이, 단어를 사용한 간단한 언어에서 문장 사용을 통해 복합적인 언어를 구사하게 되는 과정을 통해서도 발달은 단순한 상태에서 복합적인 상태로 진행됨을 알 수 있다.

(2) 개인차

발달에는 개인차가 존재하는데, 이는 연령이 같은 경우에도 신체 성장 속도, 지적 능력이나 문제해결 능력 등이 개인에 따라 현저한 차이가 있음을 의미한다. 일반적으로 걷기, 말하기, 배변 훈련하기 그리고 이차 성징이 발달하는 시기는 그 평균 연령을 제시할 수 있지만, 모든 특성이 평균치와 정확히 일치하지 않는 아동들도 있다. 즉, 각 개인은 인간발달 이정표의 범위 내에서 자기의 개인적 시간표에 따라 발달해 가고 있음을 알 수 있다.

(3) 결정적 시기

결정적 시기critical period는 최적기optimal period라고도 하며, 이는 인간의 특정 신체 기관이나 정신 기능의 발달이 급격히 진행되는 특정한 시기가 존재한다는 것을 의미한다. 이 개념에서 특히 중요한 것은 이 시기에 환경적 장애에 의해 정상적인 발달이 제대로 진행되지 않으면, 그 영역의 발달에 영구적인 결함이 지속될 가능성이 크다는 것을 시사한다.

인간발달 과정 중 태내 발달 과정에 문제가 발생하는 경우, 태아의 구조적·기능적 결함을 가져오며, 출생 후 초기 발달단계인 영유아기는 이후 모든 단계의 성장과 발달에 지대한 영향을 미치기 때문에 특히 중요한 시기이다.

5) 인간발달단계

인간발달단계를 구분하는 것은 학자의 견해에 따라 매우 다양하며, 연령을 기준으로 발달단계를 구분하는 것은 개인별 발달 속도나 발달환경이 같지 않기 때문에 한계가 있다. 그러나 각각의 발달단계는 이후 발달에 결정적인 영향을 미치기 때문에 그 어느 단계도 간과해서는 안 된다.

발달단계는 단계마다 그 시기에 완수해야 할 발달과업이 있으며, 시기별 요구와 기회는 대부분의 사람에서 유사하게 나타나는 경향이 있다. 그러나 전 인생을 통해 볼 때 사람들이 직면하는 발달과제나 이에 대한 적응 정도는 시기와 양상에 있어 현저한 개인차를 보인다.

인간발달단계 및 발달단계별 특성은 표 1-1에 요약하였다.

표 1-1 인간발달단계

발달단계	특성
태아기 (수정~출생)	• 어머니의 자궁 내에서 태아의 신체 조직이 형성되고 발달하는 시기
신생아 및 영아기 (출생~1세)	• 신체 발달이 극적으로 진행되는 시기 • 1차 양육자와 애착 및 신뢰감 형성
유아기 (1~3세)	• 운동 능력이 향상되고 언어가 발달하는 시기 • 대소변 가리기가 가능해지는 시기 • 자기 주장이 강해지는 시기
학령전기 (3~6세)	• 운동 능력이 정교해지고, 미세 운동이 발달하는 시기 • 도덕성과 또래 관계가 형성되는 시기
학령기 (6~12세)	• 공식적 교육이 시작되는 시기 • 운동 능력의 향상으로 다양한 게임이나 운동경기에 참여 • 또래 집단이 중요시되며, 우정이 발달하는 시기
청소년기 (12~20세)	• 급속한 신체 성장과 이차 성징이 발달하는 시기 • 형식적 조작적 사고의 발달 • 가족으로부터 독립, 개인적 가치 및 자아정체감 확립
성인기 (20~40세)	• 친밀감 획득, 결혼 및 자녀를 양육하는 시기 • 경력 개발과 생활양식을 선택하는 시기
중년기 (40~60세)	• 지위와 경제력이 최대가 되는 시기 • 자녀의 독립을 도와주고, 다가올 노화에 대비하는 시기
노년기 (60~사망)	• 은퇴로 인한 경제력 축소에 적응해야 하는 시기 • 건강과 신체기능이 저하되는 시기 • 배우자의 죽음을 경험하고 다가올 죽음을 준비하는 시기

*성인기~노인기의 구분은 학자 혹은 학문적 성격에 따라 달라질 수 있음

6) 인간발달의 쟁점

(1) 연속성과 비연속성

발달 이론가들은 인간의 발달 과정을 연속성과 비연속성의 두 가지 견해로 설명하고 있다. 인간발달의 연속성을 주장하는 학자들은 학습과 경험을 중시하는 발달 이론가들로서 이들은 발달을 점진적이고 연속적인 과정에서 일어나는 축적된 변화로 보고, 이 과정에서의 성숙을 강조하였다. 즉, 이들은 성숙을 미성숙 상태에서 양과 복잡성이 증가하는 일련의 과정으로 설명한다. 반면에, 인간발달의 비연속성을 주장하는 학자들은 주로 단계 이론가들로서, 인간은 발달단계마다 전혀 다른 방식으로 새롭게 해석하고 반응하며, 이와 같은 독립적이고 질적으로 서로 다른 단계들이 모여 발달이 이루어진다고 본다. 이들은 인간발달을 양적인 것보다는 각 발달단계에서의 사고, 감정, 행동에 있

(a) 발달의 연속성   (b) 발달의 비연속성

그림 **1-7** 인간발달에 대한 견해

어 독특한 질적 변화를 통해 진행되며, 점진적으로 진행되기보다는 마치 계단을 오르듯 다소 갑작스럽고 급진적인 질적 변화에 의해 이루어지는 것으로 설명하고 있다.

이와 같은 인간발달에 대한 연속성과 비연속성의 견해는 오랜 기간 논란이 있었으나 최근에는 이 두 가지 형태를 결합한 견해를 지지하는 학자들이 많다.

(2) 유전과 환경의 영향

유전과 환경이 인간발달에 미치는 영향에 대해서는 오랜 기간 논란의 대상이 되어 왔다. 일반적으로 인간발달이 유전에 의해 결정된다는 것을 지지하는 학자들은 수태 시 부모로부터 받은 유전적 정보에 근거하여 인간발달이 진행됨을 강조하고 있다. 반면에 환경과 경험의 중요성을 강조하는 학자들은 학습과 훈련 경험에 의해 발달이 이루어짐을 강조한다.

오늘날에는 인간발달을 개인과 환경 간 상호작용의 산물로서, 다양한 요인들의 복합적 상호작용에 의한 결과로 보는 학자들이 늘어나고 있다. 이들은 인간의 유전인자에는 발달을 결정해 주는 기본 프로그램이 들어 있어 유전적 요인은 표현형과 성장의 한계를 결정하며, 환경적 요인은 유전적 잠재력이 실현될 수 있는 범위와 정도를 제한한다고 가정한다. 이는 선천적 특성들이 잠재적 변화의 한계를 규정하고 있으며, 적절한 환경적 조건이 제공되어야만 잠재적 변화의 한계가 충분히 실현될 수 있음을 의미한다. 이와 같은 기본 가정은 비록 환경조건이 나쁜 경우라도 특정 수준 이상인 경우 발달 이상이 나타나지 않을 수 있으며, 아무리 좋은 환경조건이 제공되어도 특정 수준 이상의 발달을 성취할 수 없는 것을 통해 설명할 수 있다.

마무리 학습

1. 다음 용어를 설명하시오.

성장	
발달	
성숙	
학습	

2. 인간발달의 접근법 중 전 생애 접근과 전통적 접근을 비교하여 설명하시오.

3. 인간발달의 특성 중 [가소성]에 대해 예를 들고, 설명하시오.

4. 규범적, 비규범적 환경이 인간발달에 미치는 영향에 대해 예를 들어 설명하시오.

CHAPTER

2

인간발달이론

학습 목표

1. 정신분석이론을 설명할 수 있다.

2. 행동주의와 학습이론을 설명할 수 있다.

3. 인지발달이론을 설명할 수 있다.

4. 생태학적이론을 설명할 수 있다.

5. 도덕성발달이론을 설명할 수 있다.

6. 정서발달이론을 설명할 수 있다.

7. 언어발달이론을 설명할 수 있다.

CHAPTER 2

인간발달이론

이론은 어떤 현상을 설명하고 예측하는 데 도움이 되는 관련 있는 생각들로 이루어진 아이디어의 집합이다. 인간발달 영역에도 인간의 본성과 발달을 설명하고 예측하기 위해 서로 다른 입장을 취하는 다양한 이론들이 있다. 특정 현상을 설명하는 데 적합한 이론이 있고 또 다른 현상을 설명하는 데에는 또 다른 이론이 적합할 수 있다. 이론은 연구 결과를 해석하는 관점에 따라 달라질 수 있고 시간의 흐름에 따라, 사회변화에 따라 새로운 이론으로 대체되기도 한다.

인간발달을 설명하는 이론은 발달이 각각의 발달단계별로 구분되는 특성이 있다는 견해와 경험에 따라 누적된 변화로 발달을 바라보는 견해도 있다. 그러나 어느 이론도 인간의 모든 발달을 포괄적으로 설명하는 데는 한계가 있다. 따라서 각각의 이론의 특성과 한계를 파악함으로써 다양한 관점에서 인간발달에 대한 이해를 도모해야 할 것이다. 본 장에서는 인간발달을 이해하기 위해 대표적 이론인 정신분석이론, 학습이론, 인지발달이론, 생태학적이론, 도덕성발달이론, 정서발달이론, 언어발달이론에 대해 정리하였다. 이론을 학습하는 과정에서 우리는 다양한 관점에서 인간발달을 이해할 수 있을 것이다.

1. 정신분석이론

정신분석이론은 무의식의 관점에서 인간발달을 설명한다. 정신분석이론에서는 겉으로 드러나는 행동은 표면적 특성으로 행동의 상징적 의미를 분석하는 것이 중요하고 부모와의 초기 경험발달을 중요시한다. 이 이론에서는 인간이 생리적 욕구, 충동과 사회적 기대 간의 갈등을 경험하고 이를 해결해 가면서 다음 발달단계로 이동하는 과정으로 인간발달을 설명하고 있다.

대표적인 정신분석이론에는 정신분석의 창시자인 Freud의 심리·성적psycho-sexual 발달이론과 Erikson의 심리·사회적psychosocial 발달이론이 있다.

1) Freud의 심리 · 성적발달이론

정신과 의사인 Freud(1856~1939)는 환자 진료 중 자신의 문제를 이야기하는 환자의 말을 듣고, 조사하고, 분석하면서 그들의 문제가 어린 시절의 경험으로 인한 결과라는 것을 확신하였다. 아동기의 고통스러운 경험에 대해 자유롭게 이야기하는 과정에서 증상이 완화되는 것을 발견하고 이를 정신분석이론으로 발전시켰다. 프로이트는 히스테리 환자들이 그들의 소원이나 감정을 억압하고 있으며, 이 억압된 에너지에 의해 신체적 증상이 발현되는 것으로 보았다. 그는 억압된 에너지를 표출하도록 하는 정신분석 기법으로 자유연상, 꿈의 해석, 아동기 경험과 가족관계 분석 등을 개발하여 활용하였고, 나아가 심리·성적발달이론으로 발전시켰다. 심리·성적발달이론에서는 인간의 건강한 성격발달에 있어 아동의 성적·공격적 충동을 다루는 부모의 방법이 결정적 영향 요소임을 강조하고 있다.

그림 **2-1** Freud

프로이트는 정신 결정론, 무의식적 동기, 성적 에너지의 세 가지 기본 원칙을 적용하여 심리·성적발달이론을 제시하였다(표 2-1).

표 **2-1** Freud 이론의 기본 원칙

기본 원칙	설명
정신 결정론 psychic determinism	인간의 모든 정신적 활동은 그 이전의 활동이나 사건에 의해 결정된다는 것으로 현재의 행동은 반드시 과거에 그 원인이 있다.
무의식적 동기 unconscious motivation	인간의 행동은 무의식적 동기에 의해 유발된다.
성적 에너지 libido	인간의 본능적인 성적 에너지가 사고와 행동의 동기가 된다. 원초적 욕망인 배고픔, 성에 대한 욕망 등을 충족시키면서 긴장이 해소되고 이 과정이 성격발달의 기본이 된다고 보았다.

(1) 성격의 구조

Freud는 인간의 성격은 원 본능, 자아, 초자아로 구성되어 있으며, 이 요소들은 5단계의 발달단계를 거치는 과정에서 통합되는 것으로 설명하고 있다.

- 원 본능(id) 성격의 많은 부분을 차지하고 있는 영역으로 출생 시부터 존재하며, 기본적인 생물적 욕구와 욕망을 포함하고 있다. 원 본능은 비이성적, 무의식적인 본능으로 쾌락의 원리에 의해 지배되기 때문에 생물적 충동에 대한 즉각적인 만족을 추구하며, 자신의 충동이 현실 세계에서 충족되지 않을 때 긴장이나 좌절을 경험하게 된다.

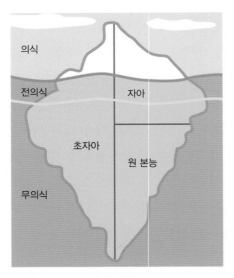

그림 **2-2** Freud의 성격 구조

- **자아(ego)** 성격의 의식적이며 이성적인 측면으로 영아기 초기에 시작되며, 현실원리에 따라 원 본능의 충동을 조절하는 역할을 한다. 즉, 환경에 주의집중하고 경험을 기억에 저장함으로써 현실 판단을 통해 해결책을 찾고 충동을 조정하고 방향을 재설정해 준다.
- **초자아(superego)** 3~6세경에 발달하며 일명 양심이라고도 하며 학습을 통해 획득된다. 사회적 가치와 도덕을 포함하며, 아동은 부모의 동일시 및 사회적 상호작용을 통하여 사회적 가치나 규범을 내면화하면서 초자아를 발달시킨다. 일단 초자아가 형성되고 나면, 자아는 원 본능과 초자아 사이의 갈등을 해결하는 중재자 역할을 담당한다.

(2) 심리·성적발달단계

Freud는 성적 에너지를 리비도libido라 칭하고, 리비도가 집중되는 신체 부위의 변화에 따라 아동은 구강기, 항문기, 남근기, 잠복기, 성기기의 5단계 심리·성적발달단계를 거친다고 하였다. 그는 각 단계에서 쾌락의 원천과 현실의 요구 사이의 갈등을 해결하는 방식에 의해 성인의 성격이 결정된다고 보았다. 심리·성적발달에서는 단계마다 아동의 성적 충동을 다루는 부모의 역할이 강조되는데, 부모가 아동의 충동에 대해 적절한 균형을 유지하는 경우 아동은 더욱 성숙된 성행동을 할 수 있는 적응적인 성인으로 성장발달하게 된다. 즉, Freud는 인간발달에 있어 부모와 가족관계 및 초기 경험이 매우 중요함을 강조하였다.

그러나 Freud의 심리·성적발달이론은 인간발달 과정에 있어 성적본능을 지나치게 강조하였고, 성적으로 억압된 성인들의 임상적 자료에 기초하여 이론을 구축하였으며, 아동을 대상으로 직접 연구하여 구축된 이론이 아니라는 점 때문에 다양한 문화와 다양한 계층의 사람들에게 적용하는 데 제한이 있다는 지적도 있다.

표 2-2 Freud의 발달단계

구강기	항문기	남근기	잠복기	성기기
영아의 기쁨은 입에 집중 출생~18개월	아동의 기쁨은 항문에 집중 18개월~3세	아동의 기쁨은 성기에 집중 3~6세	아동의 기쁨은 사회적 기술, 지적 기술 발달에 집중 6세~사춘기	성적으로 깨어나는 시기 사춘기 이후

① 구강기

출생에서 1년 정도까지의 기간을 구강기oral stage라고 하는데, 이 시기는 성감대가 구강에 집중되는 시기로, 영아는 모든 쾌락을 구강을 통해 추구한다. 영아의 빨기는 생존을 위해 중요하지만, 빠는 행위 자체가 쾌감을 제공한다. 그러므로 영아는 배가 고프지 않아도 손가락이나 다른 물건을 빤다. 구강기 욕구가 적절하게 충족되지 못하면, 아동기에 엄지 빨기, 손톱 물어뜯기, 연필 깨물기 등과 같은 행동 양상이 나타나고, 성인이 된 이후에는 과식이나 흡연과 같은 구강기 습관들이 고착되어 지속되는 것을 볼 수 있다.

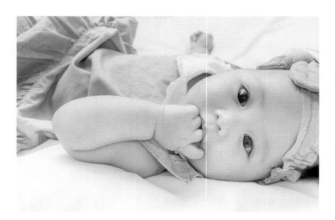

그림 **2-3** **구강기 영아:** 영아기에는 모든 사물에 대한 탐색이 구강을 통해 이루어진다.

② 항문기

생후 1~3세의 기간을 항문기anal stage라고 하며, 이 시기에는 성감대가 항문 부위에 집중됨으로써 항문 부위가 쾌락 추구의 근원이 된다. 이 시기의 유아는 소변과 대변을 보유하고 방출하는 데서 쾌감을 경험한다. 배변 훈련은 이

그림 2-4 배변 훈련: 유아는 배변 훈련을 통해 자기 조절을 배우게 된다.

시기의 자녀를 둔 부모와 유아 사이에 심각한 갈등 요소가 되기도 한다. 부모는 유아에게 본능적 충동인 배설물을 보유하거나 배설을 통해 오는 쾌감을 연기 혹은 조절하도록 요구하기 때문에 유아는 처음으로 사회적 요구에 직면하게 되고 갈등을 경험하게 된다. 그 결과 타인의 기대에 순응하고 타인의 입장을 고려하는 아동으로 성장하게 된다. 배변 훈련을 너무 이른 시기에 엄격하게 시키는 경우, 아동은 질서 유지나 청결함을 지나치게 고집하거나 강박적인 성격으로 발달한다. 반면에, 부모가 배변 훈련에 지나치게 무관심할 경우, 아동은 극도로 지저분하고 무질서한 생활 태도를 보이게 된다.

③ 남근기

남근기phallic stage는 성감대가 생식기에 집중되는 시기로서, 이 시기 아동은 생식기 자극을 통해 즐거움을 추구한다. 생후 3~6세의 기간이 이 시기에 속한다. 이 단계에서 남아는 오이디푸스 콤플렉스Oedipus complex를, 여아는 엘렉트라 콤플렉스Electra complex를 경험한다. 오이디푸스 콤플렉스란 남아의 어머니에 대한 성적 애착과 아버지에 대한 경쟁의식에 의해 아버지를 적대시하는 감정이며, 엘렉트라 콤플렉스는 여아의 아버지에 대한 성적 애착과 어머니에 대한 경쟁의식을 의미한다. 특히 남아는 여아보다 자신의 성기를 거세하여 처벌할 것이라는 두려움(거세불안반응)이 강하여 아버지에 대한 동일시가 더욱 강하

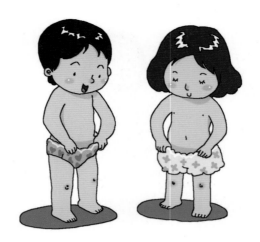

그림 **2-5**　**남근기**: 남근기에는 성적 호기심이 생식기에 집중된다.

게 이루어진다.

　아동은 반대 성을 가진 부모에게 성적 충동을 느끼며, 동성 부모의 처벌을
피하기 위해 성적 충동을 억압시키고, 동성 부모를 동일시하며 그들의 성격과
가치, 신념을 받아들이게 되면서 콤플렉스를 해결하게 된다. 그 결과 초자아
를 형성하게 되고, 아동은 기준에 어긋나는 행동을 할 때마다 죄의식을 경험
하게 된다. 또한 이 시기는 원 본능, 자아, 초자아 간의 관계가 형성되어 아동
의 기본 성격을 이루게 된다.

④ 잠복기

　잠복기latent stage는 대부분의 성적 충동이 무의식 속에 억압되어 일시적 잠
복상태에 있는 시기이며, 6세부터 사춘기에 이르는 동안이 이 시기에 해당한
다. 아동은 자신의 성적 에너지를 사회적으로 가치 있는 학업, 운동, 놀이, 친
구 사귀기 등에 전환하여 사용하며 초자아를 계속 발달시켜 나가고, 가족 이
외 성인들의 사회적 가치를 습득하게 된다.

⑤ 성기기

　사춘기 이후 성적 기능이 성숙하여 남근기의 성적 충동이 다시 발현되는
시기를 성기기genital stage라고 한다. 이 시기에는 부모에게서 독립을 추구함으로

써 가족 이외 사람과의 사랑, 친밀감을 통하여 만족을 추구한다. 이전 단계의 발달이 적절하고 원만하게 진행된 경우 성적 성숙과 함께 결혼과 자녀 출산 및 양육으로 이어진다.

2) Erikson의 심리 · 사회발달이론

Erikson은 신 프로이트 학파 중 한 사람으로, 프로이트의 심리·성적발달이론을 토대로 정신분석이론을 확장, 발전시켰다. Erikson은 Freud의 이론이 성적발달단계에 집중된 것과 달리 인간발달에서 사회적·문화적 환경과의 관계가 중요하다고 주장했다. 또한 Erikson은 발달 과정의 실패는 수정이 가능하며 평생 발달한다고 생각하였다. Erikson은 자아발달에 있어 정체감 형성을 강조하였으며 자아는 심리·사회적 위기를 통해 발달한다고 보았다. 이 과정에서 개인이 보유한 능력이나 역량이 발달에 기여하는 바가 큼을 강조하고 있다.

그림 **2-6** Erikson

(1) 심리 · 사회이론의 기본 개념

① 발달단계

Erikson의 인간발달단계에서 앞의 다섯 단계는 Freud의 인간발달단계와 유사하다. 그러나 Erikson은 Freud가 제시한 5개 발달단계를 8개 발달단계로 확대함으로써 인간의 발달이 아동기에만 국한되는 것이 아니고, 출생에서 사망에 이르는 모든 단계에 걸쳐 이루어진다고 하였다. 또한 매 발달단계에서 경험하게 되는 심리·사회적 위기를 해결함으로써 더욱 건강하게 발전한다고 보았다. 위기의 해결은 다음 발달단계에 결정적 영향을 미치며, 매 발달단계는 일정한 순서에 의해 단계적으로 진행됨을 강조함으로써 인간의 발달 과정을 사전에 예측하고 준비할 수 있다는 근거를 제시하였다.

② 발달과제

발달과제developmental task는 정상적이고 건강한 발달을 위해 삶의 각 단계에

표 **2-3** Erikson의 인간발달단계별 발달과제

발달단계	발달과제	
영아기	• 사회적 애착발달 • 감각운동능력 향상 • 감각운동지각과 원시적 인과관계	• 정서발달 • 대상영속성
유아기	• 운동 기능발달 • 언어발달	• 상상과 놀이 • 자기조절감 획득
학령전기	• 성적 동일시 • 초기 도덕성 발달	• 구체적 조작기 • 집단놀이
학령기	• 사회적 협동 • 기술학습	• 자기평가 • 팀 경기
청소년기	• 신체적 성숙 • 부모에게서 독립 • 형식적, 조작적 사고 • 성역할 정체감 획득 • 정서발달	• 도덕성 확립 • 동료집단에서 소속감 • 직업, 진로 선택 • 이성 관계
성인기	• 결혼 • 자녀 양육	• 안정된 직업 • 생활방식 채택
중년기	• 가정관리 • 경력관리	• 자녀 양육
노년기	• 노화에 따른 신체 변화에 적응 • 자기 생의 수용	• 새로운 역할에 에너지 재투입 • 죽음에 대한 관점 정립

서 획득해야 하는 기본적인 신체적, 사회적, 지적, 정서적 성취와 능력으로 에 릭슨은 후기 발달과제를 완수하기 위해서는 이전 단계의 단순한 발달과제의 완수가 선행되어야 함을 강조하였다. 발달단계별 발달과제는 표 2-3에 요약하 였다.

③ 심리·사회적 위기

심리·사회적 위기psychosocial crisis는 개인의 능력과 사회적 압력 간의 부조화 에서 발생하는 것으로, 인간은 발달단계마다 사회적 환경의 요구에 부응하기 위해 약간의 긴장을 경험하게 되는데, 이와 같은 개인의 심리적 노력 과정을 심리·사회적 위기라 한다. 심리·사회적 위기는 발달과제와 긴밀하게 연관되어 있으며, 각 단계는 사회적 환경에 적응하려는 개인의 욕구와 욕구 충족 과정 에서 야기되는 갈등에 의해 구별되어 대립하는 두 개념으로 설정되어 있다. 에 릭슨은 인간 발달단계별 위기 해결의 성공적·실패적 결과를 연속선 위의 양

표 **2-4** Erikson의 인간발달단계별 심리·사회적 위기

39

발달단계	심리·사회적 위기	
영아기	1단계: 신뢰감 대 불신감(basic trust vs mistrust)	
유아기	2단계: 자율성 대 수치심(자기의심)(autonomy vs doubt & shame)	
학령전기	3단계: 솔선감(주도성) 대 죄의식(죄책감)(initiative vs guilt)	
학령기	4단계: 근면성 대 열등감(industry vs inferiority)	
청소년기	5단계: 자아정체감 대 정체감 혼미(ego identity vs identity confusion)	
성인기	6단계: 친밀감 대 고립감(intimacy vs isolation)	
중년기	7단계: 생산성 대 침체성(generativity vs stagnation)	
노년기	8단계: 자아통합감 대 절망감	

극에 위치시킴으로써 개인의 사회에 대한 적응력의 범위를 제시하고 있다.

인간은 매 발달단계를 거칠수록 더 많은 자기조절, 기술의 발달과 사회참여의 요구에 직면하게 되며 이전 발달단계의 위기는 현재와 미래의 위기 해결에 결정적 영향을 미치는 요소이다. 인간의 발달단계별 심리·사회적 위기는 표 2-4에 요약하였다.

(2) 심리·사회발달단계

Erikson의 심리·사회이론에서 제시한 발달의 단계를 보다 구체적으로 설명하면 다음과 같다.

① 1단계: 신뢰감 대 불신감

1단계는 출생에서 1세의 영아기에 해당하는 시기로, 영아는 주 양육자와의 상호작용을 통하여 사회적 관계를 형성한다. 만약 주 양육자가 영아의 신체적 욕구와 심리적 욕구를 적절하고 일관되게 충족시켜 주고, 온정적이며 영아의 반응에 민감한 양육을 제공하면, 영아는 자신과 주변에 대해 신뢰감basic trust을 형성하게 된다. Erikson은 이 시기의 신뢰감이 세상이 살기 좋고 즐거운 곳이 되리라는 평생 기대의 발판이 된다고 보았다. 신뢰감은 희망과 연결되는 개념으로, 자신의 요구가 반드시 받아들여질 것이라고 믿는 강한 신념을 의미하며, 후에 사회적 대인관계의 기초로서 매우 중요하다. 반면, 어머니가 영아의 욕구

를 적절하게 충족시켜 주지 못하거나 거칠고 일관성 없이 대하는 경우, 영아는 타인에 대해 불신감mistrust을 형성하게 된다.

② 2단계: 자율성 대 수치심(자기의심)

2단계는 약 1~3세의 유아기에 해당하는 시기로, Freud의 항문기에 해당한다. 이 시기 동안에 유아는 근육 조절과 사용 기술이 발달하여 걷기, 기어오르기, 조작하기 등 새로운 탐색 기술을 획득하고, 선택과 결정에 필요한 정신적 능력을 발달시킨다. 이 과정을 통해 유아는 행동의 주체가 자신이라는 것을 깨달으면서 의도적인 행동을 통해 자율성autonomy을 획득하고, 훈련을 통해 스스로 환경을 조절할 수 있다는 것을 알게 된다. 이때 부모가 인내심을 가지고 유아의 자유로운 탐색을 허용하고 자기 스스로 선택하는 기회를 제공하며 과도한 통제를 지양한 경우, 유아는 자신감을 갖게 되어 자율성 발달이 촉진된다. 반면, 이러한 기회를 제공받지 못하고 지나친 통제를 받은 유아는 위기에 대처할 수 있는 자신의 능력을 의심doubt하게 되고 수치심shame을 경험함으로써 자신과 주변 환경을 탐색하는 데 소극적인 입장을 취하게 된다.

③ 3단계: 솔선감(주도성) 대 죄의식(죄책감)

3단계는 3~6세의 학령전기에 해당하는 시기로, 이 시기의 아동들은 신체적 능력과 언어 능력의 발달로 행동반경이 확대되고 주변 환경을 이해하기 시작한다. 이 과정에서 아동은 역할모델을 모방하고 규칙을 준수하며 사회적 상호작용을 통해 스스로를 조절하는 방법을 터득하게 된다. 부모가 아동에게 목표를 세우게 하고 자신이 세운 목표를 책임감을 느끼고 달성하도록 노력하는 것을 지지할 때, 솔선감(주도성, initiative)이 발달한다. 그러나 아동이 목표를 설정하고 달성해 나아가는 과정에서 부모의 간섭과 제재가 지나친 경우 아동은 나쁜 짓을 한다고 생각하여 죄의식(죄책감, guilt)을 경험하게 된다.

④ 4단계: 근면성 대 열등감

이 시기는 6~12세의 학령기에 해당한다. 이 시기의 아동들은 학교라는 작은 사회를 경험하며 학업, 운동, 타인과의 협동 작업에의 참여, 자신이 잘하는 일에 대해 자부심과 자신감 및 유능함을 경험하고, 부단히 노력하는 과정을 통해 근면성industry을 발달시켜 나아간다.

그러나 학교와 또래집단, 부모와의 경험을 통해 근면성이 충족되지 못했거나 아동의 능력에 비해 사회적 기대가 지나친 경우에 아동은 자신은 잘 할 수 있는 것이 아무것도 없다고 생각하게 되면서 열등감inferiority을 경험하게 된다.

⑤ 5단계: 자아정체감 대 정체감 혼미

5단계는 아동기에서 성인기로의 이행이 일어나는 청소년기로, 일반적으로 12~18세에 해당한다. 이 시기의 주요 발달과업은 자아정체감의 확립이다. 자아정체감이란 자신의 위치, 능력, 역할, 책임에 대한 인식과 확신으로, 이전 발달단계의 발달과업들이 자아정체감ego identity으로 통합된다. 미래에 대한 기대와 함께 과거와 현재의 경험을 자아에 통합하여 정체감을 확립한 청소년은 사회에서의 자신의 위치, 역할을 인식하고 책임지기 위해 노력한다. 반면, 자아정체감을 확립하지 못한 경우 정체감 혼미identity confusion를 경험하며, 청소년이 자신의 존재 가치에 대해 의미를 부여하지 못하고 사회에서의 자신의 역할에 대해 혼란을 느끼게 된다.

청소년들은 자아정체감을 확립해 가는 과정에서 역할에 대해 다양한 실험role experimentation을 하게 되는데, 이 과정이 지나치거나 극단적으로 치우치는 경우 비행이나 물질 남용에 가담하기도 한다.

⑥ 6단계: 친밀감 대 고립감

6단계는 성인기에 해당하는 시기이다. 이전 발달단계에서 자아정체감을 확립한 젊은이들은 이 단계에서 타인과 의미 있는 친밀한 관계를 형성하기 위해 노력한다. 친밀감intimacy이란 타인을 이해하고 공감하여 타인과 가치관을 교류하는 것이다. 자아정체감을 형성한 사람은 쉽게 타인과 의미 있는 관계를 시작할 수 있으나 자아정체감을 확립하지 못한 사람은 자신의 능력이나 역할, 책임에 대한 확신이 없기 때문에 대인관계에 주저하게 되고 결과적으로 이성이나 타인과의 관계에서 친밀감을 형성하지 못하여 결국 고립감isolation을 경험하게 된다.

⑦ 7단계: 생산성 대 침체성

7단계는 중년기에 해당하는 시기이다. 생산성generativity이란 자신이 다음 세대를 위하여 보람된 일을 하고 있다고 느끼는 것으로, 다음 세대를 이끌고 안내한다는 의미를 포함하고 있으며, 직업적 성취나 자녀 양육, 사회봉사 등을 통해 사회적 생산성을 달성할 수 있다. 반면, 자신의 일이나 자녀 양육에서 만족할 만한 성취감을 느끼지 못했거나, 다음 세대를 위해 아무것도 할 일이 없다고 생각하는 성인은 성취감의 부재로 인해 침체stagnation에 빠지게 된다.

⑧ 8단계: 자아통합감 대 절망감

8단계는 노년기에 해당하는 시기이다. 이 시기 노인들은 자신이 이제까지 살아온 생의 과정을 돌아보고, 성취한 것이 무엇인가를 점검하게 된다. 이때 자신의 인생이 가치 있고 보람되었다고 느끼는 노인은 자아통합self integrity을 이루게 되고, 자신의 인생에 대해 만족감을 느끼지 못하며 후회하는 사람들은 절망감despair을 느껴 다가올 죽음을 두려워하게 된다.

2. 행동주의와 학습이론

학습이론은 인간발달을 환경과의 상호작용을 통해 학습된 행동으로 설명하며, 발달의 연속성을 강조한다. 학습이론은 행동주의에 바탕을 두고 있으며, 행동주의에서는 직접 관찰하고 측정할 수 있는 것만이 과학적으로 연구할 수 있다고 생각하고 정신분석이론의 관점을 부정하였다. 행동주의에서 발달은 환경과의 상호작용 경험을 통해 학습되며 이 과정에서 보상과 처벌이 중요한 역할을 담당한다고 주장한다. 이 이론에는 Pavlov의 고전적 조건형성classical conditioning이론, Pavlov의 고전적 조건화의 원리를 적용하여 아동 정서의 조건형성을 밝힌 Watson의 이론, Skinner의 조작적 조건형성operant conditioning이론 및 Bandura의 사회학습이론social learning theory 등이 여기에 포함된다.

1) 고전적 조건형성

러시아의 생리학자 Pavlov는 개의 타액 분비에 관한 실험을 통해 고전적 조건형성 이론을 발전시켰다. 개는 음식이 혀에 닿으면 반사적으로 침을 흘리는데, 이때 음식은 무조건 자극unconditioned stimulus이라 하고, 개가 음식을 보고 침을 흘리는 것을 무조건 반응unconditioned response이라 한다. 개는 조건이 형성되기 이전에는 종소리를 듣고 침을 흘리지는 않는데, 이때 종소리는 중성 자극neutral stimulus이 된다. 그러나 개에게 음식을 주기 전에 종소리를 여러 번 반복하여 들려주자 나중에는 음식을 주지 않고 종소리만 울려도 침을 흘렸다. 이는 종소리와 침 분비 사이에 조건화가 형성된 것으로, 이때 종소리는 조건 자극conditioned stimulus이 되고, 침은 조건 반응conditioned response이 된다(표 2-5). Pavlov의 연구 결과는 인간의 처한 환경을 적절히 조작함으로써 원하는 학습

표 2-5 고전적 조건형성

단계	설명	
조건화 이전 단계	종소리 (조건 자극 = 중성 자극) → 무반응	종소리 조건 자극　　무반응
	음식(무조건 자극) → 무조건 반응(침 분비)	음식 무조건 자극　　침 분비 무조건 반응
조건화 진행 단계	조건 자극(종소리)이 무조건 반응(침 분비)을 일으키는 무조건 자극(음식) 앞에 발생 → 무조건 반응(침 분비)	종소리　　음식 조건 자극　무조건 자극　침 분비 무조건 반응
조건화 후 단계	조건 자극(종소리) → 조건 반응(침 분비)	종 조건 자극　　침 분비 조건 반응

44

을 성취할 수 있다는 가능성을 시사해 주었다.

　행동주의의 시조인 Watson은 Pavlov의 고전적 조건형성의 원리를 아동의 행동에 적용하였다. 그는 아동에게 공포 정서를 학습시키기 위해 흰 쥐를 무서워하지 않는 11개월 남아에게 흰 쥐를 보여 주기 전에 큰 소리를 반복적으로 들려주었더니, 남아는 깜짝 놀라며 우는 반응을 보였다. 이와 같은 과정을 계속 반복한 결과, 남아는 흰 쥐만 보아도 고개를 돌리며 피하고 우는 반응을 나타내었다. 즉, 처음에는 중성 자극이었던 흰 쥐가 큰 소리와 연합하여 놀라는 반응을 보임으로써 조건형성이 이루어진 것이다. 조건형성이 이루어진 이후에도 남아는 토끼, 개, 솜, 털 코트 등과 같이 흰 털이 있는 물건들에 공포 반응을 나타냈는데, 이를 자극 일반화stimulus generalization라고 하였다. 이와 같은 실험을 통해 Watson은 공포, 분노, 사랑 등 아동이 갖는 대부분의 정서 반응은 고전적 조건형성을 통하여 학습될 수 있음을 주장하였다. Watson은 환경을 아동발달에 영향을 미치는 가장 중요한 요인으로 보고, 자극과 반응의 연합을 주의 깊게 통제함으로써 성인이 원하는 대로 아동을 만들어 갈 수 있다고 제언하였다. 이와 같은 왓슨의 자녀 양육관은 비록 과학적인 근거를 둔 아동 양육법이기는 하나 한편에서는 냉정하고, 엄격하며, 아동의 요구와 능력이 전혀 고려되지 않았다는 비판도 있다.

2) 조작적 조건형성

그림 2-7 Skinner

　Skinner(1904~1990)는 환경이 인간의 행동을 통제하는 방식에 관심을 두고, 조작적 조건형성operant conditioning 이론을 발전시켰다. Skinner는 자극보다는 행동의 결과에 대한 보상이나 처벌이라는 조작적 조건에 따라 행동의 지속 가능성이 달라지는 것을 확인하였다. 결과적으로 보상적 자극이 뒤따르는 행동은 지속 가능성이 높으며, 처벌적 자극이 뒤따르는 행동은 지속 가능성이 낮았다. Skinner는 바람직한 행동의 발생빈도를 증가시키기 위해 강화reinforcement 개념을 사용하였다. 그는 아동의 바

전 생애 인간성장발달

람직한 행동은 음식, 음료수 외에 칭찬, 다정한 미소, 새로운 장난감과 같은 다양한 강화 인자가 제공되면 증가할 수 있으며, 특권을 박탈하거나 부모의 불인정, 방에 혼자 있게 하는 것과 같은 처벌에 의해 바람직하지 못한 행동이 감소한다고 주장하였다.

이러한 보상과 처벌이 발달을 형성하며 행동 변화를 가져온다고 보았다. 스키너의 조작적 조건형성 이론은 오늘날 아동의 바람직하지 못한 행동을 교정하는 행동수정behavior modification에 널리 사용되고 있다.

3) Bandura의 사회학습이론

미국의 심리학자 Bandura는 대표적인 사회학습이론가로, 아동은 특정 자극이나 강화 없이도 일상생활 속에서 모델의 행동을 관찰함으로써 행동, 생각, 감정을 습득하고 발달한다고 보았다. 이 과정을 관찰학습observational learning과 모방imitation의 개념으로 제시하였으며, 관찰학습과 모방을 아동의 사회화 과정의 결정적인 영향 요인으로 제시하였다. 예를 들면, 화를 내며 소리 지르는 적대적인 아버지의 아들인 소년이 나중에 또래들과 함께할 때, 공격적으로 행동하며 아버지와 같은 행동 특성을 보이는 것, 엄마가 손뼉을 치는 것을 보고 아기가 따라서 손뼉을 치는 것, 사춘기 청소년들이 친구들과 옷차림이나 머리 모양을 같게 하고 다니는 것 등은 관찰학습의 좋은 예이다.

그림 2-8 Bandura

Bandura는 인간의 발달 과정에 있어 인지cognition와 사고thinking가 미치는 영향을 강조하였는데, 이러한 관점에서 혹자는 그의 이론을 사회학습이론보다 사회인지이론으로 부르기도 한다. 인지발달 과정은 사회적 맥락 안에서 일어나며 학습은 타인의 행동을 관찰함으로써 발생할 수 있다고 보았다. 아동은 타인을 관찰함으로써, 스스로를 칭찬하거나 책망하고 자기 행동에 대한 피드백을 받는 과정을 통해 행동의 기준이나 자기효능감sense of self-efficacy을 발전시키게 된다. 자기효능감이란 자신의 능력과 성격이 자신을 성공적으로 이끌

것이라고 믿는 신념을 의미하며, 이러한 인식은 아동이 특정 상황에서 행동을 스스로 선택하도록 유도한다. 즉, 부모가 평소에 자신이 하는 일이 힘들지만 그 일을 기꺼이 계속할 것임을 지속해서 자녀에게 얘기하고, 자녀에게도 "너는 정말 잘 할 수 있을 거야!"라고 용기를 북돋워 주면 아동은 스스로 자기 자신을 매우 열심히 노력하는 사람이라고 인식하게 되고, 결과적으로 이러한 유형의 사람들을 역할모델로 모방함으로써 그러한 행동을 하게 된다는 것이다. 인간은 이러한 과정을 통해 그들 자신에 대한 태도와 가치 및 확신을 갖게 되고, 결과적으로 그들의 학습과 행동을 조절하게 된다.

비록 행동주의이론은 아동을 환경적 자극에 단순히 반응하는 피동적인 존재로 보고, 아동의 사고나 정서 발달을 간과한다는 비판을 받지만 강화와 모델링과 같은 행동주의 원리는 아동의 바람직하지 못한 행동을 제거하고, 사회적으로 수용되는 행동으로 대체시키기 위한 행동수정behavior modification에 널리 사용되고 있다.

3. 인지이론

1) Piaget의 인지발달이론

(1) 이론의 특성

인지cognition란 의미를 해석하는 능력, 문제해결, 정보의 합성 및 논리적 분석 등을 의미하는 용어이다. 인지이론에서는 의식적 사고를 강조한다. 인지발달이론은 이와 같은 인간의 사고, 추리 및 문제해결의 과정과 방법을 중점적으로 설명하는 이론으로, 스위스의 발달심리학자인 Piaget(1896~1980)에 의해 제시되었다.

Piaget는 아동을 자신의 주변 환경을 적극적으로 탐색하고 조작하여 구성해 나가는 능동적인 학습자로 간주하였다. 그는 아동의 인지발달은 아동과 환경 간의 지

그림 2-9 Piaget

속적인 상호작용을 통해 이루어진다고 주장함으로써 아동을 환경적 자극에 대해 반응하는 수동적인 존재로 본 행동주의적 입장과는 다른 견해를 제시하였다.

생물학을 전공한 Piaget는 생물학적 개념인 적응adaptation 개념을 사용하여 인지발달 과정을 설명하였다. 적응이란 동화assimilation와 조절accomodation 간의 평형을 유지하려는 내적 노력을 의미한다. 여기에서 동화란 아동이 환경적 자극이나 새로운 정보를 자신이 가지고 있는 기존의 구조에 의하여 새로운 정보를 해석하고 구성하여 부합 시키는 것을 뜻한다. 즉, 기존에 이미 경험 또는 학습하여 형성된 개념에 맞게 새로운 자극을 이해하는 것을 의미한다. 한편, 조절이란 환경적 자극이나 새로운 정보를 자신의 인지구조에 적응시키는 과정으로, 자신이 가지고 있는 구조를 변형하는 것을 의미한다. 즉, 이미 형성된 개념과 새로운 개념 사이의 차이를 인식하여 새로운 구조를 만들거나 바꾸는 것이다. 이와 같은 과정을 통해 아동은 환경에 보다 잘 적응하기 위해 발달해 나간다.

한편, Piaget는 인지구조를 구성하고 있는 기초 개념으로 도식schema을 제시하였는데, 도식이란 다양한 상황과 장면에서 일반화되어 반복되는 행위 유형으로, 단순한 감각적인 행위 도식에서부터 고도로 상징적인 수학적 논리 도식에 이르기까지 다양하다. 이 도식들은 아동의 발달과 더불어 행동이 되풀이되면서 서서히 분화되고 통합되어서 보다 많은 도식과 고차원적인 도식으로 발달해 나아간다.

(2) 인지발달단계

① 감각운동기

출생에서부터 약 2세까지의 시기를 감각운동기sensorimotor period라 하며, 이 시기의 영아는 자신의 눈, 귀, 손, 입을 통한 감각 경험과 신체운동 행동을 통해 자기 주변 환경에 대한 이해를 넓혀간다. 감각운동기 초기의 영아의 인지구조는 대부분이 반사reflex로부터 도출된 감각운동 행위를 통해 도식화된다. 즉, 영아는 감각운동기 초기에 태어날 때 부여된 반사 능력으로 물건을 잡고 빠는 행위 등과 같은 반복적인 신체활동을 통해, 다양한 감각운동적 도식을 발달시킨다. 그러나 감각운동기가 끝날 무렵인 2세경에는 이러한 행위들이 점차 내면화·표상화되어 초보적 수준의 상징 능력을 획득하게 된다. 이 시기의 영아는 손이나 입에 닿는 것은 무엇이든 잡거나 빨아 보는 단순한 행동을 통해, 사물에 대한 지식과 사물과 자신 간의 관계를 이해해 간다. 이러한 과정이 되풀이되는 가운데 영아는 의도적이며 체계적인 인지적 행동을 발달시키게 되고, 감각운동기가 끝날 무렵 모방 행동을 통해 상징적 표상(기억 과정)의 기초가 되는 대상영속성object permanence을 발달시킨다.

대상영속성이란 우리 자신을 포함하는 모든 대상이 독립적인 실체로 존재하며, 대상이 한 장소에서 다른 장소로 이동하거나 시야에서 대상이 사라지더라도 다른 장소에 계속 존재한다는 사실을 인지하는 것이다. 대상영속성을 획득한 유아는 눈앞의 물건을 천으로 가려도 물건을 찾을 수 있고 숨겨두어도 실체가 존재한다는 것을 안다. 또한 원인과 결과의 관계를 이해하기 시작하고 미래의 결과를 인식하며 의도적인 행동을 할 수 있다. 따라서 출생에서 2세에 이르는 기간 동안 영아의 지능발달은 대상을 직접 만지고 다루는 감각운동 경험에서 시작되며, 이러한 감각운동 경험이 인지발달의 기초가 된다.

② 전조작기

2~7세에 시기를 전조작기preoperational period라 하며, 이 시기 아동은 언어 능력의 발달과 함께 이전 감각운동기에 습득하여 내재화한 표상을 상징이나 기호를 사용하여 표현할 수 있다. 아동은 언어를 습득함으로써 상징을 머릿속에서 조직화할 수 있고 대상을 지칭하는 인식의 범위를 확대할 수 있다. 토끼라는 단어를 알지 못했을 때는 토끼에 대한 상징을 조직화할 수 없으나 토끼라는 단어를 알게 되면, 토끼라는 단어를 들었을 때 토끼의 모습을 머릿속에 그려낼 수 있다. 그러나 이들의 정신적 조작 능력에는 한계가 있으며 미숙하기 때문에 전조작기라고 한다. '조작operation'이란 과거에 일어났던 사건을 내면화시켜 이들의 관계를 논리적으로 연결할 수 있는 것을 의미한다. 전조작기는 다시 전개념기와 직관적 사고기로 구분한다.

- **전개념기(preconceptual thinking)** 2~4세에 해당하는 시기로 이전 감각

운동기에서 형성된 내적 표상을 유아가 여러 형태의 상징이나 기호로 표현하는 기호적 기능이 주축을 이루는 시기이다.

- **직관적 사고기**(intuitive thinking) 4~7세에 해당하는 시기로 전 개념적 사고와 여러 가지 개념을 직관적 사고의 한계 내에서 발달시키는 시기이다.

일반적으로 4세 이후 유아들은 자신을 둘러싼 주변의 현상들을 객관적으로 인식하기 시작한다. 그러나 대상이 갖는 단 한 가지의 가장 두드러진 속성으로 대상을 판단하는 논리적 한계를 보이기 때문에, 이를 전조작적 사고라 한다.

전조작기 아동은 직관적이고, 자기중심적인 사고를 한다. 즉, 아동은 논리나 추리에 의해서보다는 직관적, 다시 말해서, 실제로 보이는 대로 사고하고 판단하며, 모든 사물이 자신과 마찬가지로 사고하고 기능한다고 생각한다. 이와 같은 직관적 사고는 보존conservation 개념에서 더욱 현저하게 나타난다. 보존 개념이란 어떤 대상의 외양이 바뀌어도 실체는 바뀌지 않는다는 사실을 이해하는 것이다. 보존의 개념은 수, 길이, 부피의 순으로 발달한다. 예를 들면, 이 시기의 두 명의 자녀를 둔 어머니들은 간식으로 주스를 먹일 때도 모양과 크기가 동일한 두 개의 컵이 필요하다는 것을 경험적으로 알고 있다. 그렇지 않을 경우, 두 아동은 모양이 다른 컵을 놓고 싸울 것이 뻔한 일이기 때문이다. 이 시기의 아동은 주스 잔의 높이와 넓이라는 두 특성을 상호 비교하고 그 관계를 통합하는 보완적compensated 사고와 가역적reversible 사고를 할 수 없기 때문에 실제로 같은 양의 주스를 주어도 모양이나 길이가 다른 컵 안의 주스 양이 다르다고 생각한다. 이와 같이 한 가지 측면만을 고려하는 사고의 한계를 중심화centration라 부른다. 사고의 중심화 경향은 전조작기 인지발달 거의 모든 측면에서 나타나지만, 그중에서도 특히 타인의 생각, 감정, 지각, 관점 등을 자신과 동일한 것으로 가정하여 타인의 관점과 역할을 이해하지 못하는 자기중심성egocentrism이 두드러지게 된다. 그래서 전조작기 아이들은 자신의 입장에서만 보고 판단하며 다른 사람의 입장을 고려하지 않는다.

이와 같은 전조작기 아동의 인지적 특징은 전조작기 아동의 교육 시 중요한 지침이 될 수 있다. 즉, 전조작기 아동의 인지발달을 격려하기 위해서는 가

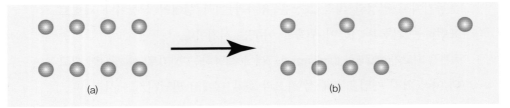

그림 2-10 수의 보존 개념 실험: 구슬을 (a)와 같이 4개씩 동일하게 배열한 것을 보여 주면 아동은 똑같이 4개씩 있다고 생각한다. 그러나 그림 (b)와 같이 구슬을 흩어 놓았을 때 보존개념이 형성되지 않은 아동은 흩어진 것만을 고려하여 똑바로 나열된 것에 비해 구슬이 더 많다고 생각한다(중심화).

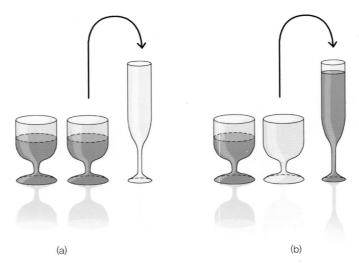

그림 2-11 부피의 보존 개념 실험: 크고 넓은 주스 잔과 좁고 높은 주스 잔에 동일한 양의 주스를 부었을 때 보존개념이 형성되지 않은 아동은 좁고 높은 주스 잔에 주스가 훨씬 더 많이 들어 있는 것으로 생각한다(중심화).

능한 한 다양한 사물이나 현상을 직접 경험하도록 하여 다양하고 정확한 심상을 형성하도록 도와주어야 하며, 이때 대상의 특성에 대한 설명 시 언어보다는 아동의 심상을 활용하는 것이 효과적이다.

③ 구체적 조작기

7~12세 학령기 아동에 해당하는 시기를 구체적 조작기concrete operational period 라 하며, 사물과 관련된 작업을 수행할 수 있다. 이 시기 아동의 인지구조는 내면화 및 조직화되어 실제 행동으로 성취했던 것을 머릿속에서 조작하여 행

동으로 옮겨 문제를 해결할 수 있다. 예를 들어, 신발 끈을 묶고 풀 때, 이 시기의 아동은 이전의 행동을 기억해 손가락의 움직임을 머릿속에서 조작한 후 순서대로 손가락을 움직여 신발 끈을 묶을 수 있다. 이처럼 내재화된 행동 체계를 통해서 문제를 해결할 수 있게 된다. 따라서 전조작기의 아동과는 달리, 한 문제의 두 측면을 동시에 고려할 수 있게 되어 보존 개념을 획득하고 자기중심성에서 탈피한다. 그러나 이 시기의 아동은 구체적인 문제나 상황에서만 논리적 사고를 적용하는 것이 가능하며, 추상적인 사고 능력에는 한계가 있다.

④ 형식적 조작기

형식적 조작기formal operational period는 12세 이후 청소년기에 발달하며 성인기까지 지속되는 인지발달의 마지막 단계이다. 이 시기 청소년들은 실제적이고 구체적인 사고에서 벗어나 추상적이고 논리적이며, 체계적이고 종합적인 사고가 가능해진다. 이는 문제해결 시 문제의 원인보다 체계적인 가설을 설정하고 모든 가능한 해결책을 고려하여 논리적으로 검증하는 것을 의미한다. 추상적 사고가 가능해짐으로써 시행착오가 발생하기 전에 가능한 변수를 확인하고 상호관계를 검토하여 결론을 도출해 내는 체계적이며 논리적인 사고 능력은 다가오는 성인기 삶에서 매우 중요한 부분을 차지한다.

Piaget의 인지발달이론은 아동은 성인의 가르침에 의해서가 아니라 스스로 학습한다는 점과 아동은 성인과는 질적으로 다른 방식으로 사고한다는 사실을 널리 인식시켰다는 점에서 의의가 있다.

2) 정보처리이론

(1) 이론의 특성

정보처리information processing 이론은 Piaget의 인지발달이론에 정보처리적 관점을 접목시킨 것으로 일명 신 피아제Piaget 이론으로 불리기도 한다. 이 이론에서는 마치 컴퓨터가 정보를 처리하듯 인간을 정보처리적 접근을 통해 표상을 분석하고 조절하는 체계로 개념화하고 있다. 즉, 정보처리이론에서는 개인이 정보를 조작하고 모니터링하면서 이에 대한 전략을 수집한다고 설명한다.

그림 **2-12** **정보처리 순서도**: 아동이 다리를 만들어 문제를 해결하는 과정을 보여 준다.

    외부로부터의 정보가 인체의 감각기관을 통해 인간의 인지체계에 투입_{input}
되어 행동이라는 산출_{output}이 일어나는 과정에서 투입된 정보는 인지체계에서
능동적으로 부호화, 변형 및 조직화된다. 정보처리 이론가들은 개인이 문제를
해결하거나 과제를 완수해 나가는 과정을 설명하기 위해 지적 조작 과정을 순
서도를 사용하여 제시하였다. 그림 2-12의 순서도에서는 아동에게 다양한 모
양과 크기, 무게의 블록을 주며 한 개의 블록으로는 건널 수 없는 넓이의 강
을 블록을 이용하여 건널 수 있도록 다리를 만들라고 지시했을 때, 아동은 여
러 번의 시행착오를 거쳐 두 개의 블록을 이용하여 다리를 만들기 위해서는
블록을 지지할 수 있도록 추가적인 블록을 올려놓아 무게를 지지해야 함을
깨닫게 되는 과정을 보여 주고 있다.

    정보처리이론에서는 Piaget의 이론과 마찬가지로 아동을 정보를 탐색하고
처리하는 데 있어 능동적으로 참여하는 존재로 보았다. 그러나 발달단계를 설
정하지 않은 것에서 피아제의 이론과 차이를 보인다. 정보처리이론에서는 발
달단계보다는 사고의 과정에 더 관심을 가졌다. 즉, 지각, 주의집중, 기억, 대안
설정, 정보의 분류 및 해석 등의 정보처리 과정은 전 연령층에서 유사하게 나
타나는 공통적인 현상이며, 다만 정도의 차이가 있음을 강조하였다. 따라서
정보처리이론에서 발달은 지속적인 변화 과정으로 생각하고, 인간은 성장함
에 따라 투입된 정보를 보다 효율적으로 분석하고 조절할 수 있게 됨을 강조
하고 있다.

(2) 정보처리 과정

    정보처리이론에서의 정보처리 과정은 부호화, 저장, 인출을 포함한다. 부호

화coding란 정보를 쉽게 기억해 낼 수 있는 상태로 기록하는 과정을, 저장storage 은 정보를 기억 속에 보관하는 과정을, 인출retrieval은 기억 속에 저장되어 있는 정보를 꺼내는 과정을 의미한다.

3) Vygotsky의 사회 · 문화적 인지이론

최근 인간발달과 인간의 삶을 사회·문화적 맥락에서 설명하고자 하는 연구들이 급증하고 있다. 문화 간 비교연구 혹은 동일 문화 내에서의 인종들 간의 비교연구 결과는 인간발달의 경로가 사람들에게 적용 가능한 것인지 혹은 특수한 환경적 상황에 국한된 것인지에 대한 통찰력을 제공해 주었다.

러시아의 심리학자인 Vygotsky(1896~1934)는 Piaget와 마찬가지로 어린이가 지식을 능동적으로 구성한다고 생각했다. 그러나 Piaget보다 인지발달에 있어 사회적 상호작용과 문화가 훨씬 중요한 역할을 한다고 생각했다.

그림 **2-13** Vygotsky

사회·문화적 인지이론sociocultural theory은 Vygotsky에 의해 소개되었다. 그는 특정 사회의 가치, 신념, 관습, 기술 등과 같은 문화가 다음 세대에 전수되는 과정을 규명하고자 하였으며, 개인이 자신이 속한 사회의 사회·문화적 관점을 채택하는 데 사회적 상호작용social interaction이 결정적인 역할을 한다고 하였다. 그는 아동을 타인과의 관계 속에서 영향을 받으며 계속 성장해 나가는 사회적 존재로 보았다. 아동을 이해하기 위해서는 그들이 성장해 가는 사회·문화 및 관습적 맥락에 대한 이해가 함께 이루어져야 함을 강조하였다.

아동의 인지발달이 사회·문화적 상호작용의 결과로 발전한다는 사실을 강조하고 있는 사회·문화적 인지이론은 교사나 성인이 아동의 인지발달을 위해 적극적으로 도움을 줄 수 있다는 근거를 제공한다는 점에서 중요한 의의를 지닌다. 그러나 사회·문화의 상호작용을 통한 사회적 전이 과정을 지나치게 강조하여 인간의 생물학적 발달 과정을 설명하는 데 많은 제한이 있다.

4. 생태학적이론

1) 생태학적 체계이론

그림 **2-14** Bronfenbrenner

Bronfenbrenner(1917~2005)에 의해 소개된 생태학적 체계이론ecological systems theory에서는 환경적 요인을 강조한다. 생태학적 체계이론에서 인간은 자신을 에워싸고 있는 다양한 수준의 환경 간의 복합적 상호관계 속에서 발달해 나가는 존재로 보고 있다.

Bronfenbrenner는 인간발달에 영향을 미치는 생태학적 환경의 구조를 미시체계, 중간체계, 외체계, 거시체계 및 연대체계가 복합적 계층을 이루고 있는 구조로 제시하였다(그림 2-14).

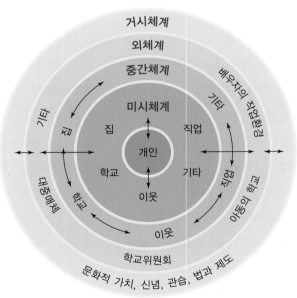

그림 **2-15** **생태학적 환경의 구조적 도식도**: 화살표는 각 수준 간의 상호호혜적 상호작용을 의미한다.
자료: Bronfenbrenner(1979)

(1) 미시체계

인간의 생태학적 환경 중 가장 내부에 위치하는 것을 미시체계micro-system라고 하며, 가족, 학교, 이웃, 친구 등이 포함된다. 이 체계의 가족, 친구, 선생님은 아동과 밀접하게 상호작용하면서 인간발달에 직접적이고 즉각적인 영향을 미친다. 미시체계 내에서 인간의 발달은 양 방향적bidirectional 상호작용을 통해 이루어지는데, 이는 어른들이 아동의 행동에 영향을 미치고, 아동의 신체적 특성, 기질, 수용력 등과 같은 생물학적·사회적 특징들 역시 어른들의 행동에 영향을 미친다는 의미이다. 예를 들면, 온순하고 침착한 아동은 부모와의 긍정적인 관계를 유지하지만, 산만한 아동은 부모의 제한이나 처벌을 유도한다. 이와 같이 양 방향적 상호작용은 상호호혜적으로 일생을 통해 지속되며, 인간의 발달에 지대한 영향을 미치는 요소가 된다.

(2) 중간체계

미시체계 간의 상호연결과 결합을 통해 이루어지는 것을 중간체계mesosystem라고 하며, 환경들과의 관계를 의미한다. 예를 들어, 하나의 미시체계인 가족 경험은 다른 미시체계인 학교 경험에 영향을 미치게 된다. 부모와의 관계가 바람직하지 않은 아동은 교사와 긍정적인 관계를 발전시키는 데 어려움을 경험할 수 있다. 따라서 중간체계 간의 관계가 밀접할수록 바람직한 아동발달이 촉진될 수 있다.

(3) 외체계

세 번째 체계를 외체계exosystem라 하는데, 아동이 직접적으로 접촉하고 있지는 않지만, 부모의 직장, 부모의 친구, 친척, 확대가족, 이웃 등과 같이 아동의 경험에 영향을 미치는 환경이다. 예를 들면, 어머니의 직장인 외체계에서 자녀 양육을 위해 근무시간을 조정해 주거나 육아수당을 지급해 줄 경우, 부모-자녀관계가 증진되고 결과적으로 아동발달에 긍정적인 영향을 미치게 된다. 그러나 인적자원이나 지역사회 지지망이 결여된 부모 혹은 실직하여 사회적으로 고립된 부모들은 아동학대의 경향이 높은 것을 통해서도 알 수 있다. 따라서 외체계는 인간발달에서 중요하게 고려되어야 할 환경임을 시사해 준다.

(4) 거시체계

생태학적 체계의 가장 외부에 있는 것을 거시체계macrosystem라고 하는데, 여기에는 인간이 살고 있는 환경이 지향하는 사회·문화적 가치, 신념, 법, 제도, 규칙, 관습 등이 포함된다. 거시체계는 내부 체계의 환경을 수용하고 지지해 주는 역할을 담당한다. 즉, 양질의 아동복지정책이 마련되어 있는 경우 아동은 양질의 보호와 혜택을 받음으로써 발달 촉진에 기여할 수 있기 때문에 거시체계 역시 인간발달에 기여하는 바가 매우 크다.

(5) 연대체계

Bronfenbrenner는 인간을 둘러싸고 있는 환경을 모든 사람에게 동일한 영향을 미치는 정적인 힘이 아닌, 시간의 경과에 따라 늘 변화하는 보다 역동적인 변화 과정으로 보고, 이를 연대체계chronosystem의 개념으로 설명하고 있다. 연대체계란 시간의 변화에 따른 환경의 역동적 전이 과정으로, 이는 인간이 처해 있는 환경 내에서 발생하는 특정 사건이나 생의 전환점이 되는 사건을 의미한다. 즉, 연대체계는 학교 입학, 취직, 결혼, 부모 되기, 이혼, 이사, 퇴직 등과 같은 사건을 포함하며, 인간의 발달 과정에 있어 중요한 전환transition이나 이정표가 되기도 한다.

이와 같이 생태학적 체계이론은 인간발달을 이해하는 데 있어 환경의 중요성에 대한 관심을 고조시켰다. 환경은 고정된 방식으로 인간에게 영향을 주는 정적인 것이 아니라 역동적이며 항상 변화하는 것이다. 인간은 자신이 속해 있는 환경을 선택하며, 조정하고, 창출하고 있다. 따라서 발달이란, 인간과 환경의 상호작용의 산물임을 알 수 있다.

5. 도덕성발달이론

도덕이란 옳고 그른 것을 구별할 수 있는 능력으로 개인이 속해 있는 사회집단의 규칙과 규약에 대한 인식을 의미한다. 인간은 사회화 과정을 통해 개인이 속해 있는 사회의 도덕적 가치에 따라 행동하도록 배우며, 이를 자신의 가치에 내재화함으로써 도덕성을 발달시켜 나간다.

1) Piaget의 도덕발달이론

Piaget는 아동의 도덕적 사고의 발달 과정을 인지발달 과정에 따라 도덕적 실재론moral realism과 도덕적 자율성moral autonomy으로 구분하였다. 도덕적 실재론은 4~7세 아동에서 관찰되는 도덕적 판단으로, 이 시기의 아동은 행위의 결과를 통해 옳고 그름을 판단하며 행위의 의도를 고려하지 못한다. 7~10세 아동은 도덕적 실재론과 도덕적 자율성의 요소가 동시에 나타나는 과도기에 있다. 10세 이후가 되면 행위자의 의도가 도덕적 판단의 기준이 되는데, 피아제는 아동의 인지발달 과정에서 자기중심성에서 벗어난 탈중심화가 이루어져야 이와 같은 도덕적 판단이 가능해진다고 하였다.

2) Kohlberg의 인지적 도덕성발달이론

Kohlberg는 도덕성 발달이 아동의 인지발달 과정과 밀접한 관련이 있으며 일정한 단계를 거친다는 피아제의 도덕성발달이론을 확장시켜 인지적 도덕성 발달단계를 6단계로 제시하였다(표 2-6).

그림 **2-16** Kohlberg

표 **2-6** Kohlberg의 인지적 도덕성 발달단계

발달 수준	발달단계	특성
전 인습(관습)적 도덕 수준 pre-conventional level	1단계	처벌과 복종에 기초한 타율적 도덕성
	2단계	도구적 상대주의에 기초한 개인주의적 도덕성
인습적 도덕 수준 conventional level	3단계	조화로운 대인관계에 기초한 상호관계의 도덕성
	4단계	권위와 사회질서 유지 지향적 도덕성
후 인습적 도덕 수준 post-conventional level	5단계	개인의 권리와 사회계약 지향적 도덕성
	6단계	보편적 원리 지향적 도덕성

(1) 전 인습적 도덕 수준

도덕적 사고의 첫 단계로서 아동은 처벌을 피하거나 상을 받기 위해 부모, 선생님 등과 같이 규칙을 정하거나 강화하는 사람에게 맹목적으로 순종하고 행동하며, 행위의 과정보다는 결과를 통해 도덕적 판단을 하는 것을 전 인습(관습)적 도덕 수준 pre-conventional level이라 한다. 주로 4~10세 아동이 전 인습적 도덕 수준에 해당하는데, 이 시기는 직관적 사고기로서 아동은 옳고 그름, 선과 악에 대해 관심을 두기 시작하는 시기이기도 하다.

전 인습적 도덕 수준은 2단계, 즉 처벌과 복종에 기초한 1단계와 도구적 상대주의에 기초한 2단계로 구분된다. 1단계는 상대방의 지위나 권력의 정도에 따라 도덕성이 규정되는 타율적 도덕성이지만, 2단계는 교환과 분배에 있어 공정성과 평등의 동기가 강조되는 개인주의적 도덕성으로 상대적 의미가 있다.

① 1단계: 처벌과 복종에 기초한 도덕성

아동이 처벌을 피하고자 권위자가 정해 놓은 사회적 규범이나 규율에 무조건 복종하는 타율적 도덕성이 발달하는 시기이다. 아동은 자기중심적 사고를 하며, 심리적 과정에 의해서보다는 물리적·쾌락적인 요인에 의해 도덕적 판단과 행동을 한다.

② 2단계: 도구적 상대주의에 기초한 도덕성

각 개인의 관심과 흥미에 따라, 자신이 원하는 것을 얻기 위해 도덕적 행위가 결정되며 타인도 동일한 욕구가 있음을 어느 정도 인정하기 때문에 2단계는 가역성이 전제되어야 가능하다. 특히 옳은 것은 공정하고 동등한 교환이나 거래 및 개인적 이해관계에 기초하고 있어 옳다는 것의 의미는 극히 상대적이다.

(2) 인습적 도덕 수준

인습적 도덕 수준 conventional level 단계는 청소년기와 성인기 대부분이 이 수준에 포함된다. 가족, 집단, 국가적 기대를 유지하는 것에 도덕적 가치를 부여하며, 사회적 규범이나 관습에 맞는 행동을 도덕적 행동으로 간주한다. 인습적 도덕 수준은 3단계(조화로운 대인관계에 기초한 도덕성)와 4단계(권위와 사회질서 유지 지향적 도덕성)의 하부단계로 구분된다.

① 3단계: 조화로운 대인관계에 기초한 도덕성

이 단계의 도덕성은 사랑, 감정이입, 상호신뢰, 타인에 대한 관심 등 이타적 감정과 동기를 포함하고 있다. 즉, 가까운 사람의 인정과 수용을 받기 위해, 타인을 돕고 즐겁게 해 주기 위해 가까운 사람의 관점과 의도를 고려하며, 이들의 기대에 부응하는 착한 사람으로 행동하고자 하는 것이 도덕적 판단의 기준이 된다. 그 결과 상호신뢰 관계를 유지할 수 있다.

② 4단계: 권위와 사회질서 유지 지향적 도덕성

사회적 안녕과 질서 유지를 위해 자신의 책임과 의무를 다하는 것으로 법과 질서의 준수가 도덕적 판단의 기준이 된다.

(3) 후 인습적 도덕 수준

정의의 원리와 개인의 가치기준 및 양심에 근거하여 보편타당한 도덕적 판단과 행동을 하는 단계를 후 인습적 도덕 수준post-conventional level이라 하며, 콜버그는 20세 이상 성인의 일부만이 이 수준에 도달할 수 있다고 하였다. 후 인습적 도덕 수준은 5단계(개인의 권리와 사회 계약 지향적 도덕성)와 6단계(보편적 원리 지향적 도덕성)로 구분된다.

① 5단계: 개인의 권리와 사회계약 지향적 도덕성

도덕적 판단이 개인의 권리와 사회계약을 지향하는 방향으로 이루어지는 것을 의미한다. 사회계약social contract이란 개인과 지역사회, 개인과 국가 간의 책임과 권리에 관해 사회 내부 구성원들 간에 합의되고 통용되는 암묵적 동의를 의미한다. 사회계약에 있어 판단기준은 개인의 자유와 평등 및 인간의 기본권 옹호에 근거하고 있기 때문에 계약의 기준은 상황에 따라 변화할 수 있는 상대성을 가지며 옳은 것은 다양한 가치와 의견을 가질 수 있다고 각성하게 된다.

이 단계의 개인은 옳은 것에 대한 도덕적 판단은 상황에 따라 변화할 수 있음을 인식하고 인간의 기본권을 중시하며, 소수를 포함한 개인의 권리를 인정하고 옹호해 주는 사회계약을 지향하는 것이 올바른 도덕적 판단이라고 생각한다. 따라서 기존의 법과 질서가 특정 개인이나 가족 혹은 집단을 옹호하기 위해서는 필요에 따라 민주적 절차에 의해 법률이 바뀔 수 있음을 안다.

② 6단계: 보편적 원리 지향적 도덕성

이 단계에서는 옳은 것은 보편적 원리에 따라 판단한다. 법이나 관습 이전에 인간의 생명이나 존엄성은 절대적 가치를 갖기 때문에 이를 옹호하기 위해서는 도덕적 판단이 인간의 존엄성을 존중하는 차원에서 보편타당한 원리에 근거하여 이루어지는 것을 의미한다. 따라서 스스로 선택한 도덕 원리와 양심에 근거하여 도덕적 판단이 이루어지는 것을 의미한다.

6. 정서발달이론

1) Bowlby의 애착이론

그림 2-17 Bowlby

Bowlby는 영국의 의학자로 Lorenz의 동물행동학이론ethological theory을 영아-어머니 간 애착관계를 설명하는 데 적용하였다.

동물행동학의 기초를 확립한 동물학자 Lorenz (1965)는 새끼 거위가 부화 되었을 때, 어미 거위 대신 키웠더니 새끼 거위가 Lorenz를 졸졸 따라다니는 행동 관찰을 통해, 특정 시기에 어떤 대상에 노출되었을 때 그 대상을 어미로 인식하는 각인 imprinting과, 이 특정 시기를 지나면 어떤 대상에게도 이러한 현상이 나타나지 않음을 보고하였다. 이

그림 **2-18** **각인**: 특정 시기에 노출된 대상을 어미로 인식하는 것

렇듯 생후 일정 기간 내에서만 외부의 자극이 작용하는 시기를 결정적 시기critical period라 한다. 각인을 통해 새끼는 늘 어미 곁에서 먹이를 얻고 위험으로부터 보호받을 수 있다. 각인은 출생 후 극히 제한된 기간 내에만 발생하고, 이 기간에 어미가 없는 경우 새끼는 어미 대신 어미를 닮은 대상에게 각인이 일어날 수 있다고 하였다.

Bowlby는 인간발달에 대한 행동학 이론을 적용하여 생후 몇 년 동안 돌보는 사람에 대한 애착이 평생 중요한 결과를 가져온다고 강조하면서 애착이론을 제시하였다. 이 시기의 애착이 긍정적이고 안정적이라면, 개인은 어린 시절과 성인기에 긍정적으로 발달할 가능성이 높다. 그러나 이 시기의 애착이 불안정하면 이후 발달이 적절하지 않을 수 있다고 설명했다.

영아는 울기, 미소 짓기, 옹알이하기, 잡기, 매달리기 등과 같은 선천적으로 타고난 신호체계a set of innate signals 혹은 애착 행동을 통해 부모나 양육자를 자신의 곁에 머물도록 함으로써 자신의 기본적인 욕구를 충족할 뿐만 아니라 부모의 애정과 민감한 보살핌을 유도하면서 정서적·인지적 발달을 도모할 수 있다.

애착attachment이란 영아가 태어나 양육자에 대해 형성하는 강력한 정서적 유대로 장기간에 걸친 유대관계를 통해 형성, 발전하며, 이후 인간관계의 기초를 형성하고, 학습, 과거 경험, 상황 등에 영향을 받는다. 영아는 생물학적 부모와 애착을 형성하지만, 정서적 유대를 맺을 수 있는 사람이 영아의 욕구에 신속히 반응하고 보살펴주면 부모와 전혀 관계가 없는 사람과도 애착 형성이 가능하다.

Bowlby는 부모가 항상 영아의 곁에서 정서적 욕구를 충족시켜 주고 영아에게 애정적·지지적인 경우, 영아는 자신을 사랑받을 가치가 있으며 자신감 있는 유능한 사람이라고 인식하는 반면, 양육자를 통해 정서적 욕구가 충족되지 않고 거절당하거나 지지가 결여된 경우, 자신은 무가치하고 매사에 자신감 없는 사람으로 인식하게 된다고 한다. 이러한 일차 양육자와의 상호작용을 통해 형성된 자신과 타인에 대한 내적 표상은 향후 대인관계 시 아동의 경험과 행동을 안내해 주는 기초가 된다.

Bowlby는 생후 처음 3년간이 양육자와의 친밀한 정서적 유대를 형성하는 매우 민감한 시기라고 제시하였다. 특히 이 시기는 뇌 발달이 활발하게 진행되는 시기로 영아-양육자 간 애착체계가 뇌 발달에도 영향을 미치는 것으로 보고되고 있다. 즉, Schore(2001)는 양육자와의 초기 애착 경험이 원만하게 형성되지 못한 경우, 성장발달이 진행 중인 우측 대뇌반구의 스트레스-대처기전의 발달에 장애를 초래하고 결과적으로 영아의 정신건강에 부적응적 양상을 나타낸다고 보고하였다.

Bowlby는 애착이 형성되는 과정을 전 애착단계, 애착 형성단계, 명백한 애착단계, 목표수정 동반자 관계 단계의 4단계로 구분하여 설명하였다.

(1) 애착단계

① 전 애착단계

전 애착단계pre-attachment period는 출생~생후 6주까지의 기간으로 영아가 본능적으로 자기 주위의 누구에게나 접근하려고 시도하는 단계이다. 영아는 선천적으로 타고난 신호체계인 잡기, 미소 짓기, 울기, 시각적 추적 등을 이용하여 다른 사람들과 긴밀한 접촉을 시도한다. 이때 성인이 반응해 주면 영아는 성인에게 자신들의 곁에 계속 머물도록 하여 안위를 증진하고자 한다.

② 애착형성단계

애착형성단계attachment in the making는 생후 6주부터 6~8개월까지의 기간으로 영아는 낯선 사람과 친숙한 사람을 구분하기 시작하여 서로 다르게 반응하는 시기이다. 영아는 부모와의 상호작용을 통해 부모가 자신을 편하게 해 준다는 것과, 자신의 행동이 주변 사람들에게 영향을 미친다는 것을 알게 되고 신뢰감을 발전시켜 나아간다. 신뢰감이란 영아가 신호를 보내면 양육자는 항상 이에 대해 반응해 줄 것이라는 기대를 갖는 것이다.

③ 명백한 애착단계

명백한 애착단계clear-cut attachment는 생후 약 6~8개월에서 1년 반까지의 기간으로, 이미 애착이 형성된 대상자에게 적극적으로 접근하고 따라다니는 행동을 보이는 시기이다. 애착 대상이 눈에 안 보이면 찾으며 울고, 영아는 분리불안separation anxiety을 경험한다.

④ 목표수정 동반자 관계 단계

생후 18개월경부터 시작되는데, 이 시기에는 애착 대상자의 행동을 예측할 수 있을 뿐만 아니라, 자기가 원하는 방향으로 애착 대상자의 행동을 수정하도록 만들려는 매우 복잡한 행동단계로서, 애착 대상과의 분리 시 저항이 감소한다.

Bowlby의 애착이론을 근거로 Ainsworth와 동료들은 낯선 상황Strange Situation Procedure, SSP의 실험관찰을 통해 양육자가 곁에 있을 때, 영아가 경험하는 안정감과 자신감의 정도에 따라 애착의 유형을 안정된 애착secure attachment, 불안-회피적 애착anxious avoidant attachment, 불안-저항적 애착anxious resistant attachment, 혼돈된 애착insecure disorganized attachment의 4가지 유형으로 제시하였다.

2) Ainsworth의 애착이론

Ainsworth는 형성된 애착의 질을 확인하기 위하여 낯선 상황에서 영아를 양육자와 분리시키고 이때 반응하는 영아를 관찰하여 애착의 유형을 안정, 불안회피, 불안저항, 혼돈형으로 분류하였다(표 2-7).

표 **2-7** Ainsworth의 낯선 상황 실험 에피소드

순서	에피소드	애착행동 관찰
1	양육자, 영아, 실험자가 함께 놀이방으로 들어가고 1분 이내에 실험자가 나온다.	
2	영아와 양육자는 3분 동안 놀이방에 있으며, 영아가 장난감을 가지고 노는 동안 어머니는 책을 보며 조용히 앉아 있다.	안전기지로서의 어머니
3	낯선 사람이 들어와서 1분간 조용히 앉아 있다가 1분 동안 양육자와 얘기를 한 후, 1분 동안 영아에게 다가간다.	낯선 사람에 대한 영아의 반응
4	양육자가 나간다. 낯선 사람이 영아에게 반응하고, 영아가 불안해하면 아기를 달랜다.	분리불안
5	낯선 사람은 나가고, 3분 후에 양육자가 들어와서 영아를 달랜다.	양육자와 재회 시 반응
6	양육자는 밖으로 나가고, 영아가 3분 동안 혼자 방안에 남겨진다.	분리불안
7	낯선 사람이 들어와서 영아를 달랜다(3분 이내).	낯선 사람에 의해 진정하는 능력
8	양육자가 들어와서 영아를 반기고, 필요시 달랜다.	재회에 대한 반응

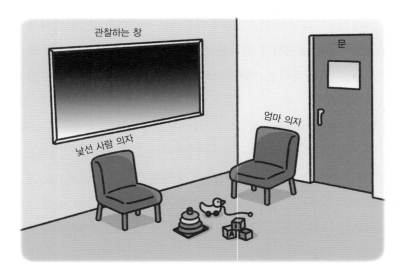

그림 **2-19** Ainsworth의 낯선 상황 실험 환경

(1) 안정적 애착

주 양육자와 안정적 애착을 형성한 영아는 양육자를 안전기지secure base로 활용하며, 발달하면서 타인과도 신뢰할 수 있는 관계를 유지한다(그림 2-20).

안정적 애착secure attachment는 가장 흔한 유형으로 약 66%의 영아가 이 유형

그림 **2-20** **안정적 애착:** 안정적 애착이 형성된 유아는 양육자를 안전기지로
활용하며, 발달하면서 타인과 신뢰관계를 유지한다.

에 해당된다. 양육자가 나가면 영아는 별로 불안해하지 않거나, 매우 불안해
하는 등 다양한 불안반응을 표출하지만, 다시 양육자가 들어오면 금방 편안해
져서 기뻐하고 양육자에게 접근하여 긍정적 상호작용을 한 뒤, 다시 장난감을
갖고 논다. 이 유형은 일반적으로 일관되고 자녀의 요구에 민감하게 반응하는
양육자의 영아에서 관찰할 수 있다.

(2) 불안 회피적 애착

불안 회피적 애착anxious avoidant attachment는 약 22%의 영아에서 관찰되는 유
형으로, 양육자가 돌아오면 양육자에게 접근하지 않고 피하면서 불안함을 표
출하는 유형이다. 영아는 양육자와 상호작용을 거의 하지 않으며, 양육자가
방을 떠나도 슬퍼하지 않고 양육자가 다시 돌아와도 양육자에게 다가가지 않
으며 심지어 고개를 돌리는 행동반응을 표출한다. 이 유형도 양육자가 영아와
신체접촉을 거의 하지 않거나, 지나치게 영아를 과잉 자극하는 경우, 영아를
다루는데 서툴며 기계적으로 행동하고 거부적인 태도를 취하는 양육자의 자
녀에게서 주로 관찰된다.

(3) 불안 저항적 애착

불안 저항적 애착anxious resistant attachment은 약 12%의 영아에서 관찰되는 유형으로, 양육자가 방을 떠나면 울부짖으며, 양육자가 돌아오면 양육자에게 울고 매달리거나, 때로는 밀어내거나 발로 차는 등과 같은 상호작용을 원치 않는 신호를 표출하기도 한다.

(4) 혼돈된 애착

혼돈된 애착disorganized attachment은 매우 비조직적이며 혼돈된 행동반응을 표출하는 유형이다. 영아는 멍하고 혼동되거나 몹시 두려워하는 행동반응을 표출한다. 양육자가 돌아왔을 때 영아는 극도의 회피적, 저항적 행동반응을 표출한다. 북미 영아의 약 5%에서 관찰된다.

장기간에 걸친 Sroufe 외(2005)의 종단적 연구 보고에 의하면 12~18개월에 양육자와 안정된 애착을 형성한 유아는 정서적으로 건강하고 높은 자존감과 자신감을 가지며, 청소년기에 이르는 동안 사회적 상호작용을 잘하는 것으로 나타났다. 또한 최근의 메타분석 결과에서도 혼돈된 애착이 형성된 아동은 저항적, 회피적 애착이 형성된 아동에 비해 공격적, 적대적 성향을 더 많이 표출하는 것으로 나타났다(Fearson 외, 2010). 이와 같은 결과는 출생 초기 양육자와 안정된 애착을 형성하는 것이 아동의 이후 정서적, 사회적 발달에 영향을 미치는 중요 요인임을 반영해 준다.

애착이론은 초기 양육자의 역할과 양육 방법의 중요성을 안내하는 데 공헌한 바가 크지만, 영아가 처해 있는 환경적 맥락과 문화적 신념체계 및 사회화 과정에서의 다양한 변수의 개입을 충분히 고려하지 않았다는 점에서 일부 비판을 받고 있다. 그럼에도 불구하고 영아기 안정된 애착의 형성은 부모-자녀 관계가 긍정적임을 반영하며, 이후 아동의 건강한 사회 및 정서발달의 기초가 된다는 점을 강조한 측면에서 의의가 있다.

7. 언어발달이론

언어는 말소리나 글자에 의미가 결합된 상징적 기호체계로 사람들 사이에서 소통하는 수단이며, 의미를 구성하고 이해하기 위한 사고 과정에서 중요하다. 하나의 단어로만 이야기하던 유아가 3개 이상의 낱말을 연결하여 복잡한 문장을 만들고 문법적 규칙성을 알게 되며, 적합한 단어를 선택하고 문장을 이해하고 활용할 수 있는 능력이 발달하는 것을 통해 우리는 언어 능력이 발달하였음을 알 수 있다.

언어의 발달은 사고력과 학습 능력의 향상으로 이어지게 되므로 아동의 성장발달에 중요한 영향 요인이다. 아동의 언어발달은 신체발달, 인지발달, 환경적 요인 등 다양한 요인에 의해 영향을 받는다. 언어발달을 이해하는 데에는 학습이론, 생득이론, 인지발달이론 등 다양한 이론이 적용될 수 있다.

1) 학습이론

학습이론의 이론가 Skinner는 아동이 언어를 배울 때 성인이 사용하는 낱말, 구, 문장들을 모방하여 사용한다고 설명한다. 즉, 아동의 두뇌는 백지상태여서 언어발달은 성인의 언어를 모방하면서 후천적인 언어 경험으로 언어를 배운다고 보았다. 행동주의에서는 언어처리 과정을 자극에 대한 반응으로 보고 강화를 통해 언어가 발달한다고 생각하여 언어발달 과정을 타고난 것이 아닌 학습 과정의 산물로 보았다. 아동은 성인의 언어와 가까워지기 위해 언어를 수정하고 조정하는 과정을 거치기 때문에 부모나 아동 주변의 성인은 바람직한 언어 모델이 되어야 한다고 주장한다. 그러나 언어발달을 자극과 반응의 결과로 한정하여 설명하기에 한계가 있다.

2) 생득이론

생득이론적 접근은 인간이 출생 시 선천적으로 언어습득 능력을 갖추고 출생한다는 유전적 능력을 강조한 이론으로 언어학자 Chomsky(1928~)가 주장한 이론이다. Chomsky는 언어발달을 모방에 의한 학습으로 주장하는 행동주의와 달리 아동은 선천적인 언어 획득기제Language acquisition device, LAD를 가지고 출생하며 이를 통해 아동은 복잡한 언어를 빠르게 이해하고 구사할 수 있다고 설명한다. 그는 어린이의 문법 형성 과정을 예로 들며, 문법이라는 일련의 원리는 유전적 과정을 통해 전달되어 아동이 매우 빠른 시간에 습득할 수 있다고 설명한다. Chomsky의 생득 이론적 접근은 거의 모든 문화권의 아동들이 3~4세쯤에 언어 능력이 폭발적으로 발달하는 것을 설명하는데 적절하다.

3) 인지발달이론

Piaget와 Vygotsky는 언어발달은 인지발달과 밀접하게 관련되어 있다고 주장한다. 인지는 인간의 정신적 사고 과정을 의미하는 개념으로 생물학적 성숙이 이루어지고 거기에 경험이 합쳐져 사고 과정이 일어난다.

Piaget는 인지발달이 먼저 이루어진 후에 언어가 발달한다고 주장하며 인지발달의 중요성을 강조하였다. Piaget에 의하면, 언어는 이미 이해한 내용을 다른 사람과 소통할 때 사용하는 도구이다. 즉, 아동이 사고나 개념을 표현하는 수단으로서의 기호로 언어를 사용한다고 한다. 아동은 주변 환경과 상호작용하는 경험을 통해 인지가 발달하고 생물학적 성숙인 뇌 발달 이후에 경험이 축적되고 언어발달로 표현된다고 주장하였다.

Vygotsky는 사회적 상호작용에 있어 언어발달의 중요성을 강조하였는데, 이는 언어가 다른 사람과 의사소통하고 사회적 경험을 표현하는 방법이며, 사고하는 데 필수적 도구인 매개체이기 때문이다. 아동은 그가 속해 있는 사회에서 더 많이 알고 있는 사회 구성원과의 대화와 상호작용을 통해 인지를 발달시켜 나가며, 사고하고 행동하는 방법을 습득하게 된다. 따라서 인지발달은 사회·문화적 경험의 산물이라 할 수 있다. 이처럼 Vygotsky가 생각하는 언어는 인지발달에서 사고를 내면화시켜주는 매개체로 인지발달의 중요한 수단이며 인지와 언어는 함께 발달한다. Vygotsky는 성인과 놀이하는 경험이 유아의 사고발달과 언어발달을 자극한다고 보았다.

지금까지 살펴본 이론으로 인간발달의 복잡성을 완전히 설명할 수는 없다. 그러나 각각의 이론은 인간발달에 대한 이해를 돕는 데 기여 해왔다. 우리는 하나의 이론으로 접근하지 말고 각 이론의 가장 좋은 특징을 절충적으로 선택하여 인간발달을 이해하여야 한다. 마지막으로 주요 이론가별 성장발달 단계 비교는 표 2-8에 요약하였다.

표 2-8 주요 이론가별 성장발달단계 비교

발달단계	심리·성적발달 (Freud)	심리·사회발달 (Erikson)	인지발달 (Piaget)	도덕발달 (Kohlberg)
영아기	구강기	신뢰감/불신감	감각운동기	전 인습적 도덕
유아기	항문기	자율성/수치심	전조작기	전 인습적 도덕 (처벌, 복종)
학령전기	남근기	솔선감/죄의식		전 인습적 도덕 (보상, 단순 규칙 지향)
학령기	잠복기	근면성/열등감	구체적 조작기	인습적 도덕 (착한 아동, 법 지향)
청소년기	생식기	정체감/ 정체감 혼미	형식적 조작기	후 인습적 도덕 (사회계약, 윤리)
성인기		친밀감/고립감		
중년기		생산성/침체성		
노년기		자아통합/절망감		

마무리 학습

1. 자신의 특징을 인간발달이론을 적용하여 분석해 보시오.

2. Piaget 이론의 핵심 생각은 무엇인가?

3. Bandura의 자기효능감 증진을 위한 전략을 제시하고, 예를 들어 설명하시오.

4. Kohlberg의 도덕성 발달단계 중 전 인습적 도덕 수준은 처벌과 복종에 기초한 도덕성과 도구적 상대주의에 기초한 도덕성으로 구분된다. 각 도덕성을 설명하는 예를 각각 들어보시오.

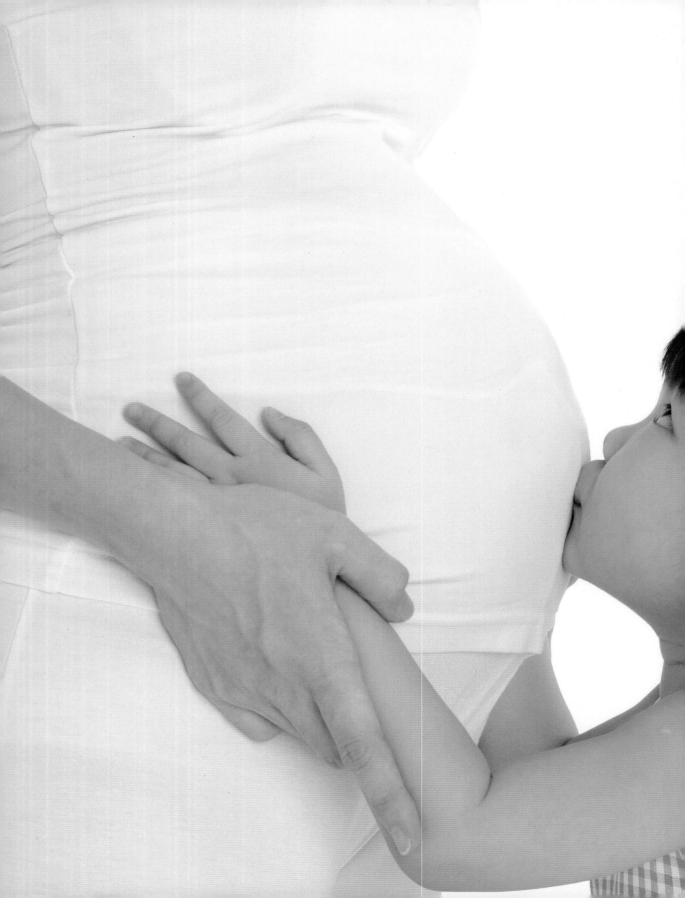

CHAPTER

3

임신과 태아

 목표

난자와 정자의 수정 과정을 설명할 수 있다.

태아의 발달 과정에 대해 설명할 수 있다.

태아발달에 영향을 미치는 요인에 대해 설명할 수 있다.

태아발달 증진 방법에 대해 설명할 수 있다.

출산의 과정에 대해 설명할 수 있다.

태아발달 및 출산 관련 이슈에 대해 설명할 수 있다.

CHAPTER 3

임신과 태아

모든 생물계는 그들이 보유하고 있는 유전자 정보에 따라 새로운 생명체를 복제하여 종족을 유지한다. 따라서 생물계는 유전자에 의하여 자기 동일성을 유지한다고 할 수 있다. 아버지의 정자에 담긴 유전자 정보와 어머니의 난자에 담긴 유전자 정보가 합쳐져 새로운 개체가 태어날 때, 유전자의 재조합이 일어나므로 생물계에서는 유전자 변이와 유전자 재조합의 과정을 통하여 유전자 정보에 변화가 일어난다.

임신은 정자sperm와 난자ovum가 함께 여성의 난관 안에서 수정의 과정에 진입하면서 발생한다. 그리고 임신기간 동안 유전 코드가 수정란의 변화 과정을 진행하고 감독하지만, 수정란이 발달하여서 한 인간 개체가 되어가는 과정에는 많은 사건과 위험 요소들이 영향을 미칠 수 있다.

1. 수정: 생명의 시작

1) 성의 결정

모든 인간은 여성의 난자에 있는 22개 체염색체와 1개의 성염색체 그리고

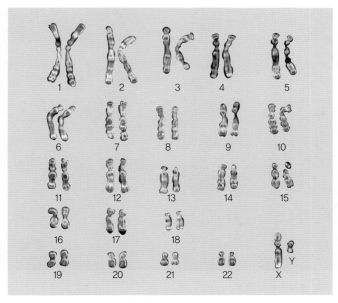

그림 **3-1** 22쌍의 체염색체와 1쌍의 성염색체

남성의 정자에 있는 22개 체염색체와 1개의 성염색체의 조합에서 출발하여 분화, 성숙한 개체이다. 성을 결정하는 성염색체는 여성은 X 염색체라고 부르고, 남성은 Y 염색체라고 부른다. 여성의 난소에서는 한 종류의 염색체(22, X)를 가진 난자를 한 달에 하나씩 생산하지만, 남성의 정소에서는 (22, X)와 (22, Y) 두 종류의 염색체를 가진 정자들이 매일 1억 2,000개씩 생산된다. 일반적으로 수정 과정에서는 한 개의 성숙한 난자와 한 개의 성숙한 정자가 결합하는데, 남자는 (44, XY) 염색체를 가지게 되고 여자는 (44, XX) 염색체를 가지게 된다. 즉, 성별은 남성의 정자에 있는 성염색체(X 또는 Y)에 의해 결정된다(그림 3-1).

정자는 꼬리가 긴 올챙이 모양을 하고 있는데, 사정을 통해 한 번에 4억~5억 개의 정자가 여성의 질 내로 사출된다. 사출된 정자는 질, 자궁, 난관을 거쳐 난자가 있는 곳으로 헤엄쳐 간다. 성숙한 난자는 매달 1개씩 좌우 난소에서 번갈아 배출된다. 난자는 스스로 움직일 수 없으며, 난관 내 섬모의 수축 운동을 통해 이동한다. 배란된 난자는 24시간 생존하며, 정자는 72시간 정도 생존한다. 따라서 정자와 난자의 생존 시간 이내에 이들이 만나야 임신이 이루어진다.

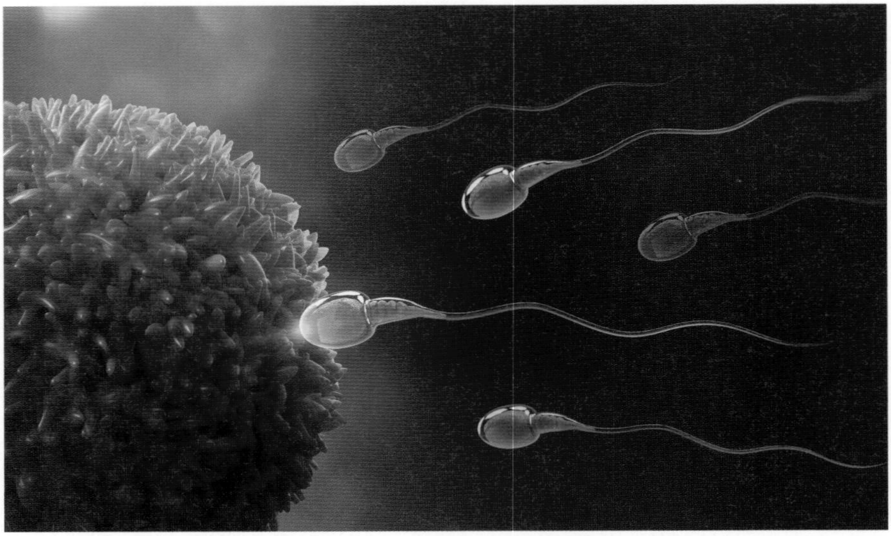

그림 **3-2** 난자와 정자의 수정 과정

　정자와 난자가 만나는 현상을 수정이라 하고, 수정된 난자를 수정란 혹은 접합자zygote라 한다. 수정란은 배아전기germinal period, 배아기embryonic period, 태아기fetal period 단계를 거치면서 성숙한 개체로 발달한다.

2) 배아전기

　배아전기germinal period는 수정 후 첫 2주간으로, 수정란 생성, 세포분열, 그리고 접합자가 자궁벽에 자리를 잡는 시기이다. 초기 수정란에서 일어나는 세포분열 과정을 난할cleavage이라 하는데, 난할은 접합자가 난관의 섬모운동과 연동운동을 통해 자궁으로 이동해 가는 과정에 발생한다. 접합자는 2개, 4개, 8개의 세포로 분할되며, 수정 후 3일경에는 16개 세포로 분할되는데 이를 상실체(상실배, morula)라고 한다. 상실체는 분할을 계속하면서 속이 빈 공과 같은 모양의 배포blastocyst를 형성한다. 배포는 내세포층과 외세포층으로 나뉘는데, 내세포층은 후에 배아에서 태아로, 외세포층은 배아에게 영양공급과 지원을 제공하는 영양배엽에서 태반으로 발달한다(그림 3-3).
　착상implantation은 영양배엽이 자궁내벽으로 삽입되는 과정으로, 접합자가

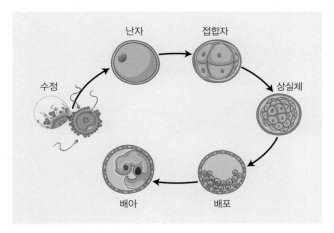

그림 **3-3** 난할과 배포의 형성

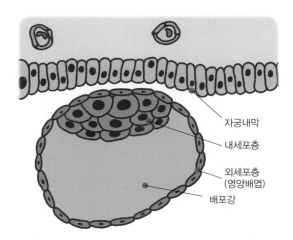

자궁내막
내세포층
외세포층
(영양배엽)
배포강

그림 **3-4** **배포의 착상 과정:** 착상은 자궁내막 내로 배포의 영양배엽이 삽입되는 것이다. 배포의 내세
포층은 배아→태아로 발달하고 외세포층은 영양배엽→태반으로 발달한다.

자궁벽에 도달하는 시기에는 약 500개의 세포집단을 이루어 자궁벽에 착상하
게 된다. 착상 후 영양배엽 바깥층에서 융모막 융모가 발생하고 자궁내막 모
세혈관이 모인 안쪽으로 파고들어 간다. 융모는 자궁내막의 모세혈관과 융합
하여 공간을 형성하고 이곳에서 물질교환이 일어난다. 수정란이 착상한 자궁
내막과 접한 융모는 점차 성장하여 태반으로 발달한다(그림 3-4).

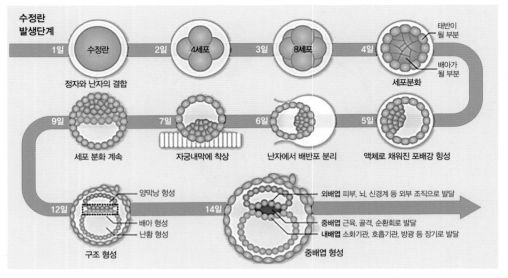

그림 3-5 수정란 발생에서 배엽 형성까지의 과정
자료: 네이처

3) 배아기

수정란이 자궁벽에 착상하는 순간부터, 즉 임신 2~8주까지를 배아기
embryonic period라고 한다. 이 기간에는 급격한 세포 증식과 분화, 지지세포 및
주요 기관이 형성된다. 이 시기에는 내배엽, 중배엽, 외배엽의 3층 배아 구조
trilaminar embryo가 형성되는데, 각각의 배엽은 각 신체 기관으로 분화한다. 내배
엽은 세포의 안쪽 층으로 소화기계와 호흡기계로 발달한다. 중배엽은 중간층
으로 순환기, 뼈와 근육, 배설기, 생식기로 발달한다. 외배엽은 가장 외곽 층으
로 신경계와 감각 수용체(귀, 코, 눈), 피부 부속기(머리카락, 손톱)로 발달한다. 신체
의 모든 부분은 결국 이 세 개의 층으로부터 발생하게 된다. 18일째는 심장 구
조가 처음 나타나고 3주 말경에는 심장박동이 시작된다. 4주 말경에는 심장과
연결되는 혈관이 형성되어 탯줄과 연결된다. 이 시기에 눈, 코, 신장, 폐가 형
상을 갖추고 8주 말까지는 거의 모든 조직과 기관의 모습이 형성되는 시기이
므로 태아발달에 유해한 요인들을 접하지 않도록 각별히 조심해야 한다. 이와
같이 대부분의 신체 기관은 배아기에 형성되며, 이 과정 중에 장기들은 바이
러스, 감염, 약물 등 환경적 영향에 특히 더 취약하다. 따라서 이 시기에 위해

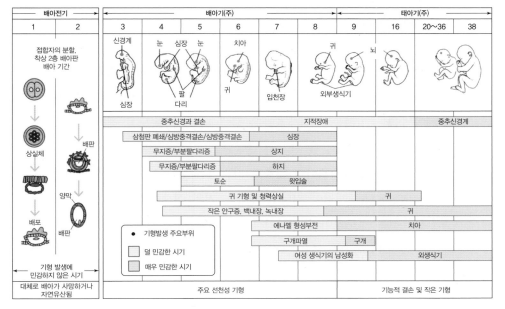

그림 3-6 태아발달 시기에 따른 기형 발생의 위험

인자에 노출되면 자연유산 되거나, 기형이 발생할 수 있다(그림 3-6).

4) 태아기

태아기fetal period는 임신 9주부터 출생까지의 시기로, 이때부터 배아를 태아fetus라고 부른다. 3개월부터 성별 구분이 가능하고 5~6개월이면 태동을 느낄 수 있으며, 출생 시 체중과 신장의 절반 크기가 된다. 임신 23주경에는 신생아처럼 잠을 잤다가 깨기도 하고 자세도 스스로 바꿀 수 있으며, 눈을 감거나 뜨고 엄지손가락을 입에 가져다 빨 수도 있다.

임신 후기부터는 뇌 발달을 비롯하여 장기와 조직의 분화와 성숙이 급속도로 진행되고 태반이 완성되어 성장에 필요한 모든 영양을 충분히 공급받는 시기이다.

2. 태아의 발달

수정 후 2~3주 동안은 접합자 내 배아세포가 급격히 증가하지만, 이 시기의 배아세포 집단은 눈으로 간신히 볼 수 있을 정도의 크기이다. 반면에 태반과 태아막을 구성하는 조직세포들은 훨씬 더 빠른 속도로 진행되며 10~12주경에는 태아의 영양공급을 완전히 담당할 정도로 커진다.

태아는 수정 후 1개월이면 대체로 기관이 형성되고 2~3개월이면 세부 기관들까지 형성된다. 4개월이 지나면 태아는 거의 신생아의 모습을 갖추게 된다. 그러나 그것은 겉모습이지 세포학적 수준이나 기능 면에서는 6개월이 되어도 태아는 매우 미숙하다. 다음은 각 기관의 발달을 살펴본다.

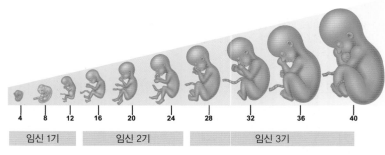

그림 **3-7** 태아의 발달

1) 조직과 기관의 발달

(1) 조혈기관과 심장

조혈기관은 수정 3주경에 배아세포들의 분화에 따라 처음으로 미성숙 적혈구reticulocyte를 볼 수 있는데, 난황난에서 처음 조혈 기능이 시작된다. 5주경 태아의 간에서 조혈생성세포가 형성되며, 6주경에는 간세포들 사이에서 조혈 기능hematopoiesis이 나타난다. 3개월째는 비장과 임파 조직들이 생기며, 골수에서 혈액세포들이 생산되기 시작한다. 태아의 혈액형이 결정되는 항원은 6주 후 적혈구에 나타난다. 따라서 Rh-임부는 적어도 6주 이내에 동종면역에 대한 예방조치를 취해야 한다. 출생 후부터는 골수가 유일한 조혈기관이 된다.

수정 후 4주부터 심장이 될 배아세포들이 나타나 처음 수축이 시작되는데, 이들을 수축세포beating cell 라고 부른다. 수축세포들이 모여 심장을 만들고 이 시기에 혈관세포가 될 배아세포는 혈관을 만들어 첫 순환계를 이룬다. 이 때 심장박동은 분당 약 65회 정도이며, 출생 시에는 분당 약 140회까지 증가한다.

(2) 호흡기계

호흡기계는 배아기 때 형성되기 시작되어 지속적으로 발달한다. 폐는 임신 1기에 형성되지만 출산 때까지 위축된 상태로 있다. 어떤 기전으로 출생까지 호흡운동이 완전히 억제되는지는 밝혀지지 않았으나, 양수 흡입을 방지하기 위한 것으로 추정되고 있다. 이 시기에 폐포를 형성하고 있는 상피세포들은 분비액을 분비하여 출산까지 폐포에는 소량의 맑은 액체가 들어 있다. 그러나 호흡반사의 기능은 이미 발달해 있으므로 촉각 자극을 통해 호흡반사를 즉각적으로 유도할 수 있다.

(3) 신경계

태아기 동안 가장 눈에 띄는 발달은 뇌 발달이다. 태아가 출생할 때는 약 1,000억 개의 뉴런, 즉 뇌에서 정보처리 과정을 조정하는 신경세포가 만들어지고, 모든 정보는 뉴런에 의해서 처리된다. 태아기 동안 뉴런은 특정 부위로 이동하여 무수한 뇌 영역으로 분화, 성숙한다. 인간의 기본 뇌 구조는 임신 1기와 2기 동안 만들어지고, 임신 3기부터 생후 2년까지는 뉴런의 연결과 기능적 분화, 성숙이 이루어진다. 태아기 동안 뇌 발달이 이루어지는 과정은 신경관 형성, 뉴런 증식, 뉴런 이동, 뉴런 연결을 통해 이루어진다. 신경계 발달 과정은 표 2-1에 제시하였다.

생명유지에 없어서는 안 되는 반사 기능을 담당하는 자율신경계는 척수spinal cord, 간뇌midbrain, 연수medulla 등에 존재하며 임신 24주에는 발달하여 호흡할 수 있다. 그러나 대부분의 대뇌피질 신경 회로의 지각세포가 아직 미숙하고 운동신경세포의 수초화가 일어나지 않은 상태여서 이 시기에 분만할 경우 호흡이 있을 수 있으나 호흡기의 도움을 받아야 하며 합병증이 발생할 수 있다.

표 3-1 신경계 발달 과정

발달 과정	특징
신경관 형성 formation of the neural tube ⇩	• 배아기에 서양배 모양의 신경관이 형성되고 24일경에는 신경관의 양끝이 폐쇄되면서 각각 뇌와 척수로 분화 발달한다. 만약 신경관이 닫히지 않으면 태아는 무뇌증(anencephlaly)이나 이분척추(spina bifida)로 발달한다. • 무뇌증의 경우 태아는 유산되거나 출생 후 사망한다. • 이분척추는 척수(spinal cord)의 불완전 발달상태로 다양한 하지마비를 초래하며 목발 교정기(brace)나 휠체어와 같은 보조기구가 필요하다. • 산모의 당뇨와 비만, 임신 기간 중 높은 스트레스 수준도 신경관 손상과 관련된다. • 신경관 발달이상을 예방하기 위해서는 엽산(folic acid) 섭취가 도움이 된다.
뉴런 증식 neurogeneis ⇩	• 일단 신경관이 폐쇄되면, 임신 5주부터 출생 전까지 엄청난 수의 미성숙 뉴런들의 증식이 일어난다. • 임신기간 동안 뉴런증식이 지속되지만 임신 5개월 말경 대규모로 완성된다. • 증식의 절정기에는 1분에 200,000개의 새로운 뉴런이 만들어진다.
뉴런 이동 neuronal migration ⇩	• 임신 6~24주경에는 신생 뉴런의 이동이 일어난다. • 신경세포는 처음 발생한 위치에서 이동하여 표적 위치에 도달하여 뇌의 여러 층과 구조를 만든다. 일단 표적 위치에 도달하면 보다 성숙하고 복잡한 구조로 발달한다.
뉴런 연결 neural connectivity	• 임신 23주경에는 뉴런과 뉴런이 연결되며, 이 연결은 출생 후에도 지속된다. • 임신 20~36주에 이르면 뇌신경 세포 증식률이 인간의 일생 중 가장 높고 가장 중요한 시기가 된다. 따라서 이 시기에 미숙아로 태어난다면 생존 가능성이 매우 낮아진다.

임신 말기 태아의 뇌는 성인의 1/4 정도이며 신경계의 발달은 출생 후에도 지속된다. 임신 기간에 만성 영양부족, 저산소증, 약물, 유해환경, 독성물질, 외상, 질병과 스트레스는 신경계 손상을 유발한다.

(4) 소화기계

임신 4주 경 배아는 직선에서 C자 형태로 변하고 난황난은 원시창자 형태로 머리부터 꼬리까지 몸체 안으로 통합된다. 임신 5개월에는 태아가 양수를 대량 마시고 소화할 수 있으며, 임신 후반부에는 신생아 수준에 이른다. 또한 이 시기에는 장관에 태변이 조금씩 생성되고 배설하기도 한다. 위장계는 36주 이후에 완전히 성숙된다.

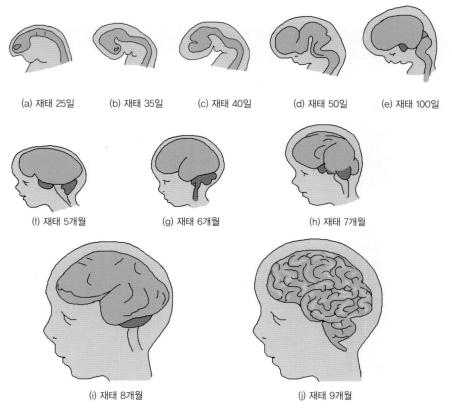

(a) 재태 25일　(b) 재태 35일　(c) 재태 40일　(d) 재태 50일　(e) 재태 100일

(f) 재태 5개월　(g) 재태 6개월　(h) 재태 7개월

(i) 재태 8개월　(j) 재태 9개월

그림 **3-8** 태아의 뇌 발달

(5) 신장

신장은 임신 5주에 생성되고 소변 생성은 12주경에 시작된다. 16주에 신장은 구조적으로 완성되고 기능적으로도 소변을 배설할 수 있는 정도가 된다. 그러나 Na^+, K^+, H^+ 농도 조절 기능은 매우 미숙하여 생후 수개월 후에야 정상 기능을 가지게 된다.

표 3-2 태아의 조직과 기관의 발달

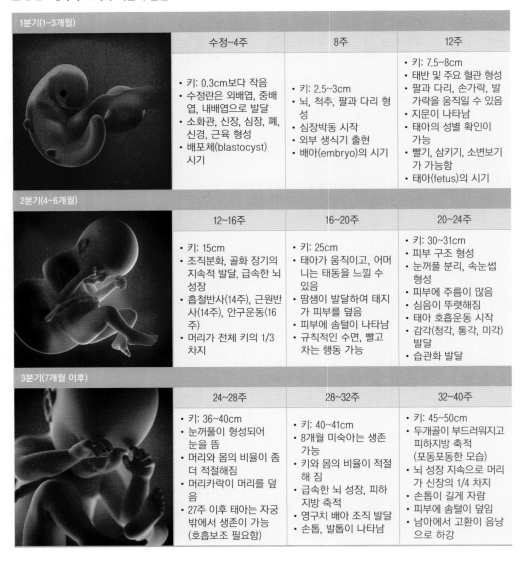

1분기(1~3개월)			
	수정~4주	8주	12주
	• 키: 0.3cm보다 작음 • 수정란은 외배엽, 중배엽, 내배엽으로 발달 • 소화관, 신장, 심장, 폐, 신경, 근육 형성 • 배포체(blastocyst) 시기	• 키: 2.5~3cm • 뇌, 척추, 팔과 다리 형성 • 심장박동 시작 • 외부 생식기 출현 • 배아(embryo)의 시기	• 키: 7.5~8cm • 태반 및 주요 혈관 형성 • 팔과 다리, 손가락, 발가락을 움직일 수 있음 • 지문이 나타남 • 태아의 성별 확인이 가능 • 빨기, 삼키기, 소변보기가 가능함 • 태아(fetus)의 시기
2분기(4~6개월)			
	12~16주	16~20주	20~24주
	• 키: 15cm • 조직분화, 골화 장기의 지속적 발달, 급속한 뇌 성장 • 흡철반사(14주), 근원반사(14주), 안구운동(16주) • 머리가 전체 키의 1/3 차지	• 키: 25cm • 태아가 움직이고, 어머니는 태동을 느낄 수 있음 • 땀샘이 발달하여 태지가 피부를 덮음 • 피부에 솜털이 나타남 • 규칙적인 수면, 빨고 차는 행동 가능	• 키: 30~31cm • 피부 구조 형성 • 눈꺼풀 분리, 속눈썹 형성 • 피부에 주름이 많음 • 심음이 뚜렷해짐 • 태아 호흡운동 시작 • 감각(청각, 통각, 미각) 발달 • 습관화 발달
3분기(7개월 이후)			
	24~28주	28~32주	32~40주
	• 키: 36~40cm • 눈꺼풀이 형성되어 눈을 뜸 • 머리와 몸의 비율이 좀 더 적절해짐 • 머리카락이 머리를 덮음 • 27주 이후 태아는 자궁 밖에서 생존이 가능(호흡보조 필요함)	• 키: 40~41cm • 8개월 미숙아는 생존 가능 • 키와 몸의 비율이 적절해 짐 • 급속한 뇌 성장, 피하지방 축적 • 영구치 배아 조직 발달 • 손톱, 발톱이 나타남	• 키: 45~50cm • 두개골이 부드러워지고 피하지방 축적(포동포동한 모습) • 뇌 성장 지속으로 머리가 신장의 1/4 차지 • 손톱이 길게 자람 • 피부에 솜털이 덮임 • 남아에서 고환이 음낭으로 하강

2) 태아의 감각발달

태아의 감각발달에 대한 연구는 대부분 간접적인 접근법에서 추리되는 것이 많다. 예컨대 태아의 시각 기능 발달을 확인하기 위해 태아의 심장박동을 기록하면서 임부의 복부에 강한 조명을 비추었을 때 태아 심장박동 수의 변화를 보는 방법과 같이 간접적 측정을 통해 확인한다.

통증 감각이 기능적으로 활성화되는 시기는 23주경으로 추정되고, 태아의 청각 기능이 활성화되는 시기는 22~24주경으로 추정된다. 성인의 청각 영역은 20~20,000Hz인데 비하여 태아의 청각영역은 250~500Hz로 성인과 다르다. 연구에 의하면 복강 내 잡음, 복벽, 자궁벽, 양수 등의 복합적 효과로 결국 태아 청각기관에 도달하는 소리는 125~250Hz이다. 흥미로운 점은 이 소리 영역은 인간 목소리의 기본 주파수로 태아가 사람의 목소리를 제법 쉽게 인식할 수 있다는 점이다. 실제 태아가 어머니의 목소리를 기억한다는 연구와 어머니가 매일 듣는 음악을 인식한다는 연구 보고가 있다. 태아나 신생아에게 어떤 자극을 지속해서 주었을 때 처음에는 반응하다가 곧 스스로 그 자극에 대한 반응을 그쳐 버리는 현상을 습관화habituation 라고 하는데, 22~24주 태아에게서 습관화 반응을 볼 수 있다(표 3-3). 태아는 미각이 발달하여 맛을 구별할 수 있다. 5개월이면 양수를 삼키고 단맛을 첨가하였을 때 빨리 삼키고 차가운 용액이 양수에 들어오면 딸꾹질한다.

표 3-3 태아의 감각발달을 확인할 수 있는 행동반응

감각	임신 주	관련 행동반응	
미각	12	양수에 설탕물을 첨가했을 때 양수를 삼키는 반응	
촉각	13	복벽을 통해 태아의 신체부위를 접촉했을 때 태아의 행동반응	
통증 감각	23	양수검사 시 우발적 주사바늘에 대한 태아의 행동반응	
청각	22~24	음성에 따른 태아 심장박동 수 변화	
습관화	22~24	태아에게 소음을 들려준 후 심장박동 수 변화	
시각	26	복벽으로 비친 조명에 대한 태아의 행동반응	
학습	30	엄마의 목소리를 기억하고 낯선 목소리와 구별하는 능력을 태아의 손가락 빨기 행동반응으로 측정	

3. 태아발달 영향 요인

1) 태아발달 영향의 일반적 원리

모체의 자궁이 태아를 잘 보호하고 있지만 여전히 외부 환경은 배아나 태

아의 발달에 영향을 미친다. 수정 후 환경이 안전하지 않은 경우 모든 세포가 영향을 받게 된다. 앞서 언급한 대로 세포가 영향을 받는 시기에 따라서 태아의 발달 결과는 달라질 수 있다.

기형유발물질teratogen이란 태아발달에 부정적 영향을 미치는 물질로, 원래 그리스어의 'tera'라는 어원에서 유래되었으며 이는 괴물monster이라는 의미가 있다. 즉, 기형유발물질이란 출생결함을 일으키는 유해물질을 의미하며, 아기의 인지, 행동에 부정적 영향을 미친다. 그런데 이런 유해물질의 효과가 나타나려면 오랜 시간이 걸리므로 어느 물질이 어떤 문제를 일으키는지는 확인이 어렵다. 태아나 배아가 특정 유해물질에 노출될 경우, 신체적인 결함으로 나타나지 않을 수 있지만, 발달 중인 뇌에 영향을 미쳐서 인지기능과 행동에 영향을 미칠 수 있다. 노출된 특정 유해물질의 양과 유전적 감수성, 노출 시기가 배아나 태아 손상의 정도와 결함의 종류를 결정한다.

- **노출 양** 노출된 양이 많을수록 그 효과가 심각하다.
- **유전적 감수성** 기형의 종류와 심각한 정도는 임부의 유전자형genotype과 태아나 배아의 유전자형과 연관되어 있다. 예를 들면, 임부의 약물 대사 능력은 그 약물이 태아나 배아에게 전달되어 영향을 미친다. 태아나 배아가 유해물질에 어느 정도 취약한가는 태아나 배아의 유전자형에 좌우된다. 그리고 이유는 모르지만 남자 태아가 여자 태아보다 훨씬 유해물질의 영향을 많이 받는다.
- **노출 시기** 유해물질이 태아발달 과정의 어떤 시기에 노출되느냐에 따라 심각한 정도가 달라질 수 있다. 배아 전기에 유해물질에 노출될 경우, 아예 수정란 착상조차 되지 않을 것이며, 일반적으로 배아기가 태아기보다 더 취약하다.

태아의 발달 과정 중 배아기는 대부분의 장기가 만들어지는 시기로 구조결함이 일어날 가능성이 매우 높다. 따라서 이 시기에는 특히 유해요인에 노출되지 않도록 각별한 주의가 필요하다. 이처럼 장기마다 구조를 만드는 결정적 시기critical period가 있다. 결정적 시기란 초기 발달 과정 중의 어떤 정해진 시기에 어떤 사건이나 경험이 발달에 장기적인 효과를 초래하는 것을 말하며 신경계의 결정적 시기는 팔이나 다리의 결정적 시기보다 이르다.

일단 장기들이 다 만들어진 후에는 유해물질이 해부학적 결손을 일으킬 가능성이 작아진다. 그 대신 태아기 때 유해물질에 노출되면 성장발육이 방해받거나 장기의 기능에 문제가 생긴다.

2) 태아발달 유해 요인

(1) 약물

태아에게 영향을 주는 약물에 대한 연구는 계속 진행 중이지만, 아직까지 밝혀지지 않은 약물이 많다. 약물의 종류, 투여량, 태아의 발달 시기에 따라 태아 기형을 초래하는 정도는 다르다. 의사들은 치료를 위해 임부에게 항생제, 진통제, 천식약 등을 처방하는데, 처방약, 비처방약 모두 태아나 배아에게 영향을 미친다. 비처방약으로 태아에게 유해한 약들은 다이어트 약, 고농도 아스피린 등이 있다. 낮은 농도의 아스피린은 태아에게 해가 없는 것으로 보고되고 있지만, 고농도 아스피린은 임부와 태아 모두에게 출혈 위험이 있다.

임신기간 동안 생백신 예방접종은 금기이나 인플루엔자나 디프테리아, 파상풍과 같은 사백신은 접종할 수 있다. 항정신성 약물은 신경계에 작용하여 의식상태, 지각, 기분을 변화시킨다. 항정신성 물질에는 카페인, 술, 담배, 코카인, 메타암페타민, 마리화나, 헤로인과 같은 마약들이 있다. 발달에 영향을 미치는 약물의 내용은 아래의 표 3-4에 제시하였다.

(2) 담배와 술

흡연은 태아에게 전달되어야 할 산소공급을 감소시켜 태아의 세포 성장을 저해하고 결과적으로 태아 성장을 저해한다. 임신 중에 흡연을 하면 미숙아, 저체중출생아, 사산, 신생아 사망, 호흡기 문제, 영아돌연사, 또는 심혈관 문제가 있는 아기를 낳을 가능성이 높고, 주의력결핍·과잉행동장애ADHD 문제가 있을 수 있으며, 임신 중 산모의 흡연은 자녀의 천식 발생위험을 증가시킨다.

아버지에 의한 간접흡연도 저체중 출생아 출산과 여자 아기의 난소 기능을

표 3-4 약물이 태아에게 미치는 영향

약물	태아에게 미치는 영향
항생제	• 과도한 스트렙토마이신 사용은 귀머거리, 테트라마이신은 골격장애와 뼈 성장을 방해한다.
여드름 치료제 Accutane	• 청소년 임부의 태아에서 심장 기형, 눈, 귀의 기형, 뇌 기형 등이 발생한다.
카페인	• 카페인이 들어있는 음식은 커피, 차, 콜라, 초콜릿 등이다. • 임부가 카페인을 하루에 200mg 이상 섭취할 경우 유산의 위험이 높다.
코카인	• 태아의 키, 체중, 두위가 정상보다 작다. • 아기의 각성수준이 낮고, 자기조절 결핍, 쉽게 흥분, 반사반응이 명확하지 않다. • 생후 2개월 때 운동발달이 지연되고, 10세까지 성장 속도가 늦다. • 학령전기와 학령기에 언어발달이 늦고 정보처리 능력이 부족하며, 주의력 결핍 문제가 있어 정규 과정의 학교에 다니지 못하고 특수학교에 다녀야 한다.
메타암페타민	• 코카인과 같은 흥분제로 임신 중에 메타암페타민을 섭취할 경우, 출생한 아기는 영아 사망, 저체중 출생아, 발달장애, 행동장애, 기억력 부족이 발생한다.
마리화나	• 조산이나 저체중아를 분만한다. 아기의 지능이 낮고 4세 이하의 어린이에서 만성 폐쇄성 폐 질환이 발병한다. • 태아기 때 마리화나에 노출된 경우 이후 아동이 14세 때 마리화나 흡입 가능성이 높다.
헤로인	• 진전(가늘게 떠는 행동), 보챔, 비정상적 울음, 수면장애, 운동조절장애 등의 문제를 보인다. • 생후 1세 때에도 행동 문제가 계속되며, 나중에 주의력결핍 과잉행동장애(ADHD)의 문제가 발생한다.
합성마약	• 펜타닐과 같은 합성 아편 유사제는 진통제로 합법적으로 사용될 수 있는 마약류인데, 펜타닐은 태반을 빠르게 통과하여 1분 후면 태아 혈액에서 발견된다. • 합성마약에 노출된 태아는 출생 후 호흡기능 저하와 금단현상이 나타난다.
항우울제	• 임신 초기 복용 시 유산 위험 증가, 임신 중기 이후 복용 시 어린이의 자폐증 위험이 증가한다.
아스피린	• 과다 복용 시 신생아 출혈, 위장장애, 저체중아, 낮은 지능이 나타난다.
백신	• 생백신은 임신기간 동안 접종을 금해야 한다. MMR(홍역, 이하선염, 풍진), 수두, 대상포진, 일본뇌염 생백신은 임신 기간 동안 금기이다.

저하시키는 것으로 확인되었다. 전자담배의 에어로졸에 만성적으로 노출된 경우에도 저체중아를 출산할 수 있다. 이처럼 직접흡연, 간접흡연, 전자담배 모두 태아발달에 유해하므로 임신 중 어느 시점에서든지 금연하도록 권고하고 있으며 특히 임신 15주 이전에는 반드시 금연할 것을 권하고 있다.

임신 중에 임부가 술을 많이 마시는 경우, 선천성 알코올 증후군을 가진 아기를 낳을 가능성이 높다. 선천성 알코올 증후군은 얼굴 기형과, 사지와 심장기형의 문제를 가지며, 대부분 학습장애가 있고, 지능이 평균 이하이며, 지적장해 등의 문제를 가지고 있다. 일주일에 하루 또는 며칠 동안 맥주나 와인

1~2잔을 마시거나 독한 술 1잔을 마실 경우, 선천성 알코올 증후군은 아니지만 태아에게 나쁜 영향을 줄 수 있다. 또한 임신이 되는 주에 남녀가 함께 술을 마신 경우, 유산될 가능성이 높다. 가능하면 임신 중에는 알코올을 섭취하지 않는 것이 현명하다.

(3) 환경적 위험 요인

오늘날의 산업계는 태아나 배아에게 위험을 주고 있다. 구체적인 환경 유해물질은 방사선, 독성물질, 화학물질. 일산화탄소, 수은, 납, 비료, 살충제 등이 있다. 히로시마 원자폭탄 투하와 체르노빌 사태 이후 그 지역에서 기형아나 지능이 낮은 아동이 나타났던 경험으로 방사선이 태아에게 영향을 미친다는 것을 확인할 수 있다. 여성이 임신한 사실을 모르고 x-ray를 찍을 경우, 방사선이 수정 후 첫 몇 주 동안 자라는 중인 배아나 태아에게 영향을 줄 수 있다. 그러나 진단 목적으로 납 앞치마를 입고 복부를 제외한 다른 부위에 x-ray를 찍을 경우, 태아에게는 위험이 없는 것으로 보고 있다.

(4) 어머니의 질병

어머니의 질병이나 감염은 태반을 통과하여 태아에게 전달되어 결손을 초래하여 질병으로 나타난다. 대표적 질환으로 풍진, 매독, 헤르페스, 에이즈, 당뇨병에 대해 살펴보겠다.

풍진은 작은 방울로 전파되는 질환으로 출생 후의 감염은 증상이 경미하나 임부가 풍진에 걸리면 태아 기형을 초래한다. 매독균은 임신 5개월 이전에는 태반이 방어막 역할을 하여 태아에게 전달되지 않지만, 5개월 이후에는 균이 태반을 통과하여 감염을 일으킨다.

성기 헤르페스에 걸린 산모로부터 질 분만으로 출생하는 아기는 사망하거나 뇌 손상을 입을 수 있어 제왕절개수술로 분만해야 한다.

후천성 면역 결핍증 AIDS는 HIV 감염에 의해서 생기며, 환자의 면역계를 파괴하는 질환이다. 우리나라 보건소에서는 무료로 익명으로 누구나 검사를 받을 수 있다. 어머니가 아기에게 에이즈를 감염시키는 경로는 3가지가 있다. 첫째, 임신기간 동안 태반을 통과하여 태아에게 감염되는 경우 둘째, 출산할

표 3-5 어머니의 질병에 따른 결손과 관리 방법

어머니의 질병	결손 발생	관리 방법
풍진	임부의 풍진 바이러스는 태반을 통과하여 태아에서 자연유산, 청력상실, 발달지체, 백내장, 심장결손, 자궁 내 성장지연, 소두증이 나타날 수 있다.	• 임신을 계획하는 여성은 혈액검사를 미리 하여 풍진에 대한 면역이 있는지를 확인한다. • 면역이 없는 경우, 임신하기 3개월 전에 풍진 예방접종을 해야 한다.
매독	간질환, 신장질환, 피부질환이 발생하고 초기에 치료하지 않으면 태아사망률이 40%로 높다.	• 선천성 매독 치료에 벤자틴 페니실린 G를 1주일마다 2회 주사한다.
성기 헤르페스	성기 헤르페스에 감염된 산도를 통과한 아기는 헤르페스에 노출되면 1/3은 사망하고, 1/4은 뇌 손상을 입는다.	• 분만은 제왕절개술을 실시한다. • 분만 후에는 병변에 직접 닿는 것을 피하고 엄마와 돌보는 사람은 손 씻기를 통해 아기가 감염되지 않도록 한다.
당뇨	뇌수종, 무뇌아, 소두증, 심장중격결손, 혈관의 전위, 대동맥협착증, 신장 발육부전, 수신증, 요도하열, 잠복고환, 십이지장폐쇄증, 항문폐쇄, 귀의 이상, 안면열	• 정기적인 산부인과 검진과 혈당검사, 식이요법, 운동요법, 필요시 인슐린 요법을 실시한다.

때 모체의 혈액과 체액에 노출되어 감염되는 경우 셋째, 산후 모유수유를 통해 감염되는 경우가 있다. HIV 감염을 억제하는 가장 좋은 방법은 예방이다. 성관계 시 콘돔과 같은 피임용품을 사용하여 감염력이 있는 분비물과 접촉을 줄이고 감염된 경우에는 항레트로바이러스 약물로 치료한다.

어머니에게 당뇨가 있는 경우, 출생하는 아기에게 많은 문제가 있을 수 있다. 당뇨가 있는 모체로부터 출생하는 아기일수록 신체 결손이 많고, 출생 후 혈당조절 문제가 발생하며, 체중이 많이 나가 자연분만이 어려울 수 있다. 또한 임신성 당뇨가 있는 모체로부터 출생한 아기는 나중에 당뇨병이 생기기 쉽다. 주요 질병과 관리 방법을 표 3-5에 제시하였다.

(5) 혈액 부적합증

부부의 혈액형이 적합하지 않은 경우, 태아발달에 위험이 따를 수 있다. 혈액형은 적혈구 표면 구조의 차이에 의해서 결정되는데, 흔히 혈액형은 A, B, O, AB형으로 구분하고, 또 다른 구분은 Rh(+)와 Rh(-)이다. Rh 요인이라고 부르는 표면 마크가 있으면 Rh(+), 없으면 Rh(-)라고 부른다. 임부의 혈액형이 Rh(-)이고, 태아 혈액형이 Rh(+)일 때, 임부가 태아의 Rh(+) 인자에 노출되면

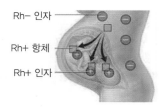

(a) Rh 부적합증은 임부의 혈액형이 Rh−, 태아의 혈액형이 Rh+인 경우 발생한다.

(b) 태아의 혈액이 태반을 통해 임부의 혈액계로 유입되면 임부의 면역계는 Rh+에 반응하여 Rh+항체를 생성한다.

(c) 어머니 면역계에 생성된 Rh+항체는 태반을 통해 다시 태아 혈액계로 유입되며, Rh+항체는 태아의 적혈구를 파괴하여 심각한 태아 빈혈을 유발한다.

그림 3-9 Rh 부적합증

임부의 면역계에서는 Rh(+)에 대한 항체를 만들어 태아의 적혈구를 공격한다. 그 결과 태아는 유산, 사산, 빈혈, 황달, 심장결손, 뇌 손상, 출생 직후 사망 등의 문제들을 일으킨다.

일반적으로 Rh(−) 형인 산모가 Rh(+) 형의 첫째 아기를 출산한 경우에는 위험이 크지 않다. 그러나 둘째 임신부터는 모체가 첫째 아기의 Rh(+) 항원에 노출되었기 때문에 모체의 혈액에 항 Rh(+) 항체가 형성되어 있어 태아에게 미치는 위험이 증가한다. 이를 예방하기 위해 첫째 아기를 낳으면, 모체의 적혈구가 Rh(+) 항원을 감작하지 못하도록 출산 3일 이내에 RhoGAM이라는 면역 글로불린(항체)을 주사한다. 그러면, 태아의 Rh(+) 항원과 항체가 모체의 몸 안에서 결합하여 모체는 항원을 감작하지 못하고 항체를 형성하지 않아 태아의 적혈구를 파괴하지 못한다. Rh 부적합증이 있는 태아는 산전 혹은 출생 후 즉시 교환수혈을 하여 치료한다.

(6) 어머니의 나이

어머니의 나이가 10대와 35세 이상인 경우 태아나 영아에게 해로운 영향을 미칠 수 있다. 10대에 출산할 경우, 20대에 출산한 경우보다 영아 사망률이 2배 높다. 10대 산모라고 하더라도 적절한 산전 간호를 잘 받으면 문제가 있는 아기를 출산할 위험이 적지만 10대 산모는 산전관리를 가장 안 받는 집단이므로 문제가 심각하다. 또한 어머니의 나이는 다운증후군과 관련이 있다. 산모의 나이가 증가할수록 다운증후군 아기를 낳을 가능성은 커진다. 산모의 나이가 35세 이상이면 저체중 출생아, 조산아, 사산의 위험이 증가한다.

그림 **3-10** 다운증후군 아기

(7) 어머니의 스트레스, 감정

임신부는 임신기간 동안 긴장, 두려움, 불안 및 다양한 부정적인 감정을 경험한다. 이런 부정적인 감정은 태아에게 부정적 영향을 줄 수 있다. 어머니의 스트레스는 약물 복용, 산전 진찰 회피와 같은 불건강한 행동을 하게 함으로써 태아에게 간접적으로 영향을 줄 수 있다. 또한 임부의 스트레스와 긴장은 교감신경을 활성화하여 혈관을 수축하고, 결과적으로 태반으로 가는 혈액 공급을 감소시켜 태아 영양 결핍, 자궁 내 성장지연, 저체중아 출산의 원인이 된다. 임신 중에 임부의 지나친 불안과 스트레스는 출생하는 아기의 인지 및 정서 문제, 주의집중 결핍, 언어발달 지연 문제와 관련이 있다. 어머니의 임신 중 우울은 혈중 코티졸 수치를 높이며, 이는 태아와 신생아에게 부정적 영향을 미쳐 조산, 자궁 내 성장지연의 문제를 가진 아이를 낳을 가능성이 높다.

(8) 아버지 요인

아버지 역시 태아발달에 영향을 준다. 남성이 납, 방사선, 살충제, 석유계 화학물질에 노출된 경우, 유산의 위험이 높으며, 출생한 아기가 암에 걸릴 위험이 높다. 아버지가 흡연을 많이 할 경우에도 유산 위험이 높고 소아 백혈병의 위험이 증가한다. 아버지의 연령이 증가하면, 시험관 수정의 성공률이 감소하고 조산의 위험이 증가한다. 아버지가 어머니를 지지하고 임신에 긍정적일 때

4. 태아의 발달 증진

1) 영양

자궁 내에서 성장하는 배아나 태아는 전적으로 어머니의 영양에 의존하고 있다. 배아나 태아의 영양상태는 엄마의 총열량 섭취, 단백질, 비타민, 미네랄 섭취에 좌우된다. 영양실조 어머니로부터 출생하는 아기는 기형이 생기기 쉽고, 어머니의 비만도 배아나 태아에게 영향을 준다. 최근의 연구 결과에 의하면 임신 동안 비만인 경우, 불임, 고혈압, 당뇨, 제왕절개술로 분만할 위험이 높고, 거대아분만, 사산, 출생 후 신생아 집중치료실에 입원할 위험이 높은 것으로 알려져 있다.

어머니의 영양 중에서 태아의 정상 발달에 중요한 영양은 비타민 B 복합체인 엽산이다. 엽산은 DNA 합성의 보조효소로 세포 복제, 태아와 태반 성

표 3-6 태아발달과 영양

영양소	역할
포도당	• 태아의 에너지원, 지방과 단백질을 합성
칼슘, 인	• 태아의 골격 형성 • 성장기에 대량 공급되어야 함
철분	• 적혈구 혈색소 합성 • 태아기에 필요한 철분의 1/3을 간에 비축해 두고 생후 6~7개월까지 저장해 둔 철분을 사용함
비타민 B12, 엽산	• 적혈구, 신경세포 성장
비타민 C	• 뼈와 결체조직 형성
비타민 D	• 뼈 성장, 칼슘 흡수 도움 • 간에 저장한 뒤 생후 6~7개월까지 사용
비타민 E	• 강력한 항산화제로 배아 성장에 필요, 부족 시 자연유산 가능
비타민 K	• 혈액응고 생리작용, 출산 시 발생하는 출혈을 지혈 • 성인은 비타민 K가 장내 세균에 의해 생산되나 태아는 아직 장내 정상 세균이 없어 어머니로부터 공급받고 일부를 간에 저장

장, 적혈구 생성에 필수적인 영양소이다. 엽산 섭취가 부족한 어머니는 자연유산, 조산의 위험이 높고, 이분척추와 같은 신경관 결손이 있는 아기를 출산할 위험이 높으며, 유아기 행동 문제를 더 많이 일으킨다는 보고도 있다. 엽산은 콩, 땅콩, 오렌지 주스나 시금치에 많이 함유되어 있으며, 임부는 하루에 최소한 $400\mu g$ 이상 섭취하도록 권장하고 있다.

임부에게 생선 섭취를 권장하고 있지만 큰 생선에는 수은과 같은 중금속에 오염되어 있을 수 있다. 수은은 쉽게 태반을 통과하여 배아의 뇌와 신경계 발달에 영향을 미쳐, 유산, 조산아 출산, 지능저하 문제를 초래할 수 있다.

2) 태교

임신과 관련한 우리의 전통에는 태몽과 태교라는 개념이 있다. 태몽은 임신부나 가족이 임신을 예고하는 이미지나 메시지를 꿈으로 예견하는 현상을 말한다. 태교란 임부와 태아의 안전을 도모하기 위하여 임신부가 가져야 할 정신적 자세와 안정된 정서, 반듯한 언행, 피해야 할 금기사항과 섭생 등을 구전해 온 우리의 전통을 말한다. 이 전통은 오늘날의 우리 현대 생활에 맞지 않는 부분도 있으나, 그 근본정신이나 과학적인 견지에서 판단할 때 매우 현명한 충고들을 많이 담고 있다.

그림 3-11 태교

(1) 임신 초기

임신 초기(1~3개월)에는 태아의 안전한 착상과 온전한 장기발달을 위하여 약물이나 술, 담배 등의 섭취를 삼가고, 균형 잡힌 식습관으로 영양을 섭취하고 휴식과 활동을 조절하여 안정을 취하는 것이 좋다. 이 시기에는 어머니의 호르몬 변화로 인해 기분 변화가 나타나므로 스트레스를 해소할 수 있는 활동을 개발하는 것이 좋다. 태동이 너무 심하거나 태동이 없는 경우, 심장박동이 너무 빠르고 불규칙하거나 느린 경우는 태아가 스트레스를 받고 있다는 것을 의미한다.

(2) 임신 중기

임신 중기(4~7개월)에는 유산의 위험이 감소하고 입덧이 줄어들면서 식욕이 돌아오는 시기이며, 어머니는 태동을 느끼면서 임신을 실감하는 시기이다. 또한 태아의 시각, 청각 등의 감각기능 발달로 태아는 엄마와 아빠의 목소리를 인식할 수 있다. 이 시기에 예비 부모들은 태아와 대화를 하거나(태담) 태교 음악을 들려주는 것이 좋다.

그림 **3-12** **임부체조**: 임부체조는 임부와 태아의 건강에 도움을 준다.

(3) 임신 후기

임신 후기(8~10개월)에는 분만이 가까워짐에 따라 모체는 호흡이 얕아지고 분만에 대한 불안이 증가하는 시기이다. 진통을 극복하고 원활한 분만을 위해 심호흡과 호흡조절 훈련을 하며 마음의 평정을 유지한다. 임신 말기로 갈수록 태아보다는 분만 자체에 대한 관심이 높기 때문에 이에 대비하여 산전 교육을 받는다.

3) 임신 중 성생활

임신이 확인된 이후부터 부부는 성생활을 어떻게 해야 하는지 궁금해한다. 임신 중 성생활은 건강한 임부에게는 안전하다. 그러나 유산이나 조산의 가능성이 있거나 고위험 임신의 경우에는 주의가 필요하다. 임신부는 임신의 단계에 따라 성욕에 변화를 겪게 된다. 임신 초기에는 체형과 신체상이 변화되고 호르몬의 변화로 피로하고 졸음 등의 불편감이 증가하면서 성욕이 감소하다가 임신 중기가 되면 성욕이 돌아오고 임신 말기에 다시 감소하는 경향이 있다.

표 3-7 임신 중 성생활

임신기간	성생활
임신 초기	• 수정란의 착상이 견고하게 이루어지지 않은 상태이고 태반 형성이 진행되고 있는 시기이므로 지나친 성적 흥분은 자궁 수축과 출혈을 유발하여 유산을 초래할 수 있다. • 과도하거나 장시간의 성행위는 삼가는 것이 좋다.
임신 중기	• 유산의 위험은 없지만 복부를 압박하는 자세는 피하는 것이 좋다. • 이때 권장하는 체위는 측와위이다.
임신 8개월 이후	• 성욕이 감퇴하는 시기이며, 커진 자궁으로 하복부가 충혈되어 있어 성교 시 상처를 입기 쉽고, 질의 산도 변화로 감염에 취약한 시기이다. • 지나친 성적 자극은 조산을 초래할 가능성이 높다. • 조산 예방과 감염 예방을 위하여 임신 말기 6주 동안은 금욕을 권하고 있다. 특히 유산, 전치태반, 질 출혈, 자궁경관무력증, 경관 개대 등의 증상이 있을 경우 성생활에 대해 담당 의사와 상담하기를 권한다.

4) 산전관리

정기적인 산전관리는 건강한 아기를 출산하는 데 매우 중요하다. 산전 관리를 통해서 임신 경과를 모니터하고 잠재적인 건강 문제가 엄마나 아기에게 심각한 문제를 야기하기 전에 찾아내기 위해 조치가 필요하다. 따라서 철저한 산전관리를 통해 조기 출산과 임부나 아기에게 올 수 있는 심각한 문제를 사전에 방지할 수 있다.

산전관리 내용으로는 임부의 체중, 혈압, 소변검사, 손발의 부종 등을 체크하고, 초음파 검사를 통해 태아의 발달상태와 태위를 검사한다. 특별한 건강 문제가 없는 임부일 경우, 임신 7개월까지는 한 달에 한 번, 임신 7개월에서 9개월까지는 1달에 2번, 임신 9개월에서 출산까지는 1주일에 1번씩 산부인과 병원이나 보건소를 방문하여 산전관리를 받도록 한다.

표 3-8 임신 시기별 정기검진 횟수

임신기간	정기검진 주기
임신 ~ 7개월	1개월에 1번
8 ~ 9개월	2주에 1번
10개월	1주에 1번

임부는 태아가 정상적으로 잘 자라는지 알아보기 위하여 주치의와 상의하여 어떤 산전검사를 받아야 할지를 결정해야 한다. 산전검사 종류로는 초음파 검사ultrasound sonography, 태아 MRI, 융모막 융모샘플링chorionic villus sampling, 양수검사, 모체의 혈액검사 등이 있다. 이들 검사는 모체의 나이, 과거병력, 유전적 요인 등에 의해서 결정된다. 임신 시기별 산전검사 내용은 표 3-9에, 산전검사 종류는 표 3-10에 각각 요약하였다.

표 3-9 임신 시기별 산전검사

임신시기	검사 종류	설명
임신 초기 (1~3개월)	소변검사	임신 여부 확인(hCG)
	혈액검사	빈혈, 혈액형 검사
	성병, 간염, 풍진항체 검사	임부가 성병, 간염, 풍진에 감염된 경우 태아 사망이나 기형의 원인이 될 수 있음
	초음파 검사	임신 확인, 태아 위치 확인
	자궁경부 질 분비물 검사	생식기 감염 확인
임신 중기 (4~7개월)	혈압, 체중	임신성 고혈압 확인
	초음파 검사	태아 성장 확인, 태반 위치, 적정 양수의 양 확인
	혈액검사	빈혈 확인
	태아 목덜미 투명대 검사, 양수검사, 3가지 표지자 검사	태아 기형 확인
	치과검진	임신 시 치과검진으로 가장 안전한 시기
임신 말기 (8개월 이후)	혈압, 체중	임신성 고혈압 확인
	초음파 검사	태아 성장 확인, 태반 위치, 적정 양수의 양 확인
	소변검사	임신성 당뇨병 확인, 임신중독증의 단백뇨 확인
	심전도, 흉부방사선검사	분만 시 응급상황에 대비
	혈약검사	분만 시 출혈로 인한 빈혈에 대비

표 3-10 산전검사의 종류

검사 종류	설명
전자 태아 감시 장치 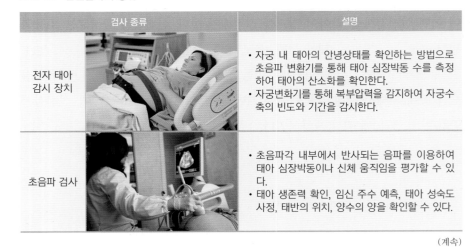	• 자궁 내 태아의 안녕상태를 확인하는 방법으로 초음파 변환기를 통해 태아 심장박동 수를 측정하여 태아의 산소화를 확인한다. • 자궁변화기를 통해 복부압력을 감지하여 자궁수축의 빈도와 기간을 감시한다.
초음파 검사	• 초음파각 내부에서 반사되는 음파를 이용하여 태아 심장박동이나 신체 움직임을 평가할 수 있다. • 태아 생존력 확인, 임신 주수 예측, 태아 성숙도 사정, 태반의 위치, 양수의 양을 확인할 수 있다.

(계속)

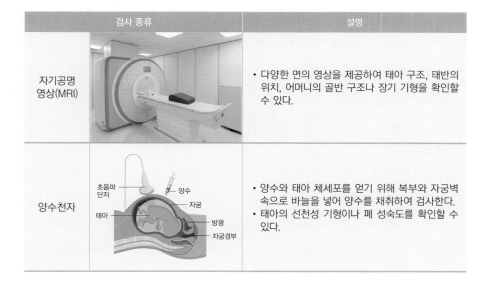

검사 종류	설명
자기공명 영상(MRI)	• 다양한 면의 영상을 제공하여 태아 구조, 태반의 위치, 어머니의 골반 구조나 장기 기형을 확인할 수 있다.
양수천자	• 양수와 태아 체세포를 얻기 위해 복부와 자궁벽 속으로 바늘을 넣어 양수를 채취하여 검사한다. • 태아의 선천성 기형이나 폐 성숙도를 확인할 수 있다.

5. 출산

40주 동안의 기다림 끝에 새로운 생명을 만나는 출산 과정이 시작된다. 출산 과정은 가족에게 특별한 경험이자 사건이다. 출산 과정을 긍정적으로 경험한 산모는 아기와 애착관계가 쉽게 이루어지고 어머니 역할을 받아들이고 습득하게 된다.

1) 출산 준비

출산이 가까워지면 어머니의 신체는 분만을 준비하기 위해 변화한다. 분만 2주 전부터 태아가 어머니의 골반으로 내려오면서 어머니는 훨씬 호흡이 편안해지고 내려온 태아로 인해 방광이 압박되어 자주 소변을 보게 된다.

분만이 가까워짐에 따라 임부는 태아 하강감 더불어 복부의 불규칙한 수축을 경험하게 된다. 이 수축은 태아에게 더 많은 산소와 영양분을 공급하기 위해 자궁이 수축하는 것으로, 분만 시에는 진통으로 진행된다. 분만이 임박해지면 자궁 입구를 막고 있던 점액이 떨어져 나오는데 이것을 이슬show이라고 한다. 이슬은 혈액이 섞인 끈적이는 점액으로 이슬이 나오고 태아를 보호하고 있던 양수가 흘러나오면 몇 시간 이후 분만이 시작된다.

2) 자연분만 과정

(1) 분만 1기

분만 1기는 자궁 입구가 열리는 개대기로 진통이 시작되면서 닫혀있던 자궁 입구가 10cm까지 열리게 된다. 자궁 입구는 태아의 머리가 나올 수 있을 만큼 열리는데 자궁경부가 완전히 열리는데 초산모는 12시간 정도 진통을 하게 된다. 이때 옆에서 지지해주는 남편의 역할이 크며 통증 완화를 위한 마사지나 이완요법, 호흡법이 도움이 될 수 있다.

(2) 분만 2기

분만 2기는 완전히 열린 자궁 입구를 통해 태아가 나오는 시기이다. 이때 어머니는 저절로 아랫배에 힘이 주어지며 짧은 호흡을 하면서 태아를 밀어낸다. 분만 2기가 너무 오랜 시간 소요되면 태아가 어머니의 골반에 끼어있는 시간이 길어지면서 태아는 저산소 상태에 빠질 수 있다.

(3) 분만 3기

분만 3기는 태반이 나오는 시기로 태아가 나오고 얼마 후 자궁이 수축하면서 자궁벽에서 태반이 떨어져 나온다. 태반이 온전한 모양 그대로 완전히 떨

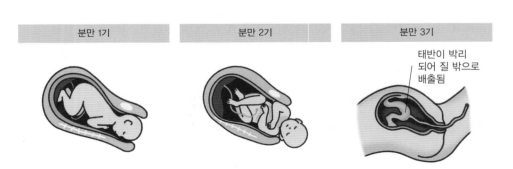

그림 **3-13** 자연분만 과정

어져 나와야 산후출혈 위험이 감소한다.

분만 후 태아의 제대를 자르기 전 어머니의 가슴 위에서 잠시 시간을 보내는 것은 모유 수유를 촉진하고 어머니와 아기의 애착을 증진하는데 도움이 된다. 짧은 시간이지만 아기는 어머니의 심장 소리를 듣고 어머니의 냄새를 맡을 수 있다. 어머니는 아기를 만져보며 아기의 얼굴을 봄으로써 상호작용을 하게 된다. 최근 대부분의 병원에서는 어머니나 태아가 위험한 상황이 아닌 경우라면 가족이 함께 분만에 참여할 기회를 제공하고 있다.

3) 다양한 분만 형태

최근 라마즈 분만, 소프롤로지Sopfrology 분만, 가족 분만, 수중 분만, 그네 분만, 르봐이예 분만, 제왕절개 분만 등 다양한 분만 방법을 적용하는 산부인과 병원이 늘어나고 있다. 여기서는 무통분만, 제왕절개 분만, 르봐이예 분만에 대해 살펴본다.

(1) 무통분만

무통분만은 자연분만 방법에서 진통을 완화하기 위하여 사용하는 약물적 통증완화 방법이다. 분만 중 진통제를 사용함으로써 통증 지각에 대한 역치를 높일 수 있고 진정 효과로 공포와 불안감을 감소시킬 수 있다. 진통제나 마취제는 분만 단계나 분만 방법에 따라 다르게 사용할 수 있다. 일반적으로 무통분만이라고 부르는 경막외 마취는 분만 통증이 심해지기 전에 마취과 의사가 카테터를 미리 경막외 공간에 삽입해두고 진통 중일 때 카테터를 통해 아편 유사제와 혼합한 마취제를 주입하여 진통과 마취 효과를 볼 수 있다.

무통분만은 통증을 완화하고 산모가 의식이 있는 상태로 분만 과정에 참여할 수 있다는 장점이 있다. 그러나 마취제 사용으로 인한 감각 소실로 방광에 소변이 차 있는 것을 산모가 느끼지 못할 수 있고 교감신경이 차단되어 저혈압이 발생할 수 있다. 또한 약물이 태아에게 전달되어 태아의 호흡을 억제할 수도 있어 분만 과정에서 산모와 태아를 주의 깊게 관찰하여야 한다.

(2) 제왕절개 분만

제왕절개 분만은 질분만이 아닌 수술로 분만하는 방법이다. 제왕절개수술은 질분만이 어머니나 태아에게 위험할 경우, 태아를 신속히 분만해야 할 때 시행한다. 제왕절개 분만은 복부를 절개하는 수술이기 때문에 자연분만과 달리 분만 과정에 가족이 참여하기 어렵다. 따라서 부모 역할 획득이 자연분만보다 어려울 수 있다.

제왕절개 분만은 수술 중에 진통제와 마취제 약물을 사용하기 때문에 분만 후 신생아 호흡과 반사 능력이 저하될 수 있다. 또 수술로 인한 합병증 발생이 자연분만에 비해 높기 때문에 산후출혈이나 감염 증상을 더욱 주의 깊게 관찰해야 한다. 최근 국내의 제왕절개 분만 비율은 고령 산모 증가와 함께 증가하고 있다. 그러나 합병증 비율이 높고 모아상호작용의 기회가 적어지는 제왕절개 분만은 태아나 산모가 위험한 상황과 같이 꼭 필요할 경우에만 시행하는 것이 권장된다.

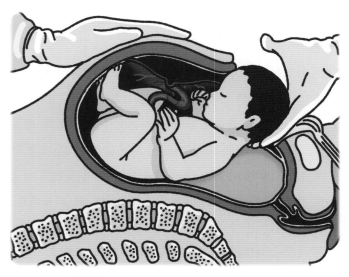

그림 3-14 제왕절개 분만

(3) 르봐이예 분만

르봐이예 분만은 프레드릭 르봐이예(1974)가 제시한 분만 방법으로 태아를 배려한 출산 방법이다. 르봐이예는 태아에게도 시각, 청각, 촉각, 감정이 있다고 보고 환경적 자극을 감소시켜 태아에게 행복한 분만 과정을 제공하는 것이 중요하다고 하였다. 그는 시끄럽고 밝은 분만실은 태아에게 스트레스로 작용한다고 생각했다.

르봐이예 분만법은 분만 과정 중 태아의 시력 보호와 안정감 제공을 위해 분만실의 조명을 어둡게 하고 청각적 자극을 줄이기 위해 조용한 환경을 제공한다. 그리고 어머니와의 유대감을 형성하기 위해 탯줄을 자르지 않은 상태에서 어머니의 품에 안겨있게 하고, 태반을 통한 호흡에서 폐호흡으로 전환될 시간을 제공하기 위해 5분 후 탯줄의 박동이 멈춘 후에 탯줄을 자른다. 출산 후 태아를 자궁과 비슷한 따뜻한 온도의 물에서 목욕시켜 중력에 적응하도록 돕는다. 이처럼 태아에게 행복한 경험을 제공하는 르봐이예 분만 방법은 신생아 통증반응을 감소시키며 어머니의 애착 행위를 증진하는 분만 방법으로 알려져 있다.

6. 태아발달 및 출산 관련 이슈

1) 난임

난임infertility은 임신 가능한 연령의 부부가 동거하면서 피임하지 않고 정상적인 부부관계를 가진 상태에서 1년 이내에 임신이 되지 않는 것을 의미한다. 최근 여성의 늦은 결혼 연령으로 인한 생식 능력 감소, 생식기 질환 증가, 잦은 유산, 스트레스와 비만, 환경오염 증가로 난임이 증가하고 있다. 우리나라는 대략 100만 쌍의 부부, 즉 부부 10쌍 중 1.5쌍이 난임으로 추정되고 있다.

난임의 원인은 남성, 여성 혹은 남녀 모두에게 있을 수 있으며, 남성의 진단이 여성보다 간단하고, 전체 난임의 20~40% 차지한다. 남성 난임의 원인은 정자 수 감소, 정자 운동성 저하와 같은 정자형성 장애나 성병 때문인 경우가 많다. 우리나라 전국 출산력 및 가족보건, 복지 실태조사에 따르면, 여성의 난임 원인은 배란장애(33.6%), 난관 문제(30.5%)와 자궁 문제(17.5%) 등이다. 난관염이나 과거 골반 내 염증질환으로 난자와 정자가 난관을 통과하지 못할 경우,

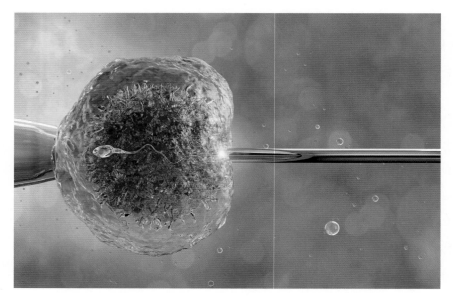

그림 **3-15** 체외수정

또는 내분비 이상, 난소낭종, 자궁내막증으로 인한 배란 이상, 과도한 스트레스, 무리한 다이어트도 배란 이상을 초래할 수 있다. 수정이 이루어졌어도 황체 호르몬 분비 부족으로 자궁내막이 자라지 못하거나 자궁 내 유착이나 자궁근종으로 자궁 내 요철이 있는 경우에도 수정란이 자궁내막에 착상하지 못하여 임신이 되기 어렵다.

최근 과학 및 의학의 발달과 더불어 난임 부부들의 치료 선택의 폭이 증가하였다. 난임 치료는 배란이 되지 않는 경우에는 클로미펜이나 생식샘 자극 호르몬gonadotropin을 사용하여 배란을 유도하고, 양쪽 난관이 없거나 복원이 불가능한 경우에는 체외 시험관에서 인위적으로 정자와 난자를 수정한 후 자궁강 내로 착상시키는 체외수정법in vitro fertilization을 실시한다. 체외수정은 1978년에 처음으로 '시험관아기'를 탄생시킨 이래 25~30%의 성공률을 보이고 있으며 대개 다태임신을 하게 된다. 다태임신은 한정된 공간인 자궁 안에 2명 이상의 태아가 함께 자라게 되어 조산의 위험이 있다. 조산으로 인한 극소 저체중 출생아 출생과 같이 생명을 위협하고 고비용 의료의 문제를 안고 있다.

2) 조산

조산preterm birth은 37주 이전에 분만하는 것으로 조산으로 출생한 아기를 미숙아preterm baby; premature baby라고 한다. 미숙아는 해부, 조직학적으로 미성숙한 상태로 출생하여 신체기능이 미성숙하고 조절 능력도 불안정하다. 따라서 임신 3기를 채우지 못하고 출생한 미숙아는 만삭아보다 조기 사망과 장기간의 건강 문제를 가질 위험성이 증가한다.

조산의 원인은 고령 산모의 증가와 쌍생아 임신의 증가로 만삭 전에 진통이 발생하는 조기 진통이 대부분이다. 그리고 태아발달의 저해요인인 어머니의 고혈압이나 감염, 영양결핍, 피로, 가정폭력, 10대 임신, 흡연, 알코올 섭취, 약물복용 등도 조산의 원인이 된다. 임신을 준비할 때 이와 같은 위험요인을 피할 수 있도록 산전관리와 교육이 필요하다.

조산은 신생아 사망의 가장 큰 원인으로 미숙아는 폐 미성숙으로 호흡곤란 증상이 있어 산소 치료가 필요하고, 체온조절이 어려워 온도와 습도를 조절해주는 보육기incubator에서 외부 환경에 적응할 수 있을 때까지 돌보아야 한다. 의학의 발달로 과거에 비해 생존율이 현저하게 증가하였지만, 미숙아의 또다른 위험은 만삭아보다 선천성 기형의 위험이 높고, 미숙한 상태로 출생하면서 발생하는 뇌실 내 출혈과 같은 손상으로 심각한 후유증이 발생할 위험이 있다.

미숙아를 돌볼 때 부모의 맨 가슴에 직접 피부를 맞대고 휴식을 제공하는 캥거루 케어Kangaroo care가 권장된다. 이 접촉 치료는 미숙아에게 자궁 내 환경에 있는 것과 같은 안정감을 제공한다. 연구 보고에 따르면 캥거루 케어는 조용한 수면을 유도하고 체온과 산소포화도, 심장박동 수를 안정화하는 효과가 있다.

조산을 예방하기 위해서는 임신 전부터 건강한 임신과 분만, 출산, 양육에 대한 국가적인 교육이 실시되어야 하고, 임신 기간에 정기적인 건강검진과 상담을 통해 건강한 생활양식을 가질 수 있도록 산전관리가 필요하다.

3) 환경 호르몬과 태아발달

환경 호르몬은 내분비장애물질endocrine-disrupting chemicals이라 불리는데 인체 내 내분비 호르몬의 정상적인 생산, 분비, 기능, 대사, 수송 및 제거의 모든 과정을 교란하는 물질이다. 환경 호르몬은 인체 내 호르몬과 유사한 모양으로 해당 호르몬 대신 수용체에 결합하여 제 기능을 막거나 마치 그 호르몬인 것처럼 그 역할을 하거나 반대 방향으로 작용하기도 한다.

환경 호르몬에 대한 연구는 현재 진행 중이나 임신 중 환경 호르몬에 노출되면 태반을 통해 태아에게 전달된다. 태아의 발달에서 중요한 시기에 환경 호르몬에 노출될 경우 유산, 난임, 조산이 발생할 수 있고 출생 후 성조숙증이 발생하거나 생식기 질환이 발생할 수 있다. 환경 호르몬은 제조업에서 사용되는 물질에도 들어 있지만, 먹이사슬을 통해 섭취한 생선이나 육류에도 제초제나 살충제 성분이 남아있어 인간이 섭취하게 된다. 비스페놀 A는 플라스틱 식기, 캔 용기, 영수증의 잉크 사용 등으로 인체에 들어오게 되고, 플라스틱을 부드럽게 해주는 프탈레이트는 화장품, 생리대, 장난감에서 검출된다. 산업발달에 따른 환경 호르몬의 노출이 증가할 것으로 예상되나 아직 태아발달과 임신에 미치는 영향을 확인하기에는 연구 결과가 제한적이다. 그러나 포유류 동물연구에서 환경 호르몬에 노출된 원숭이, 돌고래의 자연유산 발생이 증가한 결과를 통해 임신 시 노출되지 않도록 주의할 필요가 있다.

마무리 학습

1. 국내 저출산 문제와 관련된 신문 기사 5개를 읽고 요약한 뒤 본인의 생각을 기술하시오.

2. 유전공학 발달 동향을 살펴보고 윤리적 문제에 대해 논의하시오.

3. 캥거루 케어(Kangaroo care 혹은 Kangaroo mother care)의 적용 방법과 장점 및 효과에 대해 구체적으로 조사해 보시오.

4. 양수천자(amniocentesis)를 하는 이유와 방법, 검체를 통해 확인할 수 있는 내용, 부작용에 대해 조사하시오.

5. 만약 본인이 35세 이후에 임신을 하였을 때 의사가 양수천자 검사에 대해 얘기를 했다면 본인은 양수천자를 할 것인가 여부에 대해 찬반 의견을 제시하고 그 이유에 대해 설명하시오.

신생아기

학습 목표

1. 신생아의 뇌와 신경계 발달에 대해 설명할 수 있다.

2. 신생아의 신체 특성에 대해 설명할 수 있다.

3. 신생아의 생리적 특성에 대해 설명할 수 있다.

4. 신생아의 행동반응에 대해 설명할 수 있다.

5. 신생아의 성장발달 증진 방법에 대해 설명할 수 있다.

6. 신생아의 성장발달 관련 이슈에 대해 토의할 수 있다.

CHAPTER 4

신생아기

출생에서 생후 첫 한 달까지의 아기를 신생아라 한다. 이 시기는 아기가 탯줄을 통하여 어머니의 산소와 영양을 공급받던 상황에서, 출생과 동시에 스스로 호흡하고 젖을 빨며 자궁 외 환경에 적응하는 시기이다. 이 시기에 아기가 직면하는 다양한 생리적 변화 중 순환계와 호흡계의 활성화가 가장 극적인 변화이며, 때로는 이 변환의 순간이 아기의 생존을 좌우하기도 한다. 또한 처음으로 부모 역할을 경험하는 부모 역시 역할 적응에 많은 어려움을 겪는 시기이기도 하다.

1. 신생아의 성장과 발달

1) 아기의 탄생

자궁 내에서 모체로부터 산소와 영양을 공급받으며 양수 환경 속에 있던 태아는 출산과 더불어 생존에 필요한 산소와 영양을 스스로 공급해야 하는 자궁 외 공기 환경에 처하게 된다. 이 과정에서 아기는 어머니와의 연결고리이자 자신의 생명에 직접적인 영향을 미쳤던 탯줄과 분리되어 스스로 첫 호흡을 한다.

어머니의 산도를 통과해 나온 아기의 입속에는 자궁 내에서 삼켰던 양수, 조직 조각, 산도의 점액, 혈액 등을 머금고 있는데, 이들은 아기의 첫 호흡을

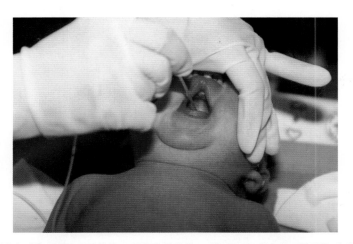

그림 **4-1** 분만 직후 신생아의 호흡을 도와주기 위해 부드러운 튜브로 입속의 이물질을 제거하는 모습

방해하는 요인이 된다. 따라서 아기의 첫 호흡을 용이하게 하기 위해 출산 직후 아기의 머리를 아래로 낮추고 부드러운 흡인용 튜브를 사용하여 입속에 있는 이물질들을 제거해 준다. 이와 동시에 아기의 발바닥을 가볍게 두드리거나, 부드러운 관을 입속에 넣어 가볍게 자극해 주면 아기는 울기 시작하면서 첫 호흡을 하게 된다. 아기의 상태가 양호하면 아기의 보온과 애착 증진을 위해 아기를 산모의 가슴 위에 올려 주고 아기와 첫 만남을 하게 해 준다. 만약 아기가 출생 후 1~2분 이내에 호흡하지 않으면 아기를 방사보온기radiant warmer에 뉘어 보온하고, 호흡을 도와주기 위해 산소를 공급한다. 아기의 상황이 심각해지면 즉시 소생술을 시행한다(그림 4-1, 4-2).

신생아의 자궁 외 공기 환경에 적응하는 능력은 아프가 점수Apgar score를 이용하여 평가한다. 아프가 점수는 이를 창안한 버지니아 아프가Virginia Apgar의 이름을 따서 명명한 것으로 신생아의 맥박수, 호흡상태, 근육 긴장도, 자극에 대한 반응, 피부색을 평가하여 출생 직후 소생술이 필요한 신생아를 알아내는 가장 실제적인 방법이다. 1분 아프가 점수는 출생 직후에 소생술이 필요한지를 판단하는 데 사용하고, 5분 아프가 점수는 신생아가 성공적으로 소생될 가능성을 파악하는 데 사용된다. 아프가 점수가 0~3점이면 사망할 위험이 높음을 시사하고, 4~6점은 어느 정도의 중재가 필요한 중등도의 어려움, 7~10점은 양호한 것으로 판단한다.

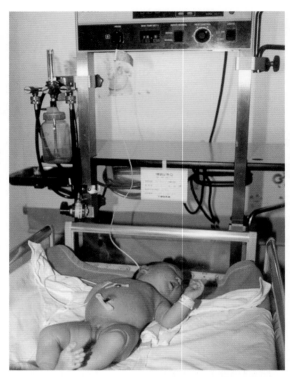

그림 **4-2** **방사보온기**: 신생아의 체온유지를 위해 분만 후 체온이 안정될 때까지 방사보온기에 둔다.

2) 신경계와 뇌 발달

(1) 신경계와 뇌 발달

인간의 뇌는 약 1,000억 개의 신경세포neuron로 구성되어 있고, 각 신경세포는 또 다른 신경세포들과 1천 개에서 1만 개에 이르는 신경세포접합부를 형성하는데, 이를 시냅스synapse라고 한다. 이렇게 복잡하게 연결된 신경세포들은 전기신호(활동전위)와 화학신호(신경전달물질)를 통하여 정보를 전달하는 방식으로 인체의 모든 조직과 기관을 조절한다.

인체의 내부와 외부에서 가해진 자극은 신경세포의 수상돌기dendrite에서 전기신호로 변환되고, 이 전기신호는 축삭돌기axon를 따라 이동한다. 축삭돌기 외부를 감싸는 수초myelin는 전기신호의 이동 속도를 높여주는 역할을 한다. 축삭돌기 말단에 도착한 전기신호는 화학신호로 변환되어 시냅스를 통과한

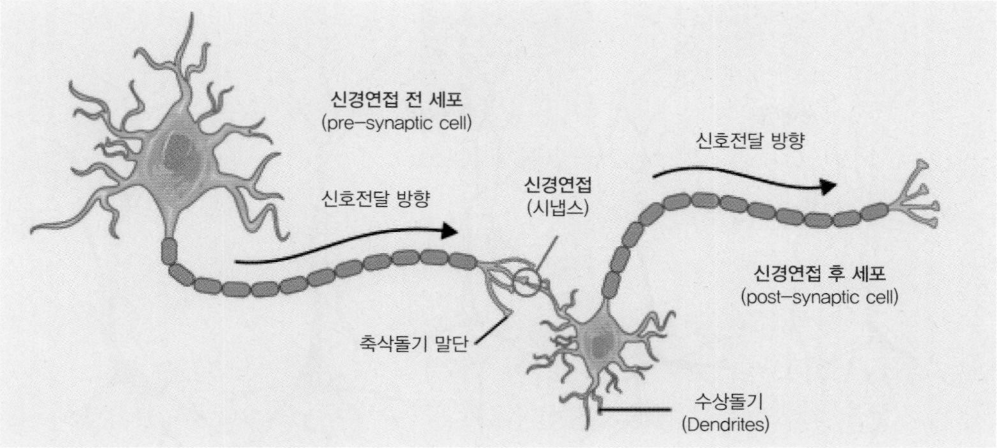

그림 4-3 신경세포의 구조와 정보의 이동 방향

다음 새로운 신경세포에서 또다시 전기신호로 변환되어 이동한다(그림 4-3). 이러한 방법으로 자극 정보가 몇 단계의 신경세포 시냅스를 거쳐 조직과 기관의 세포에 도달하면 조직과 기관은 자극 정보에 따라 적절한 반응을 한다.

모체의 자궁 내에서 시작되는 아기의 뇌 발달은 신경세포 수의 증가, 수초화, 시냅스 형성 등은 유전과 환경의 영향을 받는다. 뇌 발달 과정은 일생동안 계속되지만 특히 출생 초기에 급속히 발달하면서 인지 및 행동의 기초를 형성한다. 그러므로 부모의 따뜻한 사랑을 담은 시각, 청각, 촉각 등의 자극은 신생아 뇌 발달, 즉, 인지행동 및 정서발달에 무엇보다 중요하다.

아기의 신체발달은 곧 조직과 기관을 구성하고 있는 세포 수의 증가를 의미하고, 뇌신경세포의 축삭돌기, 수상돌기 및 시냅스의 수적 증가를 의미한다(그림 4-4). 신생아의 뇌 무게는 성인의 26%에 해당하는데, 생후 12개월이면 성인 뇌 무게의 약 55% 정도가 되며, 2세가 되면 성인 뇌의 약 80% 정도가 된다.

성인으로 성장한 이후 인간의 신체 기능은 더 이상 발달하지 않지만 뇌기능은 죽는 날까지 계속 발달할 수 있다. 그 이유는 뇌신경세포의 시냅스 수는 지적·창의적 활동을 통해 계속 증가하기 때문이다. 그리고 뇌 조직이 다른 조직과 기관을 조절하지만 뇌조직의 생존에 필요한 산소와 영양분은 호흡기계, 소화기계, 순환기계 등에서 공급을 받는다. 따라서 뇌 발달은 신체발달과 상호의존적 관계에 놓여 있다.

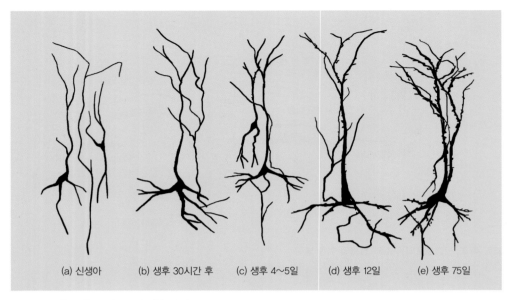

그림 **4-4** 출생 후 신경세포의 성숙 과정

(2) 신생아 반사

신생아는 자극을 받으면 불수의적으로 반사반응을 보인다. 반사반응을 통해서 신생아의 뇌와 신경계가 정상적으로 기능하는 여부를 알 수 있으며, 이 반사들은 전두엽이 발달하면서 억제되어 소실된다. 정상 반사반응은 표 4-1에 요약하였다.

① 젖 찾기 반사

젖 찾기 반사rooting reflex는 아기 입 가장자리를 부드럽게 톡톡 치면 아기가 그쪽으로 고개를 돌리고 입을 벌린다. 어머니 젖꼭지로 아기 아랫입술을 톡톡 치면 아기가 젖꼭지를 향해 입을 벌리므로 젖을 물리는 데 도움이 된다. 이 반사는 생후 4개월까지 지속된다.

② 빨기 반사

아기 입에 손가락을 넣고 입천장을 자극하면 아기가 빨기 시작하는데 이를 빨기 반사sucking reflex라 한다. 빨기 반사는 제태연령 32주 전에는 나타나지 않고 36주가 되어야 충분히 발달하므로 36주 이전에 태어난 미숙아는 미성숙하여 이 반사가 잘 나타나지 않을 수 있다. 이 경우, 매일 아기 입천장을 자극해 주면 차차 빠는 힘이 좋아지게 된다.

③ 모로 반사

모로 반사moro reflex는 일명 놀람 반사라고도 하는데, 갑자기 큰 소리가 들리거나 눈앞에 큰 물체가 어른거릴 때 또는 자기 울음소리에 놀랐을 때 반응하는 것을 의미한다. 아기를 45° 정도에서 마주 안고, 한 손은 아기 몸통을 받치고 다른 손으로 아기 머리를 받쳐 아기 머리를 가슴 쪽으로 약간 굴곡 시켰다가 갑자기 손을 풀어 아기 머리가 약간 떨어지도록 하면, 아기는 팔과 다리를 뻗쳤다가 다시 오므리면서 포옹하는 자세를 보인다. 이때 손가락은 활짝 벌린다. 이 반사는 생후 1주일경에 나타나서 3~4개월 이후에 소실된다.

④ 긴장성 경(목)반사

신생아를 반듯하게 눕히고 머리를 천천히 한쪽으로 돌리면, 얼굴이 향한 쪽의 팔과 다리는 뻗고 반대편 쪽 팔과 다리는 굴곡 하여 마치 펜싱하는 자세가 나타나는데 이를 긴장성 경반사 혹은 긴장성 목반사tonic-neck reflex라 한다. 생후 2~3주경에 나타나서 4~5개월에 소실된다.

⑤ 파악 반사

아기 손바닥에 검사자의 손가락을 놓으면서 부드럽게 누르면 아기는 검사자의 손가락을 잡는 반응을 보이는데 이를 파악 반사grasping reflex라 한다. 발에도 파악 반사가 나타나는데, 아기 발바닥 앞쪽 가운데를 누르면 발가락을 오므리는 반응을 보인다. 손 파악 반사는 5~6개월, 발 파악 반사는 9~12개월까지 지속된다.

⑥ 걷기 반사

아기의 양쪽 겨드랑이를 잡고 세워서 발이 바닥에 잘 닿게 한 후 약간 앞쪽으로 기울이면 아기는 걷는 동작을 하는데 이를 걷기 반사stepping reflex라 한다. 이 반사는 생후 2~3개월까지 지속된다.

⑦ 바빈스키 반사

손가락으로 아기의 발뒤꿈치에서 새끼발가락 쪽을 향해 발바닥 외측을 긁으면 엄지발가락은 발등 쪽으로 굴곡하고 나머지 발가락은 활짝 펴는데 이를 바빈스키 반사babinski reflex라 한다. 이 반사는 생후 12개월에 소실된다.

표 4-1 신생아 반사

반사	사진	소실 시기	반사 유도 방법	아기의 반응
젖 찾기 반사 rooting reflex		4개월	• 아기의 입 가장자리를 부드럽게 톡톡 친다. • 아기에게 젖을 물리는 데 도움이 된다.	• 아기가 자극을 받은 쪽으로 고개를 돌리고 입을 벌린다.
빨기 반사 sucking reflex		4~6개월	• 아기의 입에 손가락이나 젖꼭지를 넣고 입천장을 자극한다.	• 아기가 규칙적으로 빤다.
모로 반사 moro reflex		3~4개월	• 안고 있던 아기의 머리와 목을 갑자기 아래쪽으로 떨어뜨리거나, 아기 주변에서 큰 소리를 낸다.	• 아기는 팔과 다리를 뻗쳤다가 다시 오므리면서 포옹하려는 듯한 자세를 취한다.
긴장성 경반사 tonic neck reflex		4~5개월	• 신생아를 반듯하게 눕히고 아기의 머리를 천천히 한쪽으로 돌린다.	• 얼굴이 향한 쪽의 팔과 다리는 뻗고, 반대편 쪽 팔과 다리는 굴곡하여 마치 펜싱을 하는 듯한 자세를 취한다.
파악 반사 palmer grasp reflex		5~6개월	• 아기의 손바닥에 검사자의 손가락을 놓고 부드럽게 누른다.	• 아기는 검사자의 손을 잡는다.

(계속)

반사	사진	소실 시기	반사 유도 방법	아기의 반응
발바닥 파악 반사 planter grasp reflex		9~12 개월	• 아기 발바닥 앞쪽 가운데 부분을 검사자의 손가락으로 지그시 누른다.	• 아기가 발가락을 오므린다.
걷기 반사 stepping reflex		2~3 개월	• 아기를 세워 발이 바닥에 닿게 한다.	마치 걸어 다니는 듯 걷는 동작을 보인다(걷는 능력을 보이는 반사 행위)
바빈스키 반사 babinski reflex		12개월	• 아기의 발뒤꿈치에서 발가락 쪽을 향하여 발바닥 측면을 검사자의 손가락이나 기구를 이용하여 살살 문질러 준다.	• 엄지발가락은 발등으로 구부러지고, 나머지 발가락은 부챗살처럼 폈다가 다시 원위치로 돌아온다.

3) 신생아의 신체적 특성

우리나라 신생아의 평균 체중은 3,300~3,400g이고 신장은 50cm 전후이다. 태어날 무렵의 체중이나 신장은 남자아기가 여자아기보다 키도 크고 몸무게도 더 무거운 경향이 있다. 그러나 신경계와 골격계의 발달은 일반적으로 여자아기가 남자아기보다 2주 정도 더 성숙한 것으로 보고되고 있다.

(1) 전반적 외양

갓 태어난 건강한 신생아는 자궁 내에서와 같이 팔과 다리를 구부리고 손은 주먹을 쥔 채로 굴곡 자세를 유지하고 있다. 이 자세는 정상적인 근력을 갖는 신생아에서 흔히 볼 수 있는 자세로서, 외부와 접촉하는 신체의 표면적을 줄여 불필요한 열 손실을 예방하는 효과가 있다(그림 4-5).

그림 **4-5** 굴곡 자세를 취하고 있는 건강한 신생아

(2) 머리와 목

신생아의 머리는 매우 커서 키의 약 1/4을 차지한다. 특히 신생아, 영유아기의 머리둘레는 신경계 및 뇌 발달의 지표가 되기 때문에 자주 측정하여 발달 양상을 확인해야 한다. 정상 질식분만을 한 아기는 산도를 통과해 나오는 과정에서 두개골이 겹쳐 일시적으로 머리의 형태가 변형되는 경우가 있는데, 며칠 후에는 사라진다. 머리에는 두개골이 완전히 융합되어 있지 않아 두개골이 서로 연결되는 곳에 부드러운 막성 부위가 있는데, 이를 천문fontanel이라 한다. 천문에는 대천문과 소천문이 있는데, 대천문은 마름모꼴이며 가로 2~3cm, 세로 3~4cm이고, 생후 12~18개월에 닫힌다. 소천문은 직경이 약 1cm 크기의 삼각형 모양이며, 생후 2개월에 닫힌다. 특히 대천문은 뇌압이 상승하면 부풀어 오르거나 두개골이 분리되어 크기가 커지고, 탈수 증상이 있을 때는 움푹 들어가기 때문에 신생아의 상태를 진단하는 데 유용하다.

이 외에도 산류caput succedaneum가 있는 신생아를 볼 수 있는데, 이것은 난산의 경우 아기가 산도를 통과해 나오는 과정에서 아기의 머리에 지속적인 압력이 가해져 머리 전체에 부종이 생긴 것으로 이는 서서히 흡수되어 수일 이내에 사라진다. 신생아의 눈은 약간 부어 있으며 푸석푸석하고, 목은 짧다(그림 4-6, 7, 8).

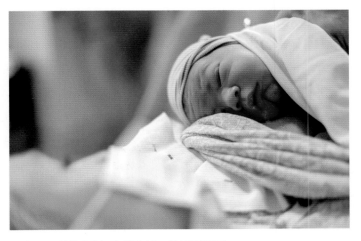

그림 **4-6** 신생아의 눈은 약간 붓고 푸석푸석하다.

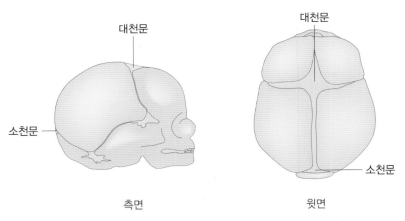

대천문

대천문

소천문

소천문

측면

윗면

그림 **4-7** 대천문과 소천문

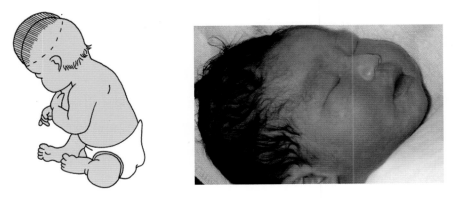

그림 **4-8** 산류: 머리 전체에 부종이 생긴 것으로 수일 이내에 서서히 흡수되어 사라진다.

(3) 몸통과 사지

신생아의 몸통과 사지는 좌우 대칭이다. 유방은 모체 호르몬의 영향으로 일시적으로 약간 봉긋하며, 가끔 젖과 같은 묽은 액체가 나오기도 하는데, 이를 마유witch's milk라 하며 이와 같은 증상은 생후 2주 이내에 없어진다.

신생아의 배는 약간 튀어나와 있으며 제대는 생후 일주일에서 열흘 이내에 말라서 저절로 떨어진다. 제대가 떨어지기 전에 제대 부위에서 분비물이 나오고 냄새가 나거나 빨갛게 되는 경우에는 제대 감염을 의미하므로 즉시 병원을 방문하여 치료해야 한다.

남아는 음낭에, 여아는 대음순 부위에 부종이 나타나며 이는 일시적 현상으로 생후 4주 후에는 없어진다. 특히 여아는 임신 중 모체 호르몬의 영향으로 생식기 부종과 더불어 분비물이 나오기도 하는데, 아기 몸속의 모체 호르몬의 농도가 감소하면 없어진다(그림 4-9).

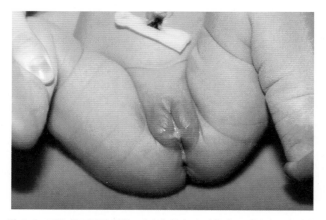

그림 **4-9** **모체 호르몬의 영향:** 여아의 음순이 비후되고 질분비물이 나온다.

(4) 피부

갓 태어난 신생아의 피부는 붉고, 1~2일이 경과되면 황달이 나타나기 시작하여 노란색으로 변한다. 엉덩이 부분에 푸른 반점이 나타나는데, 이를 몽고반점mongolian spot이라 한다. 주로 아시아, 남부 유럽, 아프리카 아기들에게서 흔히 발견되며, 학령기가 되면 저절로 없어진다. 솜털lanugo은 가늘고 부드러운 털로 주로 아기의 어깨와 등에 많으며, 시간이 지나면서 저절로 없어진다. 매립

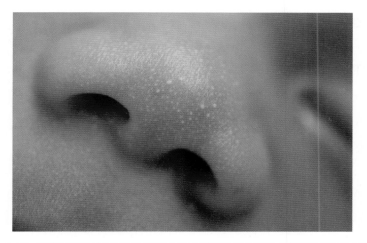

그림 **4-10** **매립종:** 피지선 분비물의 정체로 피부 아래에 작고 밝은 하얀색의 결절이 보인다.

그림 **4-11** **말단청색증:** 불안정한 혈관운동과 모세혈관의 정체로 몸통은 붉은색을 띠는데 말단부(손)는 푸른색을 띠고 있다.

종milia은 피부 바로 아래 작고 밝은 하얀색의 결절로 주로 코나 턱 주변에서 발견되는데, 이는 피지선이 열리지 않아 피지선 분비물이 정체되어 나타나는 것으로 피지선이 열리면 저절로 없어진다(그림 4-10). 또한 신생아 초기에 불안 정한 혈관운동과 모세혈관의 정체로 일시적인 말단청색증acrocuanosis이 나타나 는데, 이는 정상적 현상으로 몸통은 붉은색을 띠지만, 손과 발에 청색증이 나 타나는 현상을 의미한다(그림 4-11).

4) 신생아의 생리적 특성

(1) 신생아의 호흡

정상 신생아의 호흡수는 분당 40~50회이다. 분만 직후 신생아 호흡은 불규칙하고, 실내 온도의 영향을 많이 받는다. 호흡할 때 주로 횡격막과 복벽근육을 사용하고, 흉부와 복부가 동시에 움직인다.

정상 호흡을 하는 중간에 5~15초간 호흡을 하지 않는 무호흡이 나타나기도 하는데, 이는 신생아기에 정상적으로 나타나는 주기성 호흡 양상으로 무호흡 기간에도 피부색이나 맥박수가 변화하지 않는다. 또한 호흡은 수면 양상과도 밀접한 관련이 있어 깊은 수면 시에는 호흡이 비교적 규칙적이고, 얕은 수면 시 주기성 호흡이 자주 나타나며, 울거나 신체적 움직임이 활발한 경우에도 불규칙한 호흡이 나타난다.

(2) 혈액계 특성과 신생아의 생리적 황달

임신 말기 태아는 자궁 내에서 비교적 낮은 혈중 산소 분압을 보상하기 위해 훨씬 많은 수의 적혈구와 헤모글로빈 비율을 유지하고 있다. 그 결과 출생 직후 신생아의 피부는 매우 붉은 양상을 보인다. 그러나 태내에서 생성된 적혈구는 일반 적혈구보다 생존 주기가 매우 짧기 때문에 출생 후 적혈구의 파괴가 빠른 속도로 진행된다. 그 결과 적혈구 분해산물인 빌리루빈의 혈중농도가 올라가게 된다. 한편 빌리루빈은 간 효소의 작용으로 체외로 배설되는데, 신생아의 간 기능이 미숙하여 생성된 빌리루빈을 체외로 배설시키는 작용이 지연된다. 따라서 생후 첫 3일 동안은 혈중 빌리루빈 농도가 5mg/dl 수준까지 상승하여 신생아 생리적 황달이 발생하고 황달 증상은 1~2주 이내에 서서히 사라진다.

(3) 생리적 체중 감소

태아기에는 모든 영양소를 모체로부터 공급받다가 출생 후에는 신생아 스스로 간과 근육에 저장해 둔 글리코겐을 사용해야 하나, 생리기전의 미숙으로 비축한 글리코겐을 충분히 활용하지 못함으로써 혈중 포도당 농도는 성인의 절반 정도에도 미치지 못한다. 모유가 충분히 공급되지 않으면 아기의 체지방과 단백질 일부가 사용된다. 또한 신생아의 대사율은 성인에 비해 높고 생후 2~3일 이내에 체중 20% 정도의 체액을 잃으며 체중 감소가 일어나는데, 이를 생리적 체중 감소라고 부른다. 그러나 이 시기에 모유를 충분히 공급하면 큰 문제는 발생하지 않는다. 생후 5일 이후에는 체중이 안정되고 적절한 수분과 열량을 섭취한다면 하루에 약 30g씩 체중이 증가한다.

(4) 위장관계

① 음식물 통과속도

음식물을 섭취하면 상부 위장관에서는 서서히 통과하고 하부 위장관에서는 통과속도가 빠르다. 위장의 내용물은 음식 섭취 후 대개 2~4시간이면 완전히 배출되지만, 음식물에 따라서 위 안에 7~8시간 남아 있는 경우도 있다. 전체 위 장관을 통과하는 데는 14~18시간이 걸린다.

아기의 자세가 음식물의 위장 통과시간에 영향을 주는데, 똑바로 누워 있을 때 통과속도가 느리고, 바로 세운 자세나 오른쪽으로 누이면 통과속도가 빠르다. 따라서 소화를 돕기 위해 신생아는 수유 후 반드시 트림을 시키고 우측위(오른쪽을 아래로 하여 옆으로 누운 자세)를 취해 주는 것이 좋다(그림 4-12).

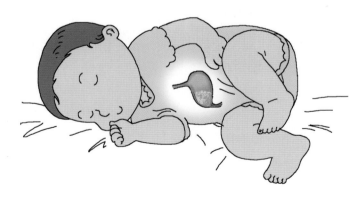

그림 **4-12** 신생아의 우측위 자세: 신생아의 구토 방지와 소화를 돕기 위해 우측위를 취해 준다.

② 태변과 이행변

일반적으로 태변은 아기가 태어나 가장 처음 보는 변으로 생후 10시간 정도 지난 후에 배출된다. 만일 생후 24시간이 지나도 태변이 나오지 않으면 장폐쇄를 의심할 수 있다. 태변의 성분은 점액성 다당류mucopolysaccharides가 대부분이고, 여기에 태아가 마신 양수 속에 들어 있는 세포, 솜털이나 태지, 칼슘염, 담즙 색소 등이 섞여 있다. 색깔은 암녹색이며 4일째는 없어지게 된다. 이행변transitional stool은 생후 4일째부터 2주까지 나타나는데, 약간 묽고 점액성이며, 초록색에서 황색에 이르는 색을 띠고 있다. 생후 5일 이후부터는 정상적인 변을 보게 된다(표 4-2).

표 4-2 태변과 이행변

변의 종류	사진	설명
태변		• 생후 24시간 이내에 배출됨 • 암녹색의 끈적끈적한 변
이행변		• 생후 3~5일 이내에 배출되는 변 • 녹황색이며 묽고 점액 성분을 함유하고 있음
정상변		• 생후 5일 이후에 보는 변 • 모유수유아는 난황색의 무른 변 • 인공수유아는 창백한 노란색을 띠고 있음

(5) 비뇨기계

신장은 재태연령 34~36주에 완성되나 출생 후에도 계속해서 성숙하는 과정에 있기 때문에 신생아의 신장 기능은 미숙한 상태이다. 생후 6~12개월 되어야 성인 수준의 소변 농축 능력에 도달한다. 따라서 경미한 질환으로도 탈수증이나 부종이 쉽게 일어난다. 간혹 기저귀가 붉게 물들 수도 있는데, 이는 요산염의 결정체로서 정상적 소견이다.

(6) 면역계

태아는 재태 20주까지는 이미 면역계가 완성되어 있으나 자궁의 무균 환경에서는 면역계가 기능을 발현할 이유가 없다. 그러나 태반을 통해 공급받는 모체의 IgG 항체 때문에 신생아는 생후 6개월 동안은 질병으로부터 보호를 받는다. 예방접종을 생후 2개월경에 실시하는 이유는 신생아의 면역기능을 자극하고 스스로 질병을 방어하는 능력을 갖추게 하기 위함이다. 태반을 통해 전달될 수 있는 모체의 항체는 IgG뿐이며, 모체의 IgA 항체는 모유를 통해 신생아에게 전달된다.

(7) 체온조절

자궁 내 온도가 일정한 환경에서 지내던 태아가 출생 후 갑자기 온도변화가 심한 자궁 외 환경에 노출되면 체온조절 기능을 훈련할 필요가 생긴다. 신생아는 열을 생산할 수 있으나, 열 손실 출구가 매우 넓어 체온조절 능력이 매우 미숙하다. 성인은 추위에 노출되면 떨림shivering을 통해 열 소실을 방지하지만, 신생아에게는 떨림반응이 없다. 신생아는 다만, 혈관을 수축시켜 열 소실을 감소시키고 대사율과 근육 활동을 증가시켜 열을 생산한다. 신생아가 정상적으로 체온을 조절할 수 있게 되기까지는 태아기 때 비축한 갈색지방을 이용하여 열을 생산한다. 갈색지방은 주로 견갑골과 견갑골 사이, 목, 앞가슴 등의

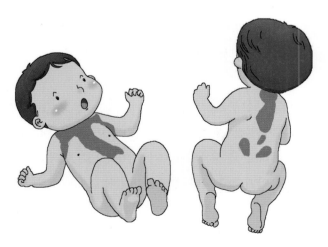

그림 **4-13** 갈색지방 조직의 분포

부위에 비축되어 있으며, 전신의 2~6%를 차지한다(그림 4-13). 신생아가 저체온 증에 빠지면 산소와 포도당 요구량이 증가하며, 저체온 상태가 지속되면 축적 되어 있던 갈색지방이나 포도당이 고갈되고, 계면활성제의 생산이 감소함에 따라 호흡곤란, 저혈당증, 체중 감소 등 매우 치명적인 상태에 이를 수 있다. 따라서 적절한 체온유지는 매우 중요하다.

(8) 간 담도계
① 철분 축적과 적혈구 생산

어머니가 임신 중에 철분을 충분히 섭취한 경우 신생아는 생후 약 5개월간 사용할 수 있는 충분한 양의 철분을 비축하고 태어난다. 출산 직후 신생아는 태아기 때 비축해 놓은 철분을 270mg 갖고 있으며, 이 중 140~170mg은 헤 모글로빈에 포함되어 있다. 철분은 새로운 적혈구를 생산할 수 있는 능력을 갖 게 될 때까지 순환하면서 간에 비축되어 출생 후 적혈구의 용혈에 대비할 수 있다.

② 탄수화물 대사

신생아의 주 에너지원은 포도당이며, 이 포도당은 태아 말기에 글리코겐 형 태로 간에 비축 된다. 출생 시 질식이나 저체온증과 같은 문제가 있는 경우, 간에 비축되어 있던 글리코겐이 빠르게 포도당으로 분해되어 사용된다. 간에 비축되어 있는 글리코겐의 90%는 출생 후 3~4시간 이내에 소비되므로 신생 아 저혈당을 예방하기 위해서는 모유수유를 되도록 빨리하는 것이 좋다.

③ 혈액응고인자의 생산

신생아는 생후 2~5일간 출혈의 위험이 있다. 이는 모체의 혈액응고인자가 태반을 통과하지 못하고, 신생아의 간 기능 미숙으로 혈액응고인자를 합성하 는 능력이 저하되어 있기 때문이다. 혈액응고인자(II, VII, IX, X)는 비타민 K에 의 해 활성화되는데, 비타민 K는 장내세균에 의해 합성된다. 신생아의 대장은 수 유 전까지는 무균상태이므로 비타민 K 결핍상태가 된다. 따라서 신생아의 출 혈 예방을 위해 출생 직후에 비타민 K를 근육주사 한다.

(9) 신생아의 감각발달

신생아의 감각은 다른 체계에 비해 잘 발달되어 있으며, 이러한 감각 능력은 부모와의 애착 형성과 신생아의 성장과 발달에 중요한 영향을 미친다.

① 시각

신생아의 눈은 출생 직후 구조적으로 불완전하여 특정 사물에 초점을 맞추거나 협응 능력이 제한적이지만, 사람의 얼굴이나 밝은색 물체에 안구를 고정할 수 있다. 이를 통해 신생아는 부모-신생아 간 눈 맞춤이나 상호작용을 할 수 있다(그림 4-14).

신생아는 중간색과 흑백 대비 무늬를 선호한다. 또한 눈 근처에 물체가 가까이 오면 눈을 감는 눈 깜박거림 반사blink reflex가 나타난다.

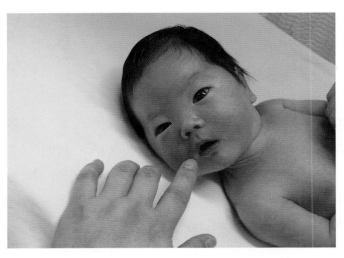

그림 **4-14** 신생아는 사람 얼굴이나 밝은 색상의 물체에 눈을 고정할 수 있는 능력이 있기 때문에 양육자와 눈을 맞추거나 상호작용이 가능하다.

② 청각

신생아의 귀에서 양수가 제거되면 생후 수일 이내에 소리를 잘 들을 수 있게 된다. 신생아는 갑작스러운 소리에 놀람 반사startle reflex를 나타내고 주파수에 따라 반응을 달리한다. 즉, 신생아에게 저주파 음을 들려주면 활동과 울음이 저하되고 고주파 음을 들려주면 민감한 반응을 보이는데, 특히 어머니의 목소리에 매우 민감한 반응을 나타낸다.

③ 후각

신생아는 다양한 냄새에 대해 각각 다르게 반응하며, 모유 혹은 어머니 냄새를 식별할 수 있다.

④ 미각

신생아는 맛을 구별하는 능력이 있다. 즉, 단맛에 대해 만족스러운 표정을 지으며, 쓰거나 신맛에 대해 얼굴을 찡그린다.

⑤ 촉각

신생아의 촉각은 매우 발달되어 있다. 신생아는 등을 부드럽게 쓰다듬어 주거나 배를 문지르면 얌전해지고, 고통스러운 자극에 대해 불쾌감을 나타낸다.

5) 신생아의 행동반응

(1) 전환기 행동반응

신생아는 출생 후 첫 30분 동안 매우 민활한 반응을 보인다. 신생아는 힘차게 울고, 주먹을 빨며, 주변 환경에 관심을 보이기 때문에 이 시기에 모유수유를 시도하는 것이 좋다. 이때 호흡은 분당 80회 정도로 빠르고 불규칙하며, 심장박동 수는 분당 180회로 증가한다. 또한 장음이 활발하게 들리고 점액 분비가 증가되며, 체온은 저하된다.

초기 민활한 시기가 지나면 흥분이 가라앉고 반응이 점차 감소되어 약 2~4시간가량 잠을 자거나 조용한 상태를 유지한다. 이때의 호흡과 심장박동은 느려지고, 체온은 가장 낮은 수준으로 떨어지기 때문에 옷을 벗기거나 목욕은 삼가야 한다.

출생 후 약 12~18시간이 지나면 신생아는 깊은 잠에서 깨어나 다시 민활한 행동반응을 4~6시간가량 보인다. 이때의 신생아는 다시 민감하고 반응적으로 되므로 부모와 상호작용을 할 수 있는 좋은 기회가 된다. 신생아의 호흡

표 4-3 신생아의 6단계 의식 수준

의식 수준	특성
깊은 수면상태	• 안구의 움직임이 없고 호흡이 규칙적임 • 가끔 깜짝 놀라거나 뻗치는 움직임이 있음 • 외부 자극에 대해 행동반응이 지연되고, 상태 변화가 없음
얕은 수면상태	• 빠른 안구의 움직임이 관찰되고 호흡이 불규칙적임 • 활동이 저하되어 있으며, 불규칙한 사지의 움직임이 관찰됨 • 외부의 자극에 대해 놀라는 행동반응을 나타내고, 이어서 상태 변화가 초래됨
졸음상태	• 멍하거나 졸린 표정을 지음 • 사지를 천천히 규칙적으로 움직이며 때때로 조금씩 놀라는 반응을 보임 • 감각 자극에 대해 반응을 천천히 나타내고 자극 시 상태 변화가 초래됨
조용한 각성상태	• 눈을 크게 뜨고 빛이 나며 환한 표정을 하고 있음 • 사람의 얼굴이나 물체, 소리를 따라 눈이 따라가거나 고정할 수 있음 • 신체의 움직임이 거의 없고, 외부 자극에 다소 지연된 반응을 나타냄 • 호흡이 규칙적
보채는 상태	• 눈을 크게 뜨고 있으나 빛나지 않음 • 사지를 뻗치는 움직임이 많고, 호흡이 불규칙적임 • 외부 자극에 놀란 동작을 하고 몸을 많이 움직임 • 배고픔, 피로, 소음 및 과다한 자극에 민감하게 반응함
우는상태	• 아주 심하게 울기 때문에 달래기 힘듦 • 팔과 다리를 뻗치며 격렬하게 움직임 • 우는 동안 피부색이 변화하고, 눈을 꽉 감고 얼굴을 찡그림 • 불쾌한 자극이 주어지면 격렬하게 반응

과 심장박동 수는 증가하고 구역 반사가 나타나며, 위와 호흡기 분비물이 증가한다. 신생아는 태변 배출과 함께 수유에 흥미를 보이기 시작한다.

신생아는 놀라운 생존 능력을 가지고 출생하며, 주변의 다양한 자극에 반응할 수 있는 능력이 있다. 신생아의 행동반응은 수면에서 각성까지 6단계의 의식 수준에 의해 좌우된다(표 4-3, 그림 4-15).

(2) 신생아 행동평가법

신생아 행동평가법Neonatal Behavioral Assessment Scale, NBAS은 정상과 비정상은 물론 아기의 능력과 기질을 이해하며, 신호 읽기, 적절한 자극 수준, 스트레스를 받았을 때의 아기 행동을 이해하고 기질까지 예측하게 하는 신생아 평가 방법이다. 이 평가방법은 원래 미국 하버드의과대학 명예교수인 Brazelton 박사가 개발한 평가법인데, 우리나라에서도 이미 소개되어 있다. 이 평가법은 임신 중 모체의 음주, 흡연, 마약복용 등의 생활습관이 태아에게 영향을 주고

(a) 깊은 수면상태

(b) 얕은 수면상태

(c) 졸음상태

(d) 조용한 각성상태

(e) 보채는 상태

(f) 울음상태

그림 4-15 신생아의 6단계 의식 수준

출생 후 신생아 행동에 영향을 미치는 것을 처음으로 보여 주었다. 그리고 미숙아는 만삭아보다 자극에 대한 반응 역치가 낮고, 불쾌한 자극을 차단하는 능력이 부족하여 쉽게 과잉부담이 된다는 사실을 알게 되었다. 그러므로 이런 아기들은 한 번에 한 가지 자극만 수용할 수 있고 동시에 두 가지 자극을 수용할 수 없다는 사실을 우리에게 이해시켜 줌으로써 신생아 행동평가법은 올바른 육아법을 안내해 주는 좋은 지침으로 널리 활용되고 있다.

2. 신생아의 성장발달 증진

1) 부모 역할

부모가 되는 것은 매우 어려운 일이면서도 누구도 준비된 사람은 별로 없다. 자식을 키우는 것은 굉장히 기쁜 일인 동시에 겁나는 일이기도 하다. 부모가 된다는 사실이 엄청난 기쁨일 때도 있고, 믿기지 않을 만큼 좌절감을 느낄 때도 있으며, 사랑의 감정으로 가슴이 터질 것 같은 때나, 후회할 때도 있다. 왜냐하면 부모는 아기의 성장과 발달에 모든 책임을 느끼고 있기 때문이며, 사실 부모 자신도 자신의 성장발달 과정의 일부분이기 때문이다. 부모 역할에 대한 사전 교육과 학습을 통해 아기의 신체적·생리적 특성과 아기가 보내는 신호를 잘 이해한다면, 아기의 요구를 쉽게 파악할 수 있고 그에 따라 잘 반응하여, 적절한 돌봄을 숙련되게 제공할 수 있을 것이다. 그 결과 부모는 양육에 대한 자신감을 갖게 되고 나아가 원만한 부모-자녀관계를 수립하게 될 것이다. 지역사회에는 양육기술 지원을 위한 다양한 부모교육 프로그램들이 제공되고 있으므로 도움이 필요한 부모들은 본인에게 적합한 프로그램에 참여할 수 있다.

2) 모유수유

모유는 아기에게 가장 이상적인 음식이다. 출산 후 1~7일 이내에 충분한 양이 분비되지만, 출생 첫날부터 젖을 빨리면 모유 분비를 촉진하는 효과가 있다. 특히 산후 초기에 분비되는 초유 속에는 고농도의 면역항체와 호르몬이

표 4-4 모유와 우유의 성분 비교

성분	모유 (%)	우유(%)
구	88.5	87.0
지방/불포화지방산/DHA	3.3	3.5
젖당	6.8	4.5
카제인	0.9	2.7
락토알부민/기타 단백질	0.4	0.7
칼슘/무기질	0.2	0.7
항체(IgA 기타)	+++	-
사이토카인	+++	-
호르몬/성장소	+++	-
항균물질/올리고당	+++	-
비타민	나이신 AC.E	B complex, K, D

다량 함유되어 있으므로 아기에게 반드시 먹여야 한다. 면역항체의 농도는 시간이 지남에 따라 점차 감소한다.

모유와 우유는 영양학적으로는 큰 차이가 없으나, 면역학적 측면에서 모유보다 더 완벽한 식이는 찾아볼 수 없다(표 4-4). 즉, 모유 속에 포함된 고농도의 면역항체들은 주로 IgA 항체집단이다. 이 항체 집단은 영유아기 감염을 유발하는 대부분의 세균과 바이러스에 대한 방어기능을 갖는다. 신생아는 생후 6개월이 지나야 자신의 면역체계를 통하여 수많은 감염에 대비하기 위한 항체인 T세포와 사이토카인 등을 갖추게 된다. 따라서 생후 6개월간은 임신 중 어머니의 태반을 통하여 공급받은 IgG 항체와 모유를 통한 IgA 항체들의 보호를 받으며 외부의 감염에 저항하는 능력을 갖추게 된다. 또한 모유 속에 있는 사이토카인은 장관 임파절에서 섭취되어 그곳의 항원제시세포, 특히 수상돌기세포, 탐식세포들과 T세포thymus derived lymphocytes, T cell, B세포bone marrow derived lymphocytes, B cell 등의 분화증식에 영향을 미치는 것으로 추정되고 있다.

한편, 빈번한 감염이나 우유 단백질 같은 이종 단백질을 섭취하면 알레르기 질환이 나타나는데, 모유 내에 있는 고농도의 IgA 항체들 가운데는 이러한 항알레르기 기능을 가진 항체들도 있다. 따라서 신생아기 감염 예방과 알레르기 질환의 발생을 예방하기 위해 모유수유는 적어도 생후 4~6개월간 지속하는

그림 **4-16** 모유수유

것이 가장 이상적이다.

　모유가 신생아의 면역체계에 주는 이점 이외에도 모유수유는 어머니의 산후 회복을 촉진하는 효과가 있다. 즉, 어머니의 자궁 수축을 촉진시켜 임신 전 상태로 회복하도록 도와주며, 유즙 분비를 촉진하여 아기의 성장에도 긍정적 영향을 미친다. 또한 모유수유를 통해 모아 애착과 상호작용을 촉진하여 원만한 부모-자녀관계를 형성할 수 있는 이점도 있다(그림 4-16).

3) 신생아 돌보기

(1) 제대(배꼽)관리

　제대는 생후 6~10일이면 완전히 건조되어 떨어지는데, 제대가 완전히 떨어질 때까지는 감염의 통로가 될 수 있으므로 깨끗하고 건조한 상태를 유지해야 한다. 제대를 만질 때는 반드시 손을 깨끗이 씻어야 하며, 목욕 후에는 70% 알코올 솜으로 닦아 주고 건조시킨다. 제대가 떨어지기 전에는 기저귀를 채울 때 기저귀가 제대 아래쪽에 위치하도록 하여 제대에 닿지 않도록 한다. 만약 제대 주변이 붉게 충혈되거나 부풀어 오르고, 분비물, 부종, 악취가 나면 감염을 의미하므로 즉시 병원을 방문하여 치료를 받아야 한다(그림 4-17).

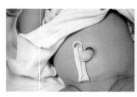 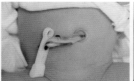 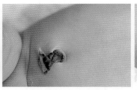 

(a) 출생 직후   (b) 생후 1일째   (c) 생후 6일째   (d) 제대 탈락 직후

그림 **4-17** 제대의 탈락 과정

(2) 체위 유지

신생아를 재울 때는 옆으로 눕히는 것이 좋다. 옆으로 눕히면 타액 배출이 쉽고, 제대 부위에 통풍이 잘된다. 특히 수유 후에는 오른쪽으로 눕히면 위 내용물이 기도로 흘러 들어가는 것을 예방하고, 위 속의 공기를 쉽게 배출해 준다. 아기를 옆으로 눕힐 경우, 등 쪽에 담요나 베개, 기저귀를 말아 받쳐 준다. 아기를 똑바로 눕히면 구토물이 기도로 들어가기 쉽고, 엎드려 눕히면 신생아 돌연사증후군Sudden Infant Death Syndrome, SIDS의 발생 위험이 있다. 또한 신생아의 두개골은 매우 유연하기 때문에 한 체위로 계속 눕히면 머리의 일부분이 납작해지므로 체위 변경을 자주 해주어야 한다.

(3) 아기 안기

신생아는 목을 가누지 못하기 때문에 아기를 안아 줄 때는 반드시 머리와 목을 잘 받쳐서 안아 주어야 한다. 아기를 안는 방법에는 요람형 안기, 바로 세워 안기, 미식 축구공을 끼듯이 옆구리에 안기 등이 있다(그림 4-18).

요람형 안기는 편하며 따뜻함과 친밀감을 느끼게 하고, 눈 맞추기가 쉽다. 바로 세워 안기는 안정감과 친밀감을 주며, 트림시키기에 적절하다. 한 손은 아기의 어깨와 목을 지지하고, 다른 한 손으로는 아기의 엉덩이와 다리를 받쳐 주는 방법이다. 트림시킬 때는 어머니가 앉은 자세에서 아기의 엉덩이와 다리를 어머니의 무릎에 위치시키면 된다. 축구공 안기는 어머니가 한 손을 자유롭게 사용할 수 있으며 눈 맞춤이 가능하다. 주로 머리 감기기, 운반하기, 모유수유를 할 때 널리 사용된다. 어떤 방법이든지 어머니와 아기가 서로 편안한 자세면 충분하다.

(a) 요람형 안기   (b) 바로 세워 안기   (c) 축구공 안기

그림 **4-18** 아기 안는 방법

(4) 안전사고 예방

신생아기에는 질식이 발생하기 쉽다. 고개를 마음대로 움직일 수 없는 신생아에게 푹신한 베개는 질식 위험이 있으므로 사용하지 않는 것이 좋다. 따라서 아기의 침대 매트리스는 단단한 것을 사용해야 신생아의 질식을 예방할 수 있다.

(5) 신생아 선천성 대사이상 검사

생후 1~2주경에 혈액이나 소변검사를 통해 조기에 이상상태를 발견하는 검사이며, 조기 발견하여 치료하면 치명적인 장애나 지적장애를 예방할 수 있다. 우리나라에서 실시하는 선천성 대사장애 검사로는 페닐케톤뇨증, 선천성 갑상선기능저하증, 갈락토스혈증, 단풍시럽뇨병, 호모시스틴뇨증 검사 등이 있다.

3. 신생아기 성장발달 관련 이슈

1) 제왕절개 분만과 신생아 호흡 문제

오늘날 우리나라는 출생아의 49.7%가 제왕절개 분만으로 출생하고 있다. 제왕절개 분만은 우리나라뿐만 아니라 전 세계적으로 증가 추세이지만 우리나라는 OECD 국가 중에서 2위를 차지할 정도로 제왕절개 분만율이 높다.

제왕절개 분만이 늘어나는 이유는 만혼과 고령 임신의 증가로 고위험 임신이 증가하기 때문으로 보고 있지만, 출산에 대한 공포로 제왕절개를 선택하는 임부도 적지 않다. 고위험 임신은 일반 임신보다 고혈압, 당뇨, 자간전증, 조기진통, 태반 이상, 태아 위치 이상, 기형아 출산 등 다양한 합병증 발생 위험이 높기 때문에 불가피하게 제왕절개 분만을 해야 하는 경우가 많다. 그러나 제왕절개술로 출생한 아기는 면역계 발달 이상, 장내 유익균 감소, 아동기 비만 및 천식 발생의 위험이 높고, 호흡곤란증Respiratory Distress Syndrome이나 빈호흡 같은 심각한 호흡기 합병증으로 신생아 집중치료실에서 입원 치료를 받아야 하는 경우가 많다. 특히 출산 예정일 이전에 제왕절개술을 하는 경우 그 위험은 더욱 커지며, 재태연령 38주 미만일 경우가 38주 이상보다 더 위험하다. 따라서 자연분만 대신 제왕절개 분만을 선택할 경우에는 재태연령 39주 이후로 미룰 것을 권하고 있다.

정상 자연분만을 할 경우, 폐상피세포의 나트륨 채널이 활성화되어 폐에 남아 있던 수분과 분비물이 잘 흘러나오기 때문에 호흡기 합병증이 적으나, 제왕절개 분만을 하면 호흡기 합병증이 잘 생기는 것으로 알려져 있다. 그 이유는 출산 예정일 이전에 제왕절개 분만을 할 경우, 폐상피세포의 나트륨 채널의 활성상태가 낮아 폐에 고여 있던 수분이 원활히 배출되지 않기 때문이다.

갓 출생한 신생아가 호흡곤란증으로 신생아 집중치료실에 입원할 경우, 집중치료실 환경의 소음이나 불빛 자극과 채혈 및 호흡기 삽입과 같은 침습적 처치로 신생아는 고통과 스트레스를 받게 된다. 이런 스트레스는 신생아의 성장, 영양상태, 신경계 발달에 부정적 영향을 미친다. 또한 신생아의 예기치 않은 집중치료실 입원으로 산모도 엄청난 스트레스를 받는다. 산모는 죄책감, 불안, 우울을 겪으며, 부모 역할에 대해 자신감을 잃고, 모-아 애착 형성에 어려움을 겪게 됨으로써 장기적으로 자녀의 건강한 성장발달을 저해하는 원인이 되기도 한다. 따라서 임부들은 출산 전에 제왕절개 분만이 태아와 임부의 건강과 생명에 미치는 영향에 대해 정확히 알고 본인에게 옳은 분만 방법을 결정해야 할 것이다. 불필요한 제왕절개 분만을 예방하기 위해서는 임신부는 산전 교실이나 출산 교실 등에 참석하여 이에 대한 교육을 받도록 하며, 의학적 이유 없이 제왕절개 분만하는 것을 가급적 피해야 한다.

2) 미숙아 및 저체중 출생아 출생

우리나라는 심각한 초저출산 현상이 장기간 지속되고 있는 가운데 미숙아 및 저체중 출생아 출생률은 더욱 증가하고 있는 추세이다. 미숙아란 재태연령 37주 미만 또는 최종 월경일로부터 259일 미만에 태어난 아기를 말하는데 대체로 출생체중 2,500g 미만인 경우가 많다. 저체중 출생아란 재태연령에 상관없이 출생체중 2,500g 미만을 말하며, 1,500g 미만을 극소 저체중아, 1,000g 미만을 초극소 저체중아라 한다.

미숙아는 각종 신체 장기가 미성숙한 상태이기 때문에 뇌와 폐 그리고 소화기관 등에 생기는 합병증으로 인하여 건강하게 생존하기 어렵다. 오늘날 주

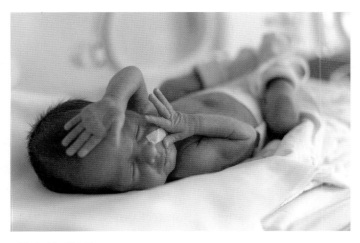

그림 4-19 미숙아

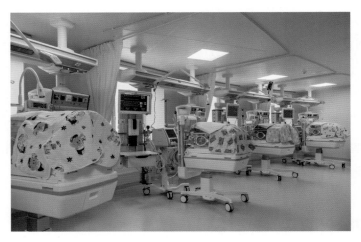

그림 **4-20** 신생아 집중치료실

산의학과 신생아 집중 치료의 급속한 발전으로 미숙아의 생존율은 과거보다 현저하게 향상되었으나, 실명이나 뇌성마비, 주의력결핍·과다행동장애ADHD 와 같은 신경 행동장애나 인지언어 장애 등 여러 가지 발달장애 문제를 가지고 있어 미숙아 발생 예방이 매우 중요하다(그림 4-19, 20).

미숙아 출생 위험 요인에는 흡연, 음주, 마약 등의 약물남용이 알려져 있으며, 10대 임신과 고령 임신, 비뇨생식기 감염, 비만과 빈혈, 스트레스, 우울 및 불안 등의 정신과적 문제가 있는 여성에게서 미숙아 발생률이 높다고 알려져 있다. 최근에는 고령 임부의 증가로 난임이 증가하여 인공수정이나 체외수정 등 난임시술을 받는 사람이 많아지고 있다. 이로 인해 다태임신이 증가하여 조산과 저체중 출생아 발생빈도를 높이고 있다.

미숙아나 저체중아 출산을 예방하기 위해서는 조산 예방이 무엇보다 중요하다. 되도록 출산 적령기에 임신 및 출산을 하도록 하고, 10대 임신이나 고령 임신을 예방하기 위한 사회 각층의 노력이 필요하다. 임신을 계획할 경우, 임신 전 단계부터 건강한 임신과 분만 및 건강한 아기 출산에 대한 교육을 실시하며, 임부들을 위해서는 정기검진과 산전관리를 통해 영양관리, 감염예방 및 기존에 갖고 있는 질병의 치료와 함께 정서적 문제를 조기 발견하여 적절한 치료를 제공해 주어야 할 것이다. 미숙아와 만삭아의 신체적 특성은 표 4-5에 요약하였다.

표 **4-5** 미숙아와 만삭아의 신체 특성 비교

특성	미숙아		만삭아	
	신체 특성	설명	신체 특성	설명
자세		이완된 자세로 사지를 편 채 누워 있고, 신체 크기는 작고 머리는 신체 크기에 비해 약간 크다.		피하지방이 많고 굴곡된 자세로 누워 있다.
귀		귀 연골은 발달이 미약하고 쉽게 접힌다. 머리카락은 미세하고 솜털 같다. 솜털이 등과 얼굴에 덮여 있다.		귀 연골은 잘 형성되어 있고 머리카락은 단단하며, 따로 따로 분리되어 있다.
발바닥 주름		발바닥이 약간 부풀어 올라 있고, 투명하며 가는 주름만 있다.		발바닥이 잘 발달되어 있고 주름이 깊다.
여아 생식기		음핵이 돌출되어 있고, 대음순은 덜 발달되어 벌려져 있다.		대음순은 충분히 발달되어 있고 음핵은 돌출되어 있지 않다.
남아 생식기		음낭은 잘 발달되지 못하고, 주름이 적다. 고환은 서혜관이나 복강 내에 위치하여 음낭에서 만져지지 않는다.		음낭은 잘 발달되어 주름이 져 있다. 고환은 하강하여 음낭에서 만져진다.
스카프 징후		근긴장도가 낮아 팔꿈치를 반대편으로 돌렸을 때 별 저항 없이 쉽게 가슴을 가로질러 닿는다.	팔뒤꿈치 중앙선	팔꿈치는 가슴의 중앙부에 오고 중앙선을 넘어가려면 저항이 있다.
잡는 반사		쥐는 힘이 약하다.		쥐는 힘이 강해서 손을 들어 올리면 상체가 들리며 따라 올라간다.

(계속)

특성	미숙아		만삭아	
	신체 특성	설명	신체 특성	설명
손목 굴곡 각도		손을 손목 쪽으로 구부리면 손이 팔에 완전히 닿지 않고 각을 형성한다.		손을 손목 쪽으로 구부리면 손이 팔에 완전히 닿아 각을 형성하지 않는다.
발목 굴곡 각도		발을 발등 쪽으로 구부리면 발이 다리에 완전히 닿지 않고 각을 형성한다.		발을 발등 쪽으로 구부리면 발이 다리에 완전히 닿아 각을 형성하지 않는다.
발 뒤꿈치 귀에 닿기		발뒤꿈치를 귀로 가져가면 발뒤꿈치가 귀에 닿는다.		발뒤꿈치를 귀로 가져가면 발 뒤꿈치가 귀에 닿지 않고 저항감이 있다.

마무리 학습

1. 신생아 반사 중 모로 반사와 바빈스키 반사는 신생아의 신경계 발달상태를 반영하는 지표로 널리 활용되고 있다. 이 반사를 유도하는 방법과 정상 신생아 및 신경계에 문제가 있는 신생아에게서 나타나는 반응을 조사하여 기술하시오(참고문헌 혹은 기사의 출처를 밝힐 것).

2. 아기에게 모유수유를 하기 위해 준비 과정부터 아기 모유수유를 종료하기까지의 전 과정을 조사하시오(사전 준비, 유방 준비, 아기에게 젖 물리는 방법, 수유 자극 방법, 수유 종료 방법, 트림시키기 등을 포함하여 조사하고 참고문헌 혹은 기사의 출처를 밝힐 것).

3. 산후조리원을 방문하여 산후조리원 환경과 산모와 아기에게 제공되는 돌봄 내용에 대해 조사하고, 본인이 생각하는 문제점과 해결방안에 대해 논의하시오(산후조리원 방문 시 본인이 나온 사진자료를 3장 이상 제시할 것).

4. 국가에서 저출산 대책으로 분만 후 산모와 아기에게 다양한 지원을 제공하고 있다. 주변의 보건소를 방문하여 지원 내용을 조사하여 기술하고 관련 자료를 함께 제출하시오.

영아기

학습 목표

1. 영아의 신체 성장 과정에 대해 설명할 수 있다.

2. 영아의 운동발달에 대해 설명할 수 있다.

3. 영아의 인지발달에 대해 설명할 수 있다.

4. 영아의 사회 및 정서발달에 대해 설명할 수 있다.

5. 영아의 성장발달 증진 방법에 대해 설명할 수 있다.

6. 영아의 성장발달 관련 이슈에 대해 토의할 수 있다.

CHAPTER 5

영아기

영아기는 신생아기를 포함하여 출생 후 첫 1년 동안의 기간을 의미한다. 이 시기 동안 영아는 매우 극적인 신체 성장과 발달을 성취하게 된다. 모든 신체 체계는 점진적으로 성숙하며, 운동 기술은 영아가 외부 환경에 반응할 수 있 도록 현저하게 발달하는 시기이기도 하다. 또한 대근육과 미세 운동의 발달은 두미의 법칙과 근원의 법칙에 의해 질서정연한 순서로 이루어진다. 따라서 영 아의 성장과 발달에 관심을 두고 주기적으로 성장발달 양상을 평가하는 것은 그 어느 발달 시기보다 중요하다.

1. 영아의 성장과 발달

1) 신체 성장

(1) 신체 변화

인간의 신체발달 과정을 해부학적 관점에서 보면 대체로 머리에서 시작하 여 팔, 다리의 방향으로 발달이 진행되는 두미의 법칙cephalocaudal law에 의한 발 달과 몸의 중심에서 바깥으로 향한 발달, 즉 근원의 법칙proximodistal law이 있다.

또한 기능 면에서 전체적인 신체 능력은 점차 특수 능력으로 발전되고 분화된 단순 능력은 복잡한 능력으로 통합되는 분화differentiation와 통합integration에 의해 성장과 발달이 이루어진다.

영아기는 생후 4주에서 12개월의 발달 기간을 말하며, 신장과 체중 증가율이 가장 높은 시기로 이를 제1 급성장기라고 한다. 영아기 이후부터 6세까지는 신장과 체중이 서서히 증가하다가 사춘기에 다시 제2 급성장기를 맞이하고 15~16세 이후부터는 성장발육이 급격히 감소한다.

생후 12개월에는 출생 시 신장의 50% 정도의 성장률을 보이며, 체중은 6개월 신생아 체중의 두 배, 그리고 12개월 세 배로 증가한다. 만약 영아의 체중이 증가하지 않거나 키가 자라지 않으면 성장장애가 있는지 검사해 볼 필요가 있다. 특히 골격 성장, 내분비계 발달 그리고 충분한 영양을 섭취하고 있는지를 조사하여 원인을 밝히고 식생활 개선을 지도할 필요가 있다. 이 시기는 신체적 성장뿐만 아니라 지능, 기능, 정서적 발달 속도도 매우 빠른 시기이다.

아기는 출생할 때 이미 생존에 필요한 반사 행동 기능과 신호전달 기능 등을 갖추고 있으며 매우 섬세하고 복잡한 생리 기능을 갖추고 있다. 중추신경계의 발달과 성숙에 따라 원시적인 반사 행동들은 차차 소실되기 시작한다.

(2) 시력 발달

영아는 안근 조절 기능이 완전히 발달되어 있지 않아 생후 3~4개월까지는 물체를 선명하게 보지 못한다. Mauer와 Salapatet(1976)은 생후 1개월과 2개월 영아에게 사람의 얼굴을 특수 장치로 된 거울을 통해서 보여 주고 영아의 눈 움직임을 사진기로 포착하였다. 그 결과 생후 1개월 된 아기는 사람 얼굴의 전체적 윤곽만 보았고, 2개월 된 아기는 얼굴의 중심, 즉 입, 코, 눈 그리고 머리로 시선을 옮기고 있었다(그림 5-1).

5개월 영아는 얼굴을 상세히 관찰하고 인식하게 된다. 영아는 다른 어떤 그림보다 사람 얼굴을 오랫동안 주시하며, 도형에서도 복잡한 패턴에 더 집중하는 경향이 있다. 영아의 공간지각이나 물체의 크기에 대한 인식 기능에 대해서 많은 실험이 있으나 그중에서 공간지각에 관한 한 실험을 소개하면, 스크린에서 먼 곳에 있는 물체를 보인 다음 갑자기 그 물체를 확대하여 투영해 보였을

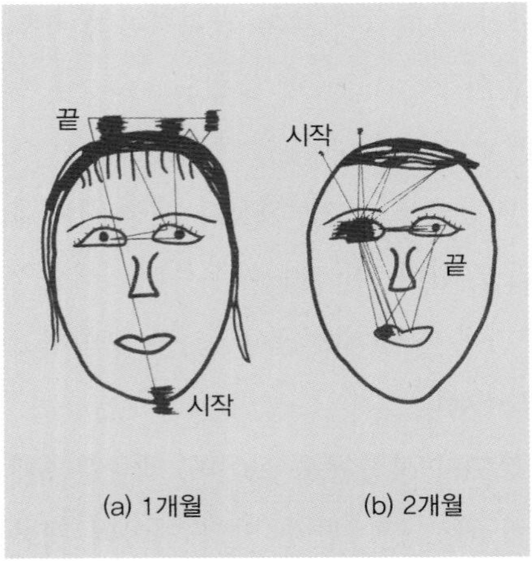

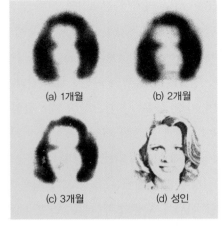

그림 **5-1** 사람 얼굴에 대한 영아의 눈 움직임
의 방향

그림 **5-2** 영아의 시각 능력

때 아기의 심장 뛰는 속도가 빨라지고 숨 쉬는 데 변화를 보였다. 생후 2~3개
월 된 영아도 이런 갑작스러운 변화에 대해 방어반응을 보이는 것으로 보아
이 시기에 이미 시각적 지각이 발달했다고 볼 수 있다.

2) 운동발달

생후 1년간 영아는 중추신경계가 성숙함에 따라 운동기능이 현저하게 향상
된다. 영아는 운동능력이 발달하면서 자신과 주변 환경과의 관계를 터득하게
되고, 행동반경이 증가함에 따라 다양한 호기심을 충족시킬 수 있는 기회를 갖
게 된다. 따라서 영아의 운동발달은 인지발달, 사회 및 정서발달과 밀접한 관
련이 있다. 영아의 운동발달 속도에는 개인차가 있으나 발달 순서는 일정하다.

(1) 머리 가누기

영아의 머리 가누기 능력은 엎드려 놓은 상태에서 잘 관찰할 수 있다. 생후
1개월 된 영아는 잠시 머리를 들 수 있으며, 생후 4개월이 되면 영아는 팔을
바닥에 지지한 상태에서 머리와 가슴을 90° 들 수 있고, 6개월에는 손은 바닥
에 지지한 상태에서 머리와 가슴을 들 수 있다. 이와 같은 조절 능력의 획득은
다음 발달단계인 뒤집기를 촉진한다.

(2) 손 사용

신생아기의 원시 반사가 사라지고, 특히 긴장성 목반사가 사라지면, 영아는 두 팔을 뻗쳐 두 손을 자기 배 위에 둘 수 있게 된다. 생후 2~3개월에는 아기가 손을 입에 가져가고, 3개월에는 무엇이든 손에 닿으면 쥐려고 한다. 이때 딸랑이를 손에 쥐어 주면 잡고 흔든다. 생후 6개월쯤이면 눈에 보이는 것은 손을 뻗쳐 잡으려 하고, 한 손에서 다른 손으로 물건을 옮겨 잡을 수 있으며, 9개월에는 엄지와 검지로 잡을 수 있다. 12개월에는 눈에 띄는 것은 모두 집어서 입으로 가져간다. 특히 구석에 있는 조그마한 물건이나 먼지를 찾아내어 손가락으로 집어 올리기를 좋아한다.

(3) 몸 뒤집기와 앉기

몸을 뒤집고, 앉고, 기고, 서는 것은 아기마다 차이가 있지만, 주로 아기의 기질·체중과 관계가 있다. 활기찬 아기는 몸을 일찍부터 움직이려고 한다. 반면, 살이 포동포동 찌고 얌전한 아기는 동작이 늦는 경우가 많다.

생후 1개월 영아는 목과 등이 둥글어서 똑바로 앉지 못한다. 4개월이 되면 허리 부분만 둥글어서 영아를 잡아 주면 비교적 똑바로 앉을 수 있다. 7개월에는 한 손을 바닥에 지지하고서 혼자 앉을 수 있으며, 8개월에는 지지해주지 않아도 스스로 앉을 수 있게 된다.

(4) 서기

영아는 생후 7개월경에 잡아 주면 발에 자신의 체중을 싣고 설 수 있다. 8~9개월경에는 가구를 붙잡고 설 수 있으며, 생후 9~10개월경에는 잡아 주면 발을 떼어 걷기를 시도할 수 있게 된다.

(5) 걷기

어떤 아기는 일찍부터 걷고 어떤 아기는 늦게야 걷는데, 이런 차이는 타고난 기질이나 유전 및 아기의 체중 등 여러 가지 요인이 관여하기 때문이다. 즉, 아기가 걸음마를 막 배우기 시작할 때 갑자기 며칠간 아프고 나면, 그다음부터는 회복된 지 한 달이 지나도 걸으려고 하지 않는 경우가 있다. 또 어떤 아기는 걸음마를 배우다가 몇 번 넘어지고 나면 절대로 걷지 않으려고 할지도 모른다.

그러나 대부분의 아기는 12~15개월이 되면 걸음마를 한다. 근육이 잘 발달하고 활기 있는 아기는 생후 9개월부터 걷기 시작한다. 간혹 걸음마를 일찍 시킨 경우 아기 다리에 이상이 생기지 않을까 걱정하는 사람도 있다. 걸음마를 일찍 시킨 아기 중에 다리가 안쪽으로 휘거나 무릎이 X자 모양으로 될 수 있는데, 이런 문제는 걸음마를 늦게 시작한 아기에게서도 나타날 수 있다. 대개는 아기가 혼자 일어설 수 있으면 걷기가 가능해진다. 영아의 운동발달 과정은 표 5-1에 요약하였다.

표 5-1 영아의 운동발달 과정

연령(월)	대근육 운동	미세 운동
1~3	• 턱을 들 수 있다. • 머리와 가슴을 들 수 있다. • 어른이 받쳐 주면 앉을 수 있다.	• 손에 쥐어 주면 물체를 잡으려 한다. • 손에 있는 장난감을 빨 수 있다. • 딸랑이를 흔들면 응시한다. • 미소를 지을 수 있다.
2~4	• 엎어 두면 머리를 든다. • 팔을 이용하여 일어나려고 한다.	• 가까운 물건을 쥘 수 있다.
5~8	• 어린이용 의자에 앉을 수 있다.	• 물건을 보면 손을 뻗친다. • 한 손으로 물건을 잡을 수 있다.
8~12	• 뒤집는다. • 혼자 앉는다. • 지지물을 잡고 혼자 일어선다. • 기어 다니기 시작한다. • 잘 기어다닌다.	• 손가락으로 흥미로운 물건을 가리킨다. • 물건을 주면 손에 쥐고 있던 물건을 버린다. • 엄지와 검지로 작은 물건을 잡는다. • 숟가락으로 음식을 입으로 가져가려 한다.
10~15	• 혼자 선다. • 혼자 걷는다. • 계단을 기어오른다.	• 작은 물건을 작은 통에 넣을 수 있다. • 첫마디 말을 시작한다. • 장난감을 쌓아 올릴 수 있다.
13~18	• 손잡고 계단을 오르내린다. • 공을 던질 수 있다. • 옆으로 또는 뒤로 걷는다.	• 연필을 손에 쥐고 마구 그림을 그려 본다.
18~24	• 쉽게 달려가고, 뛸 수 있다. • 세발자전거를 탄다.	• 어휘가 급속도로 늘기 시작하고, 이야기를 한다. • 작은 물체를 쉽게 줍는다.

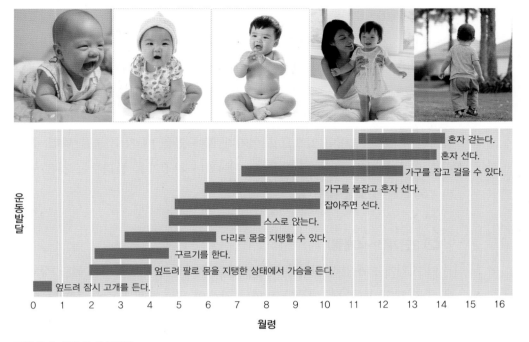

운동발달

	혼자 걷는다.
	혼자 선다.
	가구를 잡고 걸을 수 있다.
	가구를 붙잡고 혼자 선다.
	잡아주면 선다.
	스스로 앉는다.
	다리로 몸을 지탱할 수 있다.
	구르기를 한다.
	엎드려 팔로 몸을 지탱한 상태에서 가슴을 든다.
	엎드려 잠시 고개를 든다.

0 1 2 3 4 5 6 7 8 9 10 11 12 13 14 15 16

월령

그림 5-3 영아의 운동발달

3) 인지발달

인지cognition란 주어진 자극에 대해 주의, 지각, 기억, 사고 등을 동원하는 지적 또는 정신적 과정을 의미한다. 아기의 인지 능력 발달단계를 연구한 첫 이론가이며 학계와 아동교육계에 큰 영향을 미친 Piaget는 아이는 환경의 변화에 적응하는 능력을 갖추고 태어났다고 믿었다. 그는 출생에서 2세까지 아기는 지각과 감각운동 활동을 통하여 주변 세계를 이해한다고 보고 이를 감각운동기sensori-motor stage라고 불렀다. Piaget는 이 시기에 어떤 활동을 통하여 아기가 무엇인가를 알게 되면 그것에 흥미를 느끼고, 이 지식을 토대로 또 다른 탐구에서 성공하여 또다시 흥미를 느끼게 됨으로써 인지 능력이 발전한다고 하였다. Piaget는 이를 순환circulation 과정으로 설명하고 있다. Piaget는 감각운동기를 다시 6개의 하부단계로 세분화하였다.

(1) 1단계(0~1개월)

갓난아기가 자기의 반사 기능과 환경변화에 익숙해져야 하는 시기이며, 영양 섭취와 휴식이 필요한 시기이다. 엄마의 목소리, 가족들의 목소리, 엄마의 촉각, 냄새 등과 같은 감각자극의 제공이 영아의 발달에 도움이 된다.

이 시기 영아의 시각발달은 미숙하나, 엄마와 가족들의 얼굴을 한참 동안 응시할 수 있는 능력이 있으므로 아기가 깨어 있을 때 자주 눈을 맞춰 주고, 비록 영아가 이해하지는 못하더라도 이야기나 자장가를 들려주는 것은 영아의 감각발달에 도움이 된다.

(2) 2단계(1~4개월)

이 시기에는 우연히 일어난 어떤 행위를 의도적으로 반복하게 된다. 장난감을 주면 잡고 흔들기를 배운다. 엄마나 가족이 얼러 주면 미소를 짓는다. 이는 주위의 자극에 따라 미소를 짓기 때문에 사회적 미소social smile라고 한다. 이 시기에 반응적 미소가 나타나지 않으면, 아기의 발달 과정이나 환경 자극에 이상이 있음을 의미한다.

(3) 3단계(4~8개월)

Piaget는 생후 4개월까지는 대상영속성object permanence 개념이 전혀 없다고 보았다. 아기 눈앞에 불빛이 보이면 그것을 따라가기는 하나 곧 무시해 버린다. 4개월이 지나면서 아기는 물체의 영속성에 대한 개념이 생기기 시작한다. 자신이 주변 세계와 물리적으로 독립적 존재이며, 주변 사물이 시야에 보이지 않더라도 계속해서 존재한다는 사실을 깨닫게 되는데 이것이 바로 대상영속성을 인식하는 것이다.

4~8개월 영아는 감춰둔 물체를 찾기 시작하고, 7개월 이후에는 한마디 자음 소리를 낼 수 있으며, 8개월 이후는 엄마가 없으면 불안감을 느끼는 분리불안separation anxiety이 심해져서, 잠시라도 엄마를 놓치지 않고 따라다니려고 한다.

(4) 4단계(8~12개월)

아기에게 물체를 보였다가 A라는 곳에 감추고 다시 B라는 곳에 옮겨 두면, 아기는 물체가 B에 옮겨지는 것을 보았더라도 첫 장소, 즉 A만을 찾는다. 일반적으로 대상영속성 개념은 생후 18개월이 되어야 완전히 확립된다고 알려져 있으나 어떤 연구자들은 아기들의 뛰어난 기억력 때문에 생후 4개월경에도 대상영속성의 개념이 형성될 수 있다고 보고 있다. 생후 3~4개월 영아는 어렴풋이나마 사물의 개념, 분류의 개념 등이 생기며, 생후 5~6개월경에 수의 개념이 나타난다. 따라서 논리적 사고 과정이 발달하는 데는 개인적 차이가 있지만 적어도 생후 18개월이면 논리적 사고가 가능해진다.

표 5-2 영아의 인지 능력 및 적응적 행동발달

연령(월)	인지 및 적응력	
1	• 얼굴을 빤히 쳐다본다. • 소리에 반응한다.	
4	• 낯선 얼굴, 낯선 환경을 알아차린다. • 음식을 보면 좋아한다.	
7	• 낯선 사람에게 부끄럼을 탄다. • 발을 입에 가져간다.	
10	• '까꿍', '빠이 빠이', '짝짜꿍'을 한다.	
12	• 옷을 입힐 때 협조한다.	
15	• 손가락질을 할 수 있다. • 엄마를 돕는 시늉을 한다.	
18	• 흘리면서 혼자 먹을 수 있다.	
24	• 숟가락질을 해서 먹을 수 있다.	

4) 사회 · 정서발달

(1) 정서발달

생후 첫 달의 신생아-부모 상호작용은 그 이후 영아의 사회성 발달에 크게 영향을 미친다. 애착관계는 아기가 태중에서 어머니의 목소리를 들으면서 시작한다고 본다. 부모가 아기의 표정에서 상호작용의 신호cue를 본능적으로 느낄 수 있게 되는 것도 중요하고, 아기의 신호에 따라 빠르고 적절하게 반응할

그림 **5-4** **애착 형성:** 엄마와 영아가 눈을 맞추는 것은 애착 형성에 중요하다.

수 있으면 애착관계 형성은 신속하고 안정되게 이루어진다. 생후 3개월 된 영아는 부모의 반응에 따라 미소를 지을 수 있고, 불쾌한 상황에서는 울고 짜증을 낸다. 이 밖에도 아기는 엄마가 놀아 주지 않으면 슬픈 표정도 지을 줄 알고, 의복이나 좌석벨트 등이 손발을 구속한다든가 하면 큰 울음을 터뜨리며 노여움을 표현하기도 한다. 또한 낯선 사람의 얼굴이 갑자기 가까이 다가오면 두려운 표정도 지을 수 있다.

생후 6~8개월경에는 깜짝 놀란 표정도 짓는다. 아기는 6개월부터 낯을 가리고 분리불안을 표현할 수 있으며 낯선 사람과 함께 있으면 스트레스를 받는다. 그리고 아기는 이 단계의 상호작용을 통해 신뢰와 불신을 경험할 수 있으므로 생후 1년 이내에 신뢰와 애착관계 형성을 통해 온전한 사회성을 갖출 수 있도록 해야 한다.

(2) 기질

인간의 기질에 관한 정의는 학자에 따라 다르다. 정신과 의사인 Chess와 Thomas는 기질을 순한 기질, 까다로운 기질, 무던한 기질 3종류로 분류하였다.

순한 기질을 가진 아기는 대체로 기분이 늘 좋은 상태이며, 일상생활에 쉽게 적응하여, 새로운 경험에도 쉽게 흥미를 느낀다. 까다로운 기질의 아기는 자주 보채고, 기분이 늘 썩 좋지 않은 상태이며, 무엇을 원하는지 알기 어렵고, 조그마한 변화도 쉽게 순응하지 않는다. 무던한 기질의 아기는 감정표현이 적고 신체활동이 적으며 약간 부정적이다.

기질은 자라면서 크게 변하지 않는다. 까다로운 기질의 아기는 순한 아기보다 양육환경의 영향을 더 많이 받기 때문에 양육환경이 좋을 경우는 별문제가 없지만, 양육환경이 좋지 않으면 문제가 더 많다.

Kagan은 기질을 수줍고 무던하며 겁 많은 기질과 사교적이고 외향적이며 대담한 기질로 구분하였다. 수줍은 기질의 아기는 생후 7~9개월부터 낯선 사람을 피하며, 익숙지 않은 대상에 대해서는 회피한다. 또한 스트레스를 느끼며, 감정표현을 잘하지 못한다고 설명하고 있다.

Rothbart와 Bates는 자기조절self-regulation은 기질의 중요한 측면이라고 강조하였다. 자극을 받을 때 자기조절을 잘하는 아기가 있는가 하면 자기조절을 못 하는 아기가 있다. 자기조절을 못 하는 아기는 쉽게 초조해지고 감정표현을 폭발적으로 한다.

아기의 기질을 한 가지 분류로만 단정적으로 보지 말고, 한 아기가 다양한 기질을 동시에 가지고 있다고 봐야 할 것이다. 예를 들면, 어떤 아기는 외향적이면서 부정적 감정을 거의 표현하지 않고 자기조절을 잘하는 아기가 있는가 하면, 어떤 아기는 내성적이면서 부정적 감정을 거의 표현하지 않지만, 자기조절을 못 하는 아기도 있다.

Kagan은 기질은 생물학적인 배경이 있고 경험을 통해 어느 정도 변할 수 있다고 하였다. 예를 들면, 겁이 많고 자기표현을 못 하는 아기도 두려움을 극복하는 법을 배우게 된다. 두려움이 많고 자기표현을 못 하는 아기를 어떻게 돌봐야 할까? 아기를 따뜻하게 달래 주고 안전함을 느끼게 해 주며, 구체적인 두려움을 직시하게 하는 전략을 사용하면, 아기는 차차 두려움을 덜 느끼게 될 것이다.

① 생물학적 영향

Kagan은 기질과 생리적 특징이 연관되어 있다고 하였다. 즉, 자기표현을 못 하는 억압된 기질은 생리적으로 심장박동 수가 빠르고 혈중 코티졸이 높으며, 우뇌의 전두엽 활성도가 높다. 이런 패턴은 아마도 아미그달라amygdala의 흥분과 관련된 것으로 보고 있는데, 아미그달라는 두려움과 억압, 분노표현에 중요한 역할을 하고 있다. 쌍둥이 연구와 입양아 연구에서 기질의 유전성이 지지되고 있다.

② 성별, 문화 및 기질

성별은 기질 형성에 중요한 요인이다. 부모는 성별에 따라서 반응을 달리할지도 모른다. 한 연구에 의하면, 어머니들은 보채는 아들보다 보채는 딸에게 더 반응을 보였다고 한다. 마찬가지로 아기 기질에 대한 부모의 반응은 문화와 사회에 따라 다르다. 예를 들면, 활동적인 기질을 장려하는 사회가 있는가 하면(미국), 기질을 억압하는 사회(중국이나 한국)가 있다. 그리고 아기 기질도 문화에 따라 다르다. 중국 사회는 미국 사회보다 행동 억압을 높이 평가한다. 요약하면, 아기의 기질은 아기가 속한 환경에 따라 장려되기도 하고 억압되기도 한다.

③ 적자생존과 양육

적자생존은 아기 기질과 아동이 처한 환경의 요구가 서로 일치하는가를 의미한다. 우진이는 매우 활동적인 유아인데 장시간 꼼짝하지 않고 가만히 앉아 있도록 하였고, 구호는 무던한 유아인데 시도 때도 없이 갑작스러운 상황에 놓이게 하였다. 우진이와 구호는 모두 자기의 기질과 환경에 맞지 않은 상황에 놓여 있다.

기질과 환경이 맞지 않으면 적응에 문제를 일으킨다. 원리는 부모의 양육태도와 신념에 의해 결정되는 부분이 크기 때문에 자연히 성장하는 아기의 사회 적응에서도 크게 영향을 받는다. 부모는 대부분 기질의 중요성을 둘째를 낳아서 키울 때까지 깨닫지 못하는 경우가 많다. 부모는 첫 아이의 행동이 자신들이 양육한 결과로 보지만, 첫 아이와 둘째 아이에게 똑같은 양육방식을 적용할 수 없다는 것을 알게 된다. 첫 아이를 키울 때는 수유, 수면, 대처에 문제를 많이 느꼈던 것들이 둘째 아이를 키울 때는 그런 문제들이 없지만 다른 새로운 문제들을 접하게 된다. 이와 같은 경험을 통해 아이들은 아주 일찍부터 각자 다르다는 것을 알게 되고 이런 것들이 부모-자녀 상호작용에 중요한 영향을 미치게 된다. 아기마다 기질이 다르고 기질이 다른 아기를 부모가 어떻게 양육할 것인가가 문제로 남는다.

아직 학자들 간에 합의된 결론은 없지만 기질 전문가인 Sanson과 Rothbart가 자녀의 기질에 맞는 양육 전략을 다음과 같이 제안하였다.

- **아기의 개성에 관심을 갖고 존중한다** 모든 부모에게 다 해당되는 '훌륭한 부모 되기'를 처방하기는 어렵다. 아기의 기질에 따라 훌륭한 부모 되기 전략은 달라진다. 부모는 아기가 보내는 신호와 아기가 원하는 것을 융통성이 있고 민감하게 받아들여야 한다.
- **아기의 환경을 구조화한다** 복잡하고 시끄러운 환경이 어떤 아기에게는 큰 문제가 될 수 있지만(까다로운 기질의 아기) 어떤 아기에게는 전혀 문제가 되지 않는다(순한 기질의 아기). 그리고 두려움이 많고 위축된 아기는 새로운 환경에 노출할 때 환경 전환을 천천히 진행하는 것이 좋다.
- **아기에게 부정적 꼬리표를 붙이지 않는다** 어떤 아기는 다른 아기에 비해 양육이 더 힘들다는 사실을 인정하고, 구체적인 어려운 상황 대처법에 대해 조언해 주는 것이 도움이 된다. 그러나 아기에게 '까다로운 아이'라는 꼬리표를 붙이면 결국 그 예언대로 아기는 문제 아동이 되고 만다. 즉, 까다로운 아이 꼬리표를 단 아기에게 사람들은 아기가 '까다로운' 행동을 유발하도록 대하게 되어 결국 문제아로 만들게 됨을 의미한다.

(3) 사회성 발달
① 대인관계
모든 인간관계의 시초는 어머니와의 관계에서 출발한다. 동물 세계에서 어미와 새끼의 관계는 종족 보존을 위한 원초적 본능에서 비롯된다. Lorentz의 경우를 보면, 새끼 거위들이 부화했을 때 어미 거위 대신 Lorentz가 옆에 있었더니 이들 새끼 거위는 Lorentz를 어미로 알고 그가 가는 곳마다 졸졸 뒤를 따라다녔다. 이 실험에서 어미와 새끼 거위의 관계는 원초적 보호본능이며, 이 현상을 각인imprinting이라 한다. 이 각인 현상이 일어나는 기간은 생후 1~2일이고, 이 시기가 지나면 각인 현상이 나타나지 않으므로 이 시기를 결정적 시기critical period라 한다. Lorentz의 관찰은 어떤 결정적 시기에 얻어진 행동이 한 평생 지속되고 가역성이 없다는 점에서 영아기 경험의 중요성을 입증했다는 데 큰 의의가 있다.

어머니와 자녀의 정서적 유대관계를 애착이라고 하며, 이는 학습, 경험, 상황 등에 영향을 받는다. 그러므로 애착은 친부모가 아니더라도 생길 수 있다. Bowlby는 애착형성 단계를 전 애착단계pre-attachmentstage, 애착 형성기attachment-in-the-making, 확실한 애착clear-cut attachment, 목표수정 동반자 관계goal-corrected partnership의 4단계로 구분하였다.

전 애착단계는 생후 약 2주까지의 기간으로 신생아가 본능적으로 자기 주위의 누구에게나 접근하려고 하는 단계이다. 애착 형성기는 생후 2~3주부터 6~8개월까지의 기간으로서 영아가 친숙한 사람을 가까이하고자 하는 단계이다. 확실한 애착단계는 생후 약 6~8개월에서 1년 반까지의 기간이라고 보고 있으며, 이미 애착관계가 생긴 대상자에게 적극적으로 접근하고 따라다니는 행동을 보이는데, 애착 대상이 눈에 안 보이면 찾으면서 우는 단계이다. 마지막 단계인 목표수정 동반자 관계 단계는 생후 1년 반 정도부터 시작되는데, 이 시기에는 애착 대상자의 행동을 예측할 수 있을 뿐만 아니라, 자기가 원하는 방향으로 애착 대상자의 행동을 수정하게 만들려고 하는 매우 복잡한 행동단계이다.

어머니와의 애착관계가 잘 형성된 아기들은 정서적 안정감을 얻고 혼자서 장난감을 갖고 놀거나 여러 가지 주변 문제들을 관찰하면서 호기심을 충족시켜 나간다. 반면에 안정된 애착을 형성하지 못한 영아들은 정서적으로 안정감이 결여되고, 주변의 많은 사물을 관찰하고 탐색하려는 욕구가 없는 것으로 관찰되었다. 끝없는 호기심이 지적 성장의 요소이므로 외부 세계에 대한 무관심은 지적 성장에 있어 큰 손실이 된다.

어머니나 양육자와 애착을 형성하고 있는 영아는 탐구심이 왕성하지만, 애착이 이루어지지 않은 아기는 환경 탐색에 대한 욕구가 적다. 보육원처럼 애착 형성이 어려운 환경에서 자란 아동은 학령기에도 친구를 사귀지 못하고 반항적이며 까닭 없는 불안감이 많을 뿐만 아니라 성인이 되어도 우울증, 반사회적 또는 정신박약 등 인격 형성에 결함있는 사람이 되는 경우가 많은 것으로 보고되고 있다.

아기들은 반드시 어머니 이외의 사람과 애착관계를 맺지 못하는 것은 아니다. 어머니가 없으면 할머니, 아버지, 형제, 자매 그리고 가족이 아니라도 돌보는 이와 애착관계를 형성할 수 있고, 그 대상이 누구라도 무방하지만 애착 대상자는 아기의 욕구를 인지하고 신속히 대응해 주며, 애정으로써 보살펴 줄 수 있어야 한다는 것이 중요한 점이다. 그리고 아기와 함께하는 시간이 긴 것보다는 짧은 시간이라도 적절한 자극과 정성과 애정으로 보살펴 주는 것이 애착관계 형성에 결정적 요인이 된다. 특히 부모 모두가 직장에 다니며 아기를 어린이집에 맡겨야 하는 가정이 늘고 있는 오늘날, 애착관계 형성은 부모에게 큰 문제로 대두되고 있다. 그러나 부모 이외의 어린이집 선생님, 또래와의 사회환경이 애착과 탐색의 대리 모델로서 만족스럽다고 하는 미국의 연구 보고들도 있다.

5) 언어발달

영아는 생후 10~13개월경에 첫마디 말을 할 수 있으나 사실상 생후 3~4개월에서 7~8개월 사이에 전언어기preverbal stage가 있으며, 성인보다 뛰어나게 다양한 발음과 소리를 식별할 수 있는 능력을 갖추고 있다. 그러나 생후 1년경에는 대뇌가 발달함에 따라 가장 친숙한 모국어의 음과 억양을 선택하게 된다.

"아기가 몇 살 정도가 되면 말을 시작합니까?"라고 묻는다면 아기를 키워본 양육자라면 서슴지 않고 "대개 한 살 정도면 말을 시작하지요."라고 대답할 것이다. 생후 12개월까지를 영아기로 보는데, 영아를 의미하는 앙팡enfant이라는 단어는 그리스어 'infans'에서 유래된 것으로, 즉 '말이 없는' 것을 의미한다. 20세기 중반까지도 언어학자들은 아기가 첫마디의 말을 시작할 때까지는 말을 하지 못하는 것으로 단정 짓고 있었다. 언어학은 철학과 문학의 영역으로만 생각되어 왔으나, 1970년대에 들어와서는 심리학, 사회학, 인류학에서 아동의 언어 획득 과정에 관심을 가지게 되면서 크게 발전하게 되었다. 이러한 성과들을 요약해 보면, 언어는 인류 고유의 지적 기능이라는 점을 깨닫게 되었고 영아의 감각적·지각적 또는 전 언어적 능력 등을 종합해 볼 때, 아이들이 첫마디의 말을 시작하기 이전에 그들은 자신의 환경과 모국어에 대한 상당한 정보를 이미 갖추고 있다는 것을 알게 되었다.

　언어가 인류 고유의 지적 기능이라는 점에 관하여 증명할 수 있는 사례로, 인류학 또는 언어학 연구자들 가운데는 어린 원숭이나 개를 자기 아이와 함께 키우면서 언어를 가르쳐 보는 연구를 한 사람들이 있다. 이들은 수년에 걸쳐 동물에게 언어를 가르쳐 보려고 노력해 보았으나 6~10년의 긴 세월을 거쳐도 언어 이해의 수준이 3세 아동 수준을 넘지 못했다고 한다. 이는 발성기관의 해부학적 차이나 신경계의 차이로는 설명이 되지 않는 부분이었다. 물론 엄청나게 영리한 동물이 있는 것은 사실이나, 그들이 사람의 언어를 이해하는 이유는 그들의 엄청난 기억력이지, 인간 언어의 논리를 이해하는 것은 아니었다. 오늘날 영상분석연구가 고도로 발달하여 대상자의 생각 과정, 회화 청취 그리고 문장을 읽을 때 어느 부위의 뇌신경세포가 높은 대사활동을 나타내는지를 영상으로 파악하고 기록할 수 있게 되었다. 이러한 신경과학적 연구 기법의 발달로 언어 중추와 관련된 뇌의 많은 부위가 순식간에 활성화되는 것으로 보아 언어활동이란 엄청나게 복잡한 시스템이라는 것을 알 수 있다. 최근의 연구 분석에서 인간의 사고, 언어, 발성 등을 지배하는 부위들은 원숭이를 포함한 그 어느 포유류와도 유사성이 거의 없다는 것이 밝혀지고 있다. 사람 뇌의 무게는 인간과 가장 가깝다고 보는 원숭이 뇌 무게의 3.6배나 된다. 이런 점은 언어가 인간 고유의 지적 기능이라는 사실과의 관련성을 시사해 준다.

(1) 비언어적 의사소통

　말을 배우기 전 아기들의 의사소통은 울음, 표정, 몸짓 등으로 이루어지는데, 특히 울음은 가장 강력한 의사소통 수단이다. 생후 1주일된 아기의 울음에는 배가 고프다는 의사전달, 몸이 불편하거나 아프다는 의사전달 또는 화났다는 의사전달 등의 종류가 있다. 아기가 젖을 빨다가 소리를 들으면 젖 빨던 행동을 멈추는 것은 소리에 반응하는 것을 의미하며, 청각발달은 앞으로 언어를 습득하는데 절대적인 전제조건이다. 아기들은 태아 시절에 이미 어머니 말의 강도와 음조에 익숙해 있으며, 어머니가 강도나 음조를 달리하면서 일러주는 말에 따라 새로운 행동을 보여줌으로써 양육자들을 즐겁게 해 준다.

생후 2개월경에는 젖을 먹고 난 뒤 혹은 장난감을 쳐다볼 때와 같이 즐거울 때는 쿠잉cooing-비둘기같이 후두를 조용히 진동시켜 내는 소리-소리를 낸다. 생후 3개월이 되면 울음과 쿠잉은 빈번한 의사전달의 수단이 된다. 이러한 아기의 소리에 어른이 반응하지 않으면 점차 울음과 쿠잉도 줄고 아기는 의사소통을 포기하게 된다. 시설 거주 영아들이 잘 울지 않는 것은 이러한 이유에 기인한다.

생후 4~5개월이 되면 옹알이babbling를 시작한다. '마마마…' 또 '바바바…' 같은 옹알이는 모음과 자음을 합쳐서 낼 수 있는 음이므로 후두, 입술, 혀를 모두 움직이는 발음이며, 이는 반사 기능과 근육 기능의 조화가 필요하다. 따라서 옹알이는 아기의 기능 성숙을 의미한다. 청각장애로 듣지 못하는 언어장애 아기도 처음에는 옹알이를 한다. 그러나 청각장애아의 경우 자기 소리나 부모의 칭찬을 들을 수 없기 때문에 시간이 지나면서 옹알이를 하지 않게 된다. 반면에, 정상아는 부모와 주변 어른들의 칭찬으로 점차 다양한 소리를 낼 수 있게 되며 자신의 옹알이를 들을 수 있게 되므로 사실상 인간의 모든 언어를 발음할 수 있는 잠재성을 가지게 된다.

이와 같이 인간의 소리를 모두 내고 식별할 수 있을 정도로 발전하는 것을 음소의 확장phonetic expansion이라 하며 생후 6~12개월경에 발달한다. 그러나 아기는 주변으로부터 주로 모국어만 듣고 격려받기 때문에 모국어 이외의 발음은 거의 듣지 않고, 스스로 발음하지도 않게 되면서 차차 모국어 습득으로만 한정되는데, 이렇게 모국어의 음소만 발음하게 되는 것을 음소의 축소phonetic contraction라고 한다. 최근 한 연구에서 생후 9개월 된 미국 아기 16명을 매일 2회에 걸쳐 10분간은 중국어 교사가 중국어책을 읽어 주고, 15분간은 중국어 소리가 나는 완구를 가지고 놀게 하는 교육을 총 12회 시행하였다. 대조군 16명은 모국어인 영어 교육을 꼭 같이 시행하였다. 실험 결과, 중국어 교육을 받은 아기군은 영어와 중국어 두 언어에 대한 감수성을 유지할 수 있었으나, 영어 교육만 받은 아기군은 음소의 축소를 볼 수 있었다. 또 다른 실험은 동일한 조건에서 교사들 대신 시청각 자료나 녹음기만을 사용해 본 결과 두 군 모두 효과가 없었는데, 이것은 사람 대 사람의 상호작용을 통해 이루어져야 함을 시사해 준다.

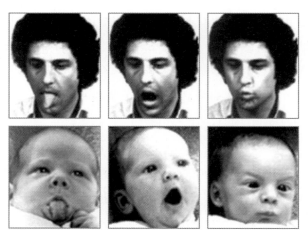

그림 5-5 영아의 모방 능력
자료: Silverman(1982).

(2) 한 단어의 말

생후 11개월부터는 의미 있는 한 단어의 회화가 시작되고 12개월경에는 두 단어 또는 세 단어의 의미 있는 회화를 할 수 있다. 회화의 내용은 대체로 사물과 사건이 되거나 또는 자기 기분이나 요구들이 대부분이다.

박스

- 인도의 어떤 늑대굴에서 약 8세 정도의 소녀가 발견되었다. 발견 후 언어학자들은 그녀를 카말라(Kamala)라고 이름 짓고 언어교육을 하였다. 그런데 8년 후 그녀가 죽을 때까지 배운 단어는 겨우 50개 정도였다고 한다.
- 야생 소녀 카말라와 흡사한 처지의 소녀가 1970년 미국 캘리포니아 어느 빈민굴에서 발견되었다. 제니(Genie)라고 하는 13세 소녀는 생후 20개월경부터 작은 방에 감금되어 자라 왔으며, 아버지가 한 번도 말을 걸지 않고 버려두었다. 그녀가 발견된 후 7년간 언어학자가 언어교육을 시도했으나, 발견 후 6∼7개월 동안 2어문의 회화까지 한 후에는 거의 언어의 진전을 볼 수 없었다.
- 정상아는 생후 2세경에 2어문의 회화를 할 수 있지만, 2∼3세 사이에는 거의 폭발적으로 어휘가 증가하며 뒤이어 유아기-학령전기를 통하여 성인 수준의 회화를 하게 되는 반면, 카말라와 제니는 겨우 2어문의 회화에서 50개 단어 수준이었고 질문할 줄도 몰랐으며, 문법을 이해하지 못했다. 이러한 예를 통해 언어 습득에도 결정적 시기가 있음을 알 수 있다.

말은 모음 하나와 자음 하나를 합친 말을 반복한다. 한 단어가 한 문장이 되는 말을 일어문(一語文, holophrase)이라 한다. 한 살에서 한 살 반까지의 사용 단어는 평균 10개의 단어를 구사한다. 20개월쯤에는 단어 수가 약 50단어 수준으로 늘고, 두 살 정도가 되면 거의 190개 이상의 단어를 구사하게 되며 비약적으로 발전한다.

(3) 두 단어의 말

생후 20개월에서 두 살쯤이면 아기는 두 단어로 구성된 문장으로 의사표시를 하게 된다. 이를 어학적으로 이어문(二語文, duos)이라 한다. 이때 언어는 전치사나 동사의 어미변화는 없고 중요한 단어만 나열한 전보 같은 것이라 하여 전보식 언어telegraphic speech라고도 한다. 그러나 중요한 점은 아기가 표현한 말보다 그 말속에 상당 수준의 논리체계를 반영하고 있다는 사실이다. "엄마 예뻐.", "아빠 책.", "누나 미워." 등은 논리 정연한 표현들이다. 이후 2~3세경에는 폭발적인 언어발달이 일어나게 된다.

(4) 언어학자들의 견해

진화론자들은 인류가 언어를 획득한 시기를 호모사피엔스Homo sapiens의 출현 시기인 약 100,000년 전으로 추정하고 있다. 언어의 획득은 인류에게 문화와 문명을 이룩하게 한 큰 계기가 되었다. 언어는 인류가 세계 각 지역으로 이동하는 동안 종족들의 약속에 따라 일정한 사용 규칙을 갖춘 단어들을 가지고 의사표시와 정보교환의 수단으로서 발달되었고 이것은 말뿐만 아니고 서명과 정보교환의 문자로 발전된 산물일 것이다. 그러나 20세기 언어학자들이 놀랍게 생각한 바는 전 세계 아동의 언어 획득의 단계가 거의 비슷하다는 점이다(표 5-3). 심지어 언어학자 Chomsky는 "만약 외계인이 지구를 방문한다면 그들은 당장에 지구인들의 언어는 하나뿐이다."라고 했을 것이라 하였다. 문법으로 보면 인류의 언어는 거의 같은 형태라고 볼 수 있다. 따라서 그는 인간은 생물학적으로 뉴런들이 특수한 분화와 성숙을 이루고 신호전달체계를 완성할 때 이미 언어를 이해할 체계가 완성된 상태로 태어난다고 설명하였다. Chomsky는 이를 언어획득 장치language acquisition device, LAD라고 하였다. 물론

표 5-3 영아의 언어습득 과정

연령	언어습득 과정
출생	울음
2~4개월	쿠잉을 시작한다.
5개월	첫 단어를 이해한다. 옹알이를 한다.
6개월	단어 나열로서 연속음을 낸다.
7~11개월	다양한 소리와 발음 식별할 수 있는 전언어기(preverbal stage)에서 점차 가장 친숙한 모국어에 집중하게 된다.
8~12개월	몸짓을 사용한다(아는 말이 나오면 손으로 가리킨다). 단어를 이해하기 시작한다.
11~13개월	처음으로 단어를 말한다(일어문).
18개월	단어의 비약적 발전이 일어나 10~50개 수준으로 늘어난다.
18~24개월	두 단어(이어문) 이상의 전보식 언어로 논리 정연한 언어발달이 일어난다.

Chomsky의 언어 획득장치는 하나의 이론적 개념이지 인간 대뇌 조직의 영역을 지칭한 것은 아니다. 그러나 사실 대뇌 영역 가운데 언어와 관련된 부위들이 있다. 이 부위들은 뇌 손상을 입어 언어표현 능력을 상실한 실어증aphasia 환자들에서 발견되었는데 그 부위는 브로카 영역Broca's area과 베르니케 영역Wernicke's area이며, 각각 좌뇌 전두부와 측두부에 위치하고 있다. 브로카 영역에 손상을 입은 환자는 언어표현 장애가 생기지만 타인이 말하는 것은 온전히 이해할 수 있으며, 베르니케 영역에 손상을 입은 환자들은 타인이 말하는 것을 잘 이해하지 못하지만 반면 언어표현은 유창하다. 다만, 말의 내용이 논리적으로 의미가 없다는 점이 특징이다.

2. 영아의 성장발달 증진

1) 수면

영아는 하루 평균 8~12시간 잠을 자며 하루 2번 낮잠을 잔다. 영아는 성장할수록 새로운 기술 획득으로 흥분하고 좌절하며 이것이 수면에 영향을 미치기도 한다. 졸리거나 잠을 자야 하는 영아가 잠을 자지 못하고 보채는 경우는 취침 의식을 가지는 것이 좋다. 영아의 취침 시 엄마가 항상 일정한 취침 의식을 거행하고 단호하면 아기를 진정시키는 데 도움이 된다. 밤중에 깨서 울더라도 아기를 안고 젖을 물리거나 흔들어 주는 것보다 토닥거려 주고, 부드러운 목소리로 노래를 들려주거나 노리개 젖꼭지를 물려주는 것이 좋다.

2) 예방접종

아기는 대체로 생후 2개월부터 예방접종을 시작하는데, 어떤 부모는 예방접종의 부작용을 우려하여 예방접종을 하지 않으려고 한다. 그러나 이는 잘못된 생각이다. 전염병이 한 번 발생하면 예방접종으로 인한 부작용보다 훨씬 더 많은 아동에게 위험을 안겨 주기 때문이다.

질병관리청에서 제시하는 2023년 표준 예방접종일정표는 그림 5-6에서 보여준다. 예방접종은 가벼운 감기 증상이 있는 경우는 접종이 가능하나, 이전 백신접종 후에 아나필락시스와 같이 심한 알레르기 반응이 있었던 경우 해당 백신을 금기하며, 중증도 또는 심한 급성기 질환은 모든 백신의 접종 시 주의를 요해야 한다. 임신을 하거나 면역저하자의 경우 생백신의 접종을 일시적으로 금해야 한다.

B형 간염 예방접종에서 산모가 B형 간염 항원을 가지고 있는 경우, 신생아가 출생한 지 12시간 이내에 B형 간염 예방접종을 하고 B형 간염 면역글로불린을 투여한다.

디프테리아, 파상풍, 백일해 혼합백신DTaP은 근육주사로 해야 하며, 피하주사로 주면 국소 발적과 염증이 생길 수 있다. DTaP 접종 후에는 미열이 1~2일 정도 나고 주사 부위가 발갛게 되며 부종과 통증 등이 나타날 수 있다.

우리나라는 2000년부터 경구용 소아마비 예방접종을 주사용으로 바꾸었다. 경구용 소아마비 예방접종은 살아 있는 바이러스를 접종하므로 아동이나 가족의 면역 기능이 저하되었거나 면역억제 치료를 받는 경우에는 환자를 위험에 빠뜨릴 수 있으므로 경구용 소아마비 접종을 해서는 안 된다. 그러나 주사용 소아마비 예방접종은 가능하다.

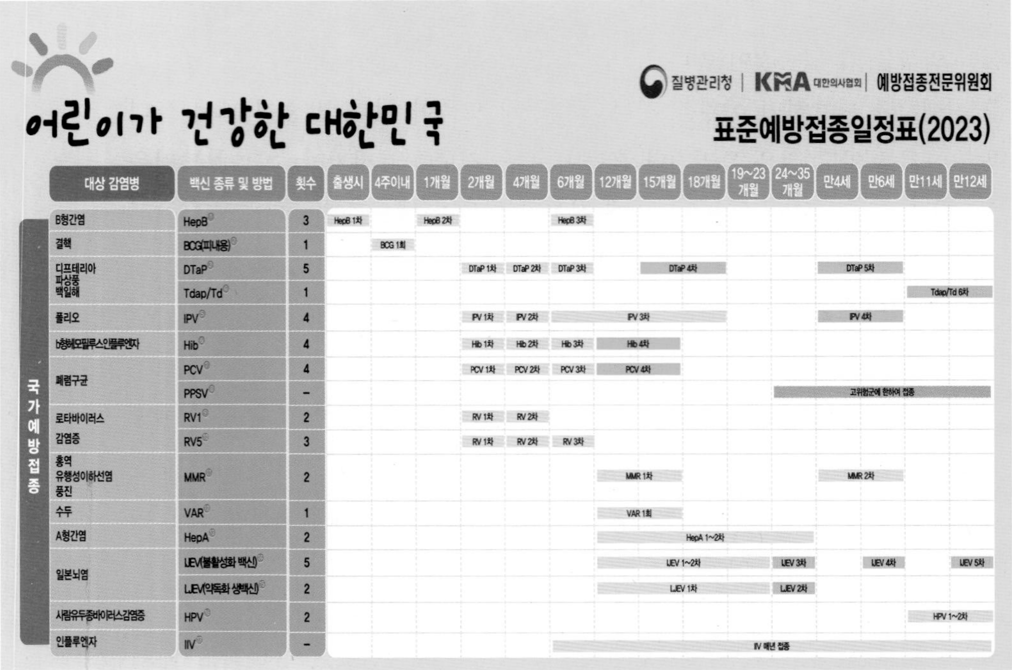

질병관리청 | KMA 대한의사협회 | 예방접종전문위원회
어린이가 건강한 대한민국
표준예방접종일정표(2023)
대상 감염병
백신 종류 및 방법
횟수
출생시
4주이내
1개월
2개월
4개월
6개월
12개월
15개월
18개월
19~23 개월
24~35 개월
만4세
만6세
만11세
만12세
국가예방접종
B형간염
HepB
3
HepB 1차
HepB 2차
HepB 3차
결핵
BCG(피내용)
1
BCG 1회
디프테리아 파상풍 백일해
DTaP
5
DTaP 1차
DTaP 2차
DTaP 3차
DTaP 4차
DTaP 5차
Tdap/Td
1
Tdap/Td 6차
폴리오
IPV
4
IPV 1차
IPV 2차
IPV 3차
IPV 4차
b형헤모필루스인플루엔자
Hib
4
Hib 1차
Hib 2차
Hib 3차
Hib 4차
폐렴구균
PCV
4
PCV 1차
PCV 2차
PCV 3차
PCV 4차
PPSV
–
고위험군에 한하여 접종
로타바이러스 감염증
RV1
2
RV 1차
RV 2차
RV5
3
RV 1차
RV 2차
RV 3차
홍역 유행성이하선염 풍진
MMR
2
MMR 1차
MMR 2차
수두
VAR
1
VAR 1회
A형간염
HepA
2
HepA 1~2차
일본뇌염
IJEV(불활성화 백신)
5
IJEV 1~2차
IJEV 3차
IJEV 4차
IJEV 5차
LJEV(약독화 생백신)
2
LJEV 1차
LJEV 2차
사람유두종바이러스감염증
HPV
2
HPV 1~2차
인플루엔자
IIV
–
IIV 매년 접종

그림 5-6 표준예방접종 일정표
자료: 질병관리청, 2023

홍역, 풍진, 볼거리 혼합백신MMR은 홍역, 풍진, 볼거리를 예방하는 예방접종이며 생후 12~15개월과 만 4~6세에 각각 1회 접종한다. MMR 예방접종 후에 생길 수 있는 이상반응은 거의 드물다. 국소 이상반응으로 접종 부위 통증, 압통 등이 발생할 수 있으며, 전신 이상반응으로 발열, 발진, 열성 경련, 혈소판감소증, 관절통 및 관절염, 림프절 비대, 이하선염, 알레르기 반응 등이 발생할 수 있다.

3) 영양: 수유와 이유

모유는 아기에게 영양학적·정서적·면역학적으로 완벽한 식품이다. 모유는 소화 흡수가 쉽고 알레르기를 일으키지 않으며, 당과 단백질 비율이 적당하여 영양학적으로 이상적이다. 모유 속에 함유된 항체가 호흡기, 소화기 등의 감염을 방어해 준다.

수유 동안 어머니와의 접촉은 아기의 안정적인 정서발달을 돕고 모아애착을 증진시킨다. 뿐만 아니라 모유수유는 모체의 골다공증과 비만을 예방하고 피임 효과를 줄 수 있다. 아기의 빠는 힘은 생각보다 매우 강하다. 아기가 처음 젖을 빨면, 처음에는 유관이 경련이 일어나서 아플 수도 있으나 익숙해지면 어머니에게 즐거움과 만족감을 제공해 준다.

생후 6개월부터 모유는 철분이 부족해지기 시작하여 성장하는 영아의 영양 요구에 미치지 못하므로 이유식이 필요하다. 분유의 경우, 영양학적으로는 손색이 없으나 면역학적으로는 모유의 기능을 대체할 수 없다. 영아의 출생 시 위 용적은 10~20mL 밖에 되지 않으나 수유를 자주 할수록 위 용적이 커져서 생후 1년이 되면 약 200mL 정도가 된다.

젖의 양이 충분한지를 아는 방법은 주당 체중 증가가 112~196g 정도 되고, 하루에 기저귀를 6~8개 정도 갈며, 수유 후에 수 시간 동안 곤히 잠을 자는 경우에 젖의 양이 충분하다는 것을 의미한다.

이유식은 영아의 성장발달에 필요한 영양 요구에 따라 생후 6개월경에 시작하는 것이 좋다. 이유식을 지나치게 일찍 제공하면 알레르기 문제가 생길 수 있다. 이유식의 시작은 가장 알레르기를 일으키지 않는 곡류부터 시작해서 차차 채소, 과일→육류→생선류 등의 순으로 준다.

아기에게 새로운 음식을 처음 먹일 때는 한 번에 한 가지 음식을 4~7일간 먹이면서 대변의 상태와 아기의 소화흡수 능력, 알레르기 여부 등을 관찰한다. 아기가 음식을 거부하면 이유식을 일시적으로 중단하고, 아기가 아플 때는 이유식을 시작하지 않는다. 알레르기를 유발할 수 있는 식품은 나중에 제공한다. 예를 들면, 과일 주스는 생후 5~6개월에 주지만 오렌지 주스, 딸기, 생선, 전복, 조개, 달걀 등은 생후 8개월 이후로 미루는 것이 좋고, 설탕, 소금, 꿀도 1세 이전에 주지 않는 것이 좋다. 이유식을 처음 시작할 경우, 과일을 갈은 것이나 쌀죽에 젖을 섞어서 주면 아기가 거부하지 않고 받아먹는다. 생후 6개월 아기의 대표적인 하루 이유식 스케줄의 예는 표 5-4에 제시하였다.

표 **5-4** 생후 6개월 아기의 대표적인 하루 이유식 스케줄

시간	이유식
7:00 AM	모유 혹은 분유
8:30 AM	과일(사과 같은 것)
12:00 PM	육류(쇠고기 다진 것), 채소(당근, 감자, 고구마 삶아 으깬 것), 모유(분유)
3:00 PM	과일 주스(사과 주스)
5:00 PM	시리얼, 쌀죽
6:00 PM	모유(분유)
10:30 PM	모유(분유)

4) 치아관리

치아 모조직은 임신 5개월부터 시작하며, 생후 6개월경에 첫 유치가 나오기 시작하여 2년 6개월간 총 20개의 유치가 생긴다. 유치가 나올 생후 4개월 무렵에는 잇몸이 붓고 벌게져 민감해지므로 영아는 침을 많이 흘리고 열이 나며 보채기도 한다. 이때는 면이 거친 수건을 차게 하여 잇몸을 닦아 주거나 딱딱한 치아 발육기teeth ring를 입속에 넣어 준다. 심한 통증으로 보채는 경우에는 타이레놀을 줄 수도 있다.

유치가 생기는 순서는 처음에 아래쪽 중앙에 2개가 먼저 생기고 몇 개월 후에 위쪽 중앙에 4개가 생긴다. 1세가 되면 아래 2개, 위에 4개의 유치가 생긴다. 건강한 치아를 위해서 수유 후에는 물로 입안을 헹구거나 거즈로 치아와 잇몸을 닦아 준다. 그리고 잠잘 때 젖병이나 주스 병을 물리고 재우면 젖병 충치가 발생하므로 잘 때 젖병이나 주스 병을 물리지 않도록 한다.

생후 6~9개월
아래쪽 앞니 2개

생후 10~12개월
위쪽 앞니 2개

생후 13~14개월
아래쪽 앞니 2개 추가
위쪽 앞니 2개 추가

그림 **5-7** 유치가 생기는 순서

5) 안전

우리나라 통계청 자료에 의하면, 2021년 14세 이하 아동 10만 명 중 2.2명이 안전사고로 사망하였다. 사고원인으로는 교통사고가 가장 잦고 그다음이 익사, 추락, 화재, 중독 순으로 나타났다.

영아기는 운동발달이 매우 빠르게 진행되는 시기이다. 몸을 뒤집고, 구르거나 기어 다니며, 잡고 설 수 있기 때문에 영아 주변에 위험한 물건이 있는 경우 영아의 안전을 위협하게 된다. 또한 미세 운동과 시력의 발달, 주변 환경에 대한 강한 호기심 및 위험에 대한 인지 능력의 부족 등과 같은 발달 특성으로 영아는 안전사고에 취약할 수밖에 없다. 영아기에 흔한 안전사고에는 자동차 사고, 화상, 익사, 중독, 이물질 흡인 등이 있다.

영아는 눈에 보이는 물건들은 손가락으로 집거나, 손에 닿는 것은 모두 입에 넣기 때문에 작은 단추나 핀, 구슬 등은 영아의 손이 닿지 않는 곳에 두어야 하며, 목에 끈을 걸어 두면 때로는 끈에 의해 목이 졸릴 수도 있음을 명심해야 한다. 영아가 놀고 있을 때는 영아의 곁을 떠나지 않도록 하고, 목욕 시에도 익사의 우려가 있으므로 절대 욕조에 영아를 혼자 두지 않아야 한다. 그리고 1세 이내의 영아를 자동차에 태울 때는 반드시 자동차 뒷좌석에 영아용

그림 5-8 영아를 위한 자동차 안전 의자와 착용 방법: 영아의 자동차 안전 의자는 반드시 뒷좌석의 등받이 부분을 바라보게 설치한다.

안전 의자가 등받이를 마주 보게 해서 앉히도록 권장하고 있다.

(1) 자동차 안전 수칙

- 아기와 자동차로 여행할 때는 항상 아기를 안전 의자에 앉혀야 한다.
- 아기를 무릎에 앉힌 채 운전을 해서는 안 된다.
- 2세까지는 안전 의자가 뒷좌석 정중앙에 등받이를 마주보게 해서 앉힌
  다. 안전 의자의 가장 안전한 위치는 뒷좌석 정중앙이다.
- 아기의 안전 의자를 운전석 옆에 설치해서는 안 된다. 그리고 에어백 장
  치가 있는 좌석에 안전 의자를 설치해서는 안 된다.

표 5-5 아동발달단계별 자동차 안전 의자 적용 4단계

| 0~12개월 영아는 자동차 뒷좌석에 의자 등받이를 마주 바라보도록 고정시킨다. | 1~3세 아동(10kg 이상)은 자동차 뒷좌석에 전방을 향하도록 고정시킨다. | 4~7세 아동(18kg 이상)은 충격 완충장치가 있는 안전 의자를 사용한다. | 8~12세 이후 아동(36kg 이상)은 안전벨트를 착용한다. |

(2) 낙상 예방 안전 수칙

- 아기를 바구니에 담아 이동할 때 아기 바구니를 바닥에 놓는다. 아기 바구니를 책상 위에 놓아서는 안 된다.
- 아기를 침대, 소파, 탁자 위, 걸상에 혼자 둬서는 안 된다. 아기가 움직이거나 몸을 돌려서 낙상할 위험이 있기 때문이다.
- 아기를 탁자 위에 눕혀서 기저귀를 갈아줄 때는 항상, 눈과 손이 아기에게 있도록 하며, 모든 물품은 손이 쉽게 닿는 위치에 준비해 둔다.

(3) 흡연 및 화상 예방 안전 수칙

- 아기가 있는 방에서는 절대로 흡연해서는 안 된다.
- 집에 항상 소화기를 비치해 둔다.
- 아기를 안고 있을 때는 뜨거운 물이나 국그릇을 들어서는 안 된다.
- 우유병을 절대로 전자레인지에 데워서는 안 된다. 전자레인지로 데울 경우, 우유가 골고루 데워지지 않아 어떤 데는 뜨겁고, 어떤 데는 미지근하여 아기 입안이 화상을 입을 수 있다. 우유병은 더운 물에 데우는 것이 안전하고 먹이기 전에 손목 안쪽에 한 방울 떨어뜨려서 확인한 후 먹인다.
- 48℃ 이상 뜨거운 물은 사용하지 않는 것이 좋다.

(4) 사고 예방 안전 수칙

- 뾰족한 물건(칼, 가위, 면도칼, 도구)이나 위험한 물건(동전, 유리제품, 약, 구슬, 핀)들은 아기 손이 닿지 않는 곳에 둔다.
- 아기를 잡고 흔들거나, 공중에 던져서는 안 된다. 뇌손상이나 시력손상을 입을 수 있다.
- 아기를 나이 어린 형이나 애완동물과 함께 두고 집을 비워서는 안 된다.
- 어린 아동이 있는 경우 식탁보를 사용하지 않는 것이 좋다. 아기가 식탁보를 잡아당겨, 식탁 위에 놓인 뜨거운 국그릇을 쏟아 화상을 입을 우려가 있다.
- 아기 침상 칸막이 막대 폭은 5.5cm 이하로 하여 아기 머리가 칸막이 사이에 끼지 않도록 한다.

- 아기가 생후 5개월 이후나, 아기가 팔이나 무릎에 힘을 주고 밀 수 있을 때는 모빌이나 천장에 매달린 장난감은 치우는 것이 좋다.

(5) 아기 목욕 안전 수칙

- 아기 목욕물이 너무 뜨겁지 않도록 한다. 목욕물은 팔꿈치 안쪽을 담가 봤을 때 너무 뜨겁지 않은 정도가 좋다.
- 물이 있는 욕조에 아기 혼자 남겨둬서는 안 된다. 눈 깜짝할 사이에 아기가 익사할 수 있다.
- 물 가까이 헤어드라이기나 라디오 등을 두지 않는다. 사용하지 않을 경우, 플러그를 뽑아 장 속에 넣어 둔다.

(6) 장난감 안전 수칙

- 아기 장난감을 수시로 점검해서 장난감이 부서졌는지, 부품이 분리되는지, 떨어진 부품이 아기 입보다 작은지, 날카로워서 아기가 다칠 수 있는지를 확인한다.
- 고무풍선을 가지고 놀 때는 특별히 아기의 기도가 막히지 않도록 조심해야 한다.
- 아기 목 주위(노리개 젖꼭지를 매단 줄)나, 아기 침상 주변에 줄이 없도록 해야 한다. 줄이 아기의 목을 조를 위험이 있기 때문이다.
- 아기 젖병을 물린 채 잠을 재우지 않는다. 기도가 막힐 위험이 있다. 젖병을 물린 채 혼자 둬서는 안 된다.
- 아기에게 익히지 않은 당근이나, 사과, 콩, 땅콩, 사탕을 주지 않는다. 기도가 막힐 우려가 있다.

(7) 아기가 기고 걸을 때의 안전 수칙

- 아기가 굴러 떨어지지 않도록 계단에는 안전 문을 단다.
- 책상 모서리나 돌출한 가구 모서리에 커버를 씌워서 아기가 다치지 않도록 한다.
- 변기 뚜껑을 닫아서 아기가 변기통에 빠지지 않게 한다.

- 외출할 때는 옷과 모자로 피부 노출을 피한다. 아기는 피부가 얇고 민감하기 때문에, 특히 오전 10시에서 오후 2시 사이는 자외선을 피하는 것이 좋다.
- 가루비누나 약은 캐비닛에 넣어 잠그고, 독성물질은 병에 보관해서는 안 된다. 자칫 식품으로 오해할 수 있기 때문이다.

표 5-6 아동 안전 대책

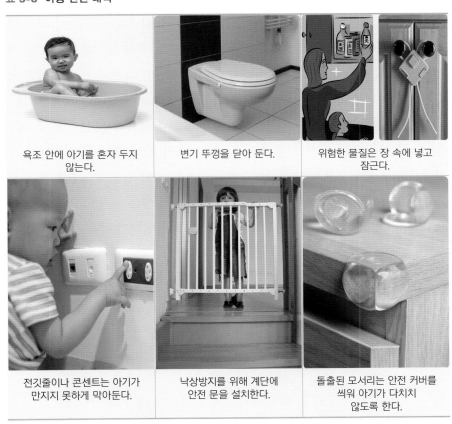

욕조 안에 아기를 혼자 두지 않는다.

변기 뚜껑을 닫아 둔다.

위험한 물질은 장 속에 넣고 잠근다.

전깃줄이나 콘센트는 아기가 만지지 못하게 막아둔다.

낙상방지를 위해 계단에 안전 문을 설치한다.

돌출된 모서리는 안전 커버를 씌워 아기가 다치지 않도록 한다.

3. 영아기 성장발달 관련 이슈

1) 낯가림과 분리불안

낯가림은 애착 행동과 마찬가지로 생후 6~8개월에 나타나고, 애착 행위가 최고조에 달하는 한 살 전후로 낯가림도 최고조에 달한다. 안정된 애착관계를 확립하는 것은 매우 중요하지만, 아기가 지나치게 의존적인 성격을 갖지 않도록 하기 위해 부모와 떨어지는 경험도 종종 갖는 것이 독립심을 심어 주는 데 좋을 것이다. 그리고 부모나 양육자는 자기 기분에 따라 아기에게 다르게 반응하는 것은 좋지 않고 때로는 엄하지만 늘 한결같이 따뜻하고 성의 있는 일관된 양육태도를 유지하는 것이 바람직하다.

일반적으로 생후 1년이 지나면 사람들과의 만남을 통해 낯선 사람에 대한 두려움이 사라지고, 애착이 형성된 사람과 일시적 분리 경험에도 익숙해진다. 그러나 너무 빈번하게 낯선 사람들과의 접촉으로 불안과 분리 경험을 많이 겪으면 아기가 성장하여 사회생활을 하게 될 때 부정적인 성격이 될 우려가 있으므로, 부모나 육아 담당자들은 이런 점도 고려해야 할 것이다.

그림 **5-9** 분리불안

2) 산통

산통colic pain은 발작성 복통을 의미하는데, 생후 2~4주된 건강한 아기가 하루에 3시간 이상, 우는 날이 3일 이상 지속되는 경우에 산통을 의심할 수 있다. 온갖 방법을 다 동원해도 울음을 그치게 할 수 없는 이 산통은 아기에게 해롭지는 않지만 부모에게는 여간 힘든 것이 아니다. 산통은 3개월 이하의 영아에게서 많이 발생하며 그 이후에는 점차 감소한다. 산통의 원인은 아직 밝혀지지 않았으나 모유나 우유를 너무 급히 먹은 경우, 과식한 경우, 공기를 많이 삼킨 경우, 정서적 스트레스나 긴장이 있는 경우에 흔히 발생한다.

산통의 주 증상은 그치지 않는 울음인데, 주로 저녁 시간에 더 심하다. 실제로 통증이 있을 것 같지는 않지만 아픈 표정을 짓고, 양다리를 복부로 끌어당기면서 고개를 들고 얼굴이 빨갛게 되며 방귀를 끼기도 한다. 어떤 아기는 수유를 거부하고 잠을 잘 못 자지만 대부분의 아기는 잘 먹고 체중도 증가한다.

산통은 심각한 건강문제가 아니므로 치료를 받을 필요는 없다. 그러나 병원을 꼭 가고 싶은 경우에는 가기 전에 아기가 배고파서 우는지, 피곤해서 우는지, 안아 주지 않아서 우는지, 놀래서 우는지, 옷을 벗겨서 우는지, 너무 덥거나 추워서 우는지, 아파서 우는지를 사전에 체크하는 것이 좋다. 위의 이유가 없는데도 울음을 그치지 않으면 병원에 가는 것이 좋다.

산통을 해결하는 방법은 아기마다 다르다. 인공수유를 하는 아기는 분유를 바꾸어 보는 것도 한 방법이며, 모유를 먹던 아기가 젖을 떼면 더 심해진다. 또한 젖을 먹이는 산모가 양배추, 콩, 양파, 마늘, 살구, 수박, 참외, 커피, 술 등을 많이 섭취하면 아기에게 산통이 생길 수 있다. 유당불내성증lactose intolerance이 있는 아기의 산모는 우유를 과다 섭취하는 것을 삼가는 것이 좋다. 그 이유는 아기가 유당을 소화할 능력이 없어 가스가 많이 생기기 때문이다. 인공수유를 하는 아기가 방귀를 많이 뀌면 트림을 자주 시키고, 공기를 많이 마시지 않도록 수유 시 우유병 기울기를 적절히 유지한다. 우는 아기를 달랠 수 있는 몇 가지 요령을 다음과 같다.

그림 5-10 산통으로 보채는 아기

- 아기를 앞쪽으로 안거나 등에 업는다.
- 아기를 포대기로 싼다.
- 아기를 그네를 태워 흔들어 준다.
- 아기에게 청소기나 세탁기가 돌아가는 소리를 들려주어 주의를 분산시킨다.
- 아기를 차에 태워 드라이브한다.
- 노리개 젖꼭지를 물린다.
- 배나 등을 쓰다듬어 준다.
- 엄마랑 아기가 따뜻한 물에서 함께 목욕한다.

3) 영아돌연사증후군

영아돌연사증후군Sudden infant death syndrome, SIDS은 보통 밤에 수면 중 호흡을 멈추고 명백한 원인 없이 영아가 갑자기 사망하는 상태를 말한다. 영아돌연사증후군은 미국에서 영아 사망의 주요 원인이며 연간 2,000명 이상의 영아가

수면 시에는 모자를 씌우지 않는다.

아기 주변에서 흡연하지 않는다.

아기의 발은 침대 아래쪽 가까이 둔다.

아기 등이 바닥을 향하게 누인다.

침대 위에 장난감, 베게, 인형 등을 두지 않는다.

단단한 매트리스 위에서 재운다.

그림 5-11 영아돌연사증후군 예방법

사망하는 것으로 나타났다. 영아돌연사증후군은 생후 2~4개월에 흔히 발생한다. 1992년 미국소아과학회는 영아돌연사증후군의 위험을 줄이기 위해 영아를 등으로 눕혀 자도록 권장하는 운동(back to sleep movement)을 벌이고 있다. 등으로 누워 자는 경우가 배 쪽이나 옆으로 누워 자는 것보다 영아돌연사증후군 발생이 낮으며, 모유를 먹는 영아에서 덜 나타나고 어머니가 담배를 피우거나 간접흡연에 노출된 영아에게서 발생률이 더 높다. 저체중아, 아프리카계 미국인 및 에스키모, 담배 연기에 간접적으로 노출된 경우, 부모와 같은 침대에서 자는 경우, 노리개 젖꼭지를 사용하지 않는 경우, 부드러운 침구에서 자는 경우 등에서 발생 가능성이 더 높다. 따라서 안전한 수면을 위해서는 다음과 같은 요인을 주의해야 한다.

- 아기를 재울 때는 등이 바닥에 닿도록 뉘어 재운다. 이 자세가 영아돌연사증후군을 예방할 수 있다.
- 아기 방 온도를 적당히 유지하고 옷을 너무 덥게 입히지 않는다.
- 엄마는 아기랑 같은 방을 사용하는 것이 좋다. 그러나 한 침대에 엄마랑 아기가 같이 자는 것은 피해야 한다.
- 아기를 재울 때 질식 예방을 위해서 너무 푹신한 이불이나 베개, 방석, 봉제 인형은 잠자는 아기 주변에 두지 않는다.

마무리 학습

1. 영아기 개월에 따른 인지 및 적응력 발달 과정을 조사해보시오(참고문헌 혹은 기사의 출처를 밝힐 것).

2. 영아 초기 운동발달을 촉진하기 위해 [Tummy time]을 시행하면 도움이 된다. [Tummy time]의 목적, 방법, 영아 발달에 미치는 효과를 중심으로 조사해보시오(참고문헌 혹은 기사의 출처를 밝힐 것).

3. 영아돌연사증후군에 대한 신문 혹은 인터넷 기사를 3건 이상 검토하고, 영아돌연사증후군의 원인과 예방법에 대해 구체적으로 조사해보시오(참고문헌 혹은 기사의 출처를 밝힐 것).

4. 영아기 신뢰감의 의미와 영아의 신뢰감 형성을 위한 양육자의 역할에 대해 조사해보시오(참고문헌 혹은 기사의 출처를 밝힐 것).

유아기

학습 목표

1. 유아의 신체 및 운동발달에 대해 설명할 수 있다.

2. 유아의 인지발달에 대해 설명할 수 있다.

3. 유아의 언어발달에 대해 설명할 수 있다.

4. 유아의 사회 및 정서발달에 대해 설명할 수 있다.

5. 유아의 성장발달 증진 방법에 대해 설명할 수 있다.

6. 유아기 성장발달 관련 이슈에 대해 토의할 수 있다.

CHAPTER 6

유아기

유아기는 생후 13개월에서 3세 사이의 아동을 말한다. 유아기는 걸음마기toddlerhood라 할 만큼 운동 능력의 향상, 즉 이동 능력의 완성과 활동성의 증진이 이 시기의 두드러진 특징이다. 또한 이 시기는 자율성autonomy이 매우 발달하는 시기이기 때문에 분노발작temper tantrum, 거부증negativism, 고집불통obstinacy으로 다른 사람을 조절하는 방법을 시도함으로써 환경을 적극적으로 탐색하는 시기이기도 하다. 자기가 다른 사람에게 의존하고 있음을 깨닫지 못하는 자기중심적egocentric인 단계에서 자기의식적self-conscious인 단계로 변화되는 극적인 반응을 한다. 이 시기의 초기에는 매우 독립적이라고 생각되는 방법으로 자기를 주장한다. 즉, 유아기에 들어서면 아동은 자신도 하나의 독립된 개인이라는 것을 알게 되고 자기의 독자성을 시도해 보고자 하는 충동을 느끼게 된다. 결국 이러한 행동은 자기주장self-assertion에 이르게 된다. 다시 말해, 유아기는 활동과 정복, 자기규제, 의존과 자율에 대한 의식이 증가하는 시기라고 생각할 수 있다. 따라서 이 시기 아동의 반항은 자기를 명백히 주장하고 싶다는 욕구의 표현으로 이해할 수 있다. 부모와 다른 가족들은 아직 언어 능력의 미성숙으로 의사소통이 원활하지 못한 유아를 돌볼 때 많은 곤경에 처할 수 있다. 따라서 유아의 성장발달 특성을 이해하고 자립심과 자존감을 동시에 증가시켜 줄 수 있도록 효율적으로 상호작용할 때 유아의 건강한 성장발달을 촉진 시킬 수 있을 것이다. 또한 유아기는 기본적인 생활습관, 즉 대소변 가리기, 식사, 위생 등의 습관이 형성되는 시기이다.

1. 유아기 성장발달

1) 신체 성장

유아기는 성장률이 영아기 만큼 급속한 성장을 보이지는 않지만 여전히 빠른 성장을 보이는 시기이다. 유아는 몸체는 길고 하지는 짧으며, 다리는 약간 휘어져 구부정한 모양을 하고 있다. 남녀 외형의 차이는 아직 성인과 같이 뚜렷하지 않아 서로 비슷하게 보인다.

(1) 전반적 신체 성장

유아의 체중은 신장 증가율에 비해 떨어지는데, 우리나라 유아의 경우 만 2세가 되면 남아는 평균 12.9kg, 여아는 12.5kg으로 성장하고, 만 3세가 되면 남아는 15.1kg, 여아는 14.2kg으로 성장한다.

유아는 몸체보다 사지의 성장이 빨라 신장은 성인 신장의 1/2에 이르기는 하나 여전히 땅딸한 배불뚝이의 모양을 하고 있다(그림 6-1). 유아의 신장은 매년 약 7cm씩 자라며, 평균적으로 18개월이 되면 남아는 82.6cm, 여아는 81.8cm, 2세가 되면 남아는 87.7cm, 여아는 87.0cm 그리고 유아기 후기인 3세가 되면 남아는 95.7cm, 여아는 94.2cm로 성장한다.

유아기 초에는 여전히 전체 중 머리가 차지하는 비율이 크기 때문에 가분수형으로 보일 수 있으나 유아기 말인 3세가 되면 몸체의 성장으로 가분수형의 외형에서 점차 벗어나게 된다. 18개월이 지나면서부터 피하지방의 비율이 감소하고 몸통보다는 사지의 성장이 빠르게 이루어진다. 생후 2년이 지나면 가슴둘레가 배 둘레보다 커져 점차 배불뚝이의 모습에서 벗어나게 된다.

유아의 머리둘레 성장은 영아와 마찬가지로 매우 중요하다. 왜냐하면 인간의 두뇌 성장은 유아기까지 약 75%가 이루어지기 때문이다. 특히 이 시기의

그림 **6-1** 유아는 신체 균형이 완성되지 않아 땅딸막한 배불뚝이 모양을 보인다.

영양공급이나 정상적인 성장은 두뇌 발달에 매우 중요하다. 따라서 부모는 건강기관의 정규 방문 시 최소한 3세까지는 체중 및 신장과 함께 머리둘레도 측정하여 두뇌 발달의 이상 여부를 조기에 발견할 수 있어야 한다. 18개월 된 유아의 머리둘레는 남아가 평균 47.7cm, 여아가 46.8cm이고, 만 2세가 되면 남아가 48.4cm, 여아가 47.7cm, 만 3세가 되면 남아가 평균 49.6cm, 여아가 48.7cm로 성장하게 되며, 이는 대략 출생 시 두위의 1.4배가 된다. 만 1~2세경에 두위와 흉위가 같아지고 대천문은 12~18개월에 폐쇄되며 두개골이 더욱 단단해진다.

(2) 근골격계 성장

아동의 골격계 성장은 여아가 남아보다 2년 정도 빠르다. 6세까지의 골연령skeletal age은 손목의 X-ray 사진을 통해 평가할 수 있다. 2~3세 동안에는 25~30개의 화골핵이 나타나고 3세가 되면 전체 골격의 2/3~1/2이 화골화된다.

2세가 되면 20개의 유치가 모두 나온다. 유치가 나오는 시기나 순서는 유아에 따라 다소 차이가 있을 수 있다. 그러나 유치가 나는 순서가 정상에서 확연히 벗어난다면 이전에 구강 쪽에 손상을 받았는지 또는 치아가 나는 순서에 있어 가족적인 경향으로 차이를 보이는지를 확인해 보아야 한다.

(3) 신경계 성장

유아기 성장의 또 한 가지의 특징은 신경계가 지속적으로 성장하고 있다는 점이다. 실제 인간의 두뇌 성장은 유아기가 끝날 무렵인 3세경까지 75~80%가 완성되고, 5세경까지 90%가 완성되기 때문이다. 뇌 성장은 아동기 초기에 신장과 체중의 성장보다 훨씬 가파르게 성장한다(그림 6-2).

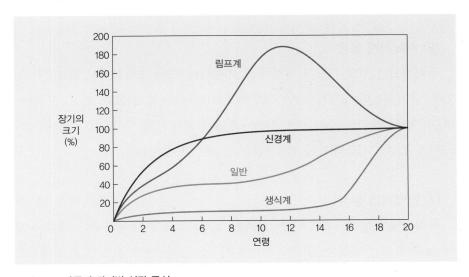

그림 **6-2** 아동의 장기별 성장 곡선

(4) 소화기계 성장

유아의 소화기는 기능적으로 성숙해져서 성인의 위와 같이 대부분의 음식을 소화해 낼 수 있게 된다. 위장계의 기관들은 성인기까지 지속적으로 성장한다. 유아는 큰 아동이나 성인에 비해 좀 더 자주 식사를 해야 할 경우가 많다.

유아기 후기가 되면 성공적인 장 훈련을 할 수 있을 정도로 직장괄약근의 수의적 조절이 충분히 가능해진다. 또한 위장관의 음식물 통과시간이 길어져 설사로 인한 탈수의 위험도 영아기보다 훨씬 감소한다.

(5) 순환 및 호흡기계 성장

유아의 폐 기능은 기본적으로 영아기와 크게 다르지는 않으나, 상대적으로 폐 용량이 증가하여 호흡수가 1세에 분당 30회에서 3세가 되면 분당 25회로 감소한다. 귀와 인후의 해부학적인 구조는 영아와 유사하지만, 구조가 지속적으로 성장하여 전염성 질환의 이환 가능성은 훨씬 감소한다. 편도선과 아데노이드는 여전히 이 기간 동안에도 큰 상태를 유지한다.

영아기 또는 유아기에 순환계의 영구적 경로가 거의 완성되고, 단지 기능적 측면의 변화, 즉 심장박동 수의 감소, 혈압의 증가가 지속적으로 이루어진다. 심박동수는 연령에 따라 다르고, 유아의 평균 혈압은 약 112/40mmHg이다.

(6) 비뇨기계 성장

유아기에는 신장 기능의 지표인 요 비중이나 다른 소변검사의 결과치가 성인과 유사해진다. 2세가 되면 하루에 500~600ml의 소변을 보고, 3세에는 600~750ml 정도로 증가한다. 유아는 방광과 괄약근의 성숙으로 인해 배뇨의 수의적 조절이 가능해져서 영아보다 소변 횟수가 줄어든다.

(7) 면역계의 성장

유아기에는 영아기보다 면역글로불린Immunoglobulin, Ig이 증가한다. 특히 신체에 접촉해 있는 미생물 감염이 전신에 퍼지는 것을 막아 주고 많은 질병으로부터의 회복 능력을 증가시키는 데 기여하는 IgG의 상승이 급격히 이루어진다. 세균 감염 초기의 항체로서 중요한 역할을 담당하는 IgM도 성인 수준에 도달하고, 호흡기관, 위장관, 비뇨생식기관의 보호에 중요 한 IgA도 점차 증가하게 된다.

2) 운동발달

(1) 이동 능력의 완성

만 1~3세 사이의 유아를 '보행기toddlerhood'라고 할 만큼 이 시기에 걷는 것이 매우 중요한 발달과업이다. 생후 1년이 되면서 걸음마를 배우고 걷기의 완성 후 유아기 후반이 되면 달리고 뛰며, 세발자전거를 탈 수 있게 된다. 이러한 대근육 운동뿐만 아니라 소근육 운동 기능도 발달하여 숟가락 사용하기, 구두끈 매기, 가위로 종이 자르기 등과 같은 미세 운동도 점차 가능해진다.

① 대근육 운동발달

유아는 신체 중 머리의 크기가 차지하는 비율이 영아보다 낮아져 체중의 중심center for gravity이 배꼽 아래로 내려가는데, 이는 대근육 운동발달 촉진에 기여한다. 첫돌 전후에 유아는 걷기 시작하며, 15개월 유아는 도움 없이 잘 걸을 수 있으나 걸음걸이는 여전히 불안정하여 팔자걸음의 양상을 띤다.

18개월이 된 유아는 걸음걸이가 안정되어 어른과 비슷한 모양으로 걷게 되며 거의 넘어지지 않는다. 또한 계단뿐만 아니라 침대와 같은 낮은 가구에 올라갈 수 있게 된다.

2세가 되면 유아는 뛰는 것도 능숙해져 넘어지지 않고 뛰어갈 수 있다. 계단을 오를 때도 난간을 잡고 두 발을 동시에 사용하여 오를 수 있게 된다. 그러나 계단을 내려오는 것은 오르는 것보다 좀 더 어렵기 때문에 4세 전까지는 여전히 두 발을 번갈아 이용하여 내려오지 못하고 한쪽 발을 먼저 내려놓은 후 그다음 다른 발을 내려놓는 식으로 계단을 내려온다.

공 던지기 기술은 영아기에 두 손을 이용하여 던지던 것을 유아기에는 한 손으로 공을 던질 수 있게 된다. 반면, 공을 받는 기술의 발달은 2세경에는 공을 받을 때 팔만 앞으로 쭉 뻗기 때문에 공을 잘 받아내지 못한다. 3세가 되면 공을 받을 준비를 하면서 팔꿈치를 구부리고 가슴을 이용하여 공을 받으려 한다. 또한 커다란 공은 팔목은 쓰지 않고 어깨와 팔꿈치를 이용하여

그림 6-3 유아기는 걷기 능력이 완성되는 시기로 만 3세경에 세발자전거를 탈 수 있다.

그림 6-4 걷기, 달리기 발달단계

그림 6-5 공 던지기 발달단계

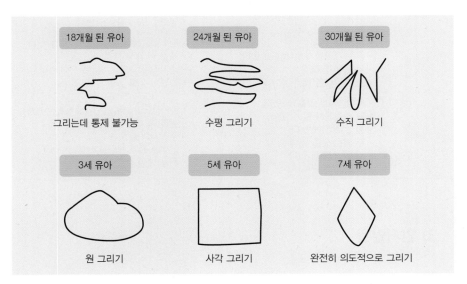

(a) 1단계(2세경)　　　　(b) 2단계(3세경)　　　　(c) 3단계(5~6세경)

그림 6-6 공 받기 발달단계

4~5m 정도 던질 수 있게 된다. 이러한 공받기 기술은 5~6세가 되어야 몸 전체를 이용하여 받을 준비를 하면서 손과 손가락을 이용하여 공을 받게 된다 (그림 6-5, 6).

② 미세 운동발달

유아는 연필을 쥐고 아무렇게나 끄적이던 영아와는 달리 일정한 패턴으로 끄적이다가 제법 모양을 만들어 가는 양상을 보이게 된다. 이러한 미세운동발달은 결국 손과 눈의 협응으로 인한 결과라고 할 수 있으며, 실제로 이 작업은 대근육 운동발달 보다는 어려운 작업이다.

18개월 된 유아	24개월 된 유아	30개월 된 유아
그리는데 통제 불가능	수평 그리기	수직 그리기
3세 유아	5세 유아	7세 유아
원 그리기	사각 그리기	완전히 의도적으로 그리기

그림 6-7 연령에 따른 그림 그리기

우리나라 아동의 경우, 젓가락질하기는 2.5~4세경에 남아의 약 20%와 여아의 33%가 가능하다. 남아는 3.5~4세경이 되어야 약 33%가 젓가락질을 할 수 있다. 즉, 여아가 남아보다 이른 시기에 젓가락을 사용하는 것으로 나타났다. 또한 3~3.5세 아동 중 가위질을 할 수 있는 아동은 80~90%이고, 단추 채우기를 할 수 있는 아동은 60~70% 정도이다. 15개월된 유아는 숟가락을 정확히 잡을 수 있고 입으로 음식물을 가져가나 대부분 흘린다.

그림 그리기에서도 극적인 발달을 보이는데, 15개월에는 연필로 단지 그리는 시늉 또는 낙서를 모방하려고 하던 것이 18개월이 되면 서투르지만 선을 그리려고 애쓰며 선과 원을 구분하게 된다. 나무토막 쌓기 기술은 15개월에는 2개를, 18개월에는 3개를, 2세에는 6~7개를 쌓을 수 있다. 18개월에는 단추가 달려있지 않은 옷을 벗을 수 있게 된다. 3세에 이르면 손의 운동 속도와 정확도가 발달해서 수직선, 수평선, 원을 모방해서 그릴 수 있고 가위질을 할 수 있다.

표 6-1 유아기의 대근육 운동발달과 미세 운동발달

월(연)령	대근육 운동발달	미세 운동발달
13개월	• 계단을 기어 오른다.	
14개월	• 혼자서 선다.	
15개월	• 혼자서 걷는다.	
16개월	• 손잡고 계단을 오르내린다.	• 공을 던질 수 있다. • 옆으로 또는 뒤로 걷는다.
24개월	• 달릴 수 있다. • 혼자 계단을 오르내릴 수 있다. • 큰 공을 찬다. • 큰 사다리를 내려간다.	• 6~7개의 블록 장난감을 쌓을 수 있다. • 책을 한 장씩 넘길 수 있다. • 숟가락을 입으로 똑바로 가져간다. • 간단한 옷을 입을 수 있다.
3세	• 발뒤꿈치로 걸을 수 있다. • 한 층계에서 뛸 수 있다. • 한 발로 서 있는다. • 두 발로 깡총 뛴다. • 세발자전거를 탄다. • 계단을 내려간다.	• 9개 정도의 블록 장난감을 쌓을 수 있다. • 팔을 쭉 펴고 공을 잡는다. • 주전자의 물을 붓는다. • 단추를 풀고 신발을 신을 수 있다. • 원을 베낄 수 있다.

3) 인지발달

Piaget에 의하면 유아기는 감각운동기sensorimotor phase의 5~6단계와 전조작

기_{preoperation phase}의 전개념기_{preconception phase}에 해당된다. 유아기에는 영아기에 비해 괄목할 만한 인지적 성장이 이루어지며, 이러한 인지적 성장에는 언어발달이 가장 큰 기여를 한다. 유아와 영아의 인지발달에서의 차이점을 한마디로 말하면 상징적 사고 능력의 출현이라고 할 수 있고, 이러한 상징적 사고 능력을 조작화하는 것이 바로 언어이다. 그러나 아직 자기중심적 사고와 물활론적 사고로 인해 생물과 무생물을 구분할 수 없고, 여러 측면을 동시에 고려하지 못한다.

(1) 감각운동기

Piaget의 감각운동기 5단계인 3차 순환반응단계(12~18개월)의 유아는 앞선 2차 순환반응단계에서의 단순한 목적을 지닌 반복이 아니라 새로운 행동이 어떤 결과를 가져올 것인가를 알아보기 위해 다양한 실험을 하는 시기이다. 새로운 행동을 일단 시작하면서 호기심의 충족을 위해 주변의 낯선 특성들을 탐색하기 시작한다. 예를 들어, 고무오리를 밟아서 꽥꽥 소리가 나는 것을 들었다면 유아는 그것을 누르려고 한 후에는 오리 위에 앉는 시도를 하게 된다. 또 다른 예로 처음에는 장난감 북을 북채로 쳐보지만 다음에는 어떤 소리가 나는가를 알아보려고 연필로, 블록으로 또는 망치로 두들겨 보게 된다.

이 시기엔 하나의 목적을 위해 여러 차례 시행해 보는 시행착오적 행동도 나타난다. 단순히 과거의 반응에만 의존하기보다는 어떤 한 가지 목적을 달성하기 위해 가장 효과적인 방법을 찾을 때까지 새로운 행동들을 시도하려고 한다. 예를 들어, 한 유아가 어머니의 손에 있는 장난감을 갖고 싶어할 때 처음에는 한 손으로 어머니의 손을 펴려는 시도를 한다. 그러나 이것이 해결되지 않았을 때 여기에서 멈추는 것이 아니라 그 다음에는 두 손을 이용해 보고 마지막에는 보조수단으로 턱까지 사용할 수 있을 것이다. 이때 중요한 점은 성인이 가르쳐 주지 않아도 유아 스스로 학습하고 외부 세계에 대한 선천적 호기심에 의해서 자기의 도식_{schema}을 발달시켜 나간다는 것이다.

1차 순환반응단계에서의 영아는 자신의 신체에 관심을 갖고, 2차 순환반응단계의 영아가 외부 세계에 있는 대상에 관심을 갖는다면, 3차 순환반응단계의 유아는 실험적 사고에 열중한다고 할 수 있다. 앞서 설명한 바와 같이 유아의 운동발달 능력의 증가는 인지발달에 크게 기여한다. 왜냐하면 운동기술의 발달은 영아의 다양한 실험과 시도를 위한 주요 도구가 되기 때문이다.

이 단계에서는 대상영속성의 발달이 극적으로 이루어진다. 따라서 사라진 물건이 없어지는 것을 인지하지 못했더라도 여기저기를 뒤져 찾아내려고 시도한다. 이제 유아는 숨겨진 대상을 4단계의 2차 순환반응단계에서처럼 처음 숨겨진 장소에서 찾기보다는 마지막 숨겨진 장소에서 찾으려고 한다. 그러나 자신이 어떤 물건이 이동하는 것을 인지하지 못한 것을 상상해 내는 능력은 아직 없다. 예를 들어, 유아의 어머니가 손안에 장난감을 쥔 뒤에 그녀의 손을 담요 뒤에 숨기고, 거기에 장난감을 둔 후 유아에게 꽉 쥔 손을 내민다면 유아는 그 손안에서 장난감을 찾으려고 할 것이다. 유아는 어머니가 장난감을 담요 뒤에 두는 것을 보지는 못했기 때문에 장난감이 담요 밑에 있다는 것을 전혀 생각해 내지 못한다.

감각운동기의 마지막인 6단계는 18~24개월의 유아에게서 볼 수 있는 인지발달 특성으로 정신적 표상mental representation, 즉 정신적 결합mental combination 단계이다. Piaget는 아동이 진정한 사고를 할 수 있게 되는 시기를 18개월이라고 지적하였다. 이 단계의 유아는 이전 단계에서의 시행착오적 행동 양상을 뛰어넘어 행동을 취하기 전에 미리 자신이 할 행동을 머릿속에서 생각해 본 후 행동을 하게 되어 더 빠르고 쉽게 문제를 해결하게 된다. 즉, 이제 유아는 어느 정도 원인과 결과 간의 관계를 이해할 수 있기 때문에 새로운 문제를 해결하기 위해 더 이상 여러 번의 시행착오를 겪을 필요가 없는 것이다. 다음 박스에는 Piaget가 딸에게 실험한 내용을 담았다.

박스

– Piaget, 1936 –

Piaget는 딸이 16개월이 되었을 때 조금 열려진 성냥갑 안에 딸이 좋아하는 구슬을 집어 넣었다. 그의 딸은 자신이 좋아하는 구슬을 꺼내기 위해 손을 성냥갑 틈새로 넣어 보았지만 구슬을 꺼낼 수 없었다. 그러자 딸은 자신의 입을 벌렸다 오므렸다 하더니 재빨리 성냥갑을 열고 구슬을 꺼냈다.

그림 **6-8** 유아기는 탐색의 시기로 모든 사물에 대한 호기심이 높다.

위의 실험에서 Piaget의 딸이 입을 벌렸다 오므렸다 했는데, 이 행동은 상자의 틈을 넓게 해야겠다는 그녀의 생각을 보여 주는 것이다. 즉, 성냥갑의 구조를 정신적으로 표상하고 있음을 나타내 주는 실험 결과이다.

이 시기가 되면 대상영속성이 더욱 발달한다. 유아는 물건이 사라진 마지막 장소에서 찾으려 할 뿐만 아니라(3차 순환반응단계), 더 나아가 숨기는 것을 보지 못한 대상도 찾으려 한다. 앞선 예에서 유아는 어머니가 장난감을 담요 밑에 숨기는 것을 보지 못했지만 이제 장난감을 찾기 위해 담요 밑을 뒤져서 찾아낼 것이다.

(2) 전개념기

Piaget는 2~7세까지의 아동을 전조작기preoperational phase라고 하였고, 전조작기는 다시 전개념기(2~4세)preconceptual period와 직관적 사고기(4~7세)intuitive period로 나누는데, 이 중 유아기는 앞 단계인 전개념기에 해당된다.

Piaget의 인지발달이론에서 정의하고 있는 '조작'과 '개념'의 정의를 살펴보면, 조작이란 과거에 일어났던 사건을 내면화시켜 관련지을 수 있는 능력, 즉 논리적인 관계를 지을 수 있는 능력을 의미하는데, 아직 이 시기의 유아는 직접적인 지각에 기초하여 생각하기 때문에 전조작기라고 한다. 그러나 전개념기가 되면 상징적 사고symbolic thought 능력은 더욱 극적인 발달이 일어난다. 반면, 개념이란 사물의 특징이나 관계, 속성에 대한 생각을 말한다. 만약 주어진 대상에 대한 정확한 개념을 가지고 있다면, 그것이 어떻게 변화하더라도 동일한 대상으로 인식할 수 있다. 그러나 이 단계의 아동은 환경 내의 대상을 상징화하고 이를 내면화시키는 과정에서 성숙한 개념을 발달시키지 못하기 때문에 이 단계를 전개념적 사고기라고 부른다.

앞서 설명한 바와 같이 진정한 의미의 '사고'는 감각운동기의 맨 마지막 단계에서 시작되는데, 이때 유아는 정신적 표상을 통해 개념을 형성하고 문제를 해결하기 시작한다. 그러나 이러한 표상은 실제로 눈에 보이는 것에 한정된다. 전조작적 단계는 논리적으로 표상representation을 조작할 수는 없지만 정신적인 표상을 이용하여 자기 앞에 없는 사물이나 사건들을 사고할 수는 있다. 이것은 논리적 사고를 위한 발판이 된다. 논리적으로 표상을 조작하는 능력은 구체적 조작기에 이르러 가능해진다.

전개념적 사고의 특징은 상징적 사고, 자기중심적 사고, 물활론적 사고, 인공론적 사고, 전환적 추론을 하는 것 등이다. 유아의 사고발달은 여전히 자기중심적이기는 하나 영아의 자아중심에서 학령전기의 사회중심으로 발달해 가는 중간단계라고 말할 수 있다. 또한 이 시기의 유아는 지각과 행위뿐만 아니라 사고에 의해서도 배울 수 있고 자신의 행동을 반성해 보는 것을 통해서도 학습이 가능하기 때문에 전조작기는 정신적 결합 능력을 완성해 내는 감각운동기만큼이나 중요한 단계라 할 수 있다. 그러나 아직 환상과 현실을 명확하게 구분하지는 못한다.

① 상징적 기능

상징symbol이란 어떤 다른 것을 나타내는 징표를 의미한다. 더 나아가 상징적 기능symbolic function이란 아동이 의식적으로 또는 무의식적으로 의미를 부여하는 데 정신적 표상을 사용하여 학습하는 능력을 말한다. Piaget는 만일 감각적인 단서가 없다면 분명히 정신적인 단서가 있을 것이라고 생각했다. 이러한 정신적 표상은 상징 또는 신호가 될 것이다. 상징은 감각적 경험에 대한 개인적인 정신적 표상이다. 다음 박스는 상징에 대한 실험의 예이다.

"아이스크림 먹어도 돼?" 네 살 된 민수는 엄마에게 물어본다. 그러나 민수와 그의 엄마는 냉동 식품 진열장이 보이는 가게 앞에 서 있지 않다. 또한 냉장고 문이 열려져 있어서 아이스크림이 생각나도록 하는 부엌에 있지도 않다. 민수는 지금 놀이터에서 노는 중인데, 날씨가 너무 더워서 목이 말랐다. 그래서 민수는 엄마에게 아이스크림을 먹겠다고 조르고 있다.

위의 상황에서 감각적인 환경으로부터의 자극은 전혀 없지만, 민수는 아이스크림의 맛과 시원함을 기억함으로써 엄마에게 조를 수 있었던 것이다. 여기에서 아이스크림에 대한 민수의 상징은 아이스크림의 시원함, 향미, 질감, 모양에 관하여 민수 자신이 기억해 둔 감각들을 포괄하고 있다. 따라서 대부분의 2세 이전의 아동은 눈앞에 아이스크림이 보이지 않는 한 아무리 갈증이 나고 더워도 아이스크림을 달라고 조르지는 않을 것이다.

상징적 기능의 3가지 방법은 지연모방deferred imitation, 가상놀이, 그리고 언어이다. 지연모방은 어떤 행동을 목격한 후 그 자리에서 곧장 모방하지 않고 일정한 시간이 지난 후에 그 행동을 재현하는 것을 말한다. 지연모방은 어떤 행동을 정신적으로 표상할 수 있는 능력과 그것을 정확하게 표현할 수 있는 능력을 필요로 한다. 이것을 상징적 모방이라고도 하는데, 예를 들어 어머니가 청소기를 들고 청소하는 모습을 보고 난 후 시간이 지난 후에 유아는 청소기를 들고 자신의 방을 청소하는 시늉을 하게 되는 경우를 예로 들 수 있다(그림 6-9).

가상놀이 역시 상징적 사고의 큰 산물이다. 가상놀이에서 아동은 하나의 사물을 다른 어떤 것으로 상징화한다. 예를 들어 아동은 소꿉놀이를 하면서 인형을 진짜 살

그림 6-9 유아의 정신적 표상 능력의 발달은 지연모방행동을 통해 표현된다.

아 있는 아기로 상징화하는 것이다. 상징적 기능의 최고조는 언어의 사용이다. 전조작기에 이른 아동은 자신의 눈앞에서 일어나고 있지 않은 사건이나 지금 눈앞에 없는 사물을 나타내기 위해 언어를 사용한다. 앞선 예에서 민수 눈앞에 없는 시원한 어떤 것을 나타내기 위해 '아이스크림'이라는 단어를 사용함으로써 상징물에 언어를 결부시킨 것이다.

② 중심화

전조작기의 아동은 중심화centration 경향을 보인다. 즉, 가능한 모든 대안을 고려하기보다는 한 가지 측면에만 초점을 맞춘다. 이는 상황의 여러 측면을 동시에 고려하지 못하기 때문에 종종 비논리적인 결론에 도달해 보이기도 한다. 다음 박스는 아동의 중심화 경향을 보여 주는 예이다.

> **박스**
>
> • 영희에게 똑같은 양의 주스를 넣은 동일한 두 개의 짧고 넓은 컵을 보여 주고 어느 컵에 주스가 더 많이 들어 있는지 질문하였다. 영희는 "둘 다 같아요."라고 정확히 대답하였다. 그 후 주스를 짧고 넓은 컵 대신에 길고 가는 컵에 붓는 것을 아동 앞에서 보여 준 후 영희에게 다시 어느 컵에 주스가 더 많이 들어 있는지 물어보았다. 영희는 긴 컵의 주스가 더 많다고 말한다. 영희에게 그 이유를 물어보자 길고 가는 컵을 가리키면서 "이 컵이 이만큼 더 크잖아요."라고 대답한다.
>
> • 이번에는 철수에게 동일한 길고 가는 컵 두 개에 주스를 담고 물어보자 역시 "둘 다 같아요."라고 대답한다. 그 후 보는 앞에서 주스를 짧고 넓은 컵에 넣은 후 철수에게 어느 것이 더 많은지 질문하자 철수는 짧고 넓은 컵을 가리킨 후 팔을 벌리면서 "이 컵이 이만큼 더 많아요."라고 대답한다.

위의 예처럼 이 시기의 아동들은 어느 한 가지 사실에만 집중하기 때문에 높이와 넓이를 동시에 고려하지 못한다. 단지 어떤 컵이 더 커 보이면 그것이 더 크다고 생각해 버리는 것이다.

③ 비가역성

비가역성irreversibility이란 물리적으로 시도한 행동의 반대나 역순을 생각할 능력이 없는 것, 즉 조작이 양방향으로 일어날 수 있음을 이해하지 못하는 것을 말한다. 비가역성 역시 논리적 사고를 제한하는 요인이다. 일예로 5세인 엘리에게 오빠가 있는지 물어보았을 때 '네'라고 대답한다. 그러나 "너의 오빠는 여동생이 있니?"라고 물어보면 '아니요'라고 대답한다. 만일 시끄럽게 떠드는 유아에게 '말하지 마라'와 같이 지시한다면 유아는 반대되는 행동을 생각할 수 없다. 따라서 유아에게 지시를 할 때는 '말하지 마라' 대신 '조용히 해라'라고 말하는 것이 좋다.

④ 자기중심성

유아의 자기중심성egocentrism은 다른 관점에서 사물을 볼 수 없는 것에서 기인한다. 유아의 자기중심적 사고는 다른 사람의 입장을 고려하지 않는 이기심이 아니라 못하는 것이다. 자기중심성 역시 중심화와 무관하지 않다. 유아는 세상의 모든 것을 자기중심적으로 사고하고 우주의 중심이 자기 자신이라고 생각한다. 다음 박스는 유아의 자기중심성을 나타내는 예이다.

박스

- 영희는 아버지에게 처음 보는 바다의 파도를 보고, "파도 소리는 언제 멈추나요?"라고 질문한다. 아버지는 "멈추지 않는단다."라고 대답한다. 영희는 "우리가 잘 때도 멈추지 않나요?"라고 믿을 수 없다는 듯이 질문한다. 영희는 자기중심적 사고를 하기 때문에 바다도 밤에는 자기처럼 잠을 잘 것이고 그러면 파도도 멈출 것이라고 생각하는 것이다.
- 아빠가 회사에서 3세 딸에게 전화를 걸어 "엄마 계시니?"라고 물었을 때 어린 딸은 아무 말 없이 고개만 끄덕였다. 이어 아빠는 "엄마 바꾸어 봐라."라고 말했는데도, 여전히 딸은 아무 말 없이 고개만 끄덕인다.

위의 예에서 전조작기에 있는 이 아동은 아빠의 입장을 이해하지 못하고 자신의 입장에서만 생각하고 있다. 따라서 아동은 아빠가 자신이 고개를 끄덕였다는 것을 볼 수 없다는 걸 전혀 생각하지 못하기 때문에 위와 같은 행동을 하게 되는 것이다.

다른 아동을 때리고 있는 전조작기의 아동에게 "다른 사람을 때리는 것은 다른 사람에게 피해가 되므로 나쁘다."라고 설명하는 것은 효과가 없다. 왜냐하면 이 시기에는 자기중심적 사고로 인해 다른 사람이 처한 상황을 파악할 능력이 제한되기 때문이다. 단지 그냥 "때리는 것은 안 된단다."라고 강조하는 것이 더 효과적일 것이다.

⑤ 정적인 사고

전조작기의 아동은 사물을 보는 데 있어 변화되어 질 수 있는 과정에 대한 이해가 없고 정적인 상태에서만 파악하는 사고의 한계를 가지고 있다. 즉, 색종이로 배를 접었을 경우 접기 전의 색종이와 이 색종이를 이용해 다 접은 후의 배에 대해서는 각각 정적인 상태로 이해할 수 있으나, 처음의 사각형의 색종이가 변화되어 배가 될 수 있다는 점은 인식하지 못한다. 따라서 매번 멈추어진 상태의 정적인 상황에서만 물체를 이해한다.

⑥ 전환적 추론(비논리적 추론)

논리적인 추론에는 연역적 그리고 귀납적 추론이 있다. 연역적 추론deductive reasoning은 일반적인 원리나 법칙을 바탕으로 특수한 원리를 이끌어내는 것이며, 반대로 귀납적 추론inductive reasoning은 관찰된 개별적 사실들을 총괄하여 일반적 원리를 만들어 가는 것이다. 이것은 인과개념의 바탕을 이루는 개념이다.

그러나 전조작기의 아동은 연역적 또는 귀납적 추론을 사용하지 않고 전환적 추론transductive reasoning이라는 특별한 방식을 사용한다. 즉, 특정 사건으로부터 다른 특정 사건을 추론하는 것이다. 예를 들어, 4세인 아동이 자신의 누나를 미워하였다. 그리고 그때 누나가 아팠다. 이때 아동은 자신이 누나를 미워했기 때문에 누나가 아프다고 생각한다. 생각해 보면 아동이 누나를 미워한 것과 누나가 아픈 것과는 아무런 인과관계가 성립되지 않는다. 그럼에도 불구하고 이 아동은 자신의 나쁜 생각과 누나의 병이 동시에 일어났기 때문에 하나가 다른 하나를 유발한 것이라고 비논리적인 전환적 추론을 이끌어 낸 것이다.

⑦ 물활론

전조작기의 아동은 물활론적 사고animism를 하기 때문에 무생물에도 생명이 있는 것으로 생각하고 생명이 없는 대상에게도 생명과 감정을 부여한다(그림 6-10). 예를 들어, 가방이 책상에서 떨어지면 많이 아플 것이라고 생각한다. 또한 계단을 내려오다가 넘어져서 우는 유아를 달래기 위해 계단을 큰소리로 야단치면 유아의 마음이 다소 풀어지는 것은 계단이 대단히 호되게 야단을 맞아 자신처럼 감정이 상했을 것이라고 위안받는 이유이다.

⑧ 인공론적 사고

전조작기의 인공론적 사고는 세상의 모든 것은 사람의 필요에 의해서 사람을 위해서 만들었다고 믿는 사고방식이다. 따라서 전조작기의 아동은 사람이 필요에 의해 기차나 비행기를 만든 것처럼 산, 나무, 하늘, 해, 달 또한 모두 사람이 필요해서 만든 것이라고 생각한다. 이것은 어린 아동이 하늘이 파란 것과 하얀 구름이 있는 것은 누군가가 파란 물감으로는 하늘을, 하얀 물감으로는 구름을 칠했기 때문이라고 생각할 수 있다. 밤에 밝은 달이 비추는 것은 사람들이 무서울까봐 만들어진 것이라는 생각 역시 전조작기 아동의 자기중심적 사고와 관련된다.

이 외에 전체 중의 일부분이 변하면 전체 모두가 변한 것이라고 사고하는

그림 6-10 유아는 인형이 실제로 살아 있다고 생각하여 인형을 재우려 하고 있다.

전체적 조직화global organization와 원인과 결과, 현실과 상상을 혼동하는 사고인 마술적 사고magical thinking 역시 전조작기 아동의 사고 특징이다. 보존의 개념은 학령기가 되어야 완성되는 인지기능이다. 보존의 개념에 대한 설명은 학령전기 부분에서 자세히 다루었다.

⑨ 시간과 공간의 개념

유아는 추상적 개념의 시간을 이해하는 데 어려움이 있다. 2세에는 미래에 대한 개념이 제한이 있기 때문에 '앞으로' 또는 '내일'이라는 말의 의미를 이해하지 못한다. 이때에는 오늘, 지금에 대한 개념 이해가 이루어지고, 2세 반이 되면 '내일'이라는 개념까지 이해하게 된다. 3세가 되면 나이를 말하고 4세가 되면 해의 개념으로 과거와 미래, 즉 작년과 내년을 이해하고 시간도 말할 수 있다. 전조작기 아동의 시간의 개념은 행동과 밀접한 연관을 지어 이해한다. 예를 들어, 매일 12시에 점심을 먹는 아이가 1시가 되어서도 점심을 먹지 않았다면 아직 12시가 되지 않은 것이라고 이해하는 것이 그 예이다.

왼쪽, 오른쪽, 위, 아래와 같은 공간적 개념은 아직 미성숙하고 이는 구체적 조작기가 되어야 가능하다. 전조작기의 아동은 자기중심적 사고를 하기 때문이다.

표 6-2 전조작기 아동의 시간 개념

연령	내용
2세	오늘, 지금, 곧
2세반	아침, 오후, 내일, 어제 저녁, '했다'는 과거를 나타내는 말보다 '할거야'라는 미래를 표시하는 말 등의 사용이 빈번하다.
3세	점심시간, 나이를 말하고, 틀리지만 시간을 이야기한다.
3세반	요일
4세	몇 월인가 말한다. 작년, 내년

자료: 조복희 외(2010)

4) 언어발달

아동기의 언어발달은 인지발달의 중요한 수단이다. 즉, 언어는 상징을 사용할 수 있는 능력을 나타내는 것이기 때문이다. 유아의 인지 능력과 감각적 역량의 증가는 언어, 기억 그리고 의사결정 능력으로 드러난다.

수용적·표현적 언어기술 모두가 유아기에 빠르게 발달하는데, 특히 타인의 말을 이해하는 능력이 크게 증가한다. 12~18개월에는 주로 욕구와 감정을 표현하는 언어와 의성어가 많고 1개의 단어에 많은 뜻이 포함되어 있다. 24개월 사이에 '단일 단어single word' 사용에서 '짧은 구short phase'로의 언어 능력의 전환이 일어난다. 이 시기는 사물에 이름이 있음을 알고 이름을 부르게 되는 시기이다. 자신을 말할 때 이름으로 표현하여 사용하며 2단어 이상의 문장이 가능해진다. 2세에는 약 300단어의 어휘를 가지고 있으며 3~4개의 단어로 된 문장을 만들 수 있다.

2~3세가 되면 시제의 구별이 가능해진다. 어제, 오늘, 내일이라는 말을 배우고 구별이 가능해지며, 나열식의 말이 많고 일상어의 기초가 이루어진다. 명사 외에 동사, 전치사, 형용사 등을 이해하게 되며, 완전한 문장을 이야기하게 된다. 어휘 수는 2.5세 때 약 450단어, 3세 때 약 900단어를 사용한다. 3세까지 아동은 언어의 기능, 형태, 내용의 기본을 습득하게 되고, 이러한 기술은 아동기와 청소년기를 거쳐 정교화 된다.

표 6-3 유아기 언어발달 지표

2세	• 간단한 요구를 듣고 그대로 한다. 　예) 철이야, 저 신문을 아빠에게 갖다 줘. 　　　영이야, 네 그림책을 갖고 와 봐. • 그림책에서 어머니가 찾아보라는 것을 찾는다. 　예) 개가 어디 있지? • 일상생활에서 흔히 쓰는 단어를 말한다. 　예) 엄마, 우유, 그림책. 공 • 자신을 말할 때 이름으로 표현한다. • 라디오나 텔레비전의 광고에 귀를 기울인다. • 정확하지는 않지만 문장을 만들어서 말을 시도한다. • 간단한 노래를 부르고 레코드나 어머니의 노래 듣기를 좋아한다.
3세	• 명사 외에 동사·전치사·형용사 등을 이해한다. 　예) 큰 공을 찾아 봐. 　　　네 주머니에 있는 장난감을 꺼내. • 완전한 문장을 이해한다.
4세	• 행동의 순서를 이해한다. 　예) 철이야, 동생을 찾아서 저녁 먹을 시간이 되었다고 해.
5세	• 가족 외의 사람도 자녀의 말을 이해할 수 있다. • 친구들과 대화한다. • 문법에 맞는 문장을 사용한다.

자료: 조복희(2010)

2~3세의 유아는 명사와 동사로 나열된 전보식 언어—"엄마 물 주세요!" 대신에 "엄마 물"—를 주로 사용하고 보통 형용사와 부사는 생략되는 경향이 있다. 부모는 일반적으로 유아에게 가장 의미 있는 사람으로서 언어발달의 가장 큰 자극원이 되고 칭찬은 유아의 언어표현 능력을 촉진시킨다.

박스 유아의 언어발달 촉진을 위한 제안

❶ 놀이에 대한 결정을 유아가 하도록 허용한다.

❷ 언어적 상호작용을 유아가 시작하도록 한다.

❸ 유아가 부분적으로 이해할 수 없는 문장으로 말했을 때 부모는 질문의 형태로 반복해서 말해 준다. 그러면 유아는 더욱 명확하게 반응할 수 있을 것이다.

❹ 만일 유아가 질문이나 지시를 이해하지 못한 것 같으면 고쳐서 말해 준다.

❺ 유아가 말한 것을 확장시켜 말해 준다. 만일 유아가 '아빠 차'라고 말하면 부모는 "아빠가 차 안으로 들어가시는구나."라고 말해 줄 수 있다.

❻ 유아의 표현을 절대 비판하거나 조롱하지 않는다.

❼ 유아의 말을 계속하여 수정하려고 하지 않는다. 그렇게 하면 오히려 유아의 언어능력을 감소시키게 된다.

---

5) 사회·정서발달

유아의 정서는 매우 불안정하다. 청소년기의 사춘기를 제2의 반항기라고 한다면 바로 이 시기의 유아기가 인생에서 제1반항기가 될 것이다. 유아의 정서적 특성은 정서 지속시간이 짧고, 강렬하며, 표출 빈도가 많고, 쾌·불쾌의 양극단 간의 동요가 심하다.

어린 유아 역시 나름대로의 정서적 갈등을 경험한다. 2세 아동의 감정 역시 성인과 마찬가지로 기쁨, 즐거움, 분노, 공포, 걱정, 질투, 좌절과 같은 감정을 가지게 된다. 유아의 정서는 영아의 정서와 크게 다르지 않으나 이것을 표현하는 방법에서는 차이를 보인다. 유아는 사람들이 '진짜로' 느끼는 정서와 그들이 '표현하는' 정서를 잘 구별하지 못한다. 왜냐하면 유아는 아직 사물의 실제 모습과 겉으로 보이는 모습의 차이를 이해하지 못하기 때문이다. 따라서 행복한 표정과 슬픈 표정을 구별할 수는 있지만, 슬픔을 느끼는 사람이 행복한 표정을 짓고 있거나, 기쁜 상황에서 기쁜 표정을 짓지 않고 너무 기쁜 나머지 울고 있을 때 유아는 혼란을 느끼고 성인을 따라 울게 될 것이다.

유아기를 거치면서 아동은 자기가 다른 사람과 다른 독자적인 존재임을 깨닫게 된다. 여러 가지 경험을 통해 자기가 무엇을 원하는지 그의 감정이 어떠한지를 부모가 언제나 이해해 주는 것이 아님을 안다. 또한 아직 완전하지는 않으나 자기중심적인 정서로부터 일부분의 탈피가 이루어져 즉각적으로 만족감이 충족되지 않는 상황에서 어느 정도 참을 수 있게 된다. 이러한 심리·사회적 발달은 자신보다는 타인, 즉 사회가 요구하는 행동 양상을 습득하도록 하는 데 기여한다.

(1) 자율성의 증진

유아기와 영아기의 구별되는 특징은 앞서 설명한 바와 같이 자율성autonomy의 발달이다. 우선 신체적으로는 이동 능력이 완성되고 인지적으로는 자신과 부모가 분리된 존재라는 것을 인식하면서부터 유아는 자신의 의지로 자율적인 행동을 하려는 양상을 나타낸다. 유아는 '자기가 하고 싶은 대로' 하는 것보다는 '자기 혼자서' 하는 것에 관심을 갖는다. Erikson은 유아기의 발달과업을 의심doubt과 수치심shame을 극복하고 자율성autonomy을 획득하는 것이라고 했다. 따라서 유아기에 자율적인 자아가 성공적으로 발달된 유아는 신뢰감이 발달되어 성공에 대한 자신의 의지와 능력을 인식하기 시작하는 한편, 실패할 수도 있다는 인식을 갖게 된다.

유아가 긍정적인 자율감의 발달과업을 성취하도록 하기 위해서는 무조건 억압하기보다는 적절한 한계 설정과 함께 자기 스스로 성취할 수 있는 기회를 제공하는 것이 바람직하다. 그러나 지나친 방임도 안 된다. 2세의 유아는 음식을 대부분 흘리지만 자기 숟가락을 이용하여 식사하려 하고, 과자봉지를 혼자 뜯어 먹을 수 없지만 뜯어 먹으려고 애쓴다. 이러한 가운데 자신이 무언가를 이루어 냈을 때 유아는 큰 즐거움을 얻게 된다. 자기 혼자서 한 것이 성공적일 때마다 아동의 자율감이 육성되어 가고 자기의 물건을 적절하게 통제할 수가 있으며, 또 욕구를 만족시킬 수 있다고 생각하게 된다. 이렇듯 유아가 자신의 자율성을 확인하게 되면 보행기가 끝날 무렵까지는 자기에 대한 자신감

그림 **6-11** 유아의 거부증(부정주의)

을 확립시켜 독립적으로 행동하는 즐거움을 느끼게 된다.

유아기의 자율성은 다양한 측면으로 표출되는데, 유아기의 부정주의negativism (거부증, 반항적 현상), 의식주의ritualism, 분노발작temper tantrum 등이 대표적 특징이다. 유아는 2~3세 때부터 자아의식이 강해지면서 순응성이 적어지며 고집이 세고 저항하는 경향이 생긴다. 부정주의 양상은 '싫어', '아냐'와 같이 말함으로써 '끔찍한 두 살짜리terrible twos'를 만든다(그림 6-11). 이 시기의 유아는 자신이 타인을 통제하려 들면서 명령하듯 타인에게 강요하고 고집을 부리지만 이것은 자신을 발견하고자 하는 과정과 관련된다.

유아기의 자율성 발달은 의식주의 양상에서도 나타난다. 즉, 어떤 특정 상황이나 행동을 할 때 자신만의 의식ritual을 행하려 하는 것이다(그림 6-12). 이 의식은 정확해야 하는데, 예를 들면 잠을 잘 때는 반드시 자기가 사용하던 특정 담요 또는 인형이 있어야 잠을 자려고 하며, 식사를 할 때에도 자신의 숟가락 또는 자신만의 밥그릇에 담겨져 있어야만 식사를 하려 한다. 만일 이러한 패턴이 어떠한 이유에서든 손상을 받게 되면 격한 분노를 터뜨린다.

분노발작은 유아가 자신의 감정을 통제할 수 없을 때, 압도당한다고 느끼거나, 자신이 원 하는 것을 가질 수 없다고 느낄 때 발생한다. 울고, 크게 소리 지르고, 발로 차고, 머리를 부딪치면서 내부의 좌절과 분노를 외적으로 표출하게 된다. 분노발작은 감정적으로 끊어진 퓨즈와 같으며 심하면 숨을 멈추기도

그림 **6-12** 유아는 취침 시에도 자기만의 의식을 거행한다. 이 유아는 늘 같은 인형이 있어야 잠을 잘 수 있다.

한다. 유아는 분노발작을 하면서 자신의 내적인 분노에 압도당한다.

자율성을 촉진하는 것은 아동의 에너지와 지속성persistence이다. 자기 혼자서 해내는 것이 좋다고 할 뿐만 아니라 어떻게 해서든지 그렇게 한다고 주장한다. 잠옷을 입거나 신발을 신을 때 신발 끈을 매는 경우에 일단 그것을 시작하면 어떻게 하면 좋을 것인가를 알 때까지 몇 번이고 노력을 계속한다. 도와주려 해도 단호하게 거절하고 자기가 할 수 있다고 주장한다. 혼자서는 더 이상 할 수 없다는 것을 알았을 때에만 도움을 받아들인다.

(2) 놀이와 친구관계

에릭슨은 놀이가 아동의 성격과 사회성 발달에 필수적 요소라고 하였다. 유아에게 놀이는 성인의 자아성취를 위한 일work과 같은 것으로, 기쁨과 즐거움을 주는 오락활동 이상의 것이다. 유아는 놀이를 통해 감각, 인지발달, 사회성 발달이 촉진되며 놀이 자체가 목적이 된다. 유아기의 놀이양상은 영아기의 독립놀이solitary play에서 평행놀이parallel play의 양상으로 변화된다. 즉, 같은 공간에서 같은 종류의 장난감을 가지고 놀지만, 서로 어울려 놀지도 않고 가까워지려는 어떠한 노력도 하지 않는다(그림 6-13).

유아기 초에는 여전히 감각운동놀이가 우세하며, 개별적인 놀이와 신체활

그림 **6-13** **유아의 평행놀이:** 동일한 공간 내에서 같은 장난감을 가지고 놀지만 함께 놀이를 즐기지는 않는다.

동 놀이가 많다. 따라서 이 시기에는 인형, 상자, 모래 등과 같은 놀이용품을 주로 가지고 논다.

유아기의 놀이 특징 중 두드러진 것은 모방놀이인데, 이것은 유아기 후반에서 시작하여 학령 전기가 되면 더욱 세련되어진다. 유아기의 모방놀이는 실제가 아닌 것을 실제처럼 생각하거나 가장해서 하는 놀이로 자신이 인형의 엄마처럼 우유를 먹이고 씻긴다거나, 전화기를 들고 실제처럼 상대방과 이야기하는 시늉을 하게 된다. 이러한 유아의 모방놀이는 아동의 사회성과 창조성 발달을 촉진시킨다.

6) 도덕발달

도덕발달이론을 탐구한 Kohlberg는 12~18개월의 아동은 '무도덕' 상태이며 2세가 되면 유아의 도덕발달 수준은 도덕발달단계 중 전 인습적 수준preconventional level으로 매우 미숙한 단계에 도달한다고 하였다. 즉, 이 시기의 아동은 자신의 행동기준에 대한 옳고 그름보다는 외적인 처벌 또는 보상에 의해 행동하게 되는 처벌과 복종지향punishment and obeidence orientation의 도덕발달 수준

그림 **6-14** **피노키오와 지미니 크리켓:** 옳고 그름을 판단하지 못하는 피노키오에게 귀뚜라미 지미니 크리켓이 대신 판단하고 도덕적 기준을 제시한다.

을 보인다. 이 시기의 아동은 결과만 가지고 행동을 판단하기 때문에 소위 말하는 인습, 즉 사회규범이나 기대에 준해 행동하기보다는 보상 또는 칭찬받을 만한 행동은 옳은 것이고 처벌받을 만한 행동은 나쁜 것이라고 단순히 자기 입장에서만 판단한다.

만일 부모가 강압적으로 아동이 가지고 있는 특권을 박탈하거나 체벌하게 되면 사회적으로 권위적인 계층에 대한 부정적 인식을 갖게 될 수도 있다. 또한 사랑이 부재된 행동의 제제는 유아에게 자칫 죄책감만 가지게 할 뿐 도덕심을 마음속에 내재화하는 데 방해가 된다. 그러므로 부모가 아동의 잘못된 행동을 설명하면서 긍정적인 접근을 시도한다면 유아의 잘못된 행동을 더욱 수월하게 바로잡을 수 있을 것이다.

2. 유아기 건강 증진

1) 영양관리

유아기가 되면 모유나 우유로부터 이유weaning를 하게 된다. 고형식이의 섭취가 증가하면서 우유의 섭취량은 감소한다. 따라서 유아기에는 1일 3회의 균형식이를 섭취하고 식간에 간식을 제공한다. 이유를 하면서 필수영양소 중 부족하기 쉬운 것이 철분이며, 이로 인해 철분결핍성 빈혈iron deficiency anemia이 유발될 수 있다. 따라서 철분이 많이 함유 된 음식을 제공해 주어야 한다. 고기, 달걀, 미역, 시금치, 생선 등은 좋은 철분 공급원이 될 수 있다. 우유병의 지속적인 사용도 철분결핍성 빈혈과 관련이 있다. 우유병으로 전유를 먹는 유아가 하루에 1L 이상의 우유를 섭취하게 되면 철분이 포함된 다른 음식물 섭취를 위한 식욕을 떨어뜨릴 수 있기 때문이다. 18~24개월 사이의 유아는 여전히 영아식이에서 성인식이로 이동되는 시기이다.

유아기는 영아기에 비해 성장률이 감소하기 때문에 자연히 요구되는 열량도 감소하고 따라서 식욕이 감소될 수 있다. 대략 18개월경의 유아에게 이러한 생리적 식욕감퇴 현상이 발생한다. 우리나라 1~3세 사이 유아의 1일 열량 권장량은 1,000kcal이다.

유아는 제공된 음식이나 섭취된 양과의 차이가 크기 때문에 과연 유아가 적절한 식이를 섭취하고 있는지를 정확히 사정하는 데 어려움이 있다. 이는 유아는 음식물에 대해 먹는 것에 관심을 가지기보다는 노는 것에 더 큰 관심을 가지기 때문이기도 하다. '음식섭취일지'를 사용하는 것은 유아의 식이기록을 정확하게 사정할 수 있도록 하는 방법이 될 것이다. 그 이유는 자신의 독립심에 대한 주장에서부터 단순한 피로로 인한 것까지 다양하다. 부모는 아동의 이러한 행동에 대해 걱정하거나 처벌하지 말아야 한다. 만일 이렇게 행동하게 되면 유아는 음식을 거부함으로써 부모를 조절할 수 있음을 학습하게 되어 음식을 거부하는 행동을 지속하게 된다. 유아가 때때로 음식을 거절하고 먹지 않을 경우 이는 대부분 일시적인 현상일 수 있으므로 기다렸다가 다시 주는 것이 도움이 된다.

유아의 직관적 사고의 특징은 음식 선호에도 드러난다. 즉, 음식의 맛을 보고 음식의 선호를 결정하기보다는 모양을 보고 결정하게 된다. 예를 들어, 달걀프라이를 그냥 주는 것은 밋밋하고 맛도 없지만, 달걀프라이 위에 케첩을 이용해 별이나 꽃을 그려 줄 경우 훨씬 맛있는 달걀프라이가 되는 것이 이런 경우이다. 또한 유아의 자율성을 격려하기 위해 유아 자신의 식기, 컵, 수저 등을 따로 제공하는 것이 도움이 된다.

유아기에는 본격적으로 고형식이를 섭취하게 되고, 20개의 유치가 모두 난다. 따라서 부모는 유아의 구강 건강 증진에 관심을 기울여야 할 것이다. 유아를 위한 건강관리 지침은 박스에 자세히 제시하였다.

표 6-4 유아의 정서적 특성과 식행동 및 식사기술 발달

연령(세)	정서적 특성	식행동	식사기술 발달
1~2	• 낯선 것에 겁을 먹음 • 공유하려 하지 않음 • 항상 감독이 필요 • 호기심이 많음 • 자주 반항적임 • 관심을 받고 싶어함	• 까다로운 식성 • 음식을 삼키지 않고 입에 물고 있음 • 식품탐닉(식사 때마다 같은 음식을 먹으려고 고집을 부림)	• 서툴게 숟가락을 사용할 수 있음 • 음식을 흩뜨리고 입에 가져가거나 음식에 손을 담금 • 한 손으로 컵을 들고 마실 수 있음 • 스스로 먹으려 함
3	• 모든 일에 동참하고 싶어 함 • 요구하기보다는 선택하게 하면 잘 따름 • 여전히 공유하려 하지않음 • 자기 방식대로 하려는 태도가 다소 완강함	• 특정 채소를 제외한 대부분의 식품을 먹음 • 배고프지 않을 때는 식사를 게을리 함 • 식사에 대해서 간섭을 함	• 숟가락을 더 잘 사용할 수 있음 • 손바닥 근육이 발달함 • 혼자서 음식을 먹을 수 있음 • 우유나 주스를 혼자서 그릇에 따를 수 있음
4	• 공유를 잘 함 • 어른의 칭찬과 관심을 요구함 • 요구의 한계를 이해함 • 대부분의 경우 규칙을 따름 • 여전히 자기방식에 완강함	• 먹으면서 말하기를 좋아함 • 싫어하는 음식과 좋아하는 음식을 구분함 • 먹기 싫으면 울면서까지 거부함	• 수저를 모두 사용할 수 있음 • 약지의 근육이 발달 • 식탁을 닦거나 차리는 일을 도울 수 있음 • 식품의 껍질을 벗기고 자르거나 으깨는 일을 할 수 있음
5	• 가족적 일상사에 도움을 주고 협조적임 • 여전히 자기방식에 완강함 • 부모, 집, 가족에 집착	• 친숙한 음식을 좋아함(대부분의 생야채를 좋아함) • 가족들이 싫어하는 음식을 자기가 싫어하는 음식으로 집착	• 손과 손가락의 움직임이 정교해짐 • 간단한 음식을 만들 수 있음 • 식품의 분량을 재고, 자르고 가는 일을 할 수 있음

자료: 이연숙 외(2006)

박스 유아의 영양공급 전략

❶ 간단하고 단순한 음식을 제공한다. 유아는 종종 혼합된 음식을 거부할 수 있기 때문이다.
❷ 다양한 음식을 제공하면서 이것을 반복적으로 제공해서, 그 음식물에 대한 인식을 할 수 있도록 한다.
❸ 식사 시 유아가 여전히 자신의 손가락만 사용하려 한다면 숟가락의 사용을 격려한다.
❹ 식욕을 감소시키므로 식전 1시간 이내에는 간식을 제공하지 않는다.
❺ 식사시간은 즐거운 시간이 되도록 한다.

(계속)

❻ 음식을 처벌 또는 보상을 위한 수단으로 사용하지 않는다.

❼ 식사와 수면시간 계획을 짜서 아동이 식사시간에는 깨어 있도록 한다.

❽ 처음에는 적은 양을 제공하여 그것을 다 먹고 난 후 두 번째 음식을 제공한다.

❾ 부모는 유아의 자율성을 인정해야 함을 기억하고 있어야 한다.

박스   유아의 구강 건강관리 지침

❶ 칫솔질하기

• 부드러운 칫솔을 사용한다. 영아기의 거즈 사용 방법은 더 이상 적절한 방법이 아니다. 왜냐하면 손가락에 두른 거즈는 유아의 치아를 골고루 닦아 주기가 어렵기 때문이다.

• 처음에는 치약을 사용하지 말고 물만 적신 칫솔질을 한다. 유아가 칫솔을 받아들인 다음 치약을 사용하는 것이 좋다. 치약은 콩 정도 크기의 양만큼 사용하는 것이 적절하다. 만약 유아가 치약의 맛을 싫어한다면 칫솔에 물을 적셔 주는 것이 좋다.

• 유아는 아직까지 자신의 치아를 잘 닦을 정도로 미세운동발달이 되어 있지 않다. 단지 유아는 부모가 하는 대로 '모방하기'를 즐기면서 자신의 이를 닦는다. 그러므로 실제적인 마무리는 성인이 해 주어야 한다.

• 취침 전에는 반드시 칫솔질을 하도록 한다. 그러나 간혹 밤에 유아가 너무 피곤해 해서 협조하지 않을 경우, 부모는 하루 중 다른 시간을 선택해서라도 칫솔질을 격려해 준다.

❷ 음식 섭취

• 당분이 높은 음식의 섭취를 제한한다.

• 만약 아직 젖병을 사용하는 어린 유아라면, 맹물만 담아 주어야 하며 단것은 절대 젖병에 담아 주지 않는다. 가능하면 빨리 젖병을 떼야 한다.

❸ 치과 방문

• 처음 치과의 방문은 유치 20개가 모두 나면 방문하되, 3세를 넘어서는 안 된다.

• 치과의사들은 약 18개월경에 치과를 방문해서 상담 받을 것을 권장한다.

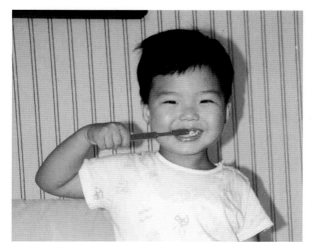

그림 **6-15 칫솔질:** 유아는 스스로 양치를 하려고 시도한다. 이때 스스로 하도록 격려해 주되 마무리
는 부모가 도와주는 것이 치아건강에 도움이 된다.

2) 놀이 활동과 운동

유아가 조용하면 어디에선가 말썽을 부리고 있다는 말이 있는 것만 봐도
나름대로 유아는 항상 바쁘다. 이러한 활동들은 지속적으로 반복되어 운동기
술을 새롭게 습득하도록 하는 실습과 같은 역할을 해 주기 때문에 매우 큰 의
미가 있다.

유아의 성장발달을 촉진시킬 수 있는 놀이 또는 장난감은 다음의 조건을
만족해야 한다.

- 아동이 새로운 기술을 개발하도록 시도할 수 있는 장난감을 제공한다.
- 새로운 학습을 위한 기회를 제공한다.
- 사회적 상호작용의 기회를 제공한다. 그러나 이 시기는 평행놀이의 양상
  을 보이므로 '함께 놀 것'을 강조하지 않도록 한다.
- 아동이 놀이를 주도하도록 한다. 유아가 안전한 환경 내에서 새로운 장난
  감 대상을 선택하고 탐구할 수 있도록 한다.

유아기는 끊임없는 탐구의 연속이다. 따라서 부모는 단지 비싼 장난감이 좋

은 놀이도구가 아니라, 안전하면서 유아의 호기심을 충족시켜 주고 성장발달을 증진시켜 줄 수 있는 것이라면 유아에게는 더할 나위 없이 좋은 놀이도구임을 알고 있어야 한다(표 6-5).

표 6-5 연령에 적합한 장난감 및 놀이

장난감 개월	장난감 및 놀이		
0~3개월	음악 모빌	딸랑이, 오뚝이	
4~6개월	손가락 젖꼭지, 빨 수 있는 장난감, 소리나는 인형		
7~9개월	탬버린, 북, 깡통 등 타악기. 여러 가지 공, 미니카, 버튼이 달린 악기		
10~14개월	끌고 다니는 바퀴 달린 장난감, 봉제인형, 나팔	움직이는 개, 동물인형	전화놀이
15~20개월	공, 간단한 블록, 인형		
15~20개월	미니 미끄럼, 공놀이, 모래놀이, 정글, 그네	언어 감각 ←	
21개월~3세	모형 맞추기, 리듬악기	사회성 발달 ←	
3~6세	블록 등의 조립식 장난감(레고), 팅거토이, 운송기관 장난감, 모형농장 및 동물원 기차와 선로, 찰흙, 크레용, 핑거페인팅, 그림 맞추기, 도안 블록, 숫자 맞추기	자전거, 병원놀이 소꿉놀이, 고리걸기	

그림 6-16 유아의 놀이 활동 증가와 더불어 안전한 놀이 환경은 무엇보다 중요하다.

3) 수면과 휴식

(1) 수면 양상

유아는 영아보다 잠을 덜 잔다. 2세가 되면 밤 동안의 수면 시간은 평균 8~12시간으로 줄고, 낮잠의 횟수도 줄어든다. 2세 아동의 총 낮잠 시간은 1세 아동보다 적은 30분 정도이다. 비록 실제적인 수면 요구가 감소되었지만 유아는 매우 바쁘고 시끄러운 활동으로부터 잠시만이라도 벗어날 수 있는 '조용한 휴식 시간'이 필요하다. 어쩌면 유아보다는 어머니가 이런 휴식 시간이 더 필요할 수도 있기 때문에 유아를 안고 조용한 음악을 듣거나 노래를 부르면서 조용한 시간을 갖는 것이 도움이 될 수 있다. 유아는 자신이 피곤하다는 인식하지 못한 채 매우 바쁘게 다양한 활동에 참여한다. 특히 집에 손님이 오거나 흥미로운 새 장난감이 있을 때면 더욱 두드러지게 나타난다. 따라서 부모는 휴가 기간이나 손님이 방문한 후에도 유아를 위해 낮잠 시간과 휴식을 계획하는 것이 바람직하다.

이 시기에 수면과 관련된 '의식의 거행'은 두드러진 특징이다. 즉, 대부분의 유아는 목욕하기, 양치하기, 이야기하기, 책 읽기, 부모와 뽀뽀하기 등 밤에 잠들기 전 자기만의 의식을 가지고 있다. 이러한 유아의 의식 거행을 따라 주는 것은 중요한데, 왜냐하면 이러한 의식의 거행은 하루를 마감하면서 유아에게 안정감을 제공해 주기 때문이다. 만약 이러한 의식이 변화되는 경우 유아의 심리를 위협할 수 있기 때문에 비록 어딘가를 방문했거나, 질병을 앓거나, 또한 여행을 갈 때도 가능하면 지켜주도록 하는 것이 좋다.

(2) 수면장애

2세 유아는 간혹 어둠에 대한 공포를 나타낼 수 있다. 이때는 밤에 불을 켜 놓는다거나 즐거운 장난감을 주는 것이 이러한 두려움을 감소시키는 데 도움을 줄 수 있다. 유아 부모의 주요 양육 스트레스의 원인이 되는 야경증night terror은 보통 2~4세 사이의 아동에게서 발생되는 것으로 3세경에 시작되는 '악몽'과는 다른 수면장애이다. 야경증 상태의 유아는 잠이 완전히 깨지 않은 상태에서 지속적으로 울며 동시에 격렬한 행동을 보이고 몇 분 동안 깨어나지도 않는 수면 양상을 보인다. 이때 아동은 동물 또는 낯선 사람들이 방 안에 있을지 모른다고 믿고, 현실감이 없어지며, 부모를 인지할 수도 없다. 5~30분 후에 아동은 다시 잠에 빠져들게 된다. 이때 부모는 지나치게 유아의 야경증에 초점을 맞추지 말고 시간이 지나면 저절로 멈출 것이라는 확신을 가질 필요가 있다. 부모는 우는 아동에게 가서 부드럽게 속삭여 주되 잠을 깨워서는 안 된다. 만일 아동이 잠에서 깼다면 아동을 편안하게 해서 다시 잠들도록 해야 한다.

부모는 영아기 후반부터 유아기에 발생될 수 있는 나이트 테러와 관련된 정보를 사전에 알고 있다면 나이트 테러로 인한 어려운 상황을 피하는 데 도움을 받을 수 있을 것이다. 경우에 따라 야경증은 학령전기까지 지속될 수 있다.

취침시간 또는 밤 시간의 유아의 수면장애는 부모를 피곤하게 하고 인내심을 요하기 때문에 매우 다루기 어려운 문제이다. 만일 부모들이 단호하면서 보호적인 태도를 가지고 시간을 두고 기다린다면 유아는 이러한 문제로부터 벗어날 수 있을 것이다.

유아기의 야경증 관리 전략은 박스에 제시하였다.

박스 유아의 야경증 관리 전략

❶ 야경증과 같은 수면장애는 아동이 분리나 공격성과 같은 심리를 다루기 시작하는 발달단계의 결과이다.
❷ 질병, 새로운 형제의 출생, 이사, 무서운 TV 시청 등은 야경증의 발생을 촉진시키는 요인이다.
❸ 이러한 문제의 감소를 위해 부모는 취침 전 유아와 충분히 상호 작용하는 것이 필요하다.
❹ 부모는 취침 시간을 일관성 있게 유지해야 한다.
❺ 좋아하는 장난감 또는 부드러운 음악이 유아의 수면 촉진에 도움이 된다.
❻ 유아는 야경증 발생 후 자신의 침대를 떠나서는 안 되며, 부모는 편안함을 제공해 주고 부모가 유아와 함께 집에 있다는 확신감을 제공해 주어야만 한다.

---

4) 유아의 안전사고 예방

유아기는 문제해결을 위한 기본적 기술과 판단력이 부족한 발달단계이다.

즉, 유아는 신체조정 능력이 미숙하고 다양한 상황에 대한 경험이 적은 반면, 환경에 대한 호기심은 상대적으로 높기 때문에 다른 연령층보다 사고 발생 위험이 매우 높다. 유아기에 발생 가능한 사고는 다양하지만 여기에서는 유아기에 비교적 빈번히 발생되는 우발사고와 자동차 사고를 중심으로 소개하고자 한다.

(1) 우발사고

손상은 아동의 장애나 사망을 초래하는 가장 빈도 높은 원인이 된다. 일반적으로 여아는 유아기에 우발사고가 가장 높고, 남아는 유아기와 청소년기에 높은 발생빈도를 보인다. 모든 연령층에 걸쳐서 여아보다는 남아가 우발적 사고율이 높다. 자동차 사고는 모든 연령층에서 가장 높은 사고 원인이 되고 있다.

① 환경적·물리적 위험 요인

집이나 기타 건물들은 유아를 위험에 처하게 할 수 있다. 유아의 탐구하고자 하는 욕구는 어른들이 생각조차 할 수 없는 곳에 가도록 한다. 유아는 가구에 올라가거나 창문 밖을 내다보거나 작은 공간 안으로 들어가기도 한다. 이러한 탐구에 따른 낙상이나 손상은 작은 상처나 멍과 같은 간단한 손상에서부터 두부 손상과 같이 치명적인 것에 이르기까지 다양하다.

환경의 구조적 요인과 관련된 위험요소들은 아동의 운동발달과 인지적 기술 그리고 성숙에 따른 변화와 연관되어 있다. 그러므로 부모는 유아의 운동능력 발달에 따른 이동 능력의 완성 그리고 인지 능력의 발달에 따른 호기심의 증가는 유아가 환경의 구조적 요인으로부터 위협받을 수 있다는 점을 기억해야 할 것이다. 부모는 유아가 새로운 기술을 습득함과 동시에 그들의 가정이 유아에게 안전한지 점검해 보아야 한다. 만일 유아가 친구나 친척 집을 방문하면 그곳에서도 유아를 잘 지켜보아야 하고, 안전한 공간인지도 점검해야 한다. 많은 손상이 친숙하지 않은 환경에서 흔히 발생하기 때문이다. 환경의 구조적 요인에 따른 손상 예방 지침은 박스에 제시하였다.

| 박스 | 환경의 구조적 요인에 따른 손상 예방 지침 |

- 계단으로 통하는 모든 문은 잠가 놓도록 한다.
- 유아가 떨어지는 상황이 되었을 때 완충 역할을 하도록 계단에 카펫을 깔아 놓는다.
- 가구는 모서리가 둥근 것을 놓거나, 모서리에 보조기구를 달아 뾰족한 모서리로부터 손상을 예방한다.
- 한쪽으로 밀어 놓을 수 있는 책장, 탁자 또는 램프를 사용한다.
- 유아가 밟고 올라가는 것을 예방하기 위해 조리대나 탁자로부터 의자를 멀리 둔다.
- 창문 스크린을 설치하고 안전한 유리를 사용한다.

그림 6-17 전기레인지로 유아의 접근을 막아 주는 것이 필요하여 요리 중에 냄비의 손잡이는 유아의 손에 닿지 않도록 먼 쪽으로 돌려놓아야 한다.

② 장난감

장난감도 유아의 또 다른 손상의 원인이 된다. 장난감이나 장난감의 부속은 유아가 쉽게 삼킬 위험이 있고, 또한 장난감 외부에 칠해진 것은 중독성 페인트일 수 있으며 인형의 눈이 나 독성물질로 채워진 인형, 날카로운 각이 있는 장난감 등도 유아에게는 모두 위험한 요소이다.

부모는 집뿐만 아니라 친척 집, 친구 집 또는 놀이방에서 유아에게 제공되는 장난감까지도 잘 감시해야 한다. 장난감들은 대부분 큰 아동에게는 안전한 장난감이라 해도 유아에게는 극도로 위험한 상황을 초래할 수도 있다.

③ 운동기구

부모들은 스포츠와 오락용 도구들이 아동이나 청소년의 주요 사고 원인이 된다는 것을 알고 있는 반면, 이러한 것들이 유아에게도 위험한 요소가 된다는 것을 잊어버리는 경우가 있다. 1차적 위험은 이러한 기구들의 부적절한 보관에 있다. 보디빌딩에 사용되는 무거운 추와 기구들은 유아에게 매우 흥미로워 보이는 것들이어서 유아는 이러한 기구 밑으로 들어가기도 한다. 특히 정글짐과 같은 곳에서 주의 깊은 감독이 필요하다. 왜냐하면 유아가 혼자 노는 것보다 정글짐과 같은 대형 공동 놀이방에서 더 큰 아동과 함께 있게 되면 이로 인해 더 큰 위험에 처하게 될 수 있기 때문이다.

그림 **6-18** 집 안의 성인용 운동기구는 유아의 안정을 위협하는 요소이다.

④ 익수

익수는 유아기 주요 사망 원인 중 하나이다. 3세 이하의 아동에게는 욕조도 익수의 1차적인 장소이다. 유아는 절대 혼자서 욕조의 물속에서 장난감을 가지고 놀게 해서는 안 되는데, 왜냐하면 유아가 흔들려 쓰러져 넘어질 경우 혼자서 물 밖으로 나올 능력이 없기 때문이다. 또 다른 익수의 위험 장소로는 수영장이나 물가, 보트 등이 있다. 유아는 어떤 물가에서든 철저하게 그리고 지속적으로 감시해야 한다.

그림 **6-19** 물놀이 시에는 반드시 성인의 감시가 필요하다.

⑤ 화상

화상, 특히 뜨거운 물에 의한 화상 역시 유아기 손상의 또 다른 주요 원인이 되고 있다. 유아는 뜨거운 물이 나오는 수도꼭지를 열 수는 있으나 다시 잠그지는 못 한다. 이러한 위험성은 뜨거운 물의 온도를 낮게 설정해 놓음으로써 예방이 가능하다. 또한 유아의 호기심은 뜨거운 액체가 들어 있는 그릇을 뒤집어 보게 할 수도 있다. 이것은 가족 구성원들이 뜨거운 것을 방치한 채 유아를 혼자 두지 않고 유아의 손이 닿는 곳에 전기 코드를 두지 않음으로써 예방할 수 있다.

⑥ 자동차 사고

자동차 사고는 1~4세 아동의 주요 사망 원인이다. 보행자 사고와 차내 승차사고 모두 유아에게 가능한 사고로 그 중 차내 승차사고 빈도가 좀 더 높다. 차내 승객으로서의 사고에는 차의 속도, 도로의 위치, 차의 종류, 운전자의 연령, 음주 여부 그리고 벨트 착용 등의 많은 요소들이 영향을 미친다. 부모는 이런 요인들 중 몇 가지는 확실하게 통제할 수 있다. 연구 보고에 의하면, 넓은 바퀴가 달린 자동차가 사고 시 승객을 보호하는 데 더 좋은 것으로 나타났다. 따라서 부모는 새로운 차를 구입할 때 이런 점을 고려할 수 있다. 또한 뒷자리가 앞자리보다 더 안전하므로 아동은 반드시 뒷좌석 안전 의자 위에 앉혀야 한다.

표 6-6 유아기 행동 특서에 따른 사고 유형과 예방법

사고 유형과 유아의 행동 특성	위험과 예방 전략
자동차 사고 • 충동적 • 만족감을 참지 못함 • 움직임 증가 • 자기중심적	• 아동에게 안전하게 길 건너는 법을 교육한다. • 아동에게 신호등의 색깔이 의미하는 것을 교육한다. • 아동에게 주차된 차나 눈더미 뒤에서 뛰어다니지 않도록 주의를 준다. • 잘 맞는 유아용 자동차 안전의자를 사용한다. • 길을 건널 때는 유아의 손을 잡고 건넌다. • 자전거를 탈 때는 시선을 떼지 않고 주의 깊게 감독한다. • 아동이 혼자서 차 안에서 놀지 않도록 한다. • 운전자는 출발하기 전에 차의 앞과 뒤를 주의 깊게 살핀다. • 아동에게 어디가 안전한 곳인지를 교육한다. • 3세 이하의 아동은 항상 감독한다.

화상
• 불에 매력을 느낌
• 인과관계 인식의
  미성숙
	• 아동에게 '뜨겁다'는 것의 의미를 가르친다.
	  예) 아동에게 뜨거운 백사장의 모래를 만지게 하여 가르친다.
	• 성냥, 담배, 양초, 향을 아동의 손이 닿지 않는 곳에 둔다.
	• 주방기구의 손잡이는 스토브의 뒤쪽 벽을 향하게 둔다.
	• 뜨거운 커피를 조심한다. 식탁보를 잡아당길 수 있으므로 늘어져 있지 않도록 한다.
	• 커피포트, 전기프라이팬과 같은 기구와 코드를 아동의 손이 닿지 않는 곳에 보관한다.
	• 전자레인지의 음식과 음료가 데워졌는지 확인하고 중앙이 너무 뜨겁지 않도록 한다.
	• 뜨거운 석쇠를 조심한다.
	• 벽난로 스크린을 사용한다.
	• 비상시 소방관이 아동의 방에 민첩하게 들어갈 수 있도록 한다.
	• 전기 화재는 소화기를 사용하고, 소화기를 사용할 수 있는 모든 가족원들에게 사용법을 가르친다.
	• 전기 콘센트에 보호캡을 씌운다.
	• 아동이 목욕물에 들어가기 전에 수온을 확인한다.
	• 아동에게 수도꼭지를 돌리지 못하도록 한다.
	• 아동을 햇빛으로부터 자외선 차단제나 옷으로 보호한다.

낙상 • 집안의 다른 부분을 탐구 • 창문을 열 수 있음 • 깊이 지각 미성숙	• 아동이 준비가 되면 계단 오르내리는 법을 가르친다. • 베란다에 아동이 좋아하는 장난감을 두거나 베란다를 놀이방으로 활용하지 않는다. • 아동이 큰 침대를 사용하게 되면 사이드레일을 사용한다. • 지하실의 문은 잠근다. • 바닥에 엎질러진 물은 즉시 제거한다. • 창문 위험 방지 장치를 사용한다. • 잘 맞는 유아용 자동차 안전의자를 사용한다. • 어린이에게 안전한 문손잡이와 서랍 칸막이를 사용한다. • 아동이 쇼핑카트에서 떨어지지 않도록 한다. • 놀이터에서 기어오르는 아동을 감독한다. • 옷과 신발 끈은 잘 풀리지 않도록 꼭 맞게 묶어 준다.

질식
• 물체를 물거나 맛보는
  것과 같은 감각탐구심
  증가
	• 아동에게 공기를 뺀 풍선, 젤리와 같이 기도로 빨려 들어갈 수 있는 것들을 가지고 놀지 못하도록 한다.
	• 장난감에서 떨어져 나간 부분이 있는지 여부를 검사한다.
	• 동전, 단추, 핀과 같이 작은 물건은 아동의 손이 닿기 전에 제거한다.
	• 팝콘, 땅콩, 작고 단단한 사탕, 껌, 고기의 큰 덩어리, 핫도그와 같은 음식들을 먹는 것을 피한다.
	• 하임리히 구명법을 배워둔다.
	• 유아로부터 비닐봉지는 멀리 둔다.
	• 목 부분을 졸라매는 끈이 있는 잠옷은 피한다.

(계속)

사고 유형과 유아의 행동 특성	위험과 예방 전략
독극물 흡입 • 용기를 열 수 있는 능력 증가 • 모든 것을 보고 만 지며, 실험과 실패에 의해 배움 • 입 안으로 물건을 넣어봄	• 알약을 '사탕'이라고 하지 않는다. • 섬유유연제는 유아의 손이 닿지 않는 곳에 보관하거나 캐비닛 안에 잠궈서 보관한다. • 화학제품이나 다른 위험할 수 있는 물질은 음식이나 음료 용기에 넣어 두지 않는다. • 의약품은 캐비닛 안에 잠궈서 보관하고 사용 후 즉시 제자리에 둔다. • 유아 안전용 캡과 패킹을 사용한다. • 오래된 약은 변기에 쏟아 버린다. • 부모는 토근 시럽을 사용하는 방법과 사용하는 때를 알아둔다. • 페인트를 칠할 때는 '실내 사용 가능' 제품만을 사용한다. • 야외 캠핑 시 주위의 독성 식물의 종류와 있는 위치를 알아둔다. • 아동은 다룰 수 없는 물건은 캐비넷에 넣어서 잠가둔다. • 납이 포함되지 않은 장난감 준다.
익사 • 깊이에 대한 지각능력 부족 • 위험을 깨닫지 못함 • 물에서 노는 것을 좋아함	• 아동이 바닷가나 풀장 근처에 있는 동안은 계속 관찰한다. • 아동이 놀이를 끝마쳤을 때 풀장의 물은 비우도록 한다. • 물에서의 안전과 수영기술에 대해서는 아동이 준비되는 대로 가능한 빨리 교육을 시작한다. • 풀장을 둘러싼 울타리 문들을 잠근다. • 어린 아동은 물의 양이 매우 적어도 익사의 위험이 있음을 인식하고 욕조의 물을 관리한다.
감전 쇼크 • 손가락으로 찌르기를 좋아함	• 전기 콘센트를 덮개로 덮어둔다. • 안전한 플러그와 함께 소켓을 사용하지 않을 때는 뚜껑을 덮는다. • 아동이 젖었을 때 전기제품을 만지지 않도록 교육한다. • 전기제품은 유아의 손이 닿지 않는 곳에 둔다. • 전기제품은 욕조와 싱크대로부터 먼 곳에 둔다.
교상 • 판단의 미성숙	• 아동에게 평소 갑자기 나타나는 동물들을 피하도록 교육한다. • 유아에게 애완동물을 학대하는 것을 허락하지 않는다. • 주위에서 감독한다.
안전(기타)	• 평상시 유아에게 낯선 사람에 대한 안전에 대해 수시로 교육한다. • 유아가 뛰거나 노는 동안 막대사탕을 먹거나 빨지 않도록 한다. • 날카로운 모서리가 있는 물건들이 닫지 않도록 한다. • 유아가 노는 근처로부터 날카로운 모서리가 있는 가구들을 멀리 배치하도록 한다.

자료: Leifer, G. & Hartston, H. (2004)

3. 유아기 성장발달 관련 이슈

1) 유아의 자아지각과 훈육

유아기의 주요 발달과업은 의심과 부끄러움을 극복하고 자율감을 획득하는 것이다. 유아기에 들어서 이루어지는 인지·언어·운동기술의 발달은 자아개

그림 **6-20** 유아의 분노발작

념과 자존감 발달을 위한 수단으로 쓰이게 된다. 유아는 더 이상 이전처럼 조용하거나 협조적이지 않을 것이다. 인지와 언어 능력의 발달로 '아니', '싫어'를 말하며, 자기 자신이 해야 할 것을 생각하게 된다.

유아는 물리적 측면과 대인관계적 측면에서도 자신을 둘러싼 세계를 탐구하기 시작하는데, 이를 통해 진정한 독립심이 발달하게 된다. 물리적 세계에 대한 탐구에는 올라가기, 아래로 기어 내려가기, 맛보기, 냄새 맡기, 주변에 있는 사물과 이야기하기 등의 행동이 포함된다. 유아는 다른 사람과의 관계도 탐색한다. 만약 '싫어' 또는 '분노발작'이 다른 사람의 행동을 조절하는 데 사용되는 것이 허용된다면 유아는 '자신의 자아'가 '다른 사람의 자아'보다 더 강력하다고 학습하게 된다. 더불어 유아는 자율감을 지속적으로 발달시키기 위해 분리되는 실습을 하기도 한다.

유아의 거부증과 분노발작은 부모를 혼란스럽게 한다. 부모를 늘 따르던 자신의 아기가 어느 날 갑자기 '싫어'를 말하고 심지어 유아에게 자신이 즐겨 먹는 과자를 줄 때조차도 유아는 '싫어'라고 외치며 과자를 내던지고 울게 된다. 부모는 유아가 과자를 원하는 것인지 아닌지 혼돈스러워 한다. 이때 부모는 유아가 자신의 자율성을 표현하기 위해 거부적 행동을 나타낸 것이며, 유아 자신도 이러한 자신의 복잡한 요구에 대해 혼돈스러워함을 이해해야 한다.

유아의 자율성 추구에 대한 요구는 부모의 기대, 안전을 위한 제한, 다른 사람의 권리와 상충할 수가 있으며, 이러한 갈등은 좌절감을 불러일으킬 수도 있다. 좌절감에 대한 유아의 전형적인 반응으로 알려진 것이 분노발작이다. 이때 부모는 유아의 요구가 비록 안전하지 않을 수 있고, 가족의 한계를 넘어서는 것이라 할지라도 이러한 유아의 분노발작과 같은 좌절감의 표현에 대처하지 못하고 받아들일 수도 있다. 유아는 분명 독립심을 키울 필요는 있다. 그러나 유아가 자신의 분노발작 행동이 타인과 환경을 통제할 수 있다고 생각하게 해서는 안 된다.

분노발작을 일으키는 유아에 대한 대처는 다음과 같다. 우선 유아를 안전한 곳으로 옮겨 부딪침으로 인해 위험한 상황에 처하지 않도록 한다. 그런 다음 두 번째로는 유아의 분노발작 행동은 무시하는 것이 최선이다. 왜냐하면 위에서 언급한 바와 같이 유아가 분노발작을 통해 자신이 원하는 것을 획득하는 기회가 되어서는 안 되기 때문이다. 가능한 한 유아가 스스로 발작을 멈출 때까지 인내심을 가지고 기다리는 것이 필요하다. 드물기는 하지만 발작이 심해 유아가 숨을 멈추게 되면 부모는 당황할 것이나 그대로 두어도 무방하다. 왜냐하면 숨을 멈추고 얼마 지나지 않아 무호흡 상태는 호흡중추를 자극하여 다시 숨을 쉬도록 할 것이기 때문이다. 마지막으로 부모는 사랑과 애정을 가지고 유아를 대하며 일관된 태도와 행동을 보이는 것이 중요하다. 유아기의 부모-자녀 관계에서 나타날 수 있는 다양한 문제점에 대한 부모 교육 지침은 빅스에 제시하였다.

박스 유아 부모 교육 지침

- 아동의 요구와 능력에 적합한 환경을 제공한다. 집안의 환경을 안전하게 설치해서 유아가 안전하게 환경을 탐색할 수 있는 기회를 제공한다.
- 유아가 마스터할 수 있는 장난감을 제공한다. 더욱더 많은 것을 시험해 볼 수 있는 장난감과 놀이의 기회를 주되 이때 어떤 규칙을 만들지 않도록 한다.
- 명령하기보다는 긍정적으로 제안을 한다.
- 가능한 안전하면서 수용 가능한 두 가지 중 한 가지를 선택할 수 있는 기회를 준다.
- 부모와 함께 노는 동안에도 책 또는 게임은 유아가 선택권을 갖도록 해 주고, 다른 활동으로 옮기는 것에 대해서도 유아가 결정하도록 격려한다.

(계속)

- 놀이 상황에서도 '아니야'를 허락하고, 실제 상황에서도 적절하다면 허락한다.
- 어떤 명령적 지시를 해야만 하는 상황이 요구된다면 이때는 단호하게 말한다.
- 일관성 있는 한계의 설정과 적용은 유아로 하여금 어떤 제한 속에서 자신의 통제감을 발달시키는 것을 촉진한다.
- 분노발작이 발생되면, 우선 아동이 안전한지를 확인한 다음, 유아가 받아들일 수 있는 행동을 보일 때까지 무시한다. 그리고 유아가 수용적인 행동을 보이게 될 때 즉각적으로 반응을 보여 주는 것이 좋다.
- 유아의 기술과 능력을 칭찬해 준다.

부모들은 자율감이 발달하지 못한 유아는 부끄러움과 의심을 경험하여 긍정적인 자아개념 발달을 위한 중요한 단계를 놓치게 된다는 것을 기억해야 할 것이다. 적절한 훈육은 기어 다니는 연령부터 시작되어야 하고 이때 부모의 일관적인 훈육이 매우 중요하다. 유아의 긍정적 정서발달을 촉진시키고 일관된 훈육을 위한 지침은 박스에 제시하였다.

박스 유아의 정서발달을 위한 훈육 지침

- 아동이 이름을 말하고 감정을 표현할 수 있도록 도와준다(긍정·부정적인 것 모두).
- 좋은 행동과 성취를 칭찬해 준다.
- 가능한 한 어떤 곳에서든지 아동이 선택권을 가질 수 있도록 한다.
- 분노발작을 무시한다. 그러나 발로 차고 깨무는 행동에 대해서는 즉각적으로 타임아웃을 실시한다. 타임아웃은 1세에 1분 정도로 적용하고 5분 이상을 초과하지 않도록 한다(그림 6-19).
- 다른 아동과 놀 수 있는 기회를 제공해 준다.
- 2세경에는 담요, 장난감 등과 같은 전환물(transitional objects)을 제공해 준다.
- 밤에 어두움을 두려워하지 않는다면 야간 등(night light)만을 켜두도록 한다.

그림 **6-21** **생각하는 의자:** 부적절한 행동을 하는 유아에게 행동 발생 장소에서 유아를 분리하는 타임아웃 방법이다.

2) 형제간 경쟁과 퇴행

유아기는 종종 동생의 출생과 같은 새로운 가족 구성원이 늘어나는 시기이다. 새롭게 탄생한 아기는 유아에게 하나의 딜레마로 작용할 수 있는데, 이는 유아가 이러한 사실에 매우 의문스러워 하는 와중에 유아는 부모로부터 자주 '아기를 때리지 마라', '찌르지 마라' 또는 '그렇게 큰 소리 내지 마라'와 같은 훈계를 받게 되기 때문이다.

새로운 형제의 탄생에 대한 반응으로 퇴행 증상이 나타날 수 있다. 퇴행이란 스트레스 상황에서 이미 성공적으로 습득된 것이 이전 발달단계의 행동양식으로 일시적으로 되돌아가는 것을 의미한다. 일시적 퇴행은 유아의 심리적 안정에 매우 이로울 수 있으며, 부모로부터 받는 스트레스를 감소시키는 데 도움을 줄 수 있다. 유아의 퇴행은 이미 습득한 배변 기술을 잃어버린다거나, 더 많이 울고, 먹여 주거나 옷 입혀 주기를 원한다거나, '아기처럼 말하기' 등의 형태로 나타난다.

만약 부모가 유아를 잘 이해하고 돌봐 주는 상황이라면 유아는 짧은 시간

내에 이전의 기술 수준을 되찾을 것이다. 그러나 이것이 형제간 경쟁의 끝을 의미하는 것은 아니며, 또 다른 형태로 형제간 경쟁은 지속된다. 모든 형제들이 경쟁심을 가지고 있으며 모든 형제는 싸운다. 따라서 부모는 형제간 경쟁은 늘 존재하는 것이고, 일생 중 유아기 직후인 4~5세에 가장 두드러지게 나타남을 인식하고 있어야 한다.

부모들은 때때로 어떤 질투나 경쟁을 피하고자 모든 자녀에게 아주 정확하게 똑같이 대하려는 결정을 하기도 한다. 그러나 이것은 근본적인 문제를 해결하는 것은 아니다. 왜냐하면 아동 각자가 가지고 있는 고유성을 고려하지 않는 것이기 때문이다. 성인과 마찬가지로 아동 역시 아동마다 좋고 싫은 것이 분명히 다르다. 아동이 가지게 되는 자아상은 좋고 싫음이 인식되고 존중받는 것과 관련되기 때문에 매우 중요한 의미를 지닌다. 이것은 유아가 자신이 한 독립된 개인으로 취급됨을 알게 해 주기 때문이다. 부모가 형제간에 완전히 싸움을 하지 못하게 함으로써 형제간의 싸움을 멈추게 할 수는 없지만, 합리적인 관계를 설정할 수 있도록 도울 수 있다.

유아와 형제 또는 부모와의 관계는 다루기 어려운 주제이다. 그러나 중요한 것은 형제간 경쟁과 부모-자녀 간의 갈등은 발달적으로 이러한 문제가 주요 스트레스원이 되기 이전에 예측하고 토의해야 한다는 것이다. 예를 들어, 새로운 아기가 출생하기 전에 이미 형제간 경쟁과 관련된 주제를 토의해야 한다.

그림 **6-22** 유아는 동생의 탄생에 대한 사전준비가 필요하다.

3) 유아의 입원 스트레스 관리

유아는 자신을 둘러싼 환경의 변화가 있을 때 이에 대한 원인과 결과를 추론하는 인과관계에 대한 이해가 명확하지 않은 자기중심적인 직관적 시기이다. 따라서 이 시기에 병원에 입원을 한다거나 침해적인 절차에 노출이 될 경우 그 어떤 발달단계보다 입원으로 인한 스트레스가 높다. 따라서 부모는 이 시기의 발달 특성, 질병에 대한 이해 및 주요 스트레스원에 대한 이해를 통해 가능한 심리적 안정을 증진할 수 있는 중재를 제공하여야 할 것이다.

(1) 분리불안과 통제감의 상실

영·유아기 및 학령전기 아동의 입원으로 인한 가장 큰 스트레스는 분리불안separation anxiety이다. 아동은 입원과 같은 사건에 의해 부모나 주 양육자로부터 분리되면 저항기, 절망기, 분리기의 단계를 거쳐 우울 증상을 보인다.

저항기protest의 유아는 낯선 사람에 대해 적대적이고 부모가 자신을 곁을 떠나지 못하도록 신체적으로 매달리고 떼를 쓴다. 이 단계를 거쳐 절망기despair가 되면 유아는 우울하고 슬픈 표정이 역력하고 주변 환경이나 사람에 대한 호기심이 감소되어 움직임이나 놀이에 관심을 보이지 않는다. 또한 이 단계에서 아동은 손가락 빨기, 야뇨증 등과 같은 퇴행 증상을 보이기도 한다. 일반적

그림 **6-23** 유아의 입원은 다양한 스트레스를 유발한다.

으로 단기간의 입원으로는 분리기까지 진행되지는 않으나 장기간 아동이 부모로부터 분리될 경우, 체념의 단계가 되면서 겉으로는 환경에 관심도 보이고 놀이를 하는 것처럼 보이나 이것은 실제 부모로부터 분리된 자신을 보호하기 위한 대처방식으로 가장 위험한 상태의 분리단계detachment이다. 이때 아동은 부모로부터 분리된 상처로부터 자신을 달래기 위해 자신의 인형과 같은 무생물에 집착하기도 한다. 분리단계의 경우, 원래대로 회복되는 데 많은 시간과 노력이 요구되거나 원상태로 회복이 되지 않을 수도 있다.

아동이 입원으로 인해 분리불안을 나타낼 경우, 이것은 유아의 정상적인 반응으로 인지하고 가능한 분리로 인한 불안감을 최소화시켜 주어야 한다. 우리나라는 부모가 입원실에 함께 상주하기 때문에 분리불안의 문제가 극심하지는 않으나, 부모가 함께 하지 못하는 경우에는 가능한 부모가 자주 방문하도록 하거나 집에서 사용하던 물건, 즉 인형, 장난감, 담요, 식기 등을 그대로 사용하도록 허용하여 정서적 안정감을 주도록 한다.

유아기는 자율성이 증가되는 시기인데 입원으로 인한 강요된 스케줄과 일상생활은 유아로 하여금 통제감의 상실을 경험하게 한다. 유아가 통제감을 상실하게 되면 퇴행, 거부증 및 분노발작의 형태로 표출될 수 있다. 자신이 이미 성취한 여러 발달과업, 즉 혼자 밥 먹기, 대소변 가리기, 양치질 등에서 퇴행 증상이 나타나 밥을 먹여 달라고 한다거나 심지어 젖병에 분유를 달라고 할 수도 있다. 입원으로 인한 강요된 생활에 대해 유아는 가장 먼저 부정적, 공격적으로 반응하여 거부증이나 분노발작이 나타난다. 이러한 통제감의 상실이 장기간 지속될 경우 퇴행 증상이 지속되거나 대인관계에서의 위축과 같은 부정적 성장발달 양상을 보일 수 있다. 따라서 입원으로 인한 유아의 통제감 상실을 최소화하기 위해서는 집에서 일상적으로 하던 활동과 스케줄을 유지시켜 주는 것이 좋다. 따라서 건강관리자는 유아가 입원할 경우, 평소 가정에서 유아의 생활패턴에 대한 상세한 조사를 통해 유아의 전형적 발달 특징인 의식 행위를 허용함으로써 유아의 자율감이 손상되지 않도록 지지해야 한다. 유아의 의식 행위 유지를 위해 유아가 쓰던 물건이나 장난감, 옷 등을 가져와 사용하도록 한다.

(2) 질병에 대한 이해

유아기는 Piaget의 인지발달단계 중 전조작기로 질병을 단순한 현상주의
phenomenism나 접촉전염contagian으로 이해한다. 즉, 질병의 원인이 생리적 또는
심리적 요인(균 감염 또는 스트레스 등)과 관련하여 인지하지 못하고 단순히 외적
요인에 의해서만 질병의 원인을 찾는 수준이다. 또한 질병의 원인을 가깝게 있
는 사람 또는 사물과 접촉을 통해서만 오는 것으로 인지한다.

4) 배설과 대소변 가리기 훈련

대소변 가리기 훈련은 유아가 있는 가족의 주요 발달과업 중 하나이다. 이
전에 한 번도 유아의 대소변 가리기 훈련을 시도해 본 경험이 없는 가족의 경
우는 딜레마에 빠질 수 있으므로 도움이 필요할 것이다. 대소변 가리기 훈련
은 영아 후반기부터 유아기에 달성되어야 할 발달과업으로 이를 고려하여 부
모에게 토의, 계획, 지지를 제공해 주어야 한다. 우선 부모는 유아가 대소변 가
리기 훈련의 시작이 가능함을 나타내는 다양한 단서를 이해하고 있어야 한다.
대소변 가리기 훈련을 위한 준비가 된 유아에게 나타나는 단서는 박스에 제시
하였다.

> **박스** 대소변 가리기 훈련을 위한 준비가 된 유아에게 나타나는 단서
>
> • 부모의 행동을 따라 모방할 수 있다.
> • '아니'라고 말함으로써 자신의 독립성을 나타낼 수 있다.
> • 대소변 가리기 훈련에 대한 흥미를 표현할 수 있다.
> • 걸을 수 있다.
> • 자신의 변의(요의)를 표현할 수 있다.
> • 옷을 벗거나 입을 수 있다.

대소변 가리기 훈련의 시작 시기는 유아의 요도 괄약근의 조절 능력(약 9개
월), 피라미드 경로의 수초화의 완성(약 9개월), 자발적으로 협조할 수 있는 능력
(12~15개월)과 같은 생리적·심리적 성숙에 달려 있다. 대소변 가리기 훈련을 유

아가 준비되지 않은 상태에서 시작하면 유아는 좌절을 경험하게 된다. 만약 성공하지 못했다면 상담자는 유아의 준비 기간과 접근 방식에 대해 부모와 토의해서 도움을 주어야 할 것이다. 반면 유아가 대소변 가리기 훈련계획을 잘 따라 주는 상태라면 지속해서 수행하여 일상적인 생활 속에 통합하도록 한다. 만일 유아가 바람직한 행동반응을 보이지 않는다면, 부모는 일단 멈추고 대소변 가리기 훈련을 뒤로 늦추도록 해야만 한다. 유아를 위한 대소변 가리기 훈련에 대한 일반적 고려사항은 다음과 같다.

그림 **6-24** 대소변 가리기 훈련을 위해 유아는 자신의 옷을 스스로 내리고 올릴 수 있어야 한다.

- 낮 동안의 대소변 가리기 훈련의 완성은 28개월경이다.
- 대부분의 아동은 배뇨와 배변 훈련을 동시에 성취한다.
- 배뇨와 배변의 낮, 밤 모두 완성되는 시기는 33개월경이다.
- 아동의 80%는 3세 이후에 완전히 완성한다.
- 여아가 남아보다 평균 2개월 정도 더 빠르다.

상담자는 대소변 가리기 훈련의 일반적인 순서를 부모에게 지침으로 제공해 줄 수 있다. 신체적·정신적으로 성숙된 유아라면 일정한 시기에 훈련용 용기에 앉히는 동작을 반복하면 2주일 내에 대·소변보기를 습관화할 수 있을 것이다. 부모는 서두르지 말고 다소 느긋한 태도로 유아의 대소변 가리기 훈련을 시작하는 것이 아동의 성격 형성에 긍정적 영향을 줄 수 있다는 점을 기억해야 한다. 만일 실패했을 때 유아를 야단치게 되면 좌절감, 수치감을 느끼게 되고, 이전 발달단계로 돌아가는 퇴행regression 증상이 나타날 수 있다. 유아의 대소변 가리기 훈련 지침은 박스에 제시하였다.

그림 6-25 유아의 대소변 가리기 훈련 시에 훈련용 변기 사용이 도움이 된다.

박스 대소변 가리기 훈련 지침

❶ 유아용 변기의자를 준비한다.

❷ 유아가 유아용 변기의자와 익숙해질 수 있는 시간적 여유를 주도록 한다.

❸ 유아용 변기의자는 아이가 편리하게 사용할 수 있는 위치에 둔다.

❹ 하루에 한 번씩 일상적으로 아이가 유아용 변기의자에 옷을 입은 채로 앉아 있도록 하고, 이후 옷을 벗고 앉도록 시험해 본다.

❺ 유아가 유아용 변기의자를 두려워하면 사용하지 않는다.

❻ 대소변 가리기 훈련 도중 퇴행 증상이 나타나면 3개월 정도 뒤로 미루도록 한다.

— **CHAPTER 6**
마무리 학습

1. 최근 여성의 사회진출 증가로 유아기에 어린이집이나 놀이방에서 낮 시간을 보내는 유아들이 증가하고 있다. 어린이집이나 놀이방을 방문하여 유아의 일상을 관찰하고, 어린이집이나 놀이방 환경에서 유아의 성장발달을 저해하는 요소를 확인하고 이를 극복하기 위한 방안을 제시하시오.

2. 유아기에는 안전사고가 흔히 발생하는데, 그 원인을 유아의 발달 특성과 연계하여 설명하고, 가정 내 안전사고 예방을 위한 부모 교육 자료를 제작하시오(소책자 혹은 리플릿 형태).

3. 유아기에는 유치가 모두 나오기 때문에 치아관리를 철저히 해야 한다. 그럼에도 불구하고 저녁에 자면서 우유를 먹는 유아에서 젖병충치(bottle-feeding carries)가 흔히 발생한다. 젖병충치의 원인과 증상, 영구치에 미치는 영향 및 예방법에 대해 조사하시오(참고문헌 혹은 기사의 출처를 밝힐 것).

CHAPTER

7

학령전기

학습 목표

1. 학령전기 아동의 신체 및 운동발달에 대해 설명할 수 있다.

2. 학령전기 아동의 인지발달에 대해 설명할 수 있다.

3. 학령전기 아동의 사회 및 정서발달에 대해 설명할 수 있다.

4. 학령전기 아동의 언어발달에 대해 설명할 수 있다.

5. 학령전기 아동의 성역할 발달에 대해 설명할 수 있다.

6. 학령전기 아동의 도덕발달에 대해 설명할 수 있다.

7. 학령전기 아동의 성장발달 증진에 대해 설명할 수 있다.

8. 학령전기 아동의 성장발달 관련 이슈에 대해 토의할 수 있다.

CHAPTER 7

학령전기

학령전기는 3~6세에 해당하는 시기로, 신체 구조와 신체의 이용 및 조정이 더욱 성숙해지고, 언어사용을 통해 성인과 더욱 밀접한 관계를 형성해 가는 시기이다. 학령전기 아동의 운동 능력은 가족 내, 지역사회로의 탐색을 확대하고, 엄마로부터 분리되어 주변을 탐구하려는 의지가 자율성과 의사소통 기술을 촉진시키게 되면서 복잡한 사회적 영향을 받으며 발달하는 시기이기도 하다.

6세까지 어린이는 대부분 유치원이나 어린이집과 같은 보육시설에 다니면서 조기에 학교 경험을 하게 된다. 보육시설은 또래와의 관계 형성을 통해 성공과 실패에 대한 새로운 경험을 갖게 함으로써 추후 성인기의 사회·경제적 지위를 성취해 가는 경험을 솔선수범하도록 하는 기회를 제공하는 곳으로, 가족을 초월해 아동에게 영향을 미치는 자원이다. 가정에서 형성된 신념과 행동은 지역사회 규범과 가치에 의해 도전받게 되고, 부모의 자녀에 대한 비현실적 희망과 기대는 보육시설 활동으로 조절된다. 또한 이 시기는 가족과 보육시설 외에도 또래집단과 이웃, 텔레비전 등 모든 것이 어린이 자아개념에 영향을 미친다. 이와 같이 다양한 환경에 노출된 학령전기 아동은 호기심과 친구들과의 상호작용을 넓혀가면서 독립된 인간으로 자아를 형성해 간다.

1. 학령전기 아동의 성장과 발달

1) 신체 성장

학령전기 아동은 유아기 동안의 수직적 발달이 5~6세까지 이어져 피하지방은 감소하고 사지가 빠르게 성장하여 균형 있는 외모를 형성하게 된다. 학령전기 동안 돌출된 복부가 사라지면서 골반이 곧바로 세워지고, 복벽근이 잘 발달하게 되며, 엄지발가락의 외전상태가 바르게 되거나 약간의 내전상태로 바뀌면서 엉덩이는 점차 안쪽으로 회전한다.

3~6세 사이의 성장률은 비교적 꾸준히 이루어지며, 학령전기 동안 매년 평균 2~3kg의 체중 증가와 평균 7cm의 키 성장이 이루어진다. 머리둘레는 학령전기 동안 약 2cm 이내로 증가한다. 특히 체중은 3세경에 출생 시의 약 5배, 5세에 약 6배가 되어 18~19kg 정도가 되며, 4세경에는 키가 출생 시의 2배가 된다. 학령전기 전반적으로 키와 체중의 증가비율이 점차 감소하게 되고, 여아의 경우 남아보다 약간 작거나 가벼운데 이 경향은 사춘기까지 이어지게 되며, 여아는 남아보다 지방조직이, 남아는 여아보다 근육이 각각 더 발달하게 된다.

한편, 신체적 성장양상에 있어서 유전적 영향은 아동기에도 매우 현저하다. 아동의 신체 크기와 성장 속도는 부모의 성장 양상과 관련이 깊다. 유전인자가 호르몬의 체내 분비를 통제함으로써 성장에 영향을 미치기 때문이다. 뇌의 기저부에 위치한 뇌하수체는 성장을 유도하는 두 가지 호르몬, 즉 성장호르몬, 갑상선자극호르몬을 유리시키는 데 지대한 역할을 한다.

성장호르몬은 출생 시부터 모든 중추신경계와 성기 이외의 모든 신체조직의 발달에 반드시 필요하다. 성장호르몬이 부족하면 키 성장이 또래의 평균치를 훨씬 밑돌게 되는데, 이식 성장호르몬의 주입으로 신장의 크기를 정상아 신장에 도달하게 할 수 있다. 갑상선자극호르몬은 경부에 있는 갑상선에서 티록신을 이완시켜 뇌 발달을 촉진하고 성장호르몬 분비를 자극함으로써 신체 크기에 영향을 미친다. 도시, 중류 이상의 사회경제적 수준의 가정, 첫째 아이의 경우 시골, 저소득층 가정, 첫째 이후의 아동보다 키 성장이 큰 경향이 있다.

(1) 뇌 발달

뇌의 성숙은 다양한 환경 노출에 의해 이루어지고 아동의 인지능력에 영향을 미치는데, 특히 학령전기 뇌 발달은 아동이 행동을 계획하고 더 효과적으로 자극에 반응하게 하고 언어발달을 획기적으로 촉진시킨다.

학령전기 아동은 신체적 협응, 지각, 기억, 언어, 논리적 사고와 상상의 능력을 획득하는데, 이는 뇌 발달에 의한 것이다. 즉 3~6세 사이에 이루어지는 빠른 뇌 성장은 전두엽에서 이루어지는데 이는 새로운 행동을 계획하고 조직하고, 특정 과제에 관심을 지속시키는 데 핵심적으로 역할을 한다. 2세 말경에 뇌의 무게가 성인 뇌의 75% 정도이던 것이, 5세에는 성인 뇌의 90%로 약 120g 정도 된다. 뇌의 발달은 무게뿐만 아니라 모양, 뇌세포 간 연결의 밀집도, 뇌세포 간 전달 속도가 변화하는 것이다. 뇌 신경세포의 수초화myelination는 다양한 능력을 획득하는데 중요한 영향을 미치게 되는데, 전두엽 피질에서의 신경 수초화는 청소년기와 성인기까지 진행되면서 높은 수준의 사고 능력으로 발전시키게 한다. 머리가 좋고 나쁨은 뇌세포의 신경수초 발달에 기인하는데, 학령전기에는 이러한 뇌세포의 발달기전으로 인해 신체 협응 능력, 인지 능력, 집중 및 기억, 언어, 논리적 사고, 이미지화 등 다양한 기술이 향상된다. 최근 빈곤과 양육의 질과 같은 환경 요인이 뇌 발달과 관련 있는 것으로 보고 사회적 관심이 높아지고 있다.

(2) 피부 · 면역체계

학령전기 아동의 피부는 외부로부터의 침윤과 수분 소실 등으로부터 보호하는 기능이 더욱 성숙해지게 된다. 감염을 국소화하는 피부 능력이 향상하고, 피지의 분비가 이루어져 피부건조를 예방해 주는 기능이 생기게 된다. 한선의 기능이 점차 발달하지만, 체온이나 정서에 대한 땀 분비량은 여전히 적다.

면역체계도 점차 발달하여 학령기까지 지속되며, 일반적인 병원균에 노출될 때 그에 대한 면역이 형성된다. 어린이집, 유치원 또는 놀이집단에 새롭게 참여하는 아동은 한동안 일반적 질환 발병 빈도가 증가하는데, 이러한 현상은 시간이 지날수록 감염성 질환에의 조기 노출과 지속적인 면역력 향상으로 인해 질병 이환율이 감소하게 된다. 영양불량은 질병에 대한 감수성을 떨어뜨림으로써 체내 면역기능을 약화시킨다.

전 세계적으로 5세 이하 어린이 1,000만 명당 사망자의 98%가 개발도상국이며, 70%는 감염성 질환인 경우이다. 또한 질병은 영양불량의 주요 요인이며 신체 성장뿐만 아니라 인지발달도 방해한다. 즉, 질병은 입맛을 감소시키고 체내 흡수 능력을 제한하며, 특히 위 장관 감염질환의 아동에게서 심각할 수 있다. 개발도상국에서 불량한 물, 오염된 음식들로 인해 설사가 퍼지게 되면 성장 감소를 초래하여 매년 수십만 명의 어린이가 사망에 이르게 된다.

(3) 호흡 · 심혈관계

학령전기 아동의 폐 기능은 지속해서 증가하고 분당 호흡수는 점차 감소한다. 학령전기 아동은 입으로 넣는 물건에 대해 안전한지를 판단하는 능력이 생기므로 질식으로 인한 사고의 기회가 감소하게 된다. 귀의 크기가 점차 커지고, 중이염 발병 비율이 다소 감소한다. 편도선과 아데노이드는 여전히 상대적으로 크기 때문에 상기도 감염에 취약한 시기이다.

심혈관계는 전신 크기에 비해 그 비율이 확대된다. 학령전기 아동의 분당 심장박동은 70~140회 정도이며, 혈압은 100/60mmHg 정도이다. 특히 초기 고혈압이 학령전기에 발생할 수 있으므로 가족력이 있는 경우 이 시기의 혈압 측정은 중요하다.

철분식이를 충분히 섭취하는 경우 적절한 혈중 헤모글로빈 농도를 유지할 수 있다. 늑골, 척추 등의 골수는 적혈구세포 형성의 주요 기관으로 충분히 발달이 이루어지지만, 스트레스 시 간장, 비장에서도 적혈구와 과립백혈구를 형성한다.

(4) 소화 · 비뇨기계

소화기계는 지속적으로 발달하지만, 소화 기능에 있어서는 기본적으로 변화가 없다. 만약, 유아기 동안 수의적 배설 조절이 완전히 이루어지지 않았다면 아동은 학령전기 동안 점차 조절이 이루어지게 된다.

소변 생성과 배출을 담당하는 신장은 이 시기에 성인 수준으로 발달되는데, 학령기를 거치면서 키의 크기가 변화한다. 학령전기 말경에는 650~1,000mL

정도의 소변을 배출하며, 성인의 평균에 달하는 수분을 보유하고 소변을 농축할 수 있다. 그러나 스트레스 상황에서는 수분 보유와 소변 농축 능력이 감소하고 신장계의 평형을 유지하는 능력이 성인보다 지연된다.

2) 운동발달

(1) 대근육 운동

근골격계 및 신경계 발달과 더불어 아동의 걷고, 뛰고, 기어오르는 행위가 자연스럽게 발달한다. 출생 직전에 팔다리의 긴뼈(장골)에 골단이라 불리는 성장점이 나타나는데, 이는 골단 양쪽 끝에 존재하며 점차 경화 과정이 진행되면서 학령전기는 영유아기를 통해 서고, 걷고, 달리기로 이어진 대근육 운동 발달이 더욱 세련되고 균형 감각이 좋아지는 시기이다. 다리의 움직임은 자신감 있고 스스로 목표를 향해 옮겨가는 행동을 보인다.

3세경에는 높이 뛰고, 점프하고 앞으로 뒤로 달리는 단순한 움직임을 보이는데 이러한 행동은 자신감과 성취감을 느끼게 해준다. 이 시기에 바닥에 그려진 직선을 따라 한 발을 다른 발 앞에 갖다 대면서 일자로 걸을 수 있으며, 양발을 이용해 계단을 교대로 오르내릴 수 있게 된다.

4세 어린이는 여전히 동일한 행동을 즐기는데 좀 더 과감해진다. 계단을 한 발로 오르고 내려오는 등 낮은 놀이기구 오르내리기가 가능해지고, 직선보다 걷기 어려운 곡선을 따라 한 발을 다른 발 앞에 갖다 대면서 방향을 바꾸어 가며 걸을 수 있게 된다.

5세 어린이는 더욱 모험적 행동으로 운동기구 위에서의 곡예와 친구나 부모와 빠르게 달리기 경주하기를 즐기게 된다. 또한 달리면서 방향을 바꿀 수 있고, 갑자기 멈추어도 넘어지지 않는다. 이 시기에는 팔을 앞으로 흔들어 멀리뛰기를 할 수도 있다.

공을 던지고 받는 동작은 3~4세경에는 팔을 이용해 공을 던지기는 하지만 팔 움직임에 따라 어깨와 발동작이 함께 움직이지 못하다가, 4~5세경이 되면 발을 앞으로 내밀고 어깨를 돌리며, 팔을 어깨너머로 돌렸다가 앞으로 뻗어 공을 던지게 된다. 그러나 여전히 몸을 크게 돌리지는 못한다. 5~6세에는 몸

그림 **7-1** 양발을 이용해 오르기

을 앞뒤로 흔들고 팔을 뒤로 뺐다가 팔을 활처럼 휘어서 공을 강한 속도로 던질 수 있다. 공 받는 기술은 3세경에는 공을 받을 준비를 하면서 팔꿈치를 구부리고 가슴으로 공을 받는다. 5~6세경에는 몸 전체를 이용해 공을 받을 준비를 하고 손과 손가락을 이용해 공을 받을 수 있다.

이 시기 기본 운동 기술을 발달시키지 못하면 장기적인 부정적 결과를 초래하여, 학령기, 성인기에 집단게임과 스포츠 활동에 참여하지 않게 된다. 이는 운동 능력이 낮은 어린이는 스포츠 참여에 대한 동기부여가 낮고 자기 가치감이 낮은 것으로 보고된 연구(Bardid & others, 2016)와 학령전기 동안의 높은 신체활동 수준은 사춘기 동안 높은 신체활동 수준과 연계된다는 최근 연구(Venetsanou & Kambas, 2017)에서 확인되었다.

(2) 미세 운동

학령전기는 근골격계 발달과 신경계 발달이 꾸준히 이루어져 5세경에는 눈과 손, 몸의 협응과 함께 미세 운동발달이 더욱 정교해지는 시기이다.

3세경에는 엄지와 검지를 이용해 작은 물체를 집을 수 있지만 여전히 서툴다. 블록을 7~8개까지 쌓을 수 있지만, 똑바로 쌓지는 못하고 삐뚤삐뚤하며, 단순한 조각 그림 맞추기에서도 조각을 제자리에 넣지 못하고 억지로 끼워 넣으려 한다.

4세경에는 미세운동 기술이 정교해진다. 그림 그리기는 뇌와 미세 운동발달을 잘 반영하는 기술인데, 3세경에는 가위를 사용하며, 원과 십자 모양을 따라 그릴 수 있게 된다. 4세경에 사람의 모양을 세 부분까지 그릴 수 있고, 네모를 그릴 수 있다. 5세가 된 대부분의 학령전기 아동은 단순한 블록 쌓기를 넘어 퍼즐을 맞추어 보려 하고, 자신의 이름을 쓸 수 있다. 처음에는 크레용이나 연필을 손 전체를 이용해 쥐려 하지만 점차 엄지와 검지를 이용해 잡을 수 있게 된다.

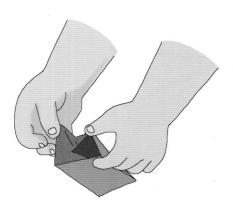

그림 7-2 엄지를 이용해 접힌 종이 풀기

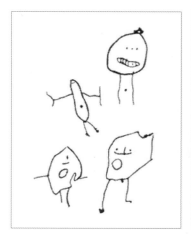

그림 7-3 학령전기 아동이 그린 사람의 모습: 학령전기 초기에는 사람 형태를 올챙이 같은 모양으로 그리다가 점차 표현이 구체적으로 되면서 6세경에는 오른쪽 그림에서처럼 더욱 복잡해지고 차별화된 그림으로 표현한다.

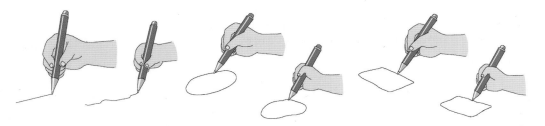

그림 **7-4** **그리기의 발달:** 3세경에는 선 긋기와 원 모양을 따라 그릴 수 있으며, 4세경에는 네모를 그릴 수 있다.

조작 능력: 퍼즐 맞추기　　　　　　　　손 전체로 연필을 감싸 쥐고 그림 그리기

그림 **7-5** 학령전기 아동의 미세운동

　5세가 되면 특정 쪽 손을 선호해 사용하는 모습을 보이게 되어 오른손 또는 왼손잡이로 나타나는데, 이때 특정 손의 사용 선호습관을 변화시키는 시도는 아동에게 욕구불만을 경험케 하고 성공적으로 변화시키는 경우가 드물다.

　손과 손가락을 사용하는 미세근육 운동 기술의 향상이 독립심을 증가시켜, 수저를 이용해 스스로 식사하게 되고 도움 없이 옷을 입고 벗을 수 있게 된다.

3) 인지발달

학령전기는 창의적이고 자유분방한 사고로, 단어, 이미지, 그림으로 세상을 알아가기 시작하고, 개념과 이유를 깨달아 가지만 자기중심적이고 마법적 신념으로 가득한 인지 특성을 보인다.

Piaget에 의하면, 이 시기 아동의 인지발달은 감각운동기에서 조작적 사고 단계로 전환되는 전조작기이며, 전조작기는 전 개념적 사고기(2~4세)와 직관적 사고기(4~7세)로 구분된다. 학령전기는 아동의 인지 능력에 있어 큰 변화가 있는 시기로, 그동안 행동으로 표현해 왔던 것을 사고로 재개념화하는 능력을 갖추기 시작한다.

2~7세의 전조작기 아동은 주변 현상에 대해 적극적으로 참여하고 받아들이면서 자신의 과거 경험을 바탕으로 인지·행동적 경험을 통합해 가게 된다.

전 개념적 사고기(2~4세)에서는 대상을 상징화하고 이를 내면화시키는 과정에서 성숙한 개념을 발달시키지 못하고 상징적·자기중심적 사고와 전환적 추론을 하게 된다. 즉, 사고가 경직되어·있어 논리적 조작이 불가능하며, 한 번에 한 가지 측면에만 관심이 제한된다.

직관적 사고기(4~7세)는 어떤 사물에 대해 그 사물의 두드러진 속성을 바탕으로 사물을 외형적으로 판단한다.

(1) 전 개념적 사고
① 상징적 사고

전조작기의 중요한 인지 특성은 상징적 사고로서 단어나 대상에 대한 정신적 표상이 가능해지는데, 눈앞에 존재하지 않은 대상을 정신적으로 인지하는 능력을 의미한다. 십자가 모양에 대해 교회임을 인지하고, 병원을 보면 청진기나 주사를 연상하며, 개 그림을 보면 "멍멍." 소리를 내거나 털이 있고 네 개의 다리와 꼬리가 있는 동물임을 알게 된다. 이러한 상징적 사고 능력은 아동이 현재의 한계를 벗어나 과거와 미래를 넘나들게 함으로써 시행착오를 감소시키고 문제해결 능력을 증가시킨다. 또한 상징적 사고를 이용해 가상적인 사물이나 상황을 실제로 상징화시키는 가상놀이를 하게 되는데, 소꿉놀이, 병원놀이,

그림 7-6 병원에 대한 이전 경험을 정신적으로 표상하여 가상적인 병원놀이를 한다.

학교놀이 등이 대표적 예이다. 어린 나이일수록 가상놀이 시 현실과 환상을 구분하지 못할 수 있으며 연령이 증가할수록 더욱 복잡한 가상놀이로 발전하게 된다(제6장 유아기 참조).

② 자기중심적 사고

자기중심적 사고는 다른 사람의 관점을 고려하지 못하는 것을 의미한다. 즉, 자신이 좋아하는 것은 다른 사람도 좋아하고 자신이 알고 있는 것도 다른 사람 역시 알고 있다고 생각한다. 어머니도 자신이 좋아하는 곰 인형을 좋아할 것이라 생각하기 때문에 어머니가 잠자리에 들려 할 때 곰 인형을 안겨 주고 토닥거리면서 "잘 자."라고 말하거나, 숨바꼭질 놀이 시 자신이 안 보이면 다른 사람도 안 보인다고 생각하므로 몸은 다 드러낸 채 자신의 얼굴만 가리는 행위를 보인다.

이 시기의 자기중심적 사고는 자기중심적 언어로 나타나는데, 자신이 하는 말을 상대방이 이해하는 것과는 무관하게 자신의 생각만을 전하는 대화 형태를 보인다. 예를 들면, 3세 된 두 아동의 대화에서 한 아이는 어제 동물원에서 본 호랑이 이야기를 하고, 다른 아동은 탁자 앞에 놓여 있는 공룡 장난감에 대해 이야기하는 모습을 보이는데, 이는 전조작기 아동이 타인과의 대화에

그림 **7-7** **자기중심적 사고**: 모든 사물은 살아 있다고 생각하고 행동한다.

서 의사소통을 할 목적이나 의도 없는 독백같이 자기 말만 하는 특징적인 모습으로, 피아제는 이러한 대화 특성을 집단적 독백이라 하였다.

자기중심성의 다른 형태로 세상의 모든 사물이나 자연현상은 자신의 목적에 맞도록 만들어졌다고 인지하는 인공론적 사고나 사람에게 영향을 주는 모든 사물은 살아 있다고 생각하는 물활론적 사고가 있다. 하늘에 누군가가 파란 물감을 칠했기 때문에 하늘이 파란색이라고 인지하며, 해와 달도 우리를 비추기 위해 누군가가 만들었다고 생각하거나 가위로 종이를 자르면 종이가 아프겠다고 생각한다. 또한 이러한 모든 사물이나 자연현상이 자신을 위해 존재한다고 믿는다. 4~5세가 되면 이러한 자기중심적 성향이 줄어들고 사회적 인식이 생긴다.

③ 전환적 추론

학령전기 아동은 전 개념적 사고의 한계로 인해 귀납적 추론이나 연역적 추론을 하지 못하고 대신 한 특정 사건으로부터 다른 특정 사건을 추론하거나 동시에 또는 시간상으로 근접해서 발생하는 두 사상 간에 반드시 특수한 인과관계가 있다고 믿는 현상학적 인과관계에 의해 추론한다. 피아제는 자기 딸이 어느 날 낮잠을 자지 않은 것에 대해 자신이 낮잠을 자지 않았기 때문에 아직 낮이라고 생각하는 딸을 관찰하고, 낮잠이 낮이라는 특정 사건을 결정짓는 원인으로 추론하는 것으로 분석하였다. 동생을 미워하는 사실과 동생이 아프다는 사실에 대해 자기가 동생을 미워해서 동생이 아프게 되었다고 생각하는데, 이는 이 시기 아동의 특징적인 현상학적 추론의 예이다.

(2) 직관적 사고

사물에 대한 판단이 직관에 의하기 때문에 전체와 부분의 관계를 정확하게 파악할 수 없는 원초적 추론의 사고 특성을 보이며 어른들에게 "왜?"라는 질문을 통해 알기를 원하지만 여전히 합리적인 사고에는 제한이 있다.

① 보존 개념

어떤 대상의 외양이 바뀌어도 그 속성은 바뀌지 않는다는 것을 이해하는 특성으로 Piaget는 전조작기 아동은 지각적 특징에 의한 착각을 극복할 만한 인지 능력을 지니지 못한다고 하였다. 높이와 넓이가 동일한 A컵과 B컵에 물을 담아 똑같은 양임을 아이에게 확인시킨 후 높이가 길고 너비가 좁은 C컵에 A컵의 물을 부어 두 컵 중 어느 물이 많은지 물으면 C컵의 물이 B컵의 물보다 많다고 답하게 되는데, 이는 이 시기의 아동은 물의 양에 대한 보존 개념이 형성되지 않아 물의 높이에만 관심을 두기 때문으로 해석된다. 보존 개념이 획득되는 시기는 과정에 따라 다른데, 수의 보존 개념은 5~6세, 길이의 보존 개념은 6~7세, 무게·액체·질량·면적의 보존 개념은 7~8세, 부피의 보존 개념은 11~12세에 획득된다. 이와 같이 전조작기 아동이 보존 개념을 획득하지 못하는 이유에 대해 Piaget는 두 개 이상의 차원을 동시에 고려하지 못하는 중심화centration 현상과 지각적 특성에 의해 판단하는 직관적 사고intuition, 정지된 상태에 주의 집중하여 바뀌는 상태transformation를 고려하지 못하며, 어떤 변화에 대해 먼저 상태로 되돌려 놓는 것이 가능함에 대한 이해 능력이 없는 비가역성irreversability 때문으로 분석하였다. 이 시기의 아동은 물질이나 외형의 변화가 물질의 기본 속성을 변화시키지 못함을 인지하지 못하기 때문이다.

표 7-1 보존의 개념 실험

과제	처음 제시하는 것	변형
수	위아래 줄에 있는 동전의 개수는 같은가?	• 위아래 줄에 있는 동전의 개수는 같은가? • 아니면 어느 줄이 동전의 개수가 더 많은가?
길이	위아래 줄에 있는 막대의 길이가 같은가?	• 위아래 줄에 있는 막대의 길이가 같은가? • 아니면 어느 막대가 더 긴가?
질량	두 개의 공에 있는 점토의 양은 동일한가?	• 두 개의 공에 있는 점토의 양은 동일한가? • 아니면 점토의 양이 더 많은 것은 어떤 것인가?
부피	두 잔의 물의 양은 동일한가?	• 두 잔의 물의 양은 동일한가? • 아니면 어느 그릇에 있는 물의 양이 더 많은가?
무게	두 개의 공의 무게는 같은가?	• 두 개의 무게가 같은가? • 아니면 어느 것이 더 무거운가? (이때 물건은 저울 위에 올려 놓지 않고 질문을 한다.)

② 유목, 서열화

학령전기 아동은 전체와 부분의 관계를 이해하고 분류하는 능력이 성숙하지 않아 여러 가지 종류의 기하학적 형태, 크기, 색을 가진 물건들을 같은 속성을 지닌 것끼리 옳게 분류하지 못하고 전체를 전체의 한 부분과 동시에 추리하지 못한다. 나무로 된 갈색 구슬 18개와 하얀색 구슬 2개로 된 총 20개 구슬을 보여 주고 갈색 구슬이 많을까, 나무 구슬이 많을까를 질문하면 대개 갈색 구슬이 많다고 답한다. 이는 아동에게 제시한 자극에 대해 그 속성에 따라 분류하기보다는 오히려 유아들이 가지는 지각적 특성에 의존하여 단지 사물의 외적 형태에 의해 분류하려 하기 때문이다. 한편에서는 유목 포함 개념에 대해 '많다', '적다'라는 단어의 뜻을 완전히 파악하지 못하였기 때문이라

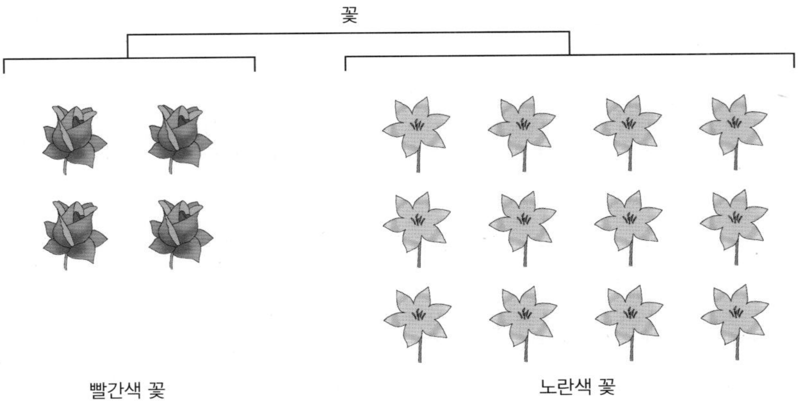

꽃

빨간색 꽃   노란색 꽃

그림 7-8 서열화 개념의 발달

는 해석도 있다.

서열화는 어느 것이 더 크다, 적다는 관계 논리에서 출발하는 개념인데, 아동에게 서로 다른 크기를 가진 물건들을 주고 차례대로 배열해 보도록 하면 연령에 따라 다른 반응 패턴을 보인다. 아동에게 막대를 주고 길이 순서로 배열해 보도록 하면 3~4세 아동은 제멋대로 배열을 하는 반면, 5~6세 아동은 일부는 순서대로 배열하나 전체적으로는 순서대로 배열하지 못한다. 서열화 개념이 완전히 획득되는 것은 구체적 조작단계에서 가능하다.

학령전기 동안 아동은 직관적 사고 과정에서의 경험을 통해 점차 원인과 결과와 문제해결 방법을 배우게 된다.

4) 사회 · 정서발달

학령전기 아동의 정서와 사회 경험의 발달은 자아, 정서적 성숙, 도덕성 이해, 성 인식의 획기적인 발달로 이어져 간다. 또한 학령전기 아동은 또래집단과의 놀이를 통해 협동과 규칙을 배우고 이 과정 속에서 친구와의 우정을 만들어가게 되면서 자존감이 증가된다. 가정 밖에서 이루어지는 또래와의 다양한 놀이 경험을 통해 신체·인지·사회적 발달이 촉진될 수 있다.

(1) 사회 · 심리적 발달과제

Erikson은 학령전기를 잠재력의 발산 vigorous unfolding으로 표현하였다. 이는 이미 유아기에 형성된 자율성을 발전시켜 주변 환경을 적극적으로 탐색하는 주도성을 의미하는 것으로 유아기에 비해 보다 더 적극적인 양상을 보이며, 덜 모순적이다.

학령전기 아동은 주도성, 수치심, 의심, 죄책감의 위기를 긍정적으로 해결함으로써 유일한 개인으로서의 자아에 대한 강한 감수성을 형성해 간다. 이 시기 아동은 자신 스스로를 찾으면서 외부 세계에서 새로운 것을 발견하기 위해 노력한다.

① 주도성

주도는 '나'의 표현이고 '나' 자신의 실행 가치이다. 주도는 적극적임을 의미하는 개념으로 아이들이 자아 조정 능력과 자신에 대한 신뢰감을 획득했을 때 그들은 다양한 행동을 수행할 수 있고, 그 결과로 주도적 특성을 보일 수 있다. 따라서 이 시기에는 목적 지향적인 새로운 감각을 가짐을 의미하고, 새로운 과제를 시도하는 데 열심이며 친구와의 활동에 적극 참여하고 자신이 성인의 도움을 받아 할 수 있는 일을 찾아낸다. Erikson은 놀이를 학령전기 아동이 자기 자신을 알아가고 그들의 사회적 세상을 배워가는 수단으로 간주하였다.

이 시기 아동의 주도성 표현으로 자신의 몸과 때때로 친구의 몸에 대한 탐색적 놀이를 할 수 있다. 남아는 이따금 소변 곡선을 누가 가장 길게 이룰 수 있는지 놀이를 한다. 여아는 '남아가 하는 것과 같은 방식'으로 선 자세로 소변보기를 시도한다. 이런 행동들은 아동이 성장하면서 신체와 신체적 기능에 대한 호기심과 즐거움의 근거이다.

② 죄책감

죄책감은 아이가 받아들일 수 없는 생각과 상상 그리고 행동에 대한 느낌에서 동반되는 감정이다. 이것은 기본적으로 실제나 잘못된 행동에 대해 보상하려는 의지와 후회와 연관된 부정적인 감정이다. 이는 공격적인 행동을 금지하고 사람들이 용서를 구하거나, 그들이 한 잘못된 행동에 대한 보상을 위해 노력하도록 만들기 때문에, 사회에의 적응으로 작용한다. 정신분석학적 측면에서 죄책감은 다른 사람의 받아들일 수 없는 성적이고 공격적인 충격에 대한 감정적 반응이다. 이 충격은 아이들이 부모에 대한 적개심과 성적인 감정이 아이들의 의지의 초점이 되었을 때, 즉 남근기인 학령전기 아동의 심리상태를 위협한다.

감정이입 측면에서 죄책감은 다른 사람 걱정에 대한 감정적 각성과 민감성을 통해 매우 이른 시기에 깨닫게 되는데, 감정이입에 기초한 죄책감의 양상은 방어적 기제가 아니다. 이는 아동과 그들을 돌봐 주는 사람 사이의 전사회적 감정과 기본적 감정의 연결과 관련된다.

인식의 관점에서 죄책감은 그들이 개인적인 기준과 믿음에 따라 행동하는 데 실패했을 때 생긴다고 한다. 이 이론에서 죄책감은 아이들이 자신의 행동을 생각과 비교하기 시작하는 아동기 초중반에 시작되는데, 아동은 공격성, 성적인 놀이, 자위 같은 행동이 잘못된 행동인지 받아들여지는 행동인지를 판단하는 데 어른의 반응이 크게 영향을 미친다는 것이다. 아동은 점차 문화적 금기를 내면화하고, 금기의 범위에 있는 몇 가지 호기심들을 억제하는 것을 배운다. 대부분의 문화권에서 받아들이고 있는 한 가지 금기는 근친상간의 금지이다. 대부분의 아이는 가족들 간의 성적인 친밀감을 표현하는 어떠한 행동이 절대적으로 금지된다고 배운다. 생각조차도 죄책감이 들게 한다. 또한 아이들의 호기심은 가족과 학교가 강요하는 금지의 범위에 의해 제한된다. 죄책감 대 주도성의 심리·사회적 위기는 아이들이 능동적인 행동 양상을 가졌을 때 긍정적으로 해결된다.

죄책감은 심리·사회적 위기의 다른 부정적인 측면과 같이, 적응적 기능을 가진다. 아이들이 타인과의 공감과 자신의 행동에 대해 책임지는 능력을 키워 갈 때, 자신의 행동이나 말이 다른 사람들에게 위해를 초래할 수 있음을 깨닫게 된다. 죄책감은 일반적으로 후회와 일을 바르게 하려고 시도하게 하고, 다른 사람과의 관계에 있어서 긍정적인 감정을 회복하려는 노력을 유도한다. 우울한 성향을 가진 어머니의 아이는 고민과 걱정 그리고 다른 사람의 불행에 대한 책임감을 지나치게 표현한다. 지속해서 우울한 어머니는 일어난 많은 일들에 대해 자신을 비난하고, 아이들이 잘못 행동했을 때 높은 수준의 죄책감,

두려움과 관련된 훈육을 적용하는 경향이 있다. 이런 종류의 환경에서 성장하는 아이들은 호기심 자체가 금기라고 느끼게 되며, 호기심이 생길 때마다 죄책감을 경험한다. 죄책감이 지나치게 형성된 아이들은 세상을 어떻게 살아가야 하는가에 대한 판단을 부모 혹은 다른 권위자에게 의존하게 된다.

③ 자아정체감

학령전기 동안의 발달과업인 주도성과 죄책감의 충돌에 대한 해결에 있어 중심적 심리 과정이 동일시이다. 이 시기에 아이들은 부모의 가치화된 성격의 일부에 자신의 행동을 능동적으로 통합함으로써 자아정체감을 획득한다. 동일시는 아이들이 그들의 부모와 관계를 유지하기 위해 사용하는 심리적 기제이다. 심지어 아이들은 극도로 잔인한 부모와도 동일시한다. 이런 아이들은 통합하는 행동의 대부분이 공격적이기 때문에 그들은 종종 다른 사람들에게 공격적인 성향을 보이게 된다.

부모와의 동일시는 심지어 부모가 육체적으로 존재하지 않을 때도 그들의 부모가 자신들과 함께 있다고 느끼게 한다. 부모와의 연관된 감정은 광범위하고 다양한 상황에서 아이들의 안전 판단에 기본이 된다. 다른 시각에서 보면 동일시는 아이들이 그들의 부모로부터 독립심을 기르도록 하는 심리기제이다. 자신들의 부모가 주어진 상황에서 어떻게 응답할지 알고 있는 아이들은 그들의 행동을 지시할 부모의 육체적 존재를 필요로 하지 않는다. 자신의 행동에 대해 칭찬이나 처벌을 내릴 수 있는 아이들은 부모에게 덜 의존적이다.

부모와의 동일시 결과 아이들의 개성은 강화된다. Freud는 학령전기 아이들의 동일시의 중요한 산출물은 '자아개념'이라고 하였다. 양심은 악행에 대한 처벌뿐만 아니라 아이들이 이상적인 자아개념에 반하는 행동에 대한 보상이다. 아이들은 그들의 이상에 도달하기 위해 노력함으로써 새로운 행동을 시도하고 그들의 능력을 초과하는 목표를 설정하며, 이때 위험을 받아들이고 자신이 소망하는 목표를 방해하는 유혹들을 제한한다.

④ 자존감

자존감이란 사랑받고, 가치 있으며, 칭찬받는다는 느낌으로 가치 있는 감각이다. 무시당하고, 거절당하고, 비웃음 받는 느낌은 부적합한 비가치적인 감각이다. 이러한 조기 경험들은 자존심 또는 수치심, 가치 있음 또는 가치 없음과 같은 일반적 감각을 형성시키는데, 심지어 3~4세보다 이른 연령에 자아개념이 형성된다.

자아는 하루일과의 성공과 실패의 경험을 통해서 축적되고, 인간 능력의 특별한 측면들이 도전받을 때 축적된다. 어린 아동들은 운동경기에서 자아의 긍정적인 감각을 개발하고, 문제해결 또는 다른 사람들을 격려하는 상호작용뿐 아니라, 한 영역에서 성공과 관련된 즐거운 관계를 통해 사회적 기술을 개발한다.

삶의 각 단계에서 개인은 자신의 새로운 목표 설정에 대해 능력이 못 미칠 때 자존감이 낮아지게 된다. 특히 학령전기 아이들은 자신의 가치에 대한 느낌 변화와 불안정감으로 인해 상처받기 쉽고 자신이 약점이 많다고 느낄 수 있다. 학령전기 아동은 자신의 능력을 학령기 아동보다 중요하고 높게 평가한다. 여아들은 남아들보다 그들의 능력을 더욱 비판적으로 보고, 성공에 대한 기대가 낮은 경향이 있다.

학령전기 아동은 자신의 능력과 부모나 교사가 그들에게 기대하고 있는 능력 간의 모순과 불일치를 깨닫게 된다. 또한 가족 외의 어른들과 학급 친구들로부터 인정받는 것의 중요함을 알게 되고, 또래들과의 경쟁에서 자신의 능력이 다른 이들과의 비교에서 어떻게 평가될 것인지에 대해 느끼게 된다. 예를 들어, 유치원이나 어린이집에서 다른 아이의 능력에 대해 종종 비판적인 말들을 한다. 비판은 칭찬의 말보다 많은 편이며, 남아들이 여아들보다 그들 친구에 대해 비판하는 경향이 더 많다. 이러한 친구들의 비판과 친구들 간의 경쟁심이 결합하여 아이들의 자존감이 도전받게 되는 것이다. 결국 학령전기 아동은 보다 엄격하고 규칙적으로 적용되는 금기와 동시에 성취해야 할 이상을 통합하여 사회적인 규칙들을 내면화하기 시작한다.

학령전기 동안 이러한 자의식과 죄의식이 대표적 정서이며 이때 아동의 정서 조절은 중요한데, 다른 사람과의 상호작용 시 직면하게 되는 갈등을 관리할 수 있는 능력에 핵심적인 요소이며, 아동의 정서 조절을 사회적 역량 개발의 기본으로 이후 자기 조절로 이어진다. 이 시기에 아동 행동에 대한 부모와

주 양육자들의 역할이 그들의 정서 역량을 향상하는 데 중요한 영향을 미치게 된다. 주 양육자들이 아이와 상호작용 시 긍정적인 반응을 보이고, 아이가 문제가 있는 행동을 보일 때 아이의 감정상태를 확인하고 긴장감으로 인해 발생하는 문제를 해결하는 방법을 알게 도와주고, 문제 원인과 상황을 이해하게 하기 위해 아이의 감정에 관해 함께 이야기 나누는 것이 크게 도움이 된다.

⑤ 집단놀이와 우정

아이들은 놀이를 통해 긴장감을 해소하고 문제에 잘 대처할 수 있게 함으로써 불안과 갈등을 해결한다.

학령전기 아동은 놀이 시 생생한 공상을 사용하는 상징적 놀이symbolic play가 진행되는데, 4~5세에 절정에 이르렀다 점차 감소한다. 이후 친구들과의 상호작용이 활발해 지는 사회적 놀이social play로 이어진다. 이 시기 동안 놀이 유형은 이미지에 기초를 둔 놀이보다 더 구조적이고 현실에서 유래된 집단 놀이에 흥미를 보이는데, "달팽이집 짓기", "술래잡기", "무궁화 꽃이 피었습니다." 등의 놀이가 학령전기 아동 집단놀이의 전형적인 예다. 놀이를 통해 더 복잡한 인식과 신체적 기술과 관습적인 것을 연결시키게 되는데, 집단놀이는 공상과 함께 또래와의 협동심을 촉진시켜 주는 역할을 하게 된다.

집단놀이는 보통 간단한 몇 개의 규칙을 포함하는데, 아동은 규칙을 사용함으로써 어른의 도움 없이 효과적으로 놀이를 시작하고 승자를 정한다. 그러나 이 시기는 아직 팀에 대한 개념은 없어 대체로 한 종류의 게임이 반복되는데, 이는 많은 아동이 이길 수 있는 기회를 가져야 하기 때문이다. 아동들이 이런 게임들로부터 획득한 특별한 기쁨은 승자가 되었다는 사실보다는 동료 협동과 상호작용으로 인한 결과로 인식한다. 학령전기 아동의 집단놀이는 아동들이 역할을 번갈아 경험하는 것을 가능하게 한다. 즉, 숨는 사람, 찾는 사람, 잡는 사람, 던지는 사람 등과 같이 서로 다른 다양성을 경험하게 된다.

학령전기의 우정은 공상 또는 건설적인 놀이에서 애정, 공유, 협력의 행동을 통해 유지된다. 4~5세의 아동은 친구들 간의 상호작용 시 서로를 동격화하고, 정교한 흉내 내기 놀이를 한다. 또한 함께 놀이로 수정하여 가장 좋아하는 종류의 놀이를 즐길 수 있는 기회를 만든다. 아동들은 눈사람을 함께 만들

그림 **7-9** 아동은 집단놀이를 통해 사회성을 발달시켜 나간다.

고, 탐험놀이를 하거나 친구 집에서 함께 잠을 자기도 한다. 그러나 이들의 우정은 장난감 차지, 때리기, 비난하는 것 등으로 인해 쉽게 깨질 수 있다.

학령전기 아동은 타인의 다른 견해를 이해하려 노력하는 것이 가능해지는 반면, 괴물, 나쁜 사람, 눈앞에 없는 친구들에 대한 공포심과 압박감이 생길 수 있다. 또한 이들 아동의 주요 과제 중 하나는 깨물기, 차기, 장난감 던지기 등의 충동적 행동을 통제하는 것이다. 충동적 행동은 스트레스 상황에서 4세경까지 보일 수 있는데 거부증, 분노발작의 형태로 표출된다. 이때 아이들의 기질이 즐거움, 분노, 욕구불만의 반응 정도에 영향을 미친다.

어린 아동들은 의도보다는 결과에 기초하여 상황을 평가하는 경향이 있으므로 간혹 부정적인 결과에 거칠게 비난한다. 놀이하는 동안 한 아동이 우연히 다른 아동을 다치게 하거나 의미심장한 비난으로 이어질 때, 실제 싸움이 일어날 수 있다. 5세 아동의 경우, 놀이 싸움이 실제 싸움이 되는 경우 어른을 부르는 경향이 있는데, 싸움의 대상이 친구이든 아니든 상관없이 어른에 의해 중재가 이루어져야 한다고 믿기 때문이다.

5) 언어발달

학령전기는 인간의 생애 중 언어발달이 현저하게 이루어지는 시기로, 언어

발달은 인지발달의 중요한 실현이라는 점에서 의의가 크다. 아동은 상징적 사고 능력이 획득됨에 따라 단어 획득 속도가 급격하게 빨라진다. 언어발달이 진행됨에 따라 사회적 상호작용도 활발해지면서 언어발달이 가속화된다.

3~4세경부터 3~4개의 단어로 문장을 구사하고, 5세경에는 모국어를 유창하게 구사할 수 있다. 이 시기 아동은 사물을 범주화하는 능력이 형성되면서 새로운 단어의 습득이 빠르게 증가한다. 초기에 사용하는 단어의 대부분은 사람이나 사물을 가리키는 것(엄마, 아빠, 아가, 우유, 사탕 등)에서 점차 개인적·사회적 단어를 사용하는 형태(미워, 싫어, 무서워, 안녕, 아파 등)로 어휘가 확장된다.

연령이 증가하면서 한 단어의 문장을 거쳐 2~3세경에 세 단어 이상으로 문장을 만들어 구사하게 되는데, 3세경에 부정문, 복수형에 대한 개념을 갖게 되고 4~5세경에 대명사, 조사, 형용사, 부사를 포함하는 복합문장을 사용하게 되며 5~6세경에 성인과 유사하게 문법적으로 정확한 문장을 사용한다.

학령전기 아동은 단어와 문법의 숙달로 비교적 원활한 의사소통을 하게 되는데, 초기에는 자기중심적 사고 특성으로 인해 듣는 사람의 입장을 고려하지 않고 반복, 독백, 집단적 독백의 언어표현을 구사하지만, 4~5세경에는 자기중심적 대화 형태가 줄고 점차 상황에 맞는 사회화된 언어를 사용하여 질문, 대화와 같은 적극적 언어발달로 이어지게 된다. 그러나 여전히 추상적 언어의 비유나 어휘가 지니는 다양한 의미, 느낌을 제대로 이해하지 못하여 표정이나 몸짓을 해야 하고, 일 대 일의 대화는 잘 이어가지만 동시에 여러 사람과의 대화 시 자신이 이야기해야 할 때가 언제인지 판단하는 데는 어려움을 느낀다.

Piaget는 초기 언어발달에 아동이 직접 사물을 다루어 보고 구체적 경험을 하는 것이 매우 중요하다고 강조하였다. 즉, '더 가볍다', '더 무겁다'의 단어를 가르치고자 할 때 단어의 의미를 설명하기보다 무게가 다른 두 물체를 직접 들어 보고 경험하게 함으로써 단어의 의미를 알게 하는 것이 필요하다. 언어와 사고는 초기에 각각 독립적으로 발달하다가 아동기에 점차 통합되어 언어가 사고의 발달을 증진시키게 된다.

학령전기 동안 획득된 언어발달은 이후 학령기 아동들이 학교에서 글쓰기를 성공적으로 습득하도록 기여한다. 따라서 언어 능력이 지연되는 경우에는 언어와 청각에 대한 평가가 조기에 이루어져야 한다.

6) 성역할 발달

학령전기 아동은 자신의 신체에 호기심을 많이 보이는 시기이다. Freud에 의하면 이 시기가 남근기Phallic Stage로 성기에 성적 쾌감대가 집중하게 된다. 아동은 다른 성의 부모를 더 사랑하게 되면서 같은 성의 부모와 갈등관계를 조장하게 되는데, 남아는 아빠에게 오이디푸스 콤플렉스를, 여아는 엄마에게 엘렉트라 콤플렉스를 각각 경험하게 된다. 이시기 동안 자신의 성을 인식하면서 동성의 부모 행동을 모방하게 되고, 같은 성의 부모를 인정하게 되면서 동성부모와의 갈등관계가 해결되고, 성역할 획득이 이루어진다.

(1) 성 정체감

모든 인간사회는 부분적으로 성별에 기반한 조직 양상을 가지고 있다. 여성과 남성은 다른 역할에 할당되고 다른 과제에 개입되며, 다른 자원에 접속해 다른 속성을 가지는 것으로 간주된다. 이와 같은 성역할의 구체적 내용은 문화에 따라 변화된다.

① 성에 대한 이해

유아기부터 학령전기를 통해 성에 대한 인식은 발달적 순서를 가진다. 첫 단계는 적절한 성별을 정확히 사용하는 단계로 성 정체감의 가장 초기적 특성이다. 사람을 남성과 여성으로 분류하는 것은 익숙한 사람과 낯선 사람 사이의 구분이나 사람과 무생물의 구분처럼 자연스러운 유형이다. 남자와 여자의 추상적인 차이를 이해하기 전부터도 아이들은 부모들로부터 자신을 여자아이, 남자아이로 불리어 알고 있다.

영아기부터 부모들은 자녀에 대해 '예쁜 공주', '용감한 왕자' 등으로 구분해 호칭하고 2.5세 정도의 유아는 다른 아이에 대해 남아, 여아로 정확히 말할 수 있게 되며, 3세경에는 정확히 남아와 여아 사진을 분리해 낸다. 또한 성 명칭을 엄마, 아빠, 언니, 오빠 등으로 적용하게 되고 이를 위해 정확히 구분할 수 있는 단서를 찾게 된다.

성별의 불변성에 대해 이해하는 시기는 4~7세 사이인데, 이전에 성의 생식기적 차이를 이해하는 것은 성별이 불변함을 이해하는 기초가 된다. 이 연령의 아동이 성기를 만지거나 들여다보는 성적놀이 행동을 할 수 있는데 이는 정상적인 성에 대한 호기심을 반영하는 것이다.

② 성역할 기준

성역할 기준은 여아, 남아, 여자, 남자에게 적절한 행동에 대한 문화적 기대를 의미한다. 아동은 어떤 활동, 직업 또는 속성들이 성별과 연관되어 있음을 알고 있다. 즉, 20개의 성역할 행동에 대한 그림을 보여 주었을 때, 7세경 아동들은 사회에서 성별, 직업, 활동 등과 관련해 인식하고 있는 그림을 정확히 선택하였다. 부드럽고, 정서적이며, 모험적이고, 자신감 같은 성 유형 성격에 관한 지식은 다소 늦게 나타나는데, 성역할 기준에 대한 지식은 아동들이 자신의 선호 행동을 만들어 가는 데 영향을 미친다는 점에서 중요하다. 아동이 자신의 성별에 더 적절한 장난감을 찾아낼 때, 자신의 선호 장난감은 이미 성 기준에 의해 선택되기 때문이다. 반면 그들이 성 유형이 분명하지 않은 장난감을 좋아할 때, 동일한 성의 다른 아이들이 좋아하는 것을 생각하게 된다. 이와 같이 성 유형적 사고는 특정 장난감과 게임으로 인해 놀고자 하는 아동의 의지를 제한하게 되고, 그 결과 다양한 놀이 경험을 통해 배울 수 있는 기회를 감소시키는 원인이 되기도 한다.

성인은 아동의 성과 관련하여 성행동을 기대하며, 아동은 이러한 기대에 부응하기 위해 행동한다. 성인이 아동의 성역할 형성에 미치는 영향은 매우 복잡하다. 어떤 부모들은 남아는 자기 주장적이고 자신의 권리를 위해 투쟁해야 한다고 믿으며, 다른 사람들은 옳은 것과 틀린 것을 세심하게 생각하고 충동적인 공격성보다는 이성적으로 행동해야 한다고 믿는다. 이러한 부모들 각각의 태도가 오랜 기간에 걸쳐 다양한 방법으로 아들과 의사소통함에 따라 남성에 대한 개념화로 이어진다.

성역할 발달에 대한 최근 연구에 의하면 성 성숙gender mature, 성 도식화gender schemes 또는 문화적 기대와 관련된 성 양상stereotypes 이론이 제시되고 있다. 아동은 일관성 있는 성 도식화의 방법으로 그들의 인지를 조직화하며 그들의 관심을 집중하고 정보를 해석한다. 또한 2세경부터 행위의 재수집recollection을 통해 성 도식을 활성화한다. 유아기 남아, 여아 모두 각각의 동성의 성 양상에 관한 정보를 일관성 있게 기억해 내며, 5~12세 사이에는 성역할 기준에 대한 지식이 많아질수록 동성의 또래를 더 선호하게 되고, 동성의 성인 행동, 직업 등을 더 좋아하게 된다. 그러나 학령전기 아동은 성역할 기준을 자신뿐만 아니라 타인에게도 엄격히 적용하지 않는다. 즉, 이 시기에는 자신과 타인에게 성역할 기준을 융통성 있게 적용하기 때문에 인지적 요인과 사회화에 의해 영향을 받게 된다. 아동은 반대 성에 대한 기대를 배우기 전에 자신의 성과 관련된 기대와 성 양상을 배우게 된다. 학령전기 아동은 6~7세 아동에 비해 성역할에 있어 양성화 경향을 보인다. 즉, 남아가 인형을 가지고 논다거나 여아가 소방대원인 것처럼 행동하는 것을 그 예로 들 수 있다.

다양한 가족환경과 사회화 과정은 성역할 규범에 관한 아동의 사고에 영향을 미친다. 여아는 남아보다 성역할에 더 유연하다. 가정에서 아버지와 함께 사는 어린 남아는 성역할에 대한 지식을 더 어린 연령에 갖게 된다. 그러나 아버지가 가정에서 비전통적인 역할에 참여하고 있는 경우 남아의 성역할 지식 습득은 지연되는 경향이 있다. 어머니가 비전통적인 역할을 하는 가정의 자녀는 성역할에 대해 더욱 유연한 태도를 발전시켜 남아, 여아 모두 적절한 활동과 직업을 갖게 되며 직업, 활동, 친구에 대한 선호도가 더욱 유연하다.

표 7-2 성 개념 발달의 4요소

성 개념 구분	사례
성 호칭의 정확한 사용	"영희는 여자아이다.", "철수는 남자아이다."
안정된 성인식	"나는 지금 남자이며, 장차 커서 남자가 될 거야."
성의 불변성	"내가 지금 트럭놀이를 하고 있지만 나는 여전히 여자야."
생식기에 근거한 성인식	"내 몸은 음경과 음낭을 가지고 있기 때문에 나는 남자야."

③ 부모와의 동일시

성 정체감의 3번째 요소는 부모와의 동일시이다. 동일시란 한 사람이 다른 사람의 가치, 신념으로 동화되는 과정이다. 동일시 과정을 통해 가족과 지역사회의 이념, 가치, 기준들이 내재화되어 개인의 가치신념의 일부분이 되는 것이다.

학령전기 아동은 자신의 부모를 숭배하고 부모에게 경쟁심을 갖는다. 이들은 부모의 가치와 태도, 세계관을 내재화하기 시작한다. 아동의 동일시 과정에 대해 아동은 부모의 사랑을 상실할 것에 대한 두려움으로 부모에게 의존해야 한다는 것이다. 아동은 지속적인 긍정적 관계를 유지하기 위해 부모를 좋아하는 것처럼 행동하고, 결국 아동은 사랑받을 자신의 성격을 부모의 자아개념에 동화시키게 된다.

Freud에 의하면, 아동은 자신의 부모에게 어느 정도의 두려움을 경험하고, 자신을 위협으로부터 보호하기 위해 그들이 두려운 사람과 비슷한 행동을 한다는 것이다. 이러한 동일시 유형은 아동에게 마술적인 감정을 제공하고 자신의 부모에 대한 공격 성향을 감소시킬 수 있게 된다.

Bandura는 모델링에 대한 연구에서 아동이 주위의 강인한 모델과 동일한 방법으로 행동할 때, 힘의 경험에 대한 대리만족감에 의해 동기화된다고 하였다. 즉, 가족 내에서 아동은 더 우세한 부모와 유사한 성격을 갖고 싶어 한다.

이상의 동기화 과정은 전 연령에서 동일시 대상의 성별에 무관하게 적용된다. 어떤 아동은 이러한 동기화 중 한 요소가 성 정체감의 역동성에 우세하게 작용할 수도 있고, 다른 아동의 경우 동기화 모두가 성 정체감 발달 과정에 개입 될 수도 있다.

장난감이나 놀이 활동에 있어서의 성 유형별 개인적 선호의 차이와 성역할

그림 **7-10** 부모와의 동일시 과정을 통해 아동은 성역할을 배운다.

지식의 차이는 부모의 태도 및 행동과 연결되어 있다. 부모들은 성역할 개념화와 선호에 있어서 비전형적인 행위를 모델링하고 틀에 박히지 않은 상황에 개입하는 이야기를 읽어줌으로써 자녀들로 하여금 성역할에 대한 유연성을 더욱 격려할 수 있을 것이다.

④ 선호

성 정체감의 네 번째 요소는 남성 또는 여성의 성역할과 연관된 활동과 태도에 대한 개인적 성 선호gender preference의 발달이다. 성 유형 놀이 활동과 동성놀이 친구에 대한 선호 현상은 학령기뿐만 아니라 학령전기 아동에게서도 관찰된다. 이러한 성 선호 현상은 이미지화보다는 더욱 복잡한 성취화로 습득되는 것이다. 실제 개인의 성 선호는 전 생애를 통해 변화될 수 있다.

성 선호는 기본적으로 세 가지 요인에 의해 좌우된다. 첫째, 자신의 강점과 능력이 성역할 기준에 근접할수록 그 성의 일원이 되기를 선호한다. 둘째, 동성의 부모를 좋아할수록 해당 성의 일원이 되기를 선호한다. 아동의 자아개념이 더욱 분명히 구분될 때, 위의 두 가지 요인들은 성 선호에 중요한 영향을 미치기 시작한다. 아동이 학교에 입학하여 평가에 노출될 때, 그들은 더욱 독특한 현실감을 갖게 된다. 그들이 이러한 자기통찰 능력을 갖게 되면서부터 그들은 자아와 성역할 기대 사이에 그리고 자아와 동성 부모 사이에 있어서 유사성과 모순성에 감사할 수 있게 된다.

성 선호의 세 번째 결정인자는 한쪽 성과 다른 쪽 성의 가치에 대한 환경적 단서이다. 이 단서들은 가족, 민족, 종교집단, 방송매체, 학교와 같은 사회기관, 다른 문화적 집단들로부터 나타날 수 있다. 많은 문화권에서 전통적으로 여성보다는 남성에 가치를 더 많이 두고 있어서 남성에게 더 높은 지위를 주게 된다. 이러한 문화적으로 결정된 가치는 아동에게 전달되어 남아는 그들의 성 집단을 확고히 선호하게 되는 반면, 여아는 그들 성 집단을 거부하거나 때로는 양가감정을 갖게 된다.

이상과 같이 학령전기는 성에 대한 사회적, 문화적 규범에 기초하여 성에 대한 인식과 역할을 빠르게 인지하는 시기이지만 또래관계에 의해서도 영향을 받는다. 3세경 이미 동성 놀이 친구와 시간을 보내기를 선호하는 모습을 볼 수 있는데 4~6세경에 더 증가하는 경향이 있다. 5세 남아는 여아들보다 큰 그룹으로 조직화되고 거친 놀이 활동에 참여하는 것을 흔히 볼 수 있다.

7) 도덕발달

Freud에 의하면 아이들은 불안을 감소하고, 체벌을 피하고, 부모와의 동일시에 의해 부모에게 인정받으려 하고, 옳고 그름에 대한 기준들을 내재화시키면서 인성의 도덕적 요소인 초자아를 발달시키게 된다.

(1) 도덕성 발달

학령전기 아동의 도덕 수준은 Kohlberg의 도덕성 발달단계 중 첫 번째 수준인 전 인습적 도덕 수준pre-conventional level에 머무르고 있다. 전 인습적 도덕 수준에서는 특정 행위가 보상받았는지 또는 벌을 받았는지가 도덕적 판단의 기준이 된다.

도덕적 판단의 기초를 형성하기 위해 아동은 다른 사람의 행위의 결과를 이해하는 것이 필요하다. 즉, 행동의 결과를 강조하는 것이 어린 아동기 훈육 방법의 주를 이룬다. 또한 가정이나 학교에서의 도덕적 분위기는 도덕적 내용을 구성하는 초기 구조에 영향을 미친다. 진실 말하기, 타인을 존중하기, 점잖게 행동하기 등과 같은 도덕적 원칙과 연계시키는 행동은 아동에게 선과 악의 개념을 내재화시킬 수 있다. 또한 바람직한 도덕성의 형성은 긍정적 결과를 보인 긍정적 실제와 부정적 결과를 보인 부정적인 실제의 일관성에 의해 좌우된다.

(2) 도덕성 발달과 텔레비전의 영향

오늘날 도덕적 영향력은 가족을 넘어서 학교, 종교단체, 지역사회로 확대되고 있다. 그동안 사회적 영향력으로 텔레비전의 영향에 대해 언급되어 왔다. 특히 아동의 신념과 행위에 텔레비전 폭력의 영향이 매우 큰 것으로 보고되고 있다. 연구 보고들에서 폭력적인 장면을 관람한 후 아동들에게 미칠 수 있는 영향을 다음과 같이 제시하고 있다.

- 아동은 공격적 행동을 하는 역할모델을 관찰함으로써, 자신의 레퍼토리에 새로운 폭력 행위를 추가하고, 특히 영웅이 폭력 행위로 인해 긴장되거나 보상받을 때, 아동은 공격성을 표출하는 경향이 있다.
- 텔레비전의 폭력성이 인간의 폭력에 대한 강성을 강화한다는 것이다. 텔레비전의 폭력성에 수반되는 빠른 행동은 보는 사람의 주위를 사로잡고, 폭력적 사건은 아동의 감정 수준을 올려 주며, 앞선 다른 공격적인 감정들, 생각들, 기억들, 행동 성향에 영향을 미친다. 이러한 상황들이 반복될수록 아동의 폭력성은 더욱 각성화 된다는 것이다. 따라서 기질적으로 공격적인 아동들이 텔레비전에서 폭력 장면을 많이 보면, 자극받게 되어 공격적인 행동을 더 쉽게 하게 된다. 이러한 근거로 인해 텔레비전 폭력에의 노출은 어린 아동의 신념과 가치에까지 영향을 미치고 있음을 알 수 있다.
- 텔레비전 폭력에 노출된 아동들은 공격적 행동을 실패의 반응으로 더 많이 받아들인다. 또한 다른 사람들이 그들에게 공격적으로 대할 것이라 예상하며 자신이 공격의 희생물이 될 것을 걱정한다. 결과적으로 세상을 위험한 장소로 보게 된다.

부모는 아동의 대중매체 사용에 중요한 영향을 미치는데 부모가 매체 사용을 통제할수록 공격성이 감소하고 친구들과의 사회적 행동이 증가하고 학교 성적도 향상되는 성과를 보인다는 연구 보고와 부모 자신이 텔레비전 시청 시간을 줄이는 것이 아동의 대중매체 사용을 감소시키는 것으로 확인되고 있다.

Kohlberg에 의하면 자기조절을 학습하고 타인과 나누는 것을 배우는 것은 어린아동들의 도덕적 과제이다. 학령전기 아동은 부모의 도덕 행위를 모델로써 관찰하며, 부모를 통해 습득한 도덕 행위를 놀이 시 그대로 표현하게 된다.

2. 학령전기 아동의 성장발달 증진

1) 영양관리

건강한 영양 행위와 신체적 활동 사이의 균형적 노력은 어린 시절부터 이루어져야 하며 식습관은 아동 초기에 형성되는데, 아동의 음식 섭취는 골격 성장, 신체 모양, 질병에의 민감성에 영향을 미치게 된다. 2세 이후부터는 다양한 채소, 과일, 곡류 등을 섭취하고 소금, 설탕, 저지방, 특히 포화지방산의 섭취를 제한할 것과 칼슘, 철분 함유 식품 섭취를 권하는 시기이다(부록 식생활지침 참조). 특히 철분 결핍성 빈혈은 저소득 가정의 자녀에게서 높다.

학령전기 아동은 건강 유지와 성장발달을 위해 하루에 90kcal/kg이 요구된다. 이 시기 아동은 이미 다양한 방법으로 음식을 섭취할 수 있으며, 음식에 대한 선호를 표현한다. 이와 같은 행위는 음식의 맛과 질감에 반응할 수 있는 신체적 능력의 향상으로 자연스러운 성장발달의 과정이며, 음식에 대한 자신의 감정을 표현하는 것은 인간이 환경을 조절할 수 있는 방법이기도 하다. 학령전기 아동은 조리된 채소와 혼합된 반찬 등을 거절할 수 있으며, 조금 더 큰 아동은 새로운 음식에 대한 시도를 거절할 수 있다.

학령전기 아동에게 적절한 식품으로는 고기, 시리얼, 곡류, 과일 등이다. 부모는 영양가가 풍부한 음식을 제공하고 짜고 단 음식을 피하는 것이 좋으며, 특히 고혈압이나 당뇨병과 같은 질환에 대한 가족력이 있는 경우 짠 음식을 피한다.

최근 지방 소비의 증가로 인한 부적절한 영양 섭취와 텔레비전 시청 증가로 인한 신체활동 감소 같은 사회적 현상은 아동과 청소년층에 비만과 제2형 당뇨를 초래한다. 따라서 부모는 학령전기 동안 아동의 건강한 식습관을 형성할 수 있도록 주의를 기울여야 한다. 개인의 음식선호에 대한 표현은 가족이 받아 주는 정도가 다르고, 음식에 대해 강하게 싫고 좋음으로 발전될 경향은 어린이에 따라 다르다. 가족과 아동이 이 부분에 있어 커다란 차이가 있다면 갈등이 심화되어 어느 정도의 해결점을 찾을 때까지 영양상담을 받을 필요가 있다. 이 경우 상담자는 선호하는 식품에 대한 영양적 적절성을 평가하고 아동의 성장발달을 위한 필수 영양소를 제공하는 데 있어서 가족의 특성을 고려하여 융통성 있게 접근해야 한다.

대부분의 학령전기 아동은 어린이집이나 유치원, 놀이방 등에서 최소 하루 한 끼 이상의 식사를 하게 되므로, 아동 양육 및 보육 관련 시설에서는 아동에게 필요한 기본 영양소의 하루 권장량 비율을 고려하여 음식을 제공해야 한다. 아울러 부모는 가정 밖에서의 자녀의 식습관을 이해하고, 성장에 필요한 다양한 식이를 제공하기 위해 자녀가 섭취하는 음식에 대해 주기적으로 확인해야 한다. 집단에 소속되어 있는 이 시기 아동들은 교사나 다른 친구들에 의해 긍정적 또는 부정적인 섭취 기술과 음식 선호 성향이 생기게 된다. 아이를 돌보는 사람과 부모는 이러한 아동의 식습관에 대해 의사소통함으로써 가정에서의 나쁜 식습관을 줄이고 좋은 습관을 강화해야 한다. 특히 이 시기의 섭취 행동은 돌보는 사람들에 의해 영향을 받게 되므로 주 양육자들이 아동과 함께 정해진 시간에 영양가 있는 음식으로 즐거운 식사 시간을 조성할 때 아동의 식 행동은 좋아지게 된다. 식사 시간에 텔레비전 시청, 가족 간 논쟁, 경쟁 활동 등은 아동이 먹는 것에 집중할 수 없게 하므로 최소화해야 한다. 아동의 건강한 식 행동을 칭찬하는 부모의 긍정적 양육 태도가 아동의 건강한 식 행동을 향상시키고, 비만아인 경우 체중 감소를 유도하는 것으로 알려져 있다.

학령전기 아동은 가족의 식사 준비를 돕는 것을 매우 즐거워하는데, 식사 준비 시 아동을 참여시키는 것은 건강을 유지할 수 있는 음식에 관해 아동을 교육할 수 있는 좋은 기회를 제공해 줄 뿐만 아니라 아동의 자존감 향상과 가치관 전수에도 일조하게 된다.

음식 때문에 생기는 질병은 음식 내 세균 또는 화학성분으로 인해 초래되지만 음식 알레르기와 같이 음식 자체가 심한 부작용을 초래하기도 한다. 6세 이하 아동의 2~4%에서 특정 음식에 대한 알레르기 반응을 보인다. 주된 원인 물질에는 우유, 유제품, 달걀 제품, 땅콩 제품, 콩류, 생선, 조개류, 글루텐을 포함하는 시리얼 등이 있다. 따라서 식품으로 인한 알레르기 반응을 예방하기 위해서는 식품 속에 포함된 재료의 표기를 의무화하고 이를 교육해야 한다. 영양교육 시 이해를 높이기 위해 영양신호등이 널리 활용되고 있는데 식품 구입 시 소비자의 눈에 잘 띌 수 있게 포장지에 건강음식 신호로 초록색 스티

그림 **7-11** 영양신호등

커로 표시해 식품 선택에 도움을 주기도 한다.

한편 저소득 가정의 많은 아동이 철분, 비타민, 단백질이 포함된 음식이 제공되지 않아 영양 부족상태를 초래하는 것이 사회적 이슈이다. 미국의 경우 WICWomen, Infants, Children 프로그램으로 저소득 가정 여성을 대상으로 임신 초기부터 영유아가 5세가 될 때까지 건강한 보조 음식 제공, 건강관리 의뢰, 영양교육을 위한 연방정부 기금을 지원하고 있으며, 우리나라의 경우 보건복지부의 드림스타트 사업을 통해 특정 지자체에 저소득 가정 아동 대상 가족 건강생활을 위한 다양한 서비스를 제공하고 있다. 어린이를 위한 식생활지침은 박스에 제시하였다.

박스 어린이를 위한 식생활 실천지침

• 채소, 과일, 우유를 매일 먹어요.
 – 여러 가지 채소를 매끼 먹고, 우유는 매일 2컵은 꼭 마셔요.
• 고기, 생선, 달걀, 콩을 매일 골고루 먹어요.
• 칼로리가 낮은 음식부터 먹어요.
 – 저칼로리 음식으로 배가 차 고칼로리 음식을 조금 먹어요.

- 저녁식사 때는 기름진 음식을 먹지 않아요.
  - 기름진 음식은 소화 시간이 길고, 자는 동안 살이 돼요.
- 아침을 꼭 먹어요.
- 간식은 영양소가 풍부한 음식을 먹어요.
  - 과자나 음료수, 패스트푸드는 적게 먹고, 불량식품은 먹지 않아요.
  - 과일이나 우유가 간식으로는 최고예요.
- 음식을 먹을 만큼 덜어서 먹고 남기지 않아요.
  - 하지만 배가 충분히 부르면 남은 음식을 먹지 않아요.
- 밥은 되도록 집에서 먹고 가족들과 함께 식사해요.
  - 아동은 성인에 비해 절제력이 약해서 과식을 하기 쉬워요.

2) 개인위생

학령전기에는 유아기에 빈발하던 호흡기, 위장계 질환이 감소하여 비교적 건강한 상태를 유지할 수 있는 시기이다. 이는 이미 유아기 동안의 흔한 감염으로 인해 이에 대한 항체가 형성된 상태이기 때문이지만 옥외 활동이 활발해지는 시기이므로 적절한 개인위생 관련된 생활습관을 갖도록 해야 한다.

(1) 손 씻기

신체 부위 중 각종 유해 세균과 가장 많이 접촉하는 것이 손이다. 손은 모든 표면과 직접 접촉해 인체에 각종 세균과 바이러스를 전파하는 매개가 된다. 보통 사람의 손에는 6만 마리 정도의 세균이 붙어있고, 한 마리의 세균이 10분에 한 번씩 세포분열을 통해 3시간 후에는 260,000마리로 늘어나게 된다.

일상생활 중 흐르는 물을 이용해 적절히 손 씻는 습관으로 감기, 식중독, 유행성 결막염, 사스, 신종 인플루엔자, 코로나 등 각종 감염성 질환을 크게 예방할 수 있다. 손을 씻더라도 액체비누를 이용하지 않고 물로만 씻거나 충분한 시간 동안 문지르지 않으면 상당수의 미생물이 손에 남아서 손 씻기 효과가 떨어진다. 손 씻은 후 물기 제거 방법으로 종이 타월이나 핸드드라이어 등을 사용하지 않을 경우 손이 다시 오염될 가능성이 있다.

아동의 손을 씻길 때는 아동을 먼저 씻기고 양육자의 손을 씻도록 한다.

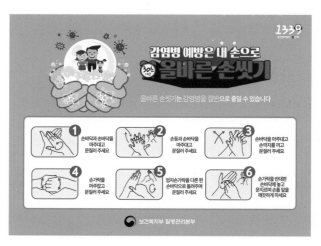

그림 7-12   올바른 손 씻기 방법
출처: 보건복지부 질병관리청(2016)

그림 7-13   기침 예절
출처: 보건복지부 질병관리청(2016)

손을 자주 씻게 되면 건조해지고 갈라지기 쉽고 피부 갈라진 틈에는 세균이 서식하기 좋으므로, 손을 씻고 난 후에는 핸드크림을 발라주는 것이 좋다.

3) 치아관리

모든 유치는 유아기 말기에서 학령전기 초기까지 발현되며, 첫 번째 영구치가 학령전기 말기에 나타난다. 여아의 경우 남아에 비해 영구치 나오는 시기가 약 6개월 정도 빠르다. 따라서 적절한 양치법과 건강한 치아를 위한 지도를 통해, 학령전기 동안 구강위생에 대한 습관을 형성해야 한다. 부모는 자녀의 구강관리를 지속해서 감독하고 도와주어야 하며, 정기적인 구강 검사도 필수적이다.

학령전기는 점차 독립적으로 성장하고 스스로 선택하는 발달과제가 이루어지는 시기이므로 손 씻기와 함께 양치질 같은 자기관리 기술을 가르침으로써, 올바른 건강습관을 들이는 것이 필요하다.

치과질환은 매일 칫솔질만 제대로 한다면 100% 예방이 가능하다. 칫솔모는 중간 정도 세기의 보통 모로 앞니를 2~3개 덮을 수 있는 크기가 적당하며 칫솔 손잡이를 네 손가락으로 움켜쥐고 칫솔 목에 엄지손가락으로 지지한다. 칫솔질 방법 중 회전법이 간단하고 효과적으로 닦아줄 수 있고 적절한 마사지로 치은(잇몸)의 혈액순환을 촉진해준다.

학령전기 아동은 간식으로 건포도, 젤리, 캐러멜, 잼 등의 단 음식을 좋아하는데 오랫동안 치아에 달라붙어 있어 입안의 세균들이 당을 분해해 산을 만들고 치아 표면의 미네랄 성분을 벗겨내 충치가 생기게 한다. 국가영유아건강검진서비스(부록 보건복지부 아동건강정책 참조)를 통해 치과 검진을 계획하고 구강건강을 위해 정기적으로 불소도포와 치실 사용에 대해 상담하는 것이 필요하다. 또한 튼튼한 치아 형성을 위해 칼슘과 단백질이 함유된 치아보호식품을 섭취하도록 하고 치아 표면의 세균막 형성을 감소시키기 위해 신선한 과일과 야채를 섭취하도록 격려한다.

4) 시력관리

학령전기 동안 안 근육이 발달하고 깊이에 대한 지각이 증가하여 4세경에 20/20의 시력을 나타낸다. 학령전기에는 영아기에서 4세 사이에 잘 나타나는 약시 가능성이 감소한다. 깊이와 색깔에 대한 시각 능력은 충분히 발달되어 6세경에는 색깔을 완벽하게 구별해 낼 수 있으며, 학령전기 말에는 최대 시력을 갖추게 된다.

한편, 안구는 성장에 따라 정상적인 둥근 모양이 되고 빛이 정확히 망막 표면의 한 지점에 모이게 된다. 그러나 성장이 이루어짐에 따라 이상적인 광 전환점light conversion을 통과하게 되는데, 6세 전에 이와 같은 변화가 일어나면 안구가 길어지고, 어린이는 조기 근시로 진행될 수 있다. 약 8세 전에 근시를 보이는 아동은 반드시 안경을 착용해야 한다. 아동의 4% 정도가 사시를 갖고 있으며 아동이 피로할 때만 나타나기도 하는데 선천성 결손인 경우 교정을 요한다.

학령전기 아동의 시력은 정기검진을 받아야 한다. 시력검사는 일반적으로 Denver eye screening test나 Snellen screening test를 이용한다. Denver eye screening test는 특히 학령전기 아동의 시력 검진에 적절하게 구성되어 있어 일반적인 시력 문제인 사시나 굴절 이상을 발견하는 데 유용하다. 국가 영유아건강검진서비스 중 3세 이후 5세 사이에 의사를 방문해 시력표를 이용한 시력 측정과 안구의 정렬상태를 확인하여 근시, 원시, 난시, 약시, 사시 여부를 확인하고 취학 전에 교정하는 것이 필요하다.

색맹은 학령기 동안 색 구별을 통한 학습이 많이 이루어지므로 학령 전기에의 문제라 할 수 있다. 조기 발견은 시각적 인지를 해석하도록 학습시킴으로써 약간의 도움을 줄 수 있다.

이와 같이 학령전기 아동은 시력에 있어서 약간의 불편함이나 제한점이 있음을 알 수 있다. 눈의 이상이나 문제를 조기 발견하는 데 도움이 되는 질문은 박스에 제시하였다.

> **박스** 눈의 이상이나 문제를 조기 발견하는 데 도움이 되는 질문
>
> - 눈을 과도하게 비비거나 눈을 자주 깜빡거린다.
> - 고개를 기울이거나 앞으로 내민다.
> - 미세한 작업을 할 때 짜증을 낸다.
> - 물체를 한쪽 눈에 가까이 가져다 본다.
> - 복시, 어지럼증, 두통, 무엇을 가까이 들여다본 후 오심을 호소한다.

5) 청력관리

청력은 학령전기 동안 최고 수준으로 발달하고, 듣고 해석하는 능력은 유아기에 비해 월등해진다. 4세경에는 유사한 발음의 차이도 구별할 수 있다. 한편 중이와 연결되어 있는 유스타키오관이 짧고 곧아 박테리아가 인두를 타고 중이로 옮겨가 귀의 감염(중이염)을 자주 유발하여, 청력이 소실될 가능성이 높은 시기이다. 따라서 어린 아동들이 침대에 누워 우유나 주스를 마시면서 잠에 드는 행위는 인두 뒤쪽에 세균을 자라게 하여 유스타키오관을 거쳐 중이염을 쉽게 야기하므로 이를 피하도록 해야 하며, 언어 지연이 현저한 아동은 귀 감염으로 인한 청력소실이 근본 원인일 가능성이 높으므로 전문기관에 의뢰하고 추후 관리를 받아야 한다.

전문의를 방문해 청력 측정기로 아동의 청력을 정확히 측정해 낼 수 있다. 청력 측정기가 없는 경우 아동이 돌아앉아 있을 때, 속삭이는 듯 지시하고 이 지시에 대해 잘 반응하는지를 관찰함으로써 확인할 수 있다. 대부분의 학령전기 아동은 시력과 청력검사 시 검사 과정에 대해 잘 협력하고, 정상 능력을 보이게 된다. 건강한 아동의 경우 국가영유아건강검진서비스를 통해 3세 이후에 청력검사를 받을 수 있다. 청력장애가 있음을 암시하는 아동의 행동반응은 박스에 제시하였다.

박스 청력장애가 있음을 암시하는 아동의 행동 반응

- 큰 소리에 반응하지 않는다.
- 소리에 무관심하고 언어에 반응하지 않으며, 언어지시를 따르지 않는다.
- 똑같은 말을 되풀이 해줄 것을 요구하거나 질문에 적절한 대답을 하지 못한다.
- 언어보다는 표정에 반응을 잘한다.
- 말보다는 제스처를 더 많이 사용한다.
- 가까이에서 말하기 전에는 무관심하다.

6) 안전관리

(1) 교통사고 예방

사고로 인한 15세 이하 아동 사망률은 아동 10만 명당 25.6명으로 OECD 회원국 중 1위를 차지하고 있으며, 그중 가장 높은 비중을 차지하고 있는 것은 교통사고로 전체 아동 사고의 50%를 차지하고 있다. 그 외 화재, 놀이터 안전, 추락, 물놀이, 인라인스케이트 사고 등이 있다.

대부분의 사고는 예측과 예방이 가능하다. 학령전기는 유아기에 비해 사고 발생 빈도는 낮지만, 집 밖의 활동이 강조됨에 따라 주된 사고 유형이 교통사고와 같이 생명에 위협을 주는 경우가 많다. 6세 이하의 아동을 차에 태울 때는 안전벨트 착용을 의무화하고 반드시 뒷자리에 탑승하도록 한다. 아동이 동승한 경우, 차내의 모든 문을 잠그도록 하여 불시의 사고에 대비한다. 만일 아동이 안전벨트 착용을 거절하는 경우 부모는 단호히 함께 외출할 수 없음을 알려 주도록 한다.

부모는 차를 타자마자 안전벨트 착용의 모범을 보임으로써 벨트 착용을 당연시하는 분위기를 조성하면 이 시기 아동의 모방심리 욕구 충족과 더불어 안전의식을 심어주는 계기가 될 수 있다. 또한 학령전기 아동은 차도로 갑자기 뛰어들어 사고를 당할 수 있으므로 차도 가까이에 있는 경우 반드시 성인의 감독이 필요하다.

도로 횡단 시 성인의 감독하에 교통신호를 준수하고 한 손을 들고 횡단할 수 있도록 교육하면서 길을 건너도록 한다. 교통사고 예방을 위한 지침과 보행

시 안전 수칙은 박스에 제시하였다.

박스 교통사고 예방을 위한 자동차 안전 지침

- 학령전기 아동은 어깨 위에 두르는 안전띠보다는 카시트를 사용하는 것이 훨씬 안전하다.
- 만 5세 이하의 아동을 승용차에 태울 때는 카시트를 사용하고, 반드시 뒷자리에 앉힌다. 5세 이후 아동 역시 아동의 안전을 위해 반드시 뒷자리에 앉힌다. 차량 구조상 앞좌석의 조수석은 교통사고 위험이 가장 높은 자리이며, 아동은 가벼운 충격에도 큰 피해를 입을 수 있기 때문이다.
- 아동이 타고 있는 쪽 차 문이나 유리문은 꼭 잠그도록 한다. 이는 아동이 문고리를 가지고 장난치다가 갑자기 문이 열릴 수 있으며, 아동이 손이나 머리를 문밖으로 내밀거나 바깥으로 물건을 던질 수 있으므로 유리문을 잘 닫아야 한다.
- 차에서 내리기 전에는 차가 완전히 멈춘 것을 확인한다. 차가 멈추었다 해도 주차가 완전히 끝나지 않은 상태라면 내리려는 순간에 차가 다시 움직여서 사고가 날 염려가 있기 때문이다. 내릴 때는 반드시 보도 쪽의 문을 이용하고, 문을 열 때는 가까이에 자전거 등 다른 장애물이 오고 있지 않은지를 확인한다.
- 아이를 차 속에 혼자 두면 안 된다. 아이가 자고 있다고 잠깐이라도 차 속에 혼자 두면 차 안이 협소하고 공기가 좋지 않으므로 호흡곤란이나 질식할 염려가 있기 때문이다. 특히 더운 여름철에는 밀폐된 공간에서 온도가 갑자기 상승하므로 절대 삼가야 한다.

박스 아동의 보행 시 안전 수칙

- 반드시 신호등의 초록색 등이 켜졌을 때 건넌다.
- 초록색 신호등이 켜지더라도 왼쪽을 보고 차가 멈춘 것을 확인한 후 건넌다.
- 신호등이 바뀌자마자 건너가면 위험하다.
- 손에 물건을 들지 않았을 때는 차가 오는 방향을 바라보면서 손을 들고 천천히 건넌다.
- 초록색 신호가 깜빡일 때는 건너가지 말고 다음 신호를 기다린다.
- 안전하게 길을 건너기 위해서는 반드시 서고, 살피고, 건너는 3박자를 지킨다.
- 도로 횡단 시에는 절대 뛰지 않도록 한다.

(2) 안전사고 예방

화상이나 칼과 같은 위험한 물건으로 인한 외상 등 가정 내 환경시설물에 의한 사고가 이 시기의 주요 사고 원인이 된다. 또한 학령전기는 각종 탈것, 운동이나 놀이 활동에 활발히 참여하는 시기이므로 최근 스포츠나 놀이시설에 의한 사고율이 증가 추세에 있다. 부모들은 학령전기 아동들이 광범위한 놀이 공간과 경험이 필요하다는 것과 연령에 적절한 제한이나 한계를 설정하고 철저히 감독하는 것이 필수적임을 알아야 한다.

학령전기 아동은 거리에서 자전거를 타는 기술이나 판단력이 부족하므로 자전거나 인라인스케이팅을 타는 동안 예상되는 위험에 대처하는 법을 알려 주도록 한다. 또한 놀이기구의 안전한 사용법을 알아야 하고, 어른의 감독하에 놀이에 참여하도록 한다. 자전거나 인라인스케이팅을 타는 경우에는 반드시 헬멧과 무릎 보호대를 착용하도록 한다. 연구 보고에 의하면 자전거 헬멧을 착용한 경우 머리 손상을 85~88% 예방해 주는 효과가 있다고 한다.

학령전기 아동은 가사에 참여하는 것을 자랑스러워하므로 간단한 연장이나 조리기구 다루는 법, 기구 닦는 법 등에 대해 안전하게 다루는 법을 알려 주고, 부모의 감독하에 집안일에 참여하도록 격려한다. 또한 어린이집이나 유치원은 아동들이 가정 외에 두 번째로 시간을 많이 보내는 장소로 아동들이 잠재적으로 위험한 환경에 노출되어 있을 수 있는 장소이다. 따라서 보육시설의 안전 환경조성이 학령전기 아동의 안전사고 예방에 주요 요소가 된다. 화상은 학령전기 아동의 주요 사고 원인이다. 이 시기 아동들에게 성냥, 가스 불, 뜨거운 물건 등의 위험에 대해 알려 주고, 부모가 가정에서 화상 위험성이 있는 물건들을 관리하는 역할모델을 보여 주어야 한다.

3세 이상의 아동은 욕조에서 익사하는 빈도는 감소하지만, 수영장이나 물웅덩이 등에서의 익사 사고율은 증가하는 시기이다. 모든 연령군에서 익사 사고는 여아보다 남아에서 월등히 높다. 특히 5세 이하의 어린이에게서 익사는 주요 사망원인이다. 따라서 물놀이 시 안전 지침을 따르도록 하고 반드시 훈련된 어른과 함께 수영하도록 한다. 학령전기 아동은 물에서 뜨는 법을 배울수 있는 충분한 인지 능력을 갖추고 있다. 폐가 공기로 채워져 있을 때, 얼굴을 물 수면 아래로 하면 신체는 부력을 받게 되어 자연적으로 뜨게 됨을 가르치고 수영 전에 미리 이 자세를 배우도록 한다. 또한 배를 타거나 물놀이 시에는 반드시 구명조끼를 착용시킨다.

7) 간접흡연 예방

　우리나라의 성인 남성 흡연율은 세계에서 가장 높다. 가정 내 흡연자가 있으면 아이도 흡연에 노출되는 것이므로 흡연자가 내뿜는 연기와 담배 자체가 타 들어가면서 발생하는 연기를 들어 마실 수도 있게 된다. 최근 청소년들의 흡연율이 빠르게 증가하고 최초 흡연 연령이 점차 어려지는 추세임을 감안할 때 어린 연령부터 흡연 예방에 대한 준비가 필요하다.

　학령전기부터 직접·간접흡연이 인체에 미치는 영향을 인식시켜줌으로써, 흡연의 유해성을 깨닫게 하여 이로 인해 청소년기에도 흡연을 시작하지 않도록 하는 계기를 마련하는 것도 중요하다. 학령전기 아동을 위한 흡연 예방 교육 효과는 아동 자신들을 위한 것뿐만 아니라 아동들을 통해 가족 구성원 중 흡연자에게까지 파급 효과를 얻을 수 있다. 즉, 학령전기 아동들이 직접·간접흡연의 인체에 미치는 영향을 인식하여 가족 구성원 중 흡연자에게 금연을 권고하게 하여 간접적인 금연관리 효과를 얻을 수 있다.

　흡연 부모의 자녀는 비흡연 부모의 자녀보다 모든 호흡기질환에 잘 걸린다. 급성 호흡기질환은 5.7배, 폐암은 2배, 천식은 6배나 발생 가능성이 높다. 또한 흡연 부모의 자녀는 비흡연 가정에서 자라는 자녀보다 호흡기질환에 걸렸을 경우 증상도 더 심하고 오래 지속된다. 간접흡연의 영향은 부모와 가장 많은 시간을 보내는 시기인 6세 이하의 나이일 때 더욱 심각하다. 가족 구성원 중 흡연자와 흡연량이 많을수록 간접흡연의 피해는 더욱 커진다. 간접흡연의 피해는 아동이 천식을 갖고 있는 경우 더욱 심각하며, 심한 천식발작 횟수, 응급실 방문 횟수, 병원입원 횟수가 높아진다. 특히 흡연하는 어머니의 모유를 먹는 아이는 더 위험한데, 흡연자 모유에서도 주변 공기만큼이나 유해한 화학성분이 발견되기 때문이다. 간접흡연으로 악화될 수 있는 건강 문제는 박스에 제시하였다.

　학령전기 아동들에게 담배의 유해성을 알려 주는 교육 방법으로 금연인형을 보여 주거나 담배유해성 실험을 제공할 수 있는데, 가장 흔히 사용되는 실험 방법에는 금붕어 실험을 들 수 있다. 금붕어 실험은 담배를 풀어 놓은 물속에서 붕어가 기운을 잃어가는 모습을 보고 담배의 독성을 확인하게 한 다음, 맑은 물속에 붕어를 다시 옮겨 놓아 붕어가 살아나는 것을 관찰하게 하여 담배의 유해성을 교육시키는 방법이다.

박스 간접흡연으로 악화될 수 있는 건강 문제

- 눈의 자극
- 폐렴
- 기침 기관지염
- 크룹 후두염
- 천명음. 모세기관지염
- 천식발작
- 인플루엔자
- 중이염
- 감기 상기도감염
- 부비동 감염
- 영아 돌연사 증후군
- 콜레스테롤 수치 증가

---

8) 예방접종

학령전기에는 유아기에 빈발하던 호흡기, 위장계 질환이 감소하여 비교적 건강한 상태를 유지할 수 있는 시기이다. 이는 이미 유아기 동안의 흔한 감염으로 인해 이에 대한 항체가 형성된 상태이기 때문이다. 단, 3~4세 이전에는 면역력이 감소하여 병원균에 노출되면 감기와 같은 일반 질환을 자주 경험할 수 있다. 따라서 이 시기의 아동에게 적절한 위생습관 교육, 건강 증진과 관련된 생활습관을 갖도록 해야 한다.

학령전기 아동은 학교에 입학하기 전까지 영유아기 기본 접종 후 추가 예방접종을 마쳐야 하는데, 디프테리아·백일해·파상풍DTaP, 소아마비PV, 홍역·볼거리·풍진MMR 접종이 4~6세경에 이루어져야 하며(부록 보건복지부 아동건강정책 참조), 예방접종에 따른 부작용과 대처 방법에 대해서는 부모가 잘 알고 있어야 한다.

- **'너 나중에 뭐가 되려고 그래?'**

아이가 잘못된 행동을 할 때, 입에서 흔히 내뱉는 말이다. 부모 입장에서는 아이의 미래를 걱정해서 한 말이겠지만, 아이의 마음에는 이렇게 남는다.

'나는 어차피 커서 형편없는 사람이 되겠구나…'

- **'아이고 내 새끼, 똑똑하기도 하지'**

무조건적인 칭찬은 아이에게 과도한 마음의 짐을 지우기 쉽다. 무조건적인 칭찬보다는 과정에 중심을 둔 구체적인 칭찬이 더 중요하다. 아이가 상을 받아왔을 때 "아이고 내 새끼, 똑똑하기도 하지"가 아니라 "열심히 노력하더니 이번에 상을 받았구나. 참 잘했어."가 올바른 칭찬이다.

- **'그래서 하고 싶은 말이 뭐야?'**

대부분의 부모는 아이의 말에 귀 기울이는 것에 익숙지 못하다. 자녀에게 뭔가를 가르쳐야 하고, 올바로 이끌어야 한다고 생각하는 부모들은 말이 많다. 그래서 잔소리할 시간은 있어도 아이의 말을 가만히 들어줄 시간이 없다. 자녀가 하는 말을 잘 들어주기만 해도 대화의 고리는 끊어지지 않는다. 아이가 스스로 말하면서 스스로 결론을 찾아가는 과정을 통해 자율성과 책임감, 지혜를 키워줄 수 있고, '내 말을 부모님이 존중해주는구나'라는 인식은 자녀의 자아존중감을 높인다.

- **'너는 형이잖아!'**

가끔 동생이 된 아이들은 "우리 엄마는 동생 편만 들어요." "세상에서 동생이 제일 미워요. 동생이 죽어버렸으면 좋겠어요."라고 말한다. 아이의 마음에 이러한 원망과 미움을 심어준 사람은 누구일까? 다름 아닌 부모. "너는 형(오빠, 누나, 언니)잖아!"라는 부모의 말 때문인 것이다. 큰아이보다는 어린 동생을 보호하게 되는 부모 심정은 충분히 이해가 가지만, 아이가 어릴 때는 그런 부모의 심정을 이해하는 것이 불가능하다는 것을 잊지 말자.

- **'형(동생) 좀 닮아라!'**

아마 세상에서 가장 듣기 싫은 소리가 바로 비교하는 말일 것이다.

"과장이라는 사람이 대리보다 더 일을 못하면 어떻게 해? 김 대리의 반만큼이라도 좀 해봐라!"라고 말하는 직장상사가 있다면 두고두고 증오의 대상이 될 것이다. "네 동서 좀 보고 배워라"라고 말하는 시어머니가 있다면 두 번 다시 문안 전화를 드리고 싶지 않을 것이다. 부모들도 이처럼 비교하는 말에 상처를 받는데 자녀에게는 너무나 쉽게 비교하는 말을 남발한다. "어떻게 너는 동생보다 못하니?", "앞집 친구는 똑똑하던데, 너는 뭐하니?" 부모는 자녀에게 자극을 주기 위해 이런 이야기를 했을 테지만, 자녀의 귀에는 이렇게 들렸을 것이다.

"너는 왜 늘 그 모양이니? 옆집 애보다 뒤처지잖아!"

출처: 보건복지부 5분 건강 대화법

3. 학령전기 아동의 성장발달 관련 이슈

1) 보육시설과 조기 교육

보육시설에서 낮에 아동이 시간을 보내는 경험은 자립심 발달에 큰 진전을 갖게 하는 단계이다. 이 시기 아동은 부모가 떠난다는 것을 받아들이고 부모가 되돌아올 것이라는 믿어야만 한다.

보육시설 중에는 일하는 부모를 위한 자녀를 돌보는 기관이 있으며, 부모 중에는 어린이집 외에 개인적인 아이 돌보미를 선택하거나 아이를 돌보는 가정에 맡기는 경우도 있다.

어린이집은 구조화된 놀이기구를 갖추고 보육교사들의 감독하에 아이들의 집단놀이가 진행되는 시설이다. 학령전기 보육시설은 성장발달은 촉진 시키는 프로그램을 제공하고 대처 기술을 가르친다. 좋은 프로그램은 아동에게 자신감과 긍정적인 자존감을 갖도록 도와줄 수 있다.

유치원과 보육시설, 사설학원 등에서는 학령전기 아동의 읽고 쓰는 능력을 개발하기 위한 조기 교육에 관심을 갖고 있으며, 부모와 교사들은 읽고 쓰는 교육 환경이 어린아이들에게 도움이 된다는 입장이다. 이 시기 아동들의 말하기, 읽고 쓰기에 관한 지침이 세워져 있어야 하며 이 시기의 언어 능력과 책에 대한 흥미 등이 향후 학문적 성취의 전조가 될 수 있다. 학령전기 아동들의 효과적인 독서 전략에 대해 책의 내용에 대한 생각이나 감정을 이야기하도록 하면서 대화하기, 질문을 통해 이야기 속에서 어떤 일이 왜 일어났는지 질문하기, 아동들이 언어로 즐길 수 있는 창의적인 책들을 선택할 수 있다.

반면 조기 조육에 대한 장단점과 몇 가지 모순들에 대해 논란이 되고 있다. 이 시기 아동들의 핵심은 신체, 인지, 사회 및 정서발달을 촉진시키는 교육에 초점을 두는 보육이어야 한다. 무엇을 배워야 하는 것보다는 학습 과정에 강점을 두어야 하는 시기이다. 즉, 아이들 개별적인 발달 양상에 따라 사람과 물질로 일차적인 경험을 통해 알아가는 것이고 놀이는 어린아이의 통합적 발달에 중요하다. 따라서 유치원에서는 실험, 탐구 및 탐색, 끈기, 조립, 말하고 듣기 등을 포함한 프로그램 운영이 필요하다. 이는 4~5세 아동의 발달상태에 적합한 활동이기 때문이다.

Google은 최근 몬테소리 센터에서의 조기 교육이 성공적인 주요 요소를 포함하고 있다고 소개하고 있다(International Montessori Council, 2006). 몬테소리 경험은 이 시기 아동들에게 자유로운 생각을 통해 자신의 관심을 개발하도록 환경을 조성하는데, 아동 본인들이 원하는 놀이를 하도록 교사들은 지시자가 아닌 촉진자 역할만을 한다. 조기에 아동들이 스스로 의사결정 하도록 격려함으로써 자신의 시간을 선택하고 관리할 수 있는 자기조절 문제해결자로 키운다는 철학으로 프로그램을 운영한다. 이에 대해 한편에서는 상상놀이를 제한하고 스스로 선택하게 하는 놀이감은 학습 양상의 다양성과 창의성 개발에 부족하다는 비판도 있다.

대부분의 교육 심리학자들은 어린 시기의 아동들은 게임과 드라마 놀이와 같은 적극적이고 손쉬운 교육이 최고이며, 인지발달뿐만 아니라 사회정서적 발달에 초점을 두어야 하며, 아동의 발달에 적절한 활동이면서 개인적인 발달 차이를 고려할 필요가 있음을 강조한다. 또한 어린아이에게 조기 교육기관을 통해 과도한 학습 부담감을 주고 능동적인 지식을 쌓아갈 기회를 제공하지 못하는 사설 교육 접근에 대해 우려하는 교육자들이 많다.

한편, 빈곤가정의 양육 교육 환경의 부족으로 인한 문제가 제기되고 있는데, 우리나라의 경우 보건복지부에서 주도하는 드림스타트 서비스가 저소득 가정의 가족을 대상으로 부모 교육을 통해 자녀들의 양육 환경을 개선하고,

박스 어린이집 선택 기준

- 국가 공인 기관에 의해 인증된 시설이어야 한다.
- 아동 돌봄 교육기관에서 교육받은 인력이어야 한다.
- 아동과 직원의 비율이 적절한 기준에 부합되어야 한다.
- 훈육 방법, 보육 및 교육철학, 안전과 위생환경이 확인되어야 한다.
- 간식 및 휴식시설이 갖추어져야 한다.
- 아동의 건강력이 검토되어야 하다.
- 옥내외 놀이감과 시설이 갖추어져 있어야 한다.
- 부모가 방문하여 보육교사와 아동들의 상호작용을 관찰해야 한다.
- 시설 내의 다른 아동들 부모들과 평가 의견을 소통하는 것이 필요하다.

원하는 사설 교육의 기회를 제공하는 지방자치제 서비스를 운영 중이다. 향후 이러한 조기 교육 프로그램 운영과 정부 주도 서비스의 장단기 성과에 대해 가시적으로 분석될 필요가 있다.

2) 말더듬

말더듬stuttering이란 말의 흐름에 방해나 차단이 있는 것을 의미한다. 누구나 가끔 말을 더듬을 때가 있지만, 일상적인 대화에서 나타나고 다른 사람들이 주목하게 될 때 언어 문제가 된다. 말을 더듬는 아동은 단어나 소리를 반복하거나 말의 일정 부분을 끌게 된다. 어떤 아동은 일정한 소리나 음절의 문제를 가지고 있다.

말더듬의 원인에 대해서는 완전히 밝혀지지 않았으나, 대부분 뇌의 메시지가 말에 필요한 근육 및 신체 부분과 상호작용하는 데 문제가 있어서 발생하는 것으로 보고 있다. 또한 가족이나 친척이 말을 더듬는 경우 말더듬 아동이 3배 정도 더 많은 것을 통해 유전에 의한 원인도 추정할 수 있다.

아동은 1세를 전후해서 음절을 소리 내며 18~24개월 사이에 두 낱말을 이어서 언어로 표현하게 된다. 2세 후반부터는 세 낱말로 이루어진 문장을 쓰기 시작하면서 말과 언어 능력이 급속히 발달한다. 따라서 2~4세까지를 말과 언어 습득의 신비로운 시기로 말하는 학자도 있다. 그런데 말더듬의 대부분은 5세 이전에 시작되며, 말더듬 아동의 약 1/3은 2~4세에 말더듬 증상이 뚜렷하다. 그러므로 아동의 말과 언어발달과 말더듬의 관계를 생각해 보게 된다.

2~4세 아동이 말을 배우는 과정은 나름대로 언어표현의 규칙성을 찾고 틀렸으면 수정하는 시행착오의 연속이다. 이렇게 말을 해야 옳은지 저렇게 말을 해야 옳은지 살피며 말을 하자니 더듬을 수밖에 없고, 또한 자기의 말을 이리저리 구조와 낱말을 바꾸어 더듬어야만 상대방의 반응을 확실히 살필 수 있게 된다. 따라서 아동의 말더듬 현상은 언어발달의 험한 과정에서 필수적으로 거쳐야 하는 정상적인 과정이다. 그런데 이것을 가족들이 잘못 이해하여 비정상으로 받아들이면 아동은 이에 대해 병적인 반응을 보임으로써 증상으로 굳어진다고 보기도 한다. 정상적인 발달 과정의 자연스러운 말더듬을 병적인 말

더듬으로 인식하면 말더듬이 고착된다는 것이다.

말더듬의 초기 단계에서는 어른이 말과 행동을 자연스럽게 해야 한다. 아동의 말더듬 증상을 초연하게 받아들이고 아동의 말더듬에 대해서 무관심해야 한다. 원인을 어떻게 보느냐 하는 것과는 상관없이 실제 치료는 대부분 말더듬이 일종의 학습된 행동이며, 따라서 말을 더듬지 않는 것도 배울 수 있을 것이라는 전제에서 출발한다.

아동에게 언어 문제가 있을 때는 언어치료사에게 가보는 것이 좋다. 말더듬의 경우에는 다른 언어장애와는 달리 부모나 가족들이 말더듬을 직접 고치려고 하면 대부분 역효과를 가져올 수 있다. 아동이 어떤 특정 말소리나 낱말의 발음을 못 해서 또는 호흡기관, 발성기관, 조음기관 등 신체적인 이상이 있어서 말을 더듬는 것이 아니기 때문이다. 따라서 가족은 아동에게는 관심을 두지만, 아동의 언어 자체에는 관심을 갖지 않아야 한다. 부모나 가족은 말더듬 현상 자체를 직접 고쳐 주려고 하지 말아야 하며 이 일은 전문 언어치료사에게 맡겨야 한다.

언어치료사는 크게 읽어 보게 하거나 어떤 단어를 발음해 보게, 아니면 어떤 말을 해보라고 시킬 수 있다. 또한 청력검사를 할 수도 있다. 듣는 데 문제를 갖고 있다면 단어를 똑바로 발음하는 데도 역시 문제를 갖게 되기 때문이다.

아동이 언어 문제를 가지고 있다는 것은 부모로서 당황스러운 일이고 슬프거나 부끄럽다고 느낄 수 있다. 혹시 많이 말하지 않음으로써 보다 편하게 느낄 수 있겠다고 생각할 수도 있다. 그러나 말하는 데 있어서의 어려움을 무시한다고 해서 그것이 없어지는 것이 아니므로 언어 문제를 가지고 살아가겠다는 자세가 필요하다. 입술을 감추거나 하는 대신에 말하는 방식과 말이 좋아지는 단계에 대해 개방적으로 되는 것이 좋다. 친구와 교사에게 이런 상황을 설명하고 도움을 받는 것이 필요하다.

아동 스스로가 완전하게 조절할 수 없는, 말하는 방식으로 놀림거리로 만드는 사람 때문에 아동이 상처받을 수도 있다. 이때 누가 놀리면 언어 문제를 가지고 있고 고치려고 노력 중이라고 말하도록 하며 주변 사람들이 그런 생각을 안 할 때까지 인내를 가지고 기다리게 한다. 내가 말하는 것을 이해할 수 없다면 다시 말해 달라고 청하도록 말하는 것을 두려워하지 않도록 한다. [말더듬 아동에 대한 가족의 대처 방법]과 [아동과의 대화 시 부모가 주의해야 하는 말]은 박스에 제시하였다.

박스 말더듬 아동에 대한 가족의 대처 방법

- 가족들(특히 형제들)이 아동의 말더듬을 놀리지 않도록 한다.
- 아동이 말이 막혀서 이어가지 못할 때, 충분한 시간을 주며, 도와주는 목적으로 하지 못한 나머지 말을 대신 해주지 않는다. 다른 사람이 대신 말을 해주는 일이 잦아지면 말할 용기가 더욱 없어지고 위축되며, 아동은 남이 자기를 대신해서 말해 주는 것을 창피하게 생각하고 싫어한다.
- 아동에게 모든 사람이 어느 정도는 말을 더듬는다는 사실을 깨우쳐 준다. 아동에게 머뭇거리고 유창하지 못하게 말하고 더듬는 일이 극히 자연스럽고 있을 수 있는 일이라는 사실을 알게 한다.
- 아동이 말할 때 방해하지 않으며 말할 수 있는 기회를 자주 주어 말하도록 격려한다.
  적어도 하루에 한 번은 아이와 함께 앉아서 이야기하고 대화의 내용은 기쁘고 즐거운 것이어야 한다. 그러나 말하는 연습을 억지로 시켜서는 안 되고 말하는 것이 재미있는 일로 만들어 준다.
- 천천히 말하라, 생각하면서 말하라, 숨을 천천히 쉬라는 등의 아동의 말하는 기술에 주의를 주지 않도록 한다. 말을 빨리하는 아이에게 부모가 말을 천천히 하라고 해도 고쳐지지 않는다. 단, 편안한 속도로 말하는 것을 아이에게 본보이고 시간이 충분하니 서두르지 않아도 된다는 인상을 준다. 이러한 지침을 학교 선생님, 친척, 이웃 및 손님들에게 미리 알려 주도록 한다.
- 특정 발음이나 단어를 반복 연습하게 하거나 발음을 교정하지 않도록 한다. 교정하려 한다고 해서 교정되는 것이 아니며 이는 아이가 말하는 것에 대해 자신감만 잃게 할 뿐이다. 이러한 지침을 학교 선생님, 친척, 이웃 및 손님들에게 미리 알려 주도록 하여 발음을 교정하지 않도록 한다. 말더듬에 대한 관심을 보이거나 당황하거나 비난하지 않는다. 아이가 약간의 말더듬 증세를 보이되 전혀 불편감을 느끼지 않으면 모른 체 한다. 그러나 아이가 말하는 데 상당한 어려움을 보이면 "걱정하지 마라, 엄마는 너를 이해한다."라고 말하여 안심시켜 준다. 만약 아이가 자신의 말더듬에 대해 질문하면 "곧 괜찮아질 거란다."라고 확신시켜 준다.
- 아이가 편안히 지내도록 돕는다. 아이의 일과가 즐겁고 마음껏 뛰어노는 시간을 많이 제공한다. 가족생활 역시 여유를 가지며 말더듬 증세가 나타날 만한 상황을 만들지 않는 것이 좋다. 어떤 상황이든 엄한 규율을 요구하거나 남과 비교하면서 비난하는 상황은 피하도록 한다.

3) 수면장애

학령전기 아동은 밤 동안 약 8~12시간 정도의 수면을 취하며, 낮잠은 필요하지 않지만 활동적인 아동은 오후에 휴식이 필요하다. 이때 부드러운 음악과 함께 휴식이나 수면을 취하게 할 수 있으며, 낮잠을 재울 경우 30~60분 정도면 충분하다.

저녁 10시에서 새벽 2시 사이에 성장호르몬이 가장 많이 나오므로 밤 10시 이전에 꼭 잠자리에 들도록 유도한다. 학령전기 아동은 유아기 때와 같이 취침 시 30분 이상 부모가 옆에서 동화책을 읽어 주거나, 불을 켜두도록 한다거나 부모의 관심을 요구하면서 잠들기 위한 몇 가지 의식들을 요구한다. 이는 이 시기의 아동들에게 필요한 과정으로서, 시간을 30~45분 이내로 제한하는 확고한 부모의 태도가 필요하다.

이 시기 아동은 밤에 악몽과 수면공포증과 같은 수면장애가 가끔 초래될 수 있다. 악몽은 대부분 공상·상상과 관련된 꿈을 꾸었을 때 3세경 아동에게 가끔 발생하는데, 수면에서 완전히 깬 후에 두려움과 무기력했던 그때의 감정을 표현하게 된다. 이러한 경우에는 아동의 꿈과 두려움에 대해 이야기하도록 하고, 단지 꿈에 불과하다고 말해 줌으로써 아동을 안심시킨다. 수면공포증은 무서운 꿈으로 인해 잠에서 깨어 멍하니 응시하거나 거친 숨을 몰아쉬고 땀이 나며 흐느끼는 행동 등과 같은 긴장감을 보이는 경우이다. 이 경우에는 아동을 충분히 이완시킨 후 다시 잠을 재우도록 한다. 대부분은 다시 꿈을 기억해 내지 못하며, 아침에 깬 후에도 그 상황을 알지 못한다. 수면공포증은 약 2세경에 시작하지만 학령전기 아동에게서 더 일반적이다.

4) 대소변 조절 문제

(1) 대소변을 가리지 못하는 아동

학령전기가 끝날 무렵 대부분의 아동은 어느 정도 독립적인 대소변 가리기를 완수할 수 있다. 3세 이후에도 낮에 대소변을 가리지 못하고, 배변 훈련을 거부하는 아동이 여기에 속한다. 이런 아동들은 옷에 대소변을 싸거나 억지로 참기 때문에 변비가 생길 수 있다. 거부하는 가장 흔한 이유는 부모가 배변 훈련에 대해 심하게 잔소리를 하였거나 아동이 원치 않는데 억지로 변기에 오랫동안 앉혀 놓았을 때, 혹은 말을 안 듣는다고 때리거나 심한 벌을 주었을 때 등이며, 특히 아이가 고집이 셀 때 더욱 심하다.

박스   낮 동안 대소변을 가리지 못하는 아동 관리 방법

- 화장실 가라고 잔소리하지 않고 아이 스스로 화장실 사용하도록 유도한다.
- 화장실에서 용변을 본 경우 스티커 주기와 같은 상을 준다.
- 옷에 대소변을 본 경우 스스로 옷을 갈아입게 하고 필요 시 아이를 닦아준다.
- 옷에 대소변을 보더라도 아이를 비난하거나 벌하지 않는다.
- 어린이집 교사도 같은 전략을 따르도록 부탁하고, 여분의 내의를 가져가도록 한다.

아동이 화장실을 자주 들락거리는 것에 관심을 주지 않도록 하고, 거품 목욕이나 자극제 사용을 피하는 것도 빈뇨를 완화하는데 도움이 된다.

빈뇨는 수분을 많이 마시지 않는데도 소변을 하루에 10~30분 간격으로 자주 보고 1회 소변량은 적은 경우를 의미한다. 4~5세경에 흔히 발생하는 빈뇨는 낮에만 나타나고 밤에 자는 동안에는 없으며, 통증을 동반하지 않는 경우가 많다. 이러한 빈뇨는 대부분 정서적 긴장상태를 반영하는데, 아동이 스

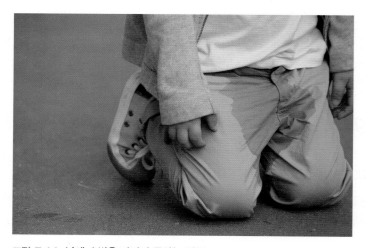

그림 7-14 낮에 소변을 가리지 못하는 아동

트레스를 받은 후 1~2일 이내에 발생한다. 이런 경우 아이가 어떤 스트레스를 받고 있는지를 확인함으로써 원인을 제거해주면 병원치료 없이 저절로 해결될 수 있다. 부모는 아동에게 스트레스를 제공하는 상황은 박스에 제시하였다.

박스 아동에게 스트레스를 제공하는 상황

- 가족 구성원의 사망
- 사고나 생명에 위험을 줄 만한 사건
- 부모갈등
- 부모나 형제가 아픈 경우
- 어린이집, 유치원 입학과 전학
- 밤에 오줌을 싸지 말아야 한다는 지나친 걱정
- 친구들이 있는 곳에서 옷에 오줌을 싼 경우

---

(2) 야뇨증

야뇨증은 잠자는 동안 소변이 불수의적으로 나오는 것으로서 3세 아동의 40%, 6세 아동의 10%에서 흔히 나타나는 일시적인 문제이다. 야뇨증은 최소 6세까지는 정상으로 판단한다. 야뇨증은 대부분 선천적으로 방광이 작아서 밤에 소변을 보유하기 어렵거나, 깊이 잠을 자는 아동의 경우에 흔히 발생한다. 대부분의 아동은 신체적 원인은 드물고 신장 기능이 정상이어서 특별한 치료를 하지 않아도 6~10세 사이에 야뇨증이 점차 없어진다.

아동의 방광 크기를 확인해 보기 위해 최대한 소변을 참게 한 상태에서 3회에 걸쳐 소변을 보게 하여 이중 가장 많은 소변을 방광의 용적으로 추정해 볼 수 있으며, 아동의 연령에 30을 곱한 수 이상이면 방광 용적이 정상임을 의미한다.

6세 이후에도 야뇨증이 있는 아동의 경우, 스스로 밤에 잠을 깨서 화장실로 가서 배뇨하는 것을 가르치기 위해 부모가 아동을 깨우는 것이 필요하다. 아동이 밤에 소변을 옷에 적신 경우 일어나서 스스로 옷을 갈아입도록 하고 마른 수건으로 침대의 젖은 부분 위를 덮도록 한다. 이를 위해 침대 옆에 마른 잠옷과 수건을 항상 준비해 주는 것이 필요하다. 방광의 크기가 작은 야뇨

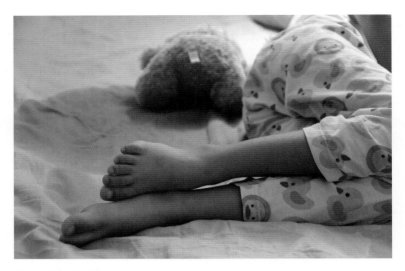

그림 7-15 야뇨증

증 아동은 알람을 설정해 밤에 깨우거나 적은 양의 소변이라도 예민하게 반응하여 젖은 옷이나 침구에 대처하도록 할 수 있다. 야뇨증 예방법은 박스에 제시하였다.

박스   야뇨증 예방법
• 잠자리에 들기 전에 소변을 보도록 한다. • 밤에 일어나 소변을 보도록 격려한다. • 잠자기 2시간 전부터 음료수 마시는 것을 제한한다. • 기저귀 채우기는 밤에 일어나고자 하는 동기를 방해할 수 있으므로 피하도록 한다. • 소변을 지리지 않은 날은 잠에서 깬 후 칭찬해 준다. • 소변을 지린 날은 아이 역시 죄책감을 느끼고 당황하므로 지지와 격려를 해준다. • 형제들이 야뇨증 아동을 놀리지 않도록 한다.

(3) 유분증

유분증이란 옷에 대변을 보는 것으로 하루에 몇 번씩 대변을 지릴 수 있다. 이는 심한 변비로 장을 막은 굳은 변이 자기도 모르게 갑자기 부서지면서 새어 나오기 때문이다. 변비가 생기는 이유는 우유를 과잉 섭취하거나 배변 시

통증이나 대소변 훈련에 대한 거부 반응으로 억지로 참는 경우에 나타날 수 있다. 이 경우 관장을 실시하여 매복분변을 제거하도록 한다. 관장액을 주입 후 5분간 참도록 한 후 변기에 앉혀 배설하도록 유도한다. 첫 관장 후에도 여전히 아이의 바지에 변이 묻거나 아랫배에 단단한 덩어리가 만져지면 1~2시간 후에 두 번째 관장을 시도한다. 관장하기 전에 물을 1~2잔 마시게 하여 관장으로 인한 탈 수를 예방할 수 있다.

평소 변비를 예방하는 음식으로 대추, 건포도, 배, 양배추, 옥수수 등 섬유질이 많은 음식과 과일주스를 먹이고 우유는 하루에 2잔 이상 마시지 않도록 한다. 따뜻한 물을 담은 대야에 아이를 앉게 해 항문괄약근을 이완하도록 하는 방법도 아동의 배변에 도움이 될 수 있다.

마무리 학습

1. 학령전기 아동의 인지발달 특성을 대표할 수 있는 아동의 행동 예시를 5가지 제시하고 그런 행동을 보이는 이유를 각각 설명하시오(참고문헌과 기사의 출처를 밝힐 것).

2. 학령전기 아동의 심한 편식으로 부모가 상담을 요청해 왔다. 적절한 영양교육 내용을 계획하고, 이를 부모 교육 자료로 만들어 제출하시오(참고문헌과 기사의 출처를 밝힐 것).

3. 홈스쿨링을 선호하는 부모가 학령전기 자녀를 유치원에 보내야 하는지에 대한 상담을 요청해 왔다. 이 시기 아동의 발달 촉진을 위한 상담 내용을 계획하시오.

4. 보건복지부에서 실시하는 학령전기 아동대상 건강 관련 프로그램 한 가지를 검색하고, 프로그램 내용과 적용 방법을 구체적으로 설명하시오(참고문헌과 기사의 출처를 밝힐 것).

학령기

학습 목표

1. 학령기 아동의 신체 및 운동발달에 대해 설명할 수 있다.

2. 학령기 아동의 인지발달에 대해 설명할 수 있다.

3. 학령기 아동의 사회 및 정서발달에 대해 설명할 수 있다.

4. 학령기 아동의 도덕발달에 대해 설명할 수 있다.

5. 학령기 아동의 성장발달 증진에 대해 설명할 수 있다.

6. 학령기 아동의 성장발달 관련 이슈에 대해 토의할 수 있다.

CHAPTER 8

학령기

학령기는 6세부터 12세까지를 의미하며, 초등학교 생활이 대부분을 차지하는 시기이다. 일반적으로 학령기는 초기(6~7세), 중기(8~9세), 후기(10~12세)로 세분화하여 구분하기도 한다. 이 시기 아동은 이전 발달단계에서 환상과 상상에 몰두했던 것과는 대조적으로 사실이나 현실적인 일에 몰두한다. 학령기 아동은 읽고 쓰고 계산하는 등 사회에서 가치 있는 것으로 인정되는 기술이나 방법을 습득하는 데 많은 시간을 보내며, 이 과정을 통해 자신감을 획득하고 사회에 공헌할 수 있는 자신의 잠재력을 발견하게 된다. 특히 이 시기의 아동은 가족 이외의 타인과 다양한 관계를 형성하고 상호 교류함으로써 사회성 발달이 촉진되는데, 이는 다가올 청소년기와 성인기를 대비하는 필수요소이다.

학령기 아동의 주요 발달과제는 긍정적 자아개념을 형성하고, 친구관계를 발전시키며, 구체적 사고에서 추상적 사고로의 발전, 이차 성징의 발달 및 책임의 수용 등이 포함된다.

1. 학령기 아동의 성장과 발달

1) 신체발달

학령기 아동에게 나타나는 두드러진 신체 변화는 골격 성장, 치아발달, 임파 조직의 발달을 들 수 있다. 학령기 아동의 신체발달은 비교적 완만한 증가를 나타내며, 골격 성장과 골화가 지속됨에 따라 학령전기에 비해 다리가 길어져 신체의 무게 중심이 아래로 이동한다. 또한 지방의 양과 분포의 변화로 전반적으로 날씬한 체형이 된다.

체중은 매년 평균 3kg씩, 신장은 5~6cm 정도 증가한다. 일반적으로 성장의 급등이 이루어지는 사춘기는 여아의 경우 10세경에, 남아는 12세경에 시작되는데, 이 시기는 개인차가 심하여 12~14세가 되어도 성장의 급등이 일어나지 않는 아동도 있다.

치아는 6~13세 사이에 한 해 평균 4개 정도의 유치가 빠지고 영구치로 교체된다. 13세에는 20개의 유치가 빠지고, 28개의 영구치가 붕출된다. 따라서 학령기는 정기적인 치과 검진과 칫솔질 및 불소도포 등이 요구되는 시기이다.

임파 조직은 학령기 동안 급격히 성장하여 사춘기 전까지 크기가 최대에

그림 **8-1** 학령기 아동의 신체발달

도달하고, 그 이후에는 점차 쇠퇴하기 시작한다. 따라서 12세 아동의 편도선은 성인의 편도선보다 크다. 학령기 동안에 이러한 임파 조직의 특성으로 인해 학령전기나 청소년기보다 면역 반응이 활발하고, 그 결과 감염의 빈도가 낮다.

위장관은 위의 용량은 증가하지만, 학령전기 아동보다 열량의 요구량은 감소하여 간식을 덜 먹게 된다.

신경계는 뇌의 수초화가 7세까지 완성되며 12세가 되면 머리는 성인 크기에 도달한다.

감각계는 더욱 성숙해지고 미각, 후각, 촉각이 예민해지면서 음식에 대한 선호도가 발달한다. 시력은 학령전기와 6세 사이에 성인 수준으로 되기 때문에 활자가 큰 책은 더 이상 필요 없게 된다.

2) 운동발달

학령기는 신경계의 변화 및 근골격계의 변화로 운동 능력이 증가하는 시기이다. 체중에서 근육이 차지하는 비율이 증가하고 근육 조정력이 증진되며, 특히 신경계는 수초화가 증가하면서 미세 운동과 전체 운동 기술이 새롭게 발달된다. 또한 폐 크기가 커지면서 폐활량이 증가하여 격렬한 운동을 더 잘 할

그림 8-2 학령기 아동의 운동 기술발달

수 있게 된다.

학령기는 신체 조절력이 향상하면서 다양한 신체 기술을 획득한다. 영양을 충분히 섭취하는 아동들은 면역계가 급속히 발달하면서 학령기에 가장 건강한 상태가 되고 에너지가 충만하여 활동적이며 정교한 기술과 조정을 필요로 하는 게임과 활동에 아주 열성적이다. 대근육 운동 기능을 습득하여 달리기, 멀리뛰기, 줄넘기, 오르기 등을 잘 할 수 있으며 연령에 적합한 놀이나 운동은 자전거 타기, 스케이트, 수영 등이 있고 야구나 농구와 같은 팀 운동을 즐기기도 한다. 손과 손가락을 사용하는 소근육 운동 기능의 증가로 다양한 악기 연주와 수공예품을 잘 만들 수 있게 된다.

그림 **8-3** **소근육 운동 기능의 발달**: 소근육 운동 기능의 발달로 학령기 때 정교한 수공예품을 만들 수 있다.

3) 인지발달

학령기 아동은 주의집중 및 통제 능력을 극적으로 발달시키며 기억, 사고, 메타인지를 포함하는 정보처리 과정에서의 변화가 일어난다. 이 시기에 아동은 지식에 대한 갈증과 기술 습득의 욕구를 가지고 역할모델이나 영웅을 흉내 내게 된다. 아동이 기술을 습득해 가는 과정에서 부모의 지나친 도움이나 대신해 주기 등은 아동의 기술 습득에 대한 욕구를 저해하여 근면감 대신 열등감을 형성할 수 있다.

(1) 구체적 조작기

피아제는 6~7세경 질적으로 새로운 사고의 유형이 발달한다고 제시하고, 이 새로운 지적발달의 단계를 구체적 조작기로 명명하였다. 구체적 조작기 concrete operational stage 는 아동이 문제 상황을 이해하고 해결하는 방법이 눈에 보이는 구체적인 사실들에 근거하여 논리적 조작으로 사고하는 시기를 말한다. 구체적 조작기 아동은 사물을 눈으로 보고 조작해 볼 때 가장 잘 배울 수 있으며, 논리적으로 생각하고 규칙을 이해한다. 따라서 실제로 해 보는 학습이 학령기 아동에게 가장 효과적이다.

조작operation이란 어떤 물체나 일련의 물체에 대해 행해지는 행위를 말한다. 정신적 조작이란 행위가 아닌, 사고에 의해 가해지는 변형이다. 피아제는 변형이란 어린 아동이 말로 할 수는 없지만 수행할 수 있는 어떤 물리적인 관계에서 형성된다고 하였다. 정신적 조작이란 사물 간 관계 변화에 대한 내적 표현을 의미한다.

구체적 조작기 중에는 보존conservation, 분류classification, 조합combination의 3가지 개념적 기술이 발달한다. 학령기 중기 이후의 아동은 물리적 세계의 논리성, 질서, 예측성을 더 명백히 이해하기 위해 이런 기술을 사용하게 된다. 학령기 아동은 구체적·조작적 사고와 연관된 논리적 원리를 사용하여 문제 해결에 새롭게 접근하면서, 이런 원칙을 우정, 집단 놀이 및 다른 게임의 규칙에 적용하고 자가 평가함으로써 일반화시키게 된다.

(2) 보존, 분류, 조합

보존conservation의 기본적인 의미는 용기나 형태의 변화에도 불구하고 물체는 극적으로 나타나거나 사라지는 것이 아니라는 것이다. 보존 개념은 질량, 무게, 수, 길이, 용적을 포함해 다양한 차원에 해당할 수 있다.

아동은 어떤 물리적 차원에서 동등함이 변경될 수 없다는 것을 확인하기 위해 세 가지 개념을 사용한다. 첫째는 동일성identity의 개념이다. 예를 들어, 팬케이크 모양의 점토는 공 모양의 점토와 똑같은 질량을 가지고 있다. 점토의 모양이 변해도 더해지거나 사라진 것은 없다. 둘째는 가역성reversibility의 개념이다. 예를 들어, 팬케이크 모양의 점토는 공 모양으로 다시 되돌릴 수 있다. 셋째는 상호성reciprocity의 개념이다. 아동이 직경과 둘레와 같은 두 영역을 동시에 조작할 수 있을 때를 말하며, 공은 작고 두껍지만 팬케이크는 크고 얇다는 것을 아동이 인식하는 것을 예로 들 수 있다. 이런 보존 개념은 질량과 수, 무게, 부피의 순으로 개념이 발달한다.

분류classification란 범주를 나누는 특성을 확인하고, 한 범주나 부류를 다른 것과 연결하여 문제를 해결하는 데 범주에 관한 정보를 사용하는 능력을 말한다. 조합 기술combination skill은 더하기, 빼기, 곱하기, 나누기의 수학적인 기술로 학령기에 습득된다.

(3) 초인지

초인지metacognition란 지식을 사정하고 측정하기 위해 사용되는 모든 과정과 전략을 의미한다. 이것은 어떤 질문에 정확한 대답을 하느냐보다는 그 답을 어떻게 끌어냈는지 설명하는 것에 더 관심을 가지는 것을 말한다. 또한 초인지란 해결에 도달하기 위한 가장 좋은 방법을 선택하기 위해 문제에 접근하는 다양한 전략을 검토하는 능력을 포함한다. 자신의 잘못에 주목하고 실수를 통해 배우려는, 과제와 연관된 초인지는 수학의 우수한 성취도와 관련이 있으며 문제해결을 위해 효과적으로 가설을 설정하는 청소년의 능력에서도 메타인지가 중요한 역할을 한다고 알려졌다.

(4) 기술 습득

학령기 중기 성장 중 주요 영역은 기술의 습득skill learning이다. 기술은 지적인 능력의 기초가 된다. 기술은 중요하고 의미 있는 문제를 확인하고 해결하는 것을 지향하는 지식(혹은 무엇에 대해 아는 것)과 실기(하는 방법을 아는 것)를 합친 것이다.

이 시기에 아동은 지식에 대한 갈증과 기술 습득의 욕구를 가지고 역할모델이나 영웅을 흉내낸다. 부모가 아동이 기술을 습득하는 데 있어 너무 많이 도와주거나 대신해 줌으로써 아동이 기술 습득에 노력을 기울이지 않게 된다면 열등감이 발생하고 좋은 점수를 받는다고 할지라도 자신의 노력에 대한 결과가 아님을 알기에 근면감을 달성할 수 없게 된다.

(5) 읽기

읽기reading는 아동기 중기 중에 발달하는 가장 중요한 지적 기술이다. 읽기는 새로운 정보, 새로운 언어의 사용과 새로운 사고의 유형을 제공한다. 아동이 읽을 수 없다면 수학과 사회와 과학을 학습하는 데 제한을 받는다. 아동이 유창하게 읽을 수 있다면 독립적인 탐구의 가능성은 유의하게 확장된다.

읽기를 배우는 과정의 초기에 아동은 혼자 읽을 수 있는 것보다 훨씬 더 많이 이해하고 의사소통을 할 수 있다. 읽기의 과제는 쓰여진 언어를 이해하여 구두로 하는 의사소통 기술에 사용하는 법을 배우는 데 있다. 읽기는 또한 많은 새로운 기술을 습득하고 통합하는 것을 포함하는 복잡한 기술이다.

부모는 아동의 읽기 기술에 계속 영향을 미치는 것으로 인식되어 왔다. 읽는 능력에 가치를 두는 부모는 학교에서의 학습을 격려하고 읽을거리를 제공하며 함께 책을 읽고 함께 이야기하여 더욱 더 능숙한 독자가 되는 아동을 만들게 된다.

(6) 기술 습득의 사회적 영향

최근에는 학령기 아동의 학습 능력에 대한 사회적·문화적 영향에 주목하고 있다. 아동의 기술 습득은 부모와 학교의 기대에 영향을 받는다. 이것은 또한 아동의 새로운 수준에 도달하려는 의지, 새로운 전략 개발, 문제 해결, 실행에 대한 에너지 집중에 영향을 받는다. 기술 습득은 학교선생님, 코치, 지도자의 적절한 지도와 잘하는 친구와의 상호작용에 의해서도 더 나아질 수 있다. 또한 기술 습득이 중요하다는 아동의 신념과 태도, 스스로에 대한 기대, 다른 사람의 기대, 경쟁심 등이 기술 습득의 성취 수준과 관계가 있다.

4) 사회 · 정서발달

7세가 되면 자기중심성이 많이 감소되어 다른 사람이 자기와는 다른 의견을 가질 수 있음을 깨닫게 되고 어떤 문제에 관해 다른 사람의 의견을 구하게 된다. 아동은 보다 더 협조적이고 자신의 행동이 남에게 영향을 미칠 수 있음을 이해하게 된다. 사회적인 인지라고 불리는 이러한 이해는 친구들과 더 잘 어울리게 하고 자아개념을 증진시킨다.

Erikson의 사회·심리발달이론에 의하면 일에 대한 인간의 기본적인 태도는 학령기 중기에 형성된다. 아동은 기술이 발달되고 개별적인 평가 기준을 확립하면서 자신이 사회적으로 공헌할 수 있는지를 처음으로 사정하게 된다. 또한 성공 추구를 위한 내적인 수행을 하게 된다. 어떤 아동은 성공을 성취하고 우수함의 기준에 겨루도록 동기화되며, 반면에 어떤 아동은 성공의 가능성에 대해 기대가 낮고 성취 상황에 대해 동기화되지 않는다. 성공을 이루려는 아동의 욕구에 대한 힘은 학령기 말에 형성된다.

(1) 자아개념과 자아존중감

자아개념self-concept은 신체적 특징, 개인적 기술, 특성, 가치관, 희망, 역할, 사회적 신분 등을 포함한 '나'는 누구이며 무엇인가를 깨닫는 것을 의미한다. 여기에는 자기에 대한 지식self-knowledge, 자기에 대한 평가self-evaluation, 자기통제self-control가 포함된다. 자아존중감self-esteem이란 자신에 대한 평가로, 개인의 능력에 대한 인지적 판단과 이러한 자기평가에 대한 정서적 반응을 말한다. 자아개념이 자아에 대한 인지적 측면이라면 자아존중감은 감정적 측면이라 할 수 있다. 자아존중감은 인간의 정신건강에 결정적인 역할을 하는 것으로 보인다.

일반적으로 유아기에는 자아존중감이 매우 높은 편이다. 그러나 학령기에 들어서면서 여러 영역에 걸쳐 자신을 객관적으로 평가하게 됨에 따라 자아존중감은 보다 현실적인 수준으로 조정된다. 이 시기는 자신에 대한 판단을 타인의 견해나 객관적인 수행 능력에 맞추어 평가하고, 특히 외모, 능력, 행동을

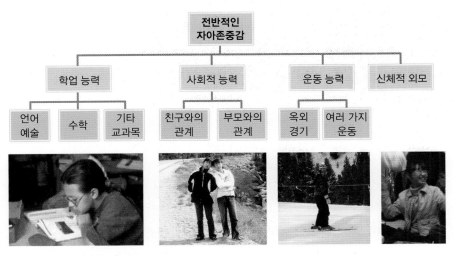

그림 **8-4** 자아존중감의 4가지 영역

다른 사람과 비교해서 판단하는 사회적 비교가 증가하기 때문이기도 하다.

자아평가는 보통 학업 능력, 사회적 능력, 운동 능력, 신체적 외모의 4가지 영역에서 형성된다. 이런 영역은 연령이 증가하면서 다시 세분되는데, 예를 들어, 학업 능력은 언어 기술, 수학, 기타 교과목으로 나누어지고 사회적 능력은 친구와의 관계, 부모와의 관계로 나누어진다. 이런 여러 영역에서 각각 분리된 자기평가는 전반적인 자아상을 이루고 이것은 다시 전반적인 자아존중감을 형성하게 된다.

(2) 타인에 대한 이해

타인의 관점을 수용하는 사회인지적 과정은 타인의 관점과 시각을 가정하여 타자의 사고와 느낌을 이해하는 것을 포함한다. 즉, 다른 사람의 관점을 고려하여 자신의 생각을 통제하고 다른 방식으로 상황을 보는 인지적 유연성 cognitive flexibility을 갖게 되는 것을 말한다. 이런 수용 기술이 부족한 아동과 청소년은 성인이 되어 동료관계에 어려움을 가지게 되고 공격적이고 반대되는 행동을 하게 되며 다른 사람을 거절하는 경향이 있는 것으로 알려져 있다.

(3) 자기효능감

자기효능감은 상황을 극복하고 바람직한 결과로 만들 수 있다는 신념이다. 즉 '나는 할 수 있다.'는 믿음이다. 반대로 무력감은 '나는 할 수 없다.'는 믿음이다. 자기효능감은 학생들이 여러 활동을 선택하는 데 영향을 미친다. 높은 학습 자기효능감을 가진 학생은 학습과제에 더 많은 노력을 기울이고 더 오래 학습과제에 매달리는 한편 낮은 학습 자기효능감을 가진 학생은 도전이 요구되는 것을 배우기를 회피한다.

(4) 자기조절

학령기는 자기조절 능력이 향상되어 자신의 행동, 감정, 사고를 조절하기 위해 많은 노력을 기울이게 된다. 이런 자기조절 능력은 학습 동기, 성공, 규범의 내면화된 준수와 성인기 건강과도 연관이 있는 것으로 보고 있다. 학령기의 낮은 자기조절 수준은 청소년기의 폭력, 공격성 등 외연화 행동 문제를 예측

(5) 근면성

근면성이란 몰두, 인내, 일하는 습관, 목표 지향과 같은 특성을 통해 의미 있는 일을 수행하고 기술을 획득하려는 열의와 능력을 말한다. 새로운 기술 습득은 아동의 독립심을 키워 주고, 가치감을 높여 줌으로써 책임감을 느끼도록 해 준다. 능력의 신장과 관련된 자기 동기유발적인 요인과 함께 보상이라는 외적인 요인도 기술발달을 증가시키는 요인이 된다.

부모와 교사는 물질적인 보상, 부가적인 특권, 칭찬 등을 통해 아동의 기술 발달을 촉진시킬 수 있다. 친구 또한 기술의 획득을 격려하는데, 소년·소녀 단체와 같은 조직은 아주 특별한 경로를 통해 성공적인 기술의 습득을 가져오게 한다.

(6) 열등감과 학습된 무력감

학령기에는 어려움의 극복에 대한 외적인 보상과 능력을 갖는 것에 대한 동기유발을 통해 기술 형성을 향한 내적인 추구가 이루어진다. 학령기 아동은 능력을 갖게 되는 경험을 통해 즐거움과 성취감을 얻게 된다. 반대로 열등감은 무익함(무가치감)과 부적절감의 경험에서 얻게 된다.

누구나 모든 것을 잘할 수는 없다. 아동 역시 자신이 시도하는 모든 기술을 습득할 수 없음을 발견한다. 새로운 도전을 받아들이고, 일에 대해서도 긍정적으로 생각하는 아동조차 자신이 할 수 없는 특별한 기술에 있어 어느 정도 열등감을 경험하게 된다.

아동의 열등감을 조장하는 실패 메시지의 유형은 첫째, 아동의 동기에 대한 비판이다. 이런 비판은 아동이 정말 열심히 노력했다면 실패를 피할 수 있었을 것이라는 점을 함축한다. 둘째는 능력이 없다는 점을 언급하는 것이다. 아동이 성공할 만한 능력이나 기술을 가지고 있지 않다는 것을 함축하는 것이다. 이런 실패 메시지의 유형은 학습된 무력감으로 나타나며 성공이나 실패는 노력과는 별로 관련이 없고 일의 결과는 자신의 통제 밖에 있다고 믿는 것을 학습된 무력감이라 한다.

그림 8-5 학령기 아동의 우정

(7) 우정과 또래집단

학령기 아동은 친구와의 상호작용을 통해 협동의 기술과 사회성을 발전시켜 나간다. 초기 가족의 경험은 아동의 사회성과 사회적 능력에 영향을 미친다. 영아기에 안정된 애착관계를 형성한 아동은 보다 더 사교적이고 사회적 상호작용에 몰두하며, 다른 사람의 욕구를 더 잘 고려할 수 있게 된다.

어머니의 훈육 기술, 자녀에게 말하는 방식, 양육관 등은 아동의 사회적 능력과 사교성과 연관된다. 긍정적이고 수용적으로 아동과 상호작용하며 개방적으로 감정을 표현하는 어머니의 자녀는 더욱 더 긍정적인 우정관계를 가지는 것으로 나타났다. 반대로 권위적인 양육 기술을 사용하는 어머니와 갈등 해소 시 폭력을 사용하는 어머니의 자녀는 친구와의 갈등 시에 힘이나 권위를 보임으로써 갈등이 해결될 수 있다고 믿는다.

아동은 동료와의 상호작용을 통해 다음과 같은 세 가지 이점을 얻게 된다. 첫째, 동료집단에서 보이는 다양한 관점에 대한 이해가 점점 증가하게 되고, 둘째, 친구집단을 통해 사회적인 규범과 압력에 대한 민감성이 증가되며, 셋째, 동성 친구와의 밀접한 관계를 형성할 수 있게 된다.

5) 도덕발달

학령기 아동은 처벌을 피하고 보상을 얻는 쪽으로 대개 동기화되는 학령전기 아동과는 달리, 더 높은 수준의 도덕적 추론으로 나아가게 된다. 즉, Kohlberg가 제시한 도덕 수준의 두 번째 단계인 인습적 도덕발달단계가 되는데, 이 단계에서 이들은 도덕적 판단을 할 때 행위의 결과보다는 행위자의 의도를 고려하여 판단하기 시작한다. 또한 그들 주위의 다른 사람의 반응에 영향을 받으며, 물질적 보상이나 처벌을 피하기보다는 사회적 승인을 얻는 쪽으로 도덕적 행동을 하게 됨에 따라 부모나 교사와 같은 가까운 주위 사람들의 승인을 받는 행동을 좋은 행동으로 판단하게 된다. 점차 아동은 합법적이고 정당한 것을 준수하게 되면서 사회적 질서 유지의 필요성을 인식하고 자신의 행동을 조절하게 된다.

도덕적 추론의 발달은 아동이 규칙을 이해하고 어떤 행동이 옳은지 나쁜지를 판단하게 되면서 시작된다. 도덕적 행동은 도덕적 추론에 기초한 행동이다. 초기 아동기에 규칙은 중요하며 친구가 이런 규칙을 어겼을 때는 심한 좌절을 경험한다. 후기 아동기의 아동은 어떤 게임에서 자신만의 규칙을 만들거나 규칙을 변경하는 것을 즐긴다. 또한 가난이나 전쟁과 같은 문화나 환경은 도덕적 행동에 영향을 미친다.

문화적으로나 도덕적으로 무엇이 옳은 것인지를 아는 것이 꼭 어떤 행동을 할 것이라고 없다. 학령기 아동이 도덕적 행동을 배운다고 할지라도 거짓말, 도둑질, 속이는 행위는 공통적으로 나타날 수 있다. 따라서 정직하고 공평한 성인모델이 중요하고 부모들이 역할모델이 될 수 있으므로 부모들의 옳고 나쁜 것에 대한 태도가 중요하다. 아동은 이런 태도를 채택하여 어떤 외적인 강화에도 불구하고 지속해서 내면화를 한다. 따라서 긍정적 보상을 통해 도덕적 행동이 습득되어야 하며, 바람직하지 않은 행위에 대한 처벌은 비효과적이다.

2. 학령기 아동의 성장발달 증진

1) 영양관리

학령기 아동의 영양 요구는 청소년기의 급격한 성장이 이루어질 때까지 비교적 안정적이다. 학령기 아동은 집보다는 집 밖에서 많은 시간을 보내고, 학교 친구, 선생님, 운동집단을 포함해 지역사회의 집단과 다양한 접촉을 하게 된다. 또한 여러 광고와 방송매체를 접하고, 신체상이 발달하는 시기이기도 하다. 이와 같은 요인들이 복합적으로 작용하여 날씬해지려는 욕구가 생기게 된다. 이러한 욕구는 학령기 아동의 음식 선호도, 식사 양상, 영양상태에 영향을 미친다.

학령전기에 비해 다양한 맛과 여러 종류의 음식을 즐기게 되지만 아직 먹는 음식은 선택적이다. 편식은 아동기에 꼭 고쳐야 하므로 일주일에 두 번 정도 새로운 음식을 먹이도록 한다. 친한 친구들을 동석시키고 서로 어울려 먹게 하는 것은 편식 개선에 도움이 될 수 있다. 최근 아동들이 많이 접하는 인스턴트식품과 패스트푸드, 스낵종류, 청량음료는 지방, 소금, 설탕이 많이 함유되어 적합하지 않으므로 섭취를 제한한다.

학령기 아동은 신체활동 증가와 학습에 필요한 에너지를 제공하기 위해 균형 잡히고 충분한 식이가 요구된다. 노는 것, 친구, 새로운 활동에 집중하기 때문에 학령기 아동은 식탁에 오래 앉아 있지 않는다. 9~14세 사이에 가족과 함께 저녁을 먹는 비율 역시 급격히 떨어진다. 부모와 저녁 식사를 함께하는 것은 인스턴트식품이나 청량음료를 덜 먹고 과일과 야채를 더 먹게 하는 이점이 있다. 따라서 부모들이 골고루 먹는 건강한 식사를 강조하고 격려할수록 아동들의 바쁜 하루 일정으로 인한 영양학적 결함이 덜 발생하고 발달에 영향을 미치지 않게 된다.

과일, 채소, 곡류, 고기, 우유와 유제품 등이 포함된 건강한 식사의 중요성을 강조하며, 치즈, 요구르트, 아이스크림은 좋은 유제품으로 권장하고, 우유를 매일 2~3컵 마시게 한다. 하루에 과일 주스 한 잔(200ml) 섭취는 비타민 C의 공급원으로 좋다.

학령기의 영양결핍은 신체성장 지연, 낮은 지능지수 점수, 운동조정력의 저하, 집중저하를 유발하는 것으로 보고되고 있다.

2) 개인위생과 치아관리

학령기 아동은 활동 범위가 확대되고 다른 아동, 동물, 식물 등과의 접촉 빈도가 증가함에 따라 감염과 알레르기 발생 위험이 높은 시기이다. 따라서 집에 돌아온 뒤에는 반드시 샤워하도록 지도한다. 샤워는 9세까지는 도움과 감독이 필요하지만, 그 이후에는 스스로 하도록 한다.

학령기에는 충치를 비롯하여 치주염, 부정교합 등과 같은 각종 치과적 문제가 많이 발생하는 시기이다. 치아우식증은 한번 발생하면 원래의 상태로 회복되지 않아 예방관리가 중요하며, 칫솔질과 같은 구강관리 습관, 치과의료 이용, 식습관, 사회경제적 요인에 영향을 받는다. 특히 만 12세는 유치가 모두 빠지고 사랑니를 제외한 대부분의 영구치가 맹출하나 치아의 석회화가 완전하지 못하여 치아우식이 흔히 발생하므로 구강관리가 매우 중요한 시기이다. 이러한 이유로 세계보건기구WHO는 만 12세 우식경험 영구치지수DMFT index: Decayed, Missing and Filled Teeth index로 국가 간 구강건강 수준을 비교한다.

2010~2018년 아동 구강건강 실태조사(질병관리청, 국민건강통계플러스, 2021)에 따르면 2018년 만 12세 영구치 우식 경험률은 남학생 52.7%, 여학생 60.5%로 나타났고 우식 경험 영구치 지수도 다른 나라에 비해 2~3배 높았다. 치아우식관련 행태에서는 점심 식사 후 칫솔질과 치과 치료 수진률은 개선되고 있으나 2012년부터 우식성 간식 및 음료 섭취율이 증가하여 식습관 개선에 대한 지속적인 구강보건교육이 필요하다.

충치를 예방하기 위해 불소가 함유된 치약으로 아침, 식후, 자기 전에 반드시 칫솔질하도록 습관을 들이는 것이 좋다. 칫솔질의 목적은 치아 표면에 형성되어 치아를 손상시키는 세균막인 플라크를 제거하는 것이다. 특히 잠자기 전 칫솔질이 매우 중요한데, 잠자는 동안 구강에서 산을 생성하는 세균의 활동이 증가하기 때문이다. 막대사탕이나 엿, 캐러멜, 초콜릿 바 등과 같이 끈적끈적하여 입 안에 오래 붙어 남아 있는 음식물은 섭취를 제한하는 것이 좋다.

치석plaque은 치근 주위와 표면에서 자라는 세균의 군집이다. 치석은 잇몸의 혈액순환을 방해하고 세균을 번식시켜 충치와 치주질환을 일으킨다. 사과, 생당근, 무설탕 껌 등의 섭취를 격려해서 치석 형성을 줄이도록 한다. 치석의 형성은 올바른 칫솔질과 플로싱flossing으로 예방할 수 있다. 치아 사이를 플로싱하는 것을 부모가 시범을 보이면 아동은 쉽게 따라 할 수 있다.

칫솔은 3개월마다 교환하는 것이 좋고 치과는 6개월마다 방문한다. 식후마다 칫솔질이 잘 행해지지 않을 때는 불소가 함유된 가글액도 도움이 되며, 상황이 허락하지 않는 경우에는 물로 입 안을 헹구도록 지도한다.

3) 시력과 청력

학령기의 가장 흔한 시력 문제는 근시이다. 학령기 후기에는 약 25%의 어린이가 근시가 되며 초기 성인기까지 60%가 근시가 된다. 근시는 유전적인 것이 한 요인이 되는데, 일란성 쌍둥이가 이란성 쌍둥이보다 똑같이 근시가 될 확률이 훨씬 높다. 초기의 생물학적인 손상 역시 근시를 유발한다. 저체중아로 태어난 학령기 아동은 특히 높은 발생률을 보이는데, 시력 구조의 미성숙과 눈의 성장이 느린 데서 오는 것으로 보고 있으며 안구질환의 발생 빈도가 더 높다.

아동이 어두운 데서 책을 읽거나, 너무 가까이 앉아서 TV를 보거나 컴퓨터와 스마트폰 화면을 보는 것에 대해 주의시켜야 한다. 책을 읽고 글을 쓰고 컴퓨터를 하고 가까운 곳에서 보면서 작업을 하는 시간이 많을수록 근시가 되기 쉽다. 따라서 근시는 사회·경제적 수준이 높을수록 증가하는 건강 문제이다.

학령기에는 유스타키오관(이관)이 더 길어지고 좁아지며 수직적인 모양이 되면서 구강에서 귀에 이르는 세균의 이동을 방지하게 된다. 따라서 유아와 학령전기에 흔한 귀의 감염이 학령기에 이르러 발생 빈도가 훨씬 줄어들게 된다. 그러나 사회·경제적 수준이 낮은 가정의 아동들은 많게는 20%가 반복되는 감염의 결과로 영구적인 청력소실로 발전하게 된다. 따라서 시력과 청력은 정기적인 검진이 중요하며 심각한 학습에의 어려움이 발생하기 전에 결함이 교정되어야 한다.

4) 운동과 놀이

학령기 아동은 일정한 시간 동안 가만히 있거나 한곳에 머무는 것을 매우 힘들어한다. 특히 초등학교에 입학하는 1학년은 매일 학교에 가서 앉아 있는 일이 쉽지 않다. 또한 격렬한 운동과 조용한 활동 사이의 균형을 유지하기가 쉽지 않으므로 부모나 교사가 아동의 활동을 조절하도록 도와줄 필요가 있다.

운동이나 신체적 활동은 친구들과 어울려 하게 되므로 사회적 상호작용의 발달에 도움이 되며, 특히 팀 경기는 공동의 목적을 추구하고 상호 간의 협동을 통해 집단의 구성원임을 경험하는 기회를 제공한다. 또한 운동은 근육의 성장 및 균형과 조정의 발달을 촉진한다. 아동은 근골격계 발달이 진행 중이므로 잘 맞는 신발, 적합한 크기의 의자나 책상의 선택이 중요하며, 너무 무거운 가방을 메지 않도록 한다.

아동에게 운동을 시킬 때는 너무 어려운 기술을 요구하지 말고 적절한 보호 장비의 착용, 규칙의 조정, 적절한 체력 향상과 기술 개발 등에 유의해야 한다. 아동은 여러 가지 격렬한 운동과 장기간의 지구력이 있어야 하는 운동을 극복해 낼 수는 있지만, 단조롭고 장시간 하는 운동보다는 다양하고 흥미 있는 운동을 짧게 하는 것을 좋아한다. 또한 안전사고에 주의해야 한다. 아동은 신체활동을 많이 권해야 하지만 주의를 기울이지 않으면 운동에 의한 상해를 입을 가능성이 높다. 무리한 운동으로 인한 부상률이 높고 지구력 강화 운동을 너무 심하게 하면 뼈끝의 성장판에 무리가 갈 수 있다.

학령기 아동은 특별한 운동이나 활동에 관심을 갖게 되며 규칙과 팀워크를 점차 이해하게 되어 경쟁적인 게임을 즐긴다. 그러나 컴퓨터 게임이나 스마트폰 게임으로 너무 많은 시간을 보내는 아동은 좌식 생활이 습관화되어 성인기가 된 후 건강 문제나 비만의 위험이 증가한다. 아동기 비만은 아동의 자아상과 사회성 발달에 부정적인 영향을 줄 위험이 있으므로 놀이나 오락시간을 조절할 수 있도록 부모나 교사가 도와줄 필요가 있다.

그림 **8-6** 학령기의 놀이와 오락

5) 안전

학령기는 신체적 성장이 빠르고 전체운동과 미세운동이 완성되는 시기로 활동적인 경기나 놀이를 좋아하며, 공포가 적고 그들의 능력을 끊임없이 시험하고 모방하며 경쟁하기를 즐긴다. 학령전기 아동과 비교하여 학교생활과 더불어 활동과 놀이 반경이 커지는 특성이 있다. 그러나 대부분의 아동은 그들이 처한 주변 환경에 대해 적절히 대처할 만큼 상황 판단이 정확하지 못하고 행동이 민첩하지 못하며 주의력과 사고에 대한 안전의식이 부족하기 때문에 조그마한 신체적 활동 중에서도 사고로 연결되는 경우가 많다.

전 세계적으로 사고는 아동기의 가장 중요한 사망원인이다. 우리나라에서는 최근 5년간 매년 14세 이하 아동 10만 명당 2.4명~3.2명이 안전사고로 사망한다. 안전사고 유형을 보면 교통사고가 가장 잦고 그다음이 익사사고, 추락사고, 화재, 중독의 순이다(통계청 사망통계자료, 2021). 2020년 소아청소년 연간 손상 경험률 통계에 따르면 1~5세가 5.7%, 6~11세 8.2%, 12~14세 7.2%, 15~18세 3.8%로 학령기가 사고나 중독을 경험한 비율이 가장 높았다.

아동기 안전사고를 예방하기 위해서는 성장 과정에 있는 학생들을 대상으로 안전교육이 절대적으로 필요하다. 안전교육은 안전에 대한 지식과 태도를 습득시키는 데 목표를 두고 있으며 일상생활에서 바람직한 안전생활을 하도록 하는 데 있다. 안전교육과 관련하여 학령기 아동은 각종 지식을 가장 잘 받아들이며 학습 동기가 강하고 보다 바람직한 방향으로 변화하려는 경향이 강하

표 8-1 연도별 아동 안전사고 사망자 수

구분	2009	2010	2011	2012	2013	2014	2015	2016	2017	2018	2019
14세 이하 인구 (천명)	8,180	7,907	7,643	7,624	7,433	7,337	7,151	6,982	6,845	6,701	6,466
아동 안전사고 사망자 수 (명)	440	386	322	326	287	215	225	196	196	163	167
아동 10만 명당 사망자 수 (명)	5.38	4.88	4.21	4.28	3.86	2.93	3.15	2.81	2.86	2.43	2.58

출처: 통계청 사망통계자료(2021년)

표 8-2 아동 안전사고 사망자 유형별 현황(14세 이하 아동)

구분	계	교통사고	추락	익사	화재	중독	기타
2009년	443	201	40	62	10	5	125
2010년	387	194	42	44	15	3	89
2011년	322	137	37	50	15	1	82
2012년	326	131	36	53	14	1	91
2013년	287	121	37	41	15	2	71
2014년	215	80	31	36	5	2	61
2015년	225	103	28	28	10	0	56
2016년	196	87	19	28	5	1	56
2017년	196	75	26	24	7	2	62
2018년	163	54	28	18	8	4	51
2019년	167	54	27	25	2	1	58

출처: 통계청 사망통계자료(2021년)

그림 8-7 운동기구를 탈 때는 헬멧 등 안전장구를 꼭 착용하도록 한다.

며 성인에 비해 교육에 대한 실천율이 높다는 장점이 있다.

학령기 아동의 사고 예방을 위한 안전교육 프로그램에는 폭력 예방, 교통과 차량안전, 수상안전, 화재와 화상 예방, 장난감 안전, 스포츠 안전, 동물손상 예방 등이 포함될 수 있다. 학령기 아동에게 가장 효과적으로 알려진 안전교육은 안전에 대한 바람직한 행동의 변화와 태도 및 능력을 기르는 것을 목표로 하는 교육이므로 교육 시 안전사고의 일차적인 책임은 성인에게 있지만 손상을 방지하는 행동을 직접 하는 것은 아동 자신임을 강조해야 한다.

3. 학령기 성장발달 관련 이슈

1) 학교폭력

학령기 후기 아동과 청소년기은 이성 및 동성과의 친구들과 새롭고 좀 더 성숙한 관계를 형성하여 사회적 역할을 잘 수행하고, 부모나 다른 어른들로부터 정서적으로 독립하여 경제적 자립과 결혼 및 가정생활을 위한 준비를 하며, 일련의 가치 및 윤리적 체계를 습득하는 시기이다. 이때 또래집단의 역할이 중요하다.

아동과 청소년에 있어 또래집단은 사회적 행동에 대한 기준, 개인적 관계의 추구, 소속감의 제공, 자아통합에 영향을 주는 등 자아존중감의 원천이자 자신의 사회적 위치를 확보하는데 도움을 주며, 자신과 타인의 존재를 지각하고 수용하게 해준다. 그러므로 이 시기에 또래들로부터의 따돌림은 아동들에게 중요한 스트레스원이 되며 낮은 자존감, 외로움, 소외감 등의 심리·사회적 문제를 야기하여 그들이 사회적 역할을 수행하는 데 부정적 영향을 미칠 수 있고, 미래의 주역으로서의 역할수행에 어려움을 줄 수 있다.

우리 사회에서는 학교폭력이나 따돌림(왕따) 등 또래관계의 영향을 역행함으로써 피해 학생들의 피해 정도 역시 전문적인 치료를 요할 정도로 심각한 사회문제가 되고 있다.

학교폭력이란 학교 내외에서 학생을 대상으로 발생한 상해, 폭행, 감금, 협박, 약취·유인, 명예훼손·모욕, 공갈, 강요·강제적인 심부름 및 성폭력, 따돌림, 사이버 따돌림, 정보통신망을 이용한 음란·폭력 정보 등에 의하여 신체·정신 또는 재산상의 피해를 수반하는 행위를 말한다(「학교폭력예방 및 대책에 관한 법률」 제2조 제1호). 따돌림이란 학교 내외에서 2명 이상의 학생들이 특정인이나 특정 집단의 학생들을 대상으로 지속적이거나 반복적으로 신체적 또는 심리적 공격을 가하여 상대방이 고통을 느끼도록 하는 모든 행위를 말하며(「학교폭력예방 및 대책에 관한 법률」제2조제1호의2), 사이버 따돌림이란 인터넷, 휴대전화 등 정보통신기기를 이용하여 학생들이 특정 학생들을 대상으로 지속적, 반복적으로 심리적 공격을 가하거나, 특정 학생과 관련된 개인정보 또는 허위사실을 유포하여 상대방이 고통을 느끼도록 하는 모든 행위를 말한다(「학교폭력예방 및 대책에 관한 법률」제2조 제1호의 3).

2022년 서울시 교육청에서 초등학교 4학년부터 고등학교 3학년 학생을 대상으로 학교폭력 관련 경험·인식 등을 온라인으로 조사한 「2022년 학교폭력 실태조사」결과 2022년 학교폭력 피해응답률은 2.0%(10,179명)로 2021년 1.2%(6,913명)에 비해 0.8% 증가하였는데, 이는 2019년 코로나19 이전인 학교폭력 피해 응답률(2.0%)과 동일한 수준인 것으로 나타났다. 코로나19로 인해 초래된 교육 현장의 변화로 2020년에는 가정에서 원격 수업으로 진행되었으나 2020년부터는 원격 수업과 등교 수업을 병행하고 점차 전면 등교 시행 등 학생들 간 접촉이 늘어남에 따라 학교폭력 발생률이 증가한 것으로 나타났다.

학교폭력 피해를 당한 경험이 있다는 응답률은 초등학교 4.6%(8,053명), 중학교 0.9%(1,639명), 고등학교 0.3%(460명)로, 전년 대비 초등학생은 1.5% 증가, 중학생은 0.4% 증가, 고등학생은 0.1% 증가하였다.

초등학생의 학교폭력 유형 중에서 가장 높은 빈도를 차지하고 있는 것은 언어폭력(43.3%), 신체폭력(16.1%), 집단따돌림(12.6%) 순이었으며, 초등학교에 비해 중·고등학교에서 사이버폭력 유형의 비율이 높은 편으로 나타났다. 신체폭력, 스토킹, 강요, 금품갈취도 중고등학교보다 초등학교에서 많이 나타나는 폭력 유형이었다. 또한, 모든 학교급에서 전면 등교 확대로 인해 '학교 안'에서의 학교폭력이 증가하고 '학교 밖'에서의 학교폭력은 감소하였다. 아울러 학교폭력 피해 후 알리거나 신고한 비율이 2019년 82.6%, 2020년 83.7%, 2021년 89.8%, 2022년 91.5%로 매년 지속적으로 상승하고 있어 학교폭력 신고에 대한 학생들의 인식이 높아진 것으로 파악된다.

과거의 학교폭력은 소수의 문제되는 학생에 의해 발생하였으나, 최근에는 반복적, 정서적 폭력의 형태로 다수의 학생들에 의해 이루어지는 하나의 문화 현상으로 변질되고 있다. 과거의 학교폭력의 주요 유형은 폭력서클이 조직적, 집단적으로 저지르는 폭력이 주류를 이루었고 폭행, 금품갈취 등 물리적 폭력

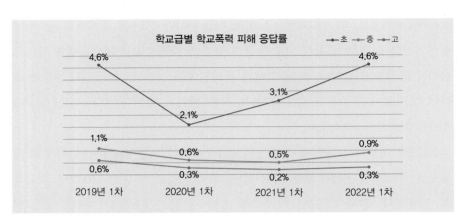

그림 8-8 학교급별 학교폭력 피해 응답률

자료: 교육부 2021 2차 학교폭력 실태조사

이 많았으며, 일회성의 단기적 성격을 띤 경우가 많았다.

　최근의 학교폭력은 일부 학생에게만 국한된 것이 아니라 상당수 혹은 소그룹의 따돌림 등 집단으로 행하는 형태로 변화하였으며, 강제적인 심부름, 협박, 집단따돌림, 놀림 등 정신적 폭력의 형태로 다양하게 변화되었다. 특히 특정 상대방을 대상으로 계속적, 집중적으로 행사하는 경우가 많으며, 연령이 점점 낮아지고 있다. 초등학생은 학교폭력에 대한 대처 능력이 떨어지고 또래관계에서 힘의 우위에 있는 가해 학생이나 집단에 동조하기 쉬운 특성이 있다 (최지원, 홍상욱, 2022).

　학교폭력은 같은 학교, 학급이라는 공간 내에 있는 학생들 사이에서 발생하므로 사건 발생 이후에도 일정 기간 가해자와 피해자가 마주치게 되며 당사자 외에도 같은 학교와 학급에 있는 다른 친구들에게 쉽게 알려지게 되므로 추가적인 정신적 고통을 받는 경우가 많다. 또한 학교 내에서 끊임없이 특정 학생에 대해 행해지고, 문제의식 없이 학생들 사이에 학교 내 하나의 잘못된 문화처럼 형성될 수 있다. 이러한 특성으로 학교폭력의 피해자는 일회적인 피해가 아닌 더 큰 신체적, 정신적 고통을 겪게 될 가능성이 높다. 학교폭력 가해 이유는 장난이나 특별한 이유 없이(32.6%), 상대방이 먼저 나를 괴롭혀서(24.4%), 상대방과의 오해와 갈등(12.6%), 화풀이 또는 스트레스 때문에(9.2%) 등으로 나타났다.

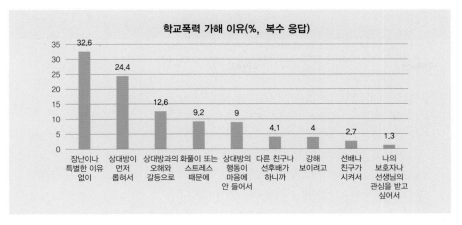

그림 8-9 학교폭력 가해 이유

　학교폭력 징후를 통해 학교폭력을 초기에 감지하여 차단하는 노력이 필요하다. 어느 한 가지 징후에 해당한다고 해서 학교폭력의 피·가해 학생으로 특정 지을 수는 없으며, 여러 가지 상황을 고려하여 판단해야 한다(표 8-3).
　학교폭력 예방을 위한 학부모의 역할은 박스에 제시하였다.

표 8-3 피해 학생과 가해 학생에서 나타나는 징후

피해 학생에서 나타나는 징후	가해 학생에서 나타나는 징후
• 늦잠을 자고, 몸이 아프다 하며 학교 가기를 꺼린다. • 안색이 안 좋고 평소보다 기운이 없다. • 학교 생활 및 친구관계에 대한 대화를 시도할 때 예민한 반응을 보인다. • 갑자기 짜증이 많아지고 가족이나 주변 사람들에게 폭력적인 행동을 한다. • 멍하게 있고, 무엇인가에 집중하지 못한다. • 밖에 나가는 것을 힘들어하고, 집에만 있으려고 한다. • 쉽게 잠이 들지 못하거나 화장실에 자주 간다. • 학교나 학원을 옮기는 것에 대해서 이야기를 꺼낸다. • 용돈을 평소보다 많이 달라고 하거나 스마트폰 요금이 많이 부과된다. • 스마트폰을 보는 자녀의 표정이 불편해 보인다.	• 부모와 대화가 적고, 반항하거나 화를 잘 낸다. • 친구관계를 중요시하며 귀가시간이 늦거나 불규칙하다. • 다른 학생을 종종 때리거나, 동물을 괴롭히는 모습을 보인다. • 자신의 문제 행동에 대해서 이유와 핑계가 많다. • 과도하게 자존심이 강하다. • 성미가 급하고, 충동적이며 공격적이다. • 폭력과 장난을 구별하지 못하여 갈등 상황에 자주 노출된다. • 평소 욕설 및 친구를 비하하는 표현을 자주 한다. • SNS상에 타인을 비하하고 저격하는 발언을 거침없이 게시한다.

출처: 학교폭력 사안처리 가이드북(교육부, 2018)

> **박스** 학교폭력 예방을 위한 학부모의 역할
>
> - 학교폭력 피해 유형 중 언어폭력이 차지하는 비중이 높습니다.
> - 가정, 학교에서의 언어 순화교육에 힘써야 합니다.
> - 따뜻한 격려와 칭찬으로 학생의 자존감을 키워줍니다.
> - '몰라서, 장난으로, 욱해서' 괴롭혀도 폭력임을 가르칩니다.
> - 사소한 괴롭힘, 학생들이 장난이라고 여기는 행위도 학교폭력이 될 수 있음을 인식할 수 있도록 분명하게 가르쳐야 합니다.
> - 쌍방사안 주의: 폭력에 대해 폭력으로 대응하면 자신도 피해자이자 가해자가 되므로 상황을 피하고 부모님이나 선생님께 도움을 청하도록 가르칩니다.
> - 학생, 학부모, 교사 모든 공동체의 관심과 노력이 있을 때 예방할 수 있습니다.

2) 아동비만

(1) 아동비만 실태

아동비만은 주요한 건강 문제이다. 전 세계적으로 아동비만 유병률은 지난 40년간 10배 이상 증가하였고 우리나라 아동 및 청소년의 비만 유병률 역시 지속적으로 증가 추세에 있다.

국민건강영양조사 보고(2020)에 따르면, 6~11세 아동의 비만 유병률은

그림 8-10 소아비만

2010~2012년 10.3%에서 2019~2020년 13.1%로 증가하였고 12~8세 청소년의 비만 유병률도 2010~2012년 10.1%에서 2019~2020년 16.2%로 증가하였다. 특히 우리나라 아동 및 청소년의 비만 빈도는 코로나19 이후 아동비만의 증가가 심각한 문제가 되고 있다. 서울시교육청의 학생건강검사 자료(2017년~2021년)에 따르면 서울 시내 초·중·고 표본 학교를 대상으로 비만도를 조사한 결과, 2017년에 비해 2021년 초등학생 비만율이 두 배 이상 증가했다. 이는

표 8-4 청소년 비만 유병률: 성별, 만 6~8세(2010~2020년)　　　　　　　　(단위: %)

구분		'10-'12(5기)		'13-'15(6기)		'16-'18(7기)		'19-'20(8기)	
		n	분율(표준오차)	n	분율(표준오차)	n	분율(표준오차)	n	분율(표준오차)
전체	6-18세	3,981	10.2(0.6)	3,300	10.3(0.6)	3,225	11.6(0.7)	1,935	14.8(1.1)
	연령(세)								
	6-11	1,966	10.3(0.8)	1,608	8.7(0.7)	1,674	10.5(0.9)	1,018	13.1(1.2)
	12-18	2,015	10.1(0.8)	1,692	11.5(0.9)	1,551	12.4(1.0)	917	16.2(1.6)
남자	6-18세	2,124	11.1(0.9)	1,747	11.3(0.9)	1,647	12.3(1.0)	1,033	16.6(1.4)
	연령(세)								
	6-11	1,035	12.5(1.3)	852	9.3(1.1)	844	11.8(1.3)	530	13.6(1.6)
	12-18	1,089	10.2(1.2)	895	12.7(1.2)	803	12.6(1.4)	503	18.9(2.0)
여자	6-18세	1,857	9.2(0.9)	1,553	9.3(0.9)	1,578	10.9(0.9)	902	12.9(1.5)
	연령(세)								
	6-11	931	8.0(1.0)	756	8.1(1.0)	830	9.2(1.1)	488	12.7(1.9)
	12-18	926	10.0(1.3)	797	10.1(1.2)	748	12.2(1.3)	414	13.0(2.1)

표 8-5 서울시 초·중·고등학생 비만도(2017년~2021년)　　　　　　　　(단위: %)

학교	구분	2017년	2018년	2019년	2020년	2021년
초등학생	과체중	13.9	13.2	11.8	검사 미실시	13.4
	비만	9.1	10.2	15.0		19.5
중학생	과체중	8.2	7.0	8.6		11.0
	비만	13.5	15.7	15.5		19.4
고등학생	과체중	3.9	3.5	4.9		8.4
	비만	23.1	22.9	23.3		23.6

초등학교 저학년 동안 규칙적으로 등·하교 통학을 기본으로 하던 학생들이 비대면 수업 등 신체활동 저하와 불규칙한 생활습관 그리고 급식이 아닌 다른 식습관을 통한 개인생활 차이에 따라 비만 여부에 영향을 미친 것으로 판단된다.

(2) 아동비만의 원인
① 과다한 음식 섭취

섭취한 에너지가 소모되는 에너지보다 많으면 초과한 에너지는 지방으로 축적되어 비만이 초래된다. 고도비만 아동의 식습관 연구에 의하면 비만하지 않은 아동에 비해 과식하며, 기름기가 많은 음식을 좋아하고 특히 저녁 식사를 많이 먹고 식사 속도가 빠른 것으로 나타났다. 영아의 경우 부모가 무분별하게 우유를 섭취시키면 지방세포의 과다 증식으로 일생 동안 비만이 지속될 수 있으므로 주의를 요한다. 또한 심리적 요인으로 정신적인 스트레스가 있는 경우에도 음식물 섭취는 증가하고 신체활동은 감소하게 되어 에너지 대사의 불균형을 초래하여 비만의 원인이 될 수 있다.

② 운동 부족

일반적으로 비만한 아동은 비만하지 않은 아동에 비해 비활동적인 성향을 보인다. TV 시청과 비만이 중요한 관계가 있다는 연구들이 있는데 그것은 TV를 본다거나 컴퓨터 게임같이 장시간 앉아 있게 되면 에너지 소모가 많은 신체활동 시간이 줄게 되고, TV를 보는 동안 간식 섭취가 늘어 비만하게 된다는 것이다. 또한 질병으로 장시간 누워있는 경우에도 비만이 초래될 수 있다.

③ 가족적(유전적) 요인

일반적으로 가족 중에 비만한 사람이 있으면 비만아가 될 가능성이 높다. 역학조사에 의하면 부모 모두 비만하지 않은 아동에 비해서 부모 중 한 사람이라도 비만이거나 부모 모두 비만한 경우, 아동이 비만하게 될 가능성은 3~4배까지 높다고 알려져 있으며, 형제 중 비만아가 있으면 다른 형제도 비만하게 될 확률은 40~80%에 이른다고 한다. 여기에는 유전적인 요소가 복합적으로 작용하여 명확히 원인을 분리할 수 없으나 현재 비만의 유전인자에 대한 연구가 활발히 진행되고 있다.

④ 사회, 경제적 환경 요인

환경적 요인은 과식, 운동 부족, 가족과 친구들의 모임, 잦은 외식 등 식욕이 자극되는 환경이 비만에 영향을 주고, 이외에 심리적, 사회경제적, 문화적 혹은 다른 후천적인 요인에 의해 직·간접적으로 비만을 일으킨다. 사회경제적 요인을 보면 아동기 비만 유병률은 사회경제적으로 취약한 계층에서 더 높은 것으로 나타났다. 즉, 저소득 가정, 조손 가정, 장애인 가정과 같은 취약집단 아동의 과체중 및 비만 유병률은 일반 아동집단 인구보다 2배 이상 높은 것으로 보고되었다. 우리나라의 소득 수준에 따른 비만분율(국민건강통계, 2020)을 보면 소득 수준이 '하'로 갈수록 비만분율은 증가하였다.

표 8-6 소득 수준에 따른 비만분율

소득 수준 \ 비만분율	2015년	2020년
하	38.4	40.6
중하	34.1	40.0
중	32.2	39.7
중상	32.0	38.1
상	30.1	35.5

⑤ 내분비질환

소아에서 비만을 일으키는 내분비질환은 드문 편이나 갑상선 기능 저하증, 쿠싱증후군, 성장호르몬 결핍증 같은 경우 비만을 초래할 수 있다.

(3) 아동비만의 문제점

신생아 및 영아기에 발생한 비만의 경우는 주로 지방세포 수가 증가하고 이후 사춘기까지는 주로 세포의 크기가 커지므로 세포 수가 증가하는 시기에 발생한 소아비만이 성인비만으로 쉽게 이행된다고 한다. 소아비만이 가장 많이 나타나는 연령은 1세 미만의 영아기, 5~6세 그리고 사춘기이다.

영아의 비만은 대부분 돌이 되면서 보통의 체형이 되며 2세까지는 약간 비만하더라도 활발하게 움직이고 기분 좋게 잘 놀며, 차차 비만의 경향이 없어지면 걱정할 필요는 없다. 하지만 사춘기의 비만의(특히 고도비만) 80%는 성인이 되어도 계속 비만증을 갖게 된다. 즉, 소아에서의 비만 발병 연령이 높을수록 성인비만으로 지속되기 쉽다.

아동비만의 30~60%는 성인이 되어도 비만이 지속되고, 비만한 성인의 약 1/3은 아동기에 비만이 시작된다. 아동기에 시작된 비만은 성인기에 시작된 비만보다 건강에 미치는 위협이 더 심각하여 아동기 비만은 성인비만의 강력한 예측인자로 알려져 있다.

비만한 아동에서는 심혈관질환의 위험 요인인 고혈압, 이상지질혈증, 고인슐린혈증 등과 같은 대사증후군이 발생할 가능성이 증가한다. 대사증후군metabolic syndrome이란 인슐린 불감증으로 인하여 고혈압, 중성지방 증가, HDLhigh-density lipoprotein 감소, 혈당조절 기능감소, 고인슐린혈증, 염증, 손상된 혈관 기능을 나타내 심혈관질환 및 제2형 당뇨병 등이 발현하는 것을 말한다.

(4) 아동비만의 판정

현대사회에서 비만은 사회문제의 하나로 인식되고 있다. 세계보건기구WHO는 비만을 전 세계적으로 퍼지고 있는 유행병이라고 지칭하고 치료가 필요한 만성질환이라고 경고한 바 있다. 소아의 경우 지속적인 성장이 이루어지고 있기 때문에 비만도를 평가하기 위한 신체 측정치는 연령에 따라 다르게 적용되어야 한다. 아동비만의 평가 방법에는 비만도, 체질량지수 등이 있다.

① 비만도를 이용한 판정법

성별, 연령별, 신장별 체중 50 백분위수를 표준 체중으로 비만도를 계산하여 다음과 같이 분류한다.

$$비만도 = \frac{실제체중 - 신장별표준체중}{신장별표준체중} \times 100\%$$

- 10~20%: 과체중

- 20~30%: 경도비만

- 30~50%: 중등도 비만

- 50% 이상: 고도비만

② 체질량지수의 백분위수를 이용한 판정법

소아에서는 성인과 같이 체질량지수body mass index, BMI를 바로 적용하지 않고 성별, 연령별 BMI의 백분위수percentile로 평가하는 것이다. 백분위수는 전체 집단을 변수 값의 크기에 따라 정렬한 후 100등분 하였을 때 몇 번째에 해당하는지를 나타낸 값이다.

질병관리본부와 대한소아과학회에서는 소아·청소년 표준 성장도표(2017년)를 제시하였으며 이를 바탕으로 소아의 성별, 연령별 체질량지수로 과체중 및 비만의 판정 기준을 삼고 있다. 체질량지수는 체중을 신장의 제곱으로 나눈 것으로 연령별 성별 체질량지수가 85~94백분위수일 때 과체중, 95백분위수 이상을 비만으로 정의하며, 성인비만 기준인 체질량지수 $25kg/m^2$ 이상인 경우는 백분위수와 무관하게 비만으로 정의한다.

(5) 아동비만의 교정

소아비만은 체중을 줄이는 것도 중요하지만 비만도를 줄이고 부적당한 식습관과 생활양식을 바로 잡아 주는 것이 중요하다. 아동비만 교정을 위해서는 식이요법, 운동요법, 행동요법이 필요하고 약물과 수술 치료는 하지 않는다. 무엇보다 가족 중심의 치료로 부모의 인식 및 협력과 관심이 필요하다는 것이다.

아동의 비만관리의 목표는 정상적인 성장을 저해하지 않으면서 이상적인 신체 구성을 이룰 수 있는 에너지 균형상태에 도달하게 하며, 비만 아동과 그 가족에게 건강한 식습관 및 신체활동 습관을 기르게 하는 것이다.

① 식이요법

아동은 성장이 진행 중이기 때문에 성장을 위한 충분한 영양 공급이 필요하며 비만 조절을 위한 열량 및 영양소 필요량을 개인별로 고려해야 하므로 성인에 비해 식이요법을 시행하기 어렵다. 소아를 위한 칼로리 조절식을 계획할 때는 비만의 정도를 고려하여야 하며, 이때 발육곡선을 이용하여 키, 연령에 대한 적정 체중을 구하여 비만도를 구하도록 하며 이렇게 평가된 비만도를 고려하여 칼로리를 줄여주는 것이 필요하다. 아동의 식이요법은 저열량, 저단순당, 정상지질, 고단백질 식사요법을 원칙으로 한다.

박스 비만아동의 식이요법 안내

- 하루 세 끼 균형 있는 식사를 규칙적으로 먹도록 한다.
- 식사 시간은 적어도 20~30분으로 하며 음식은 충분히 씹도록 한다. 중추신경계를 자극, 포만감을 느끼는데 최소한 20~30분이 걸리므로 가급적이면 식사는 천천히 한다.
- 간식은 허용된 열량 범위 안에서 섭취한다.
- 설탕, 꿀 등의 단순당이 많이 들어 있는 식품이나 음식을 피한다(사탕, 탄산음료, 케이크, 초콜릿 등).
- 비타민과 무기질이 풍부한 채소와 과일을 충분히 섭취한다.
- 패스트푸드(피자, 햄버거 등)와 가공식품은 적게 먹도록 한다. 패스트푸드는 비만의 원인인 열량과 포화지방산의 함량이 많고, 성인병 발병의 원인인 나트륨 함량도 많다. 또한 함께 먹어야 할 비타민과 무기질이 적어 균형이 맞지 않게 된다.
- 음식이 짜거나 매우면 식욕이 더 자극되므로 싱겁게 먹도록 한다.
- 식사는 정해진 시간에 한다. 그래야만 간식과 과식을 피하게 된다.
- 혼자 식사하는 것을 피한다. 다른 사람과 같이 이야기를 하면서 식사하게 되면 먹는 속도를 조절할 수 있어 과식하지 않게 된다.
- 식사일기를 쓴다. 매일의 식사기록은 체중 조절 목표를 위해서 매우 중요하다. 매일 먹은 양을 기록하고 평가하는 것은 자신을 돌이켜볼 수 있으며, 좀 더 바람직한 방향으로 실천할 수 있도록 해준다.

② 운동요법

운동을 하게 되면 체내에 저장되었던 지방이 에너지로 사용되어 체중이 감소할 뿐만 아니라 체내에서의 신진대사가 증가되어 칼로리 소모가 늘어나며 비만으로 인해 생기는 내과적 문제(고혈압, 당뇨병, 동맥경화 등)에 대한 위험도를 줄여주고 적절한 운동은 기분이 상쾌해지는 효과와 자신감을 제공해 준다.

TV 시청, 컴퓨터 게임 등 비활동적인 시간을 줄이는 것과 운동 시간을 늘리는 것에 목표를 둔다. 이중 어느 한 가지만 시행하는 것이 아니라 두 가지를 동시에 시행해야 효과적이다. 아동은 장시간 하는 운동을 지속적으로 하는 것이 어려우므로 재미있어야 하고, 운동할 동기가 충분히 있어야 효과적이다. 엘리베이터 대신 계단을 이용하고 가까운 장소 이동 시에 걷는 등의 일상생활에서 활동량을 늘리는 것도 중요하다.

③ 행동요법

잘못된 식습관 및 생활습관을 교정하는 것으로, 특히 감량된 체중을 유지하기 위해 반드시 필요하다. 식사 및 신체활동 일지를 통한 자기관찰, 자극조절, 강화와 보상, 사회적 지지 등의 방법이 있다.

- 나쁜 식습관을 초래하는 원인을 찾는다.
- 먹는 음식의 종류, 양, 장소, 시간, 자세, 감정상태 등을 계속적으로 기록하여 문제가 되는 장소, 시간, 감정상태 등을 찾아낸다.
- 과식을 피한다.
  - 먹을 때는 정해진 곳에서만 먹는다.
  - 먹을 때는 TV, 신문, 만화 등을 보지 않는다.
  - 음식을 천천히 먹도록 하기 위하여 충분히 씹는다. 음식을 한 입 먹을 때마다 물잔을 들도록 한다.
- 바람직한 행동을 한 경우 보상을 한다.
- 상으로는 운동기구나 운동을 하면서 함께 즐길 수 있는 것이 좋다.

④ 가족 중심 치료

아동비만은 종종 가족에 의한 장애이기 때문에, 가장 효과적인 중재는 가족에 기초한 중재이다. 특히 어린 아동은 의지가 약하고 인내심이 부족하므로 가족 전원의 이해와 협력이 중요하며, 어린 아동에게만 강요할 게 아니라 가족 모두가 비만아에게 맞추어 생활하는 노력이 필요하다.

⑤ **약물 치료**

아동에 있어 약물 치료는 원칙적으로 금기이며, 만 12세 이상에서만 고려한다. 무엇보다 중요한 것은 아동 스스로 체중을 줄여야겠다는 마음을 갖는 것이며 부모를 포함한 가족의 인식과 노력 또한 아동의 의지 못지않게 중요하다.

3) 지능정보서비스 과의존

(1) 개념 및 빈도

정보통신 기술의 발달로 인터넷과 스마트폰의 보급률은 꾸준한 증가 추세를 보여 왔으며, 우리의 일상생활에 없어서는 안 될 필수적인 도구가 되었다. 인터넷은 시간과 장소를 초월해서 언제, 어디서나, 다양한 정보에 쉽게 접근하고 정보를 처리할 수 있으며, 세계 각국의 사람들과 네트워킹을 하고, 가상 공간 속에서 다른 사람들과 대화를 할 수 있으며, 다양한 인터넷 게임을 즐길 수 있게 해주는 등 여러 가지 긍정적인 측면을 가지고 있다. 또한 스마트폰은 인터넷과 통신을 결합한 미디어로, 동영상, 게임, SNS, 이메일, 문서 작성, 각종 온라인 콘텐츠 제작과 생성, 유포 등의 기능을 휴대성이 간편하고 사용자가 쉽게 이용할 수 있게 하는 이동성 매체라는 특징을 가지고 있다(Bian & Leung, 2015). 그러나 인터넷과 스마트폰의 보급 확대와 활용이 주는 다양한 장점에도 불구하고 정보화 역기능으로 인해 발생하는 부정적인 측면이 문제가 되고 있다.

부정적인 문제로는 인터넷 중독, 스마트폰 과의존/중독, SNSSocial Network Service 중독, 인터넷 게임 중독 등으로 인터넷과 스마트폰으로 과도한 시간을 사용하거나 현실 세계에서의 인간관계가 가상공간에서의 관계로 대치되며, 인터넷 사용의 자기 조절 능력을 상실함으로써 상당한 고통과 기능 장래를 초래하는 경우이다.

제4차 산업혁명 시대를 맞이하면서 2020년 6월 국회에서는 「국가정보화 기본법」을 「지능정보화 기본법」으로 개정했다. 이때 '중독'이라는 단어가 주는 부정적인 이미지를 없애기 위해 '중독'은 '과의존'으로 용어가 변경되었고, '인

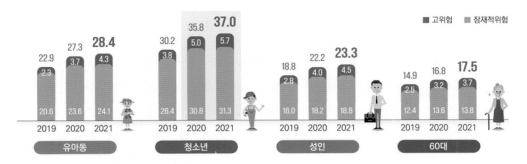

그림 8-11 연도별 대상별 스마트폰 과의존 위험군 현황
출처: 스마트쉼센터, 스마트쉼캠페인

터넷 및 스마트폰'이라는 용어도 '지능정보서비스'라는 개념적인 용어로 변경되어 '인터넷·스마트폰 중독'이라는 용어가 '지능정보서비스 과의존'이라는 용어로 바뀌었다. 지능정보서비스 과의존이란 지능정보서비스(인터넷·스마트폰)를 습관적으로 혹은 지나치게 사용하여 신체적으로 불편함을 느끼거나 지능정보서비스를 이용하지 못할 때 심리적으로 불안감을 느끼는 등 일상생활에 어려움을 느끼는 상태를 의미한다.

성장기의 아동 청소년들은 다양한 욕구를 충족시킬 수 없고 스트레스 해소를 위한 충분한 기회가 제공되지 못한 상황에서 접근성이 좋은 인터넷이나 스마트폰에 의존하는 경향이 많으며, 이 시기에는 충동을 조절하는 전두엽이 충분히 발달하지 않아 외부 자극을 적절히 조절하지 못하기 때문에 성인에 비해 지능정보서비스 과의존에 더 쉽게 노출되는 경향이 있다.

2021년 기준으로 한국의 스마트폰 이용자 중 24.2%가 스마트폰 과의존 위험군에 속하며, 지속적인 증가세를 유지하고 있었다. 이를 연령별로 살펴보면 유아동(만 3~9세) 28.4%, 청소년(만 10~19세) 37.0%, 성인(만 20~59세) 23.3%, 60대 17.5%를 보여 청소년의 스마트폰 과의존 문제가 가장 심각한 것으로 나타났다(한국지능정보사회진흥원, 2022). 더욱이 지능정보서비스의 사용 시작 연령이 앞당겨짐에 따라 각 중독의 최초 발생 시기 역시 초중등학교 시점으로 빨라지고 있다.

(2) 지능정보서비스 과의존의 문제점

① 신체 건강과 성장에 미치는 영향

장시간 지능정보서비스의 사용으로 VDT 증후군Visual display terminal syndrome, 뇌 기능 저하, 수면장애, 만성피로, 기타 영양 결핍, 비만, 체력 저하, 긴장성 두통, 위장 장애 등 다양한 신체적 기능에 영향을 미치거나 장애가 발생한다.

VDT 증후군이란 일명 '컴퓨터 병'이라고도 하는데, 컴퓨터, 스마트폰, 태블릿 등의 영상기기를 장시간 지속적으로 사용하면서 나타날 수 있는 눈의 증상과 근골격계 증상, 피부 증상, 정신신경계 증상 등과 같은 건강 이상이 나타나는 것을 통틀어 일컫는 말이다. 대표적으로 나타나는 증상에는 거북목, 목디스크, 손목터널 증후군과 안구건조증 등이 있다. 이들 증상에 대한 소개는 박스에 제시하였다.

그림 8-12 VDT 증후군

박스 VDT 증후군(Visual display terminal syndrome)의 신체 증상

- **거북목 증후군**: 눈높이보다 낮은 화면을 거북목처럼 목을 길게 빼는 자세로 오랫동안 내려다볼 때 목이 뻐근하거나 움직이기 어려운 증상
- **손목터널 증후군**: 뼈와 인대로 이루어진 작은 통로(손목터널)를 지나는 신경이 눌려 손목을 사용할 때 감각 이상이 오는 증상

(계속)

- **안구건조증**: 전자기기 사용으로 인해 눈이 뻑뻑하거나 따갑고 때로는 눈물이 많이 나기도 하는 증상
- **소음성 난청**: 소리를 계속 들음에 따라 소리가 잘 안 들리는 증상
- **뇌 기능 저하**: 지능정보서비스를 오랜 시간 사용함에 따라 충동 조절을 담당하는 뇌 기능이 저하되는 증상
- **디지털 치매**: 디지털 기기에 지나치게 의존하여 기억력과 계산 능력이 떨어지는 증상

② 심리·정서 건강에 미치는 영향

지능정보서비스에 접속을 하지 못하면 짜증과 신경질이 나고 우울, 불안, 초조함 등 심리적 불안정과 충동적 행동이 나타나며 현실과 잘 구분하지 못하는 장애를 경험하게 된다. SNS에서 자신의 모습을 행복한 것처럼 포장하거나 다른 사람과 비교하며 우울감 또는 상대적 박탈감을 경험할 수 있다. 심할 경우, 주의력결핍·과잉행동장애ADHD, 주요우울장애MDD, 사회공포증Social phobia, 강박장애, 물질 과의존(중독) 등과 같은 질환이 발생할 수 있다.

박스 VDT 증후군(Visual display terminal syndrome)의 심리·정서 징후

- **주의력결핍·과잉행동장애(ADHD)**: 충동적이거나 과한 행동이 나타나면서 학습에 어려움을 느끼며 정서적으로 불안정한 모습을 보이는 질병
  * ADHD: Attention-Deficit/hyperactivity disorder
- **주요우울장애(MDD)**: 의욕 저하와 우울감이 나타나 일상생활을 하는데 의지 저하를 가져오는 질환
  * MDD: Major Depressive Disorder
- **사회공포증(Social phobia)**: 다른 사람 앞에서 당황하거나 실수하는 등의 불안을 경험한 뒤 같은 상황을 피하고자 함에 따라 사회 활동에도 문제가 생기는 질환
- **강박장애**: 강박적 사고(obsession)와 강박 행동(compulsion)을 보이는 강박 및 관련 장애의 대표적인 질환
  * 강박: 생각이나 감정에 사로잡혀 심리적으로 심하게 압박을 느낌
- **물질과의존(중독)**: 알코올, 니코틴 등과 같은 물질이 신체적, 정서적으로 해로운 영향력을 미친다는 것을 알고 있지만 스스로 조절하지 못하고 반복적으로 사용하는 상태

③ 친구, 가족 등 대인관계에 미치는 영향

지능정보서비스를 과하게 사용하다 보면 가상 세계에 몰입하여 일상적 대인관계가 악화되거나 일탈적 행동을 할 수 있으며 대표적 대인관계 문제로는 디지털 격리 증후군이 있다. 디지털 격리 증후군이란 온라인상에서 이루어지는 소통에 집중하느라 현실 공간에서 함께 있는 가족, 친구 등 가까운 사람들과의 직접적 대화에 소홀해지는 현상이다.

게임 아이템 구입 등을 위해 거짓말을 하거나 지능정보서비스 이용을 하지 못하게 되었을 때 폭력적이거나 충동적인 행동을 한다. 환상적인 사이버 세계가 현실세계인 것처럼 착각하여 성범죄, 폭력, 살인 등 충격적인 범죄를 저지를 확률 또한 높아진다.

④ 일상생활에 미치는 영향

지능정보서비스를 과하게 사용하다 보면 수업시간 집중 저하 또는 성적 하락, 걷는 중에도 지능정보서비스를 사용하여 교통사고를 당하거나 넘어지는 등의 사고를 경험할 확률이 더 높다.

그림 8-13 지나친 스마트폰 사용으로 인한 문제
출처: 과학기술정보통신부, 한국지능정보사회진흥원(2021), 스마트폰 과의존 예방 · 해소 가이드라인

(3) 지능정보서비스 과의존 해결 방법
① 지능정보서비스 사용 조절 방법 실천하기
- 목적이 있는 경우에만 이용하고 불필요할 때는 '알림 끄기' 기능을 활용한다.
- 지능정보서비스를 사용하지 않는 시간·장소(잠자기 2시간 전, 수업·식사 시간,

공공장소, 이동 중 등)를 정하고, 사용하지 않을 때는 보이지 않는 곳에 보관한다.

- 정해둔 시간 동안만 지능정보서비스를 사용하고, 사용 시에는 고개를 숙이지 않고 허리를 세워 바른 자세를 유지합니다. 일정 시간 사용 후에는 눈 건강 체조와 스트레칭을 한다.
- 대안활동 및 오프라인 활동(독서, 운동, 취미·동아리·봉사 등) 시간을 늘려간다.

스마트폰, 게임, 동영상/웹툰 사용 조절 방법은 박스에 제시하였다.

박스 스마트폰, 게임, 동영상/웹툰 사용 조절 방법

스마트폰
- 가족과 함께 스마트폰 사용 규칙을 정하고 실천한다.
- 스마트폰 사용 규칙을 실천하고 있는지 스마트폰 사용 일기를 쓴다.
- 최근 한 달 동안 사용하지 않은 앱은 삭제하고, 스마트폰 이용 절제 도우미 앱을 활용한다.
- 스마트폰으로 낯선 내용을 보거나, 모르는 사람이 말을 걸면 꼭 주위 어른(부모님, 선생님, 경찰 등)에게 알린다.
- 이동할 때나 횡단보도 계단과 같이 위험할 수 있는 장소에서 스마트폰을 이용하지 않는다.

게임
- 자신의 나이에 맞는 게임만 즐기고, 이용하지 않거나 나이에 맞지 않는 게임 계정은 삭제한다.
- 게임을 시작하기 전에 몇 번의 승부를 겨룰지 횟수를 계획하거나, 이용 시간을 정하고 실천한다.
- 게임 이벤트의 알림 기능을 꺼두고 나도 모르게 게임에 접속하는 것을 미리 막는다.

동영상과 웹툰
- 이용할 수 없는 등급의 동영상과 웹툰은 보지 않고, 우연히 보게 되면 주위 어른에게 알린다.
- 동영상과 웹툰을 보기 전에 몇 편을 볼지 횟수를 계획하거나, 이용 시간을 정하고 실천한다.
- 자신과 다른 사람에게 위험하고 해로울 수 있는 내용은 따라 하지 않는다.
- 동영상과 웹툰을 보고 난 뒤 느낀 점을 글로 적는다.

② 생산적 지능정보서비스 활용 방법 실천하기

- 온라인상의 정보를 비판적 관점에서 능동적으로 탐색해 건강하게 이용한다.

- 인터넷 공간에서도 타인을 배려·포용하고, 디지털 환경의 위험으로부터 안전을 지킨다.

- 자신이 관심 있는 분야를 주제로 모바일 콘텐츠를 만들어 가족과 친구에게 공유해 본다.

그림 8-14 지능정보서비스 과의존

표 8-7 지능정보서비스 과의존 청소년 척도

번호	항목	전혀 그렇지 않다	그렇지 않다	그렇다	매우 그렇다
1	지능정보서비스 이용 시간을 줄이려 할 때마다 실패한다.				
2	지능정보서비스 이용 시간을 조절하는 것이 어렵다.				
3	적절한 지능정보서비스 이용시간을 지키는 것이 어렵다.				
4	지능정보서비스가 옆에 있으면 다른 일에 집중하기 어렵다.				
5	지능정보서비스 생각이 머리에서 떠나지 않는다.				
6	지능정보서비스를 이용하고 싶은 충동을 강하게 느낀다.				
7	지능정보서비스 이용 때문에 건강에 문제가 생긴 적이 있다.				
8	지능정보서비스 이용 때문에 가족과 심하게 다툰 적이 있다.				
9	지능정보서비스 이용 때문에 친구 혹은 가족들과 심한 갈등을 경험한 적이 있다.				
10	지능정보서비스 때문에 공부하는 데 어려움이 있다.				

채점 방법	[1단계] 문항별		전혀 그렇지 않다: 1점, 그렇지 않다: 2점, 그렇다: 3점, 매우 그렇다: 4점
	[2단계] 총점		문항 1 ~ 10번 합계
	[2단계] 요인별		1요인 조절실패: 문항 1 ~ 3번 합계 2요인 현저성: 문항 4 ~ 6번 합계 3요인 문제적 결과: 문항 7 ~ 10번 합계
결과 및 해석	과의존 위험군	고위험 사용자군	총점 ▶ 31점 이상
			지능정보서비스 사용에 대한 통제력을 잃은 상태로 일상생활의 많은 시간을 지능정보서비스 사용에 소비하며 그로 인해 대인관계 갈등이나 일상의 역할 문제, 건강 문제 등이 심각하게 발생한 상태로 위험성이 높은 상태 ▶ 지능정보서비스 과의존 경향성이 매우 높으므로 전문적인 지원과 도움이 요청된다.
		잠재적 위험 사용자군	총점 ▶ 30점 이하 ~ 23점 이상
			지능정보서비스 사용에 대한 조절력이 약화된 상태이며 그로 인해 이용 시간이 증가하여 대인관계 갈등이나 일상의 역할 문제가 발생하기 시작한 단계로 부정적 영향을 미칠 위험성이 존재하는 상태 ▶ 지능정보서비스 과의존 위험을 깨닫고 스스로 조절하고 계획적으로 사용하도록 노력한다. 지능정보서비스 과의존에 대한 주의가 필요하다.
	일반사용자군		총점 ▶ 22점 이하
			지능정보서비스를 조절된 형태로 사용하고 있어서 일상생활의 주요 활동이 지능정보서비스로 인해 훼손되는 문제가 발생하지 않는 상태 ▶ 지능정보서비스를 건전하게 활용하기 위해 지속적으로 자기 점검을 한다.

마무리 학습

1. 친구와 함께 본인의 지능정보서비스 의존상태를 체크해 보고 의존도를 줄일 수 있는 방안 수립 후 일주일간 실행도를 친구와 같이 확인하시오.

2. 학교와 가정에서 학령기 아동의 자아존중감을 높이기 위한 방안을 기술하시오.

3. VDT 증후군 발생 예방법을 조사하고, 이를 일주일간 실천해 보고 이전과 비교하여 본인에게 어떤 변화가 일어났는지 토의하시오.

4. 학령기 아동의 집단따돌림은 사회문제가 되고 있다. 집단따돌림 관련 신문기사 혹은 인터넷을 5개 검색하고 집단따돌림의 현황과 문제점, 대책에 대해 정리하시오(참고문헌 혹은 기사의 출처를 밝힐 것).

청소년기

학습 목표

1. 청소년의 신체발달에 대해 설명할 수 있다.

2. 청소년의 운동발달에 대해 설명할 수 있다.

3. 청소년의 사춘기와 성적 성숙에 대해 설명할 수 있다.

4. 청소년의 인지, 도덕발달에 대해 설명할 수 있다.

5. 청소년의 사회 및 정서발달에 대해 설명할 수 있다.

6. 청소년의 성장발달 증진에 대해 설명할 수 있다.

7. 청소년의 성장발달 관련 이슈에 대해 토의할 수 있다.

CHAPTER 9

청소년기

청소년을 의미하는 'adolescence'는 라틴어의 'adolescere'에서 유래된 용어로서 "성장하고 성숙한다to grow and mature."라는 의미를 함축하고 있다. 청소년기는 아동기에서 성인기로 옮겨 가는 과도기로서 이 시기의 청소년은 아동이나 성인의 어느 쪽에도 소속되지 않은 주변적 상황marginal situation에서 극심한 갈등과 혼란을 경험하게 되어 흔히 '질풍노도의 시기'라고도 한다.

청소년들은 급속한 신체적·성적·인지적·심리적 변화에 적응하고, 이를 자신의 감각 속에 통합시켜 앞으로 다가올 성인기 역할을 규정하고 준비해야 하는 과제를 갖는다. 특히 청소년기에 습득한 건강과 관련된 지식이나 생활습관은 일생 동안 지속됨을 고려할 때, 청소년이 갖는 갈등이나 위기를 극복하고 다가올 성인기로의 이행을 성공적으로 달성할 수 있도록 돕는 것은 국가 경쟁력과 생산성 향상 및 국민건강과 삶의 질 향상을 위한 출발점으로써 그 의의가 있다.

청소년기는 연령이나 신체적·생리적 성숙도 및 심리적 성숙도 등에 의해 결정되는데, 일반적으로 법률 집행과 같은 이유에서 연령에 따른 구분이 널리 사용되고 있다. 우리나라 민법 제 4조에 의하면 20세 미만을 미성년자로 규정하고 있고, 청소년기본법 제3조에는 9세 이상 24세 이하를 청소년으로 규정하고 있다. 또한 2001년 8월에 개정된 청소년보호법 제2조에서는 만 19세 미만으로 규정하고 있다.

한편, 청소년기는 심리적 성숙도를 기준으로 했을 때 자아정체감이 확립되는 시기를 의미한다. 일반적으로 청소년기는 초기(10~13세), 중기(14~16세), 후기(17~21세)의 세 시기로 구분하며, 각각의 발달단계는 청소년들의 특정 행동에 대한 의사결정 시 중추적 역할을 담당한다.

1. 청소년기 성장발달

1) 신체 성장

청소년기는 성장의 급등growth spurt과 이차 성징이 발현되는 사춘기로 시작되는데, 이 시기의 청소년들은 영아기 이래 가장 급속한 신체 변화를 경험한다. 이와 같은 급속한 신체 변화로 청소년들은 다양한 심리적·사회적 불균형 상태, 불안 및 갈등을 경험하기도 한다. 성장의 급등은 여아가 남아보다 2~3년 빨라서 대체로 여아는 평균 10~11세경에, 남아는 평균 12~13세경에 시작해서 약 4년 정도 지속되는데, 이 과정은 개인차가 현저하다. 키는 청년 초기에 여자가 남자의 키를 능가하지만, 청년 중기에 이르면 남아의 키가 계속 증가하여 여아의 키보다 큰 경향을 보인다. 일반적으로 여아는 16세, 남아는 17~18세경이 되면 골단 성장이 멈추면서 성인의 키에 도달한다.

신체 각 부분은 일정한 순서에 의해 변화한다. 즉, 머리와 손, 발이 가장 먼저 성인의 크기에 도달하며, 팔과 다리 성장이 몸통 성장을 능가한다. 이와 같이 청소년기에는 신체 각 부분의 성장 속도가 서로 달라 일시적으로 어색한 외모를 나타내기도 한다. 신체 각 부분의 성장과 더불어 어깨, 가슴, 엉덩이의 폭이 증가하여, 소년은 엉덩이보다 어깨가 넓어지고 근육이 발달하여 남성다운 체형으로 변화하고, 여자는 골반의 발달로 엉덩이가 허리나 어깨에 비해 넓어지며, 피하지방이 축적되어 여성다운 체형으로 변화하면서 신체적 균형에 있어 남녀의 성차가 두드러진다.

골격계의 골화는 남자 청소년의 경우 청소년 후기까지 진행되지만, 여자 청

그림 **9-1 남녀의 연령별 키 차이:** 청년 초기에는 여자가 남자의 키를 능가하지만 청년 중기에 이르면 남자의 키가 여자보다 큰 경향을 나타낸다.

소년은 남자 청소년에 비해 더 이른 시기에 골화가 완료되어 결과적으로 완전 성장이 이루어진 후에는 청소년 남자가 여자에 비해 더 큰 키를 유지하게 된다.

근육의 강도와 질량은 성장 급등기에 현저하게 증가한다. 또한 근육은 청소년 남자가 여자에 비해 현저하게 발달하는 것을 볼 수 있다. 반면에 여자는 남자에 비해 지방 축적 비율이 증가함으로써 여성다운 굴곡을 형성한다.

땀샘 분비가 왕성하여 여드름과 같은 다양한 피부 문제가 나타나며, 여드름은 청소년들의 사회적 관계의 질과 적응 능력에 영향을 미치기도 한다.

소화기계 변화를 살펴보면 위와 장의 크기와 용적이 증가하여 식욕이 왕성해지고 섭취량이 증가한다. 치아는 12세까지 32개 영구치 중 26~27개가 발생하고, 12~14세에 제2대구치, 18~25세 사이에 제3대구치가 발생됨에 따라 영구치의 붕출이 완료된다. 하악은 청소년 중기에서 청소년 후기에 걸쳐 성인 크기로 발달한다.

심혈관계와 호흡기계의 변화를 살펴보면, 심장의 크기와 기능이 향상되어 혈류량과 적혈구 수가 증가하고, 혈압이 상승한다. 또한 폐의 무게와 용적이 증가함에 따라 호흡 기능이 향상되고 이와 같은 변화들은 소녀보다 소년들에서 더욱 현저하게 나타난다. 특히 청소년기에는 눈과 손의 협응과 운동 능력의 향상으로 손동작이 기민해짐에 따라 다양한 스포츠 활동이나 컴퓨터 게임에 관심을 갖고 참여한다.

2) 운동발달

청소년기에는 대근육 운동수행 능력이 향상되어 운동의 종류를 선택하는 폭이 매우 다양해진다. 그러나 운동발달 양상은 소년과 소년 사이에 현저한 차이가 있다. 소녀의 운동발달은 점진적으로 진행되며 14세에 완만해지는 반면, 소년은 청소년기 전 기간에 걸쳐 운동의 속도, 강도, 내구력이 극적으로 증가하는 양상을 보인다.

운동수행 능력의 발달과 더불어 스포츠나 운동은 인지 및 사회성 발달에 영향을 미친다. 예를 들면, 스포츠나 운동은 경쟁, 자기주장, 문제해결 및 팀 구성원 간의 협동심 등을 학습하는 계기가 된다. 또한 이 시기의 규칙적인 운동습관은 일생 건강을 좌우하기도 한다. 따라서 건강교육을 통해 규칙적 운동의 중요성과 운동의 즐거움을 인식하도록 도와줌으로써 청소년들의 신체 및 심리적 안녕 수준을 향상시켜야 할 것이다.

3) 사춘기와 성적 성숙

사춘기란 주로 청년 초기에 호르몬의 변화로 인해 급격한 신체적·성적 성숙이 이루어지는 기간을 의미한다. 성적 성숙으로 인해 이차 성징이 나타나고 생식 능력을 갖게 되며, 신체적 변화뿐만 아니라 다양한 심리적 변화를 동반한다.

과거에 비해 오늘날의 청소년들은 신체 성장이 점점 더 빨라질 뿐만 아니라, 더 어린 연령에서 성인의 체격에 도달하는 경향이 있다. 이런 성숙의 가속화 현상은 급격한 성장이 이루어지는 시기와 소녀의 초경 연령에서 특히 두드러지게 나타나고 있다. 이는 과거에 비해 영양상태의 개선 및 영화나 TV 등의 매체를 통해 쉽게 성적 자극에 노출되는 점 등이 그 요인인 것으로 추정되고 있다.

(1) 소녀의 성적 성숙

소녀의 사춘기는 성장의 급등과 함께 난소에서 여성호르몬인 에스트로겐이 분비되면서 시작된다. 에스트로겐은 여성의 이차 성징인 유방의 발달, 음모의 성장을 자극한다. 또한 자궁과 질의 발달 및 골격 성장에도 관여하여 여성다운 체형을 갖도록 해 준다. 또 다른 여성호르몬인 프로게스테론 역시 난소에서 분비되며 수정난이 착상할 수 있도록 자궁내막을 준비하고 임신이 계속 유지될 수 있도록 하는 기능을 담당한다.

초경은 12~14세경에 시작되며, 이어서 유방과 음모의 발달이 이루어지고, 액모가 출현 한다. 대부분의 소녀들은 이와 같은 과정이 3~4년에 걸쳐 이루어지나 여기에는 개인차가 현저하다. 초경이 시작된 후 약 2년간은 생식 기능의 미숙으로 배란이 되지 않아 임신의 가능성이 없는 것으로 알려져 왔으나, 개인차가 현저하여 모든 소녀에게서 나타나는 현상이 아님을 반드시 유의해야 한다. 또한 사춘기 소녀의 질 분비물의 양과 조성은 성장이 진행 중이기 때문에 성인에 비해 산도가 떨어지고, 양이 적게 분비된다. 따라서 무분별한 성교나 생식기의 위생관리가 불량한 경우 질염이 쉽게 발생하며, 그대로 방치하는 경우에는 생식기 염증 및 불임의 원인이 되어 생식건강에 부정적 영향을 미치므로 이에 대한 교육과 관리가 필요하다.

일반적으로 소녀의 체중이 45~46kg이 되면 초경이 시작되며, 지방이 체중

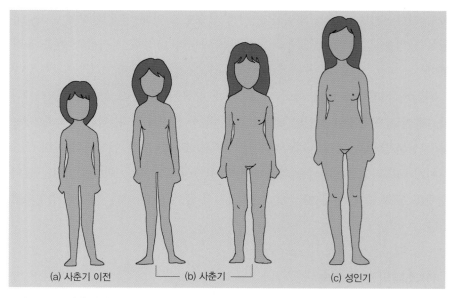

(a) 사춘기 이전   — (b) 사춘기 —   (c) 성인기

그림 9-2 소녀의 신체발달에 따른 체형 변화

의 17% 이상을 차지하고 있어야 월경이 유지되는 것으로 보고되고 있다. 따라서 지나친 운동이나 다이어트 및 거식증으로 인해 체중이 지나치게 적은 경우 월경이 잠시 중단되기도 한다. 한편, 1962년 조사에서 평균 초경 연령이 14.8세이던 것이 1992년 조사에서는 13.04세, 2000년 조사에서는 12.7세로 보고되었는데, 이는 우리나라 여성들의 초경 연령이 점차 낮아지는 것을 의미하므로 이에 대비하기 위한 사전 성교육의 필요성이 강조되고 있다.

(2) 소년의 성적 성숙

소년의 사춘기는 남성호르몬인 안드로겐의 분비와 함께 10~13세 사이에 시작된다. 소년은 고환과 음낭 및 음경이 커지고, 음모와 액모가 출현하며, 턱수염이 나고 변성이 된다. 전립선과 정낭의 발달로 정자의 생산이 증가됨에 따라 소년들은 몽정nocturnal emissions을 경험한다. 그러나 몽정을 경험하는 초기에는 정자의 활동성이 매우 취약하므로 생식 능력은 대부분 불완전하다.

사춘기 동안 소년의 고환과 음낭이 급속한 성장을 하고 과격한 운동이나 스포츠를 즐기기 때문에 운동이나 스포츠 참여 시에는 보호용 속옷을 착용하도록 하여 사고에 의한 손상을 예방하도록 한다.

(3) 성적 성숙단계

사춘기 남녀의 이차성징의 발달 과정을 이해하는 데 Tanner(1969)가 소개한 성적 성숙단계가 널리 활용되고 있다. 성적 성숙단계는 여자의 경우 유방과 음모의 발달 정도에 의해, 남자는 음모와 외생식기의 발달 정도에 의해 1단계에서 5단계로 구분하고 있다. 각 단계별 남아 및 여아에게 나타나는 변화는 표 9-1, 표 9-2, 그림 9-3, 그림 9-4에 요약하였다.

표 9-1 사춘기 소녀의 성적 성숙단계

단계	유방	음모	기타 소견
1	• 변화 없음	• 변화 없음	—
2	• 유방이 봉긋해짐 • 유륜의 비후 • 유두 돌출	• 치구 윗부분과 대음순에 부드럽고 긴 음모의 출현	• 질 상피세포 비후 • 질 pH가 낮아짐
3	• 유방 조직의 증대 • 유륜이 넓어짐	• 음모가 검고 구불구불해지며, 양이 많아지고, 음부까지 확대된다.	• 키의 최대 급등이 일어남 • 자궁의 증대 • 액모의 출현
4	• 유륜과 유두가 유방 중앙에 위치 • 유방 조직 발달로 유방이 돌출됨	• 성인과 유사한 모습이지만 적이 좁다.	• 액모가 현저히 발달 • 자궁의 증대 지속 • 질 분비물 출현
5	• 크고 성숙된 유방 • 여성의 선이 나타남	• 음모의 분포와 양이 성인과 동일하다.	• 성인 여성의 특징이 나타남

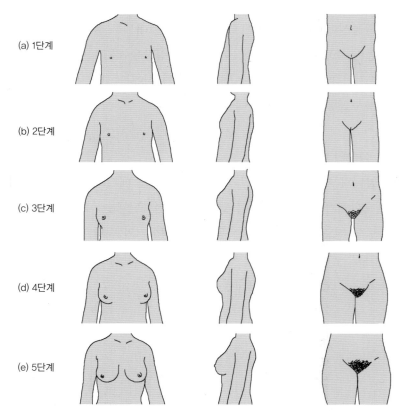

(a) 1단계

(b) 2단계

(c) 3단계

(d) 4단계

(e) 5단계

그림 9-3 소녀의 성적 성숙단계에 따른 유방과 음모의 변화

표 **9-2** 사춘기 소년의 성적 성숙단계

단계	음모	음경	음낭과 고환
1	• 변화 없음	• 아동기와 동일	• 아동기와 동일
2	• 음경의 기저부에 길고 약간은 착색된 직모 혹은 구불구불한 음모의 출현	• 약간의 미세한 증대	• 고환, 음낭이 증대됨 • 모양의 변화 시작
3	• 음모의 색이 짙어짐 • 구불구불한 음모가 치골결합까지 확산	• 증대, 특히 길이가 길어짐	• 더욱 증대됨
4	• 3과 5 사이 • 넓적다리 부분까지 확산되지 않음	• 성선의 발달과 함께 길이와 폭의 증대	• 증대의 지속 • 음낭의 표면이 짙게 착색됨
5	• 음모의 양과 질이 성인과 동일 • 음모가 넓적다리 부분까지 확산	• 크기와 모양이 성인과 동일	• 크기와 모양이 성인과 동일

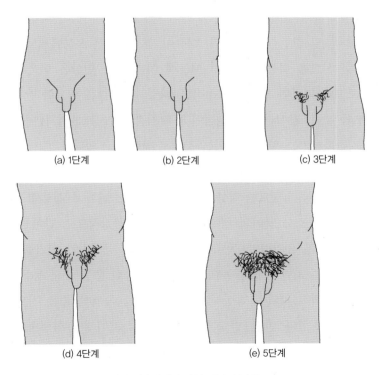

(a) 1단계   (b) 2단계   (c) 3단계

(d) 4단계   (e) 5단계

그림 **9-4** 소년의 성적 성숙단계에 따른 생식기 변화

(4) 사춘기 신체 변화와 심리적 적응

청소년기는 급격한 신체 변화, 이차 성징의 발현 및 발달 과정에서의 현저한 개인차 등으로 극도의 혼란과 스트레스를 경험하며, 그 어느 발달 주기보다도 정서적 동요가 큰 시기이다. 청소년은 급격한 신체적 변화에 대해 극도로 예민해지고, 자신의 몸과 외모에 관심이 집중되며, 타인의 평가에 민감한 반응을 보이는데, 이와 같은 현상은 특히 청소년기 초기에 더욱 현저하다.

청소년기의 정서적 동요의 원인은 구체적으로 밝혀지지 않았으나, 사춘기에 분비되는 성호르몬과 상황적 요인이 복합적으로 결합되어 나타나는 현상으로 추정하고 있다. 또한 청소년들이 표출하는 정서는 아동이나 성인에 비해 부정적 정서를 더 많이 표출하며, 부정적 정서는 부모와의 불화, 학업 문제, 이성 친구와의 결별 등과 같은 부정적 생활사건과 밀접한 관련이 있다.

청소년은 성인에 근접하는 외모를 갖게 됨에 따라 성인으로 대접받기를 원하고, 부모보다는 동료들과 보내는 시간이 중요하고 길어짐에 따라 부모와의 정서적 거리감 및 갈등이 잦아진다. 더욱이 청소년들은 부모에게서 독립하기 위해 다양한 시도를 하는 시기이기 때문에 이와 같은 현상은 더욱 가시화된다. 연구 보고에 의하면 청소년은 정직함, 학업 등과 같은 중요한 가치에 대해서는 부모와 뜻을 같이하며, 온정적이고 지지적인 가정 분위기는 부모-자녀 간 갈등을 완화시키는 원동력이 되는 것으로 보고되고 있다.

한편, 발달 과정에서의 개인차로 인해 나타나는 조숙과 만숙은 청소년의 성격과 사회적 행동에 중요한 영향을 미치며, 특히 소년과 소녀에게 서로 다른 의미를 제공한다. 조숙 남아의 경우 자신을 더욱 긍정적으로 받아들이고, 성공적인 교우관계를 유지하며, 동료나 성인들로부터 긍정적인 평가를 받는 경향이 있다. 또한 수려한 외모나 동료들에 비해 월등한 운동 능력 등은 조숙 남아의 위신과 사회적 지위를 향상시켜 주어 동료들 속에서 종종 지도자의 역할을 부여받기도 한다. 반면, 만숙 남아는 부정적 자아개념 형성으로 계속적인 의존 욕구를 보이며, 자율성에 대한 반항 및 구속으로부터의 자유를 추구하여 종종 공격적 행동을 표출하는 경향이 있는 것으로 보고되고 있다.

소녀의 경우 조숙과 만숙의 영향이 소년만큼 명료하지 않으나 만숙 여아는 조숙 여아보다 인성과 사회적 적응의 면에서 좀 더 긍정적 평가를 받는 경향을 받는 것으로 보고되고 있다. 이와는 대조적으로 조숙 여아가 사회적 적응을 더 잘하고 자신에 대해서도 좀 더 안정된 견해를 갖는다는 연구보고도 있다.

4) 인지 · 도덕발달

Piaget에 의하면 초기의 청소년들은 구체적 조작기concrete operational stage에 머물러 있게 되는데, 구체적 조작기 청소년들은 눈에 보이는 현존하는 구체적 사실들에 대해서만 사고가 가능하여 극히 제한적이며 자기중심적인 사고를 하는 경향이 있다. 또한 특정 행위의 결과를 예측할 수 있는 능력이 부족하여 앞날을 고려하지 못한 채 때로는 위험을 수반하는 무모한 행동에 가담하기도 한다.

청소년 중기에 이르러 형식적 조작기formal operational stage가 시작되면, 청소년들은 과학적이고 추상적인 사고를 발전시켜 나간다. 형식적 조작기란 구체적 조작기의 사고에서 발전하여 눈에 보이지 않는 사물이나 사건에 대한 연역적 추론이 가능해지며, 미래에 다가올 문제를 미리 예측하고 이를 해결하기 위해 다양한 대안을 고려하여 결론에 도달하는 것을 의미한다. 또한 타인의 입장이나 관점을 이해하고 평가하는 능력을 포함한다.

청소년들은 형식적 · 조작적 사고가 발달함에 따라 그들 자신과 타인 및 주변을 돌아보게 되고, 토론을 즐기며, 정보처리 과정이 매우 신속하고 효율적으로 이루어진다. 또한 과학적 · 체계적 · 종합적 사고가 가능해지고, 자신의 미래를 위한 준비와 함께 자기조절 능력이 향상된다.

(1) 토론과 논쟁

청소년이 형식적 · 조작적 사고를 획득하면, 이를 실생활에서 활용하고자 하므로 토론과 논쟁을 통해 특정 결론에 도달하는 것을 즐기게 된다. 따라서 청소년들이 더 높은 지적 수준에 도달하고 인지적 · 사회적 능력을 신장시켜 주기 위해 이들에게 도덕적 · 윤리적 · 정치적 쟁점에 대해 옹호, 비판 및 근거를 제시할 수 있는 기회를 다양하게 제공해 주어야 한다.

그림 9-5 청소년들은 토론과 논쟁을 통해 특정 결론에 도달하는 것을 즐긴다.

(2) 자기중심성

청소년기의 급격한 신체적·정서적 변화와 더불어 형식적 조작기에 도달한 청소년은 점차 자신의 생각을 체계적으로 숙고할 수 있는 능력을 갖게 된다. 이 과정에서 자기 내부의 변화가 급격하게 진행되기 때문에 청소년은 자신의 외모와 행동에 몰두하게 되고, 자신의 관심사와 타인의 관심사를 구분하지 못한 채 다른 사람들도 자기만큼 자신에게 관심이 있다고 생각하게 되는데, 이를 청년기의 자기중심성이라 한다. 청소년의 자기중심성은 인지발달단계에서 일시적으로 나타나는 인지의 왜곡 현상으로 여기에는 상상적 관중imaginary

그림 9-6 상상적 관중: 청소년들은 자의식이 강하고, 다른 사람들의 눈에 띄기 위해 대중 앞에서 유치한 행동이나 요란한 옷차림을 서슴지 않는다.

audience과 개인적 우화personal fable, 이상주의idealism 등이 있다. 청소년의 자기중심성은 청소년 초기에 두드러지고, 중기와 후기로 갈수록 그 성향이 점차 약해지는 것으로 보고되고 있다.

① 상상적 관중

청소년이 자신은 무대 위의 주인공으로 만인의 관심과 초점의 대상이라고 인식하고, 다른 사람들은 구경꾼으로 생각하는 것을 의미한다. 구경꾼은 청소년의 설정에 의한 상상에서 나온 것이기 때문에 상상적 관중이라 한다. 상상적 관중은 다른 사람들의 눈에 띄고 싶어 하는 청소년의 욕망에서 비롯되며, 그 예로 청소년들이 자의식이 지나칠 정도로 강하다거나 대중 앞에서 유치한 행동 및 요란한 옷차림을 하는 것 등을 들 수 있다.

상상적 관중은 청소년에게 자기 비판적이면서 동시에 자기도취적 성향을 갖게 한다. 예를 들면, 청소년들은 상상적 관중에게 매력적으로 보여질 자신을 생각하며 많은 시간을 거울 앞에 서서 자신의 외모를 비추어 보거나 가꾸는 데 시간을 소비한다. 그러나 실제 상황에서 청소년은 타인의 평가에 매우 예민하여 상대방을 관찰하기보다는 자신이 어떻게 관찰되는가에 더 관심을 갖는다.

② 개인적 우화

청소년들이 자신의 감정과 사고는 너무 독특하고 특별한 것이어서 다른 사람들이 이해할 수 없을 것이라고 믿는 것을 개인적 우화라 한다. 즉, 자신은 매우 특별하고 전지전능하다고 생각하며, 특정 상황에서 다른 사람은 다 죽어도 자신은 영원히 죽지 않으리라는 불멸의 신념을 갖고 있다. 이와 같은 신념에는 현실성이 결여되어 있으며, 때로는 청소년들로 하여금 위험한 행동에 무모하게 가담하게 하여 이들의 생명과 건강을 위협하는 요인이 되기도 한다. 따라서 철저한 사전 건강교육을 통해 청소년들의 건강과 생명을 보호해야 한다.

③ 이상주의, 비판주의

형식적 조작기에 접어들면서 청소년들은 현실뿐만 아니라 모든 영역에서 이상적이며 완전한 것을 추구하고 이를 실생활과 비교·분석하면서 강한 비판

정신을 갖게 된다. 청소년기의 이상주의는 부정부패, 빈부격차, 저속한 행위 등이 존재하지 않는 보다 완전한 세계에 대한 시각을 갖게 해 준다. 반면에 현실 세계에서 성인들은 매우 실제적인 사고를 하기 때문에 현실 세계의 잘못에 대해 강력한 비판을 하게 된다. 이와 같은 성인과 청소년 입장에서 세상을 바라보는 시각의 불일치로 성인과 청소년 모두 긴장과 스트레스를 경험하게 되는데, 이를 세대차generation gap라고 한다.

청소년기의 이상주의나 비판주의는 청소년에게 자신 이외의 타인을 보다 객관적으로 평가할 수 있는 기회를 제공해 주고, 그들의 강점과 약점을 이해하게 됨으로써 사회 변화에 대해 보다 긍정적 역할을 수행할 수 있게 한다. 따라서 그 결과 지속적인 인간관계를 수립하는 초석을 마련해 준다는 이점도 있다. 청소년의 부모들은 이러한 청소년들의 특성을 이해하고 인내하며, 인간 세상은 장단점이 결합되어 있음을 인식시켜줌으로써 청소년들이 이상과 현실세계 간의 균형을 유지할 수 있도록 도와주어야 한다.

5) 사회 · 정서발달

(1) 자아정체감 형성

Erikson은 생산적이고 행복한 성인기를 맞이하기 위한 준비로 청소년기에 안정된 자아정체감을 확립하는 것을 강조하였다. 자아정체감을 확립한다는 것은 나는 누구이며, 앞으로 무엇을 할 것이고, 미래의 나는 어떻게 될 것인가에 대해 확고한 답변을 내릴 수 있는 상태를 의미한다. Moshman(1999)은 자아정체감을 특정 행동을 수행함에 있어 정당한 동기와 원인이 있고, 그 행동에 대한 책임을 질 수 있으며, 이를 설명할 수 있는 상태라고 하였다.

자아정체감의 확립은 청소년 초기보다는 청소년 후기에 더 집중되는데, 이는 청소년 초기에는 급격한 신체 변화와 발달로 모든 개인적 관심이 자신의 신체에 집중되고, 동료집단의 인정과 수용이 더 중요한 관심사이기 때문에 청년 후기에 비해 자아정체감 확립에 대한 관심이 덜 집중되기 때문이다. 청소년이 안정된 자아정체감을 확립하기 위해서는 신체적·성적·인지적 발달이 선행된 상태에서 부모와 가족 및 동료집단의 영향권에서 벗어날 수 있어야 하는

데, 이 모든 조건이 갖추어지는 시기가 청소년 후기이기도 하다. 가족은 청소년들이 그들 스스로의 관심 분야를 선택하고 안정된 자아정체감을 확립할 수 있도록 지지와 안내를 해 주어야 한다.

청소년 초기에는 동성 친구와 긴밀한 우정을 발전시키면서 서로의 사고나 행동을 모방하며 닮아가게 되고, 청소년 중기에 이르면 그들 스스로가 상대방에게 어떻게 보이는가에 관심을 가지면서 사회적 행동이나 역할에 대한 다양한 실험을 하게 된다. 특히 이 시기에는 호기심과 불멸의 신념이 결합되면서 위험을 수반하는 행동에 가담하기도 한다. 청소년 후기에 이르면 학업성취, 교사와의 상담 및 교외 활동 등과 같은 다양한 경험을 통해 자신의 현재와 미래에 대한 구체적 목표를 설정함으로써 자아정체감을 성취하게 된다. 따라서 청소년 초기의 인간관계는 상당히 실험적이지만 후기로 갈수록 덜 실험적이고 관계가 오래 지속되는 것을 볼 수 있다.

Marcia(1994)는 자아정체감이 형성되는 과정에서 자신의 가치관을 재평가하는 의미로서의 위기와 능동적 의사결정을 내린 상태로서 수행을 주요 구성요소로 보고 이 두 차원의 결합을 통해 자아정체감을 성취, 유예, 유실, 혼미의 4가지 수준으로 구분하였다. 대부분의 청소년들은 낮은 자아정체감 수준인 유실, 혼미로부터 보다 높은 자아정체감 수준인 성취, 유예로 이동하는 것으로 보고되고 있다. 자아정체감 수준별 설명은 표 9-3에 요약하였다.

표 9-3 자아정체감의 수준

정체감 수준	설명
정체감 성취 achievement	위기를 성공적으로 극복하여 자신에게 중요한 삶의 가치나 목표 선택 시 스스로 판단에 의해 의사결정을 할 수 있는 상태를 의미한다. 이와 같은 의사결정은 시간의 흐름에 따라 지속성을 가지며, 이 과정에서 개인은 정서적 안녕을 경험하게 된다.
정체감 유예 moratorium	현재 위기를 경험하고 있으나 의사결정을 내리지 못한 채 정보를 수집하거나 다양한 역할, 신념, 행동 등을 실험하고 있는 상태를 의미한다. 대부분의 청소년들은 후에 정체감 성취를 이루지만 일부에서는 정체감 혼미로 기울어지는 경우도 있다.
정체감 유실 foreclosure	자신에게 중요한 삶의 가치나 목표를 선정하는 데 있어 다양한 대안을 충분히 고려하지 않은 채 부모 혹은 다른 역할모델의 가치와 신념 및 의사결정을 그대로 수용하는 것을 의미한다.
정체감 혼미 diffusion	안정된 자아정체감 확립에 실패한 상태로서 분명한 자기 지시나 의사결정을 할 수 없는 상태를 의미한다. 이 범주에 속하는 청소년들은 자신에게 중요한 삶의 가치나 목표를 선택해 본 적이 없으며, 위협을 느끼는 상황에서 대안을 탐색하기 위해 적극적인 노력도 하지 않는다.

(2) 책임감의 발달

청소년들은 부모로부터 독립하여 자신만의 세계를 구축하고자 노력한다. 따라서 의존적 역할 수행 시 많은 도전을 받고 때로는 굴욕감을 경험하기도 한다. 청소년들은 심리적·경제적 독립을 이루기 위해 노력하는데, 이 과정에서 스스로 아르바이트를 하여 용돈을 벌고, 금전을 관리하는 경험은 청소년들의 자기관리 기술 향상과 책임감 증진에 매우 중요한 역할을 한다.

이 시기에 부모는 청소년이 중요한 삶의 가치나 목표를 선택하는 데 있어 신중하고 책임감 있는 선택을 할 수 있도록 지시하기보다는 잘 들어 주고 지도와 안내를 해 주는 것이 중요하다. 일반적으로 청소년들은 긍정적인 강화를 받은 행동을 반복하는 경향이 있는 것으로 보고되고 있다.

(3) 우정의 발달

초기 청소년들은 부모, 가족으로부터 심리적 독립을 위한 시도로 또래집단의 규범이 더욱 중요시되고 집단 동일시를 하며, 안정감과 소속감을 경험한다. 또한 매우 사적인 생각이나 느낌을 공유할 수 있는 단짝 친구와 우정을 상호

그림 9-7 단짝 친구: 청소년은 단짝 친구와 우정의 상호 교류를 통해 다가올 성인기의 원만하고 안정적인 인간관계의 기초를 형성한다.

교류함으로써 감정이입을 발전시켜 장차 다가올 성인기의 원만하고 안정적인 인간관계 수립을 위한 기초를 형성한다. 이와 같은 또래집단에 대한 동일시 및 단짝 친구와 우정의 상호교류는 청소년의 심리·사회발달에 중추적 역할을 한다.

　청소년은 가족보다는 또래들과 지내는 시간이 길어지고 때로는 또래집단의 압력을 받으며 긴장을 경험하기도 한다. 만약 또래집단이 지향하는 가치, 신념이 가족의 그것과 일치하지 않는 경우 가족과의 갈등을 야기하며, 때로는 반사회적 행동에 가담하는 원인이 되기도 한다.

　한편, 또래집단에 소속되지 못하거나 친구관계에 문제가 있는 청소년들은 외로움, 상실감, 대인관계 실패, 낮은 자존감, 부적절함 등을 경험하며 학업 성취도가 떨어지고 사회적으로 고립됨에 따라 청소년 비행, 물질남용, 우울 등과 같은 다양한 문제 행동이나 부적응을 유발하는 것으로 보고되고 있다.

(4) 성에 대한 관심

　청소년기 성정체감의 발달과 확립은 청소년 스스로 자기 존재가치를 발견하는 데 중추적 역할을 하며, 성에 대한 주제는 청소년기의 주요 관심사이기도 하다. 청소년들은 자위행위masturbation를 통해 그의 몸을 탐색하며 성적 만족을 경험한다. 또한 손으로 상대의 성기를 더듬는 것과 같은 긴밀한 성적 접촉을 통한 성적 탐색을 시도함으로써 성에 대한 반응과 성적 만족을 추구하기도 한다.

　성교를 포함한 적극적인 성행위는 주로 청소년 후기에 두드러진다. 이는 성인이 되었다는 느낌, 친구들에게 인정받기 위해 또한 호기심에 의해 성적 행동에 참여하게 되는데, 최근에는 그 연령이 점차 낮아지고 있어 큰 사회문제가 되고 있다. 외국의 경우 18세가 되기까지 여자 청소년들의 약 70%에서 성교 경험이 있는 것으로 나타났고, 성 전파성질환의 약 20%가 청소년집단이 차지하고 있는 것으로 보고되고 있다. 우리나라의 성문화연구소(1997)의 조사에 의하면, 15~19세 청소년 중 성관계를 경험한 남자 청소년은 16.2%, 이들 중 44%는 성 상대로 매매춘의 성격이 있는 윤락여성, 술집 여성, 콜걸 등과 성관계를 한 것으로 나타났다. 여자 청소년의 경우 7.5%에서 성관계 경험이 있었으며, 이들 중 50% 이상은 반복적이다. 두 명 이상의 파트너와 성관계를 하고 있는 것으로 나타났다. 특히 주목할 것은 청소년들이 성 전파성질환이나 에이즈 감염 예방을 위한 대안적 성행위로 구강성교를 선택하고 있었는데, 구강성교 역시 성전파성 질환이나 에이즈 감염과 같은 성병 위험에서 벗어날 수 없다. 성병은 성적 접촉을 하는 동안 사람에서 사람으로 전달되는 전염성이 높은 전염병이라는 점에서 체계적 성교육을 통한 예방의 필요성이 강조되고 있으며, 사회는 청소년들이 올바른 성적 의사결정을 할 수 있도록 교육과 안내 및 지지를 제공해야 할 것이다. 성행위가 적극적인 청소년은 성파트너가 여럿일 수 있고 콘돔이나 다른 피임법을 사용하지 않을 수 있으므로 성병과 임신의 위험이 높다.

6) 도덕성 발달

청소년기 초기는 Kohlberg가 제시한 도덕성 발달단계 중 전 인습적 도덕 수준pre-conventional level인 1, 2단계가 상당 부분 감소하고, 청소년 중기에는 인습적 도덕 수준conventional level으로 도덕성 발달의 3단계인 대인과의 조화를 지향하는 단계에 머물며, 청소년 후기부터 성인 초기에 이르는 동안 도덕성 발달의 4단계인 사회질서를 지향하는 단계에 이르게 된다.

3단계는 형식적 조작기 초기에 해당되는 시기로 동료나 친지의 애정과 인정을 받는 것에 도덕적 가치를 부여하기 때문에 이타적인 도덕성의 단계라고 할 수 있으며, 4단계는 형식적 조작기에 해당되는 시기로 개인의 관심보다는 사회적 질서나 규칙을 준수하는 것에 도덕적 가치를 둔다.

표 9-4 청소년기 발달주기별 성장과 발달 요약

구분	청소년 초기(10~13세)	청소년 중기(14~16세)	청소년 후기(17~20세)
신체 성장	• 이차 성징의 출현 • 남아: 고환 증대 후 치모 출현 • 여아: 유방이 나오기 시작, 초경, 지방 축적	• 급속성장기 • 남아: 음경, 고환 증대, 음낭 착색, 겨드랑이·얼굴의 털 증가 • 여아: 초경, 유방·유륜 확대. 치모가 치구을 덮고, 거칠고, 색이 진해짐	• 이차 성징 완성 • 성장 속도 저하 • 남아: 목소리가 굵어짐
신체 상	• 자기 중심적 • 사춘기 신체 변화에 적응	• 외모와 이미지에 대한 다양한 실험과 시도	• 신체상의 수용 • 격, 개성의 확립
자아 개념	• 자존감이 낮음 • 현실의 부정, 거부	• 충동적, 참을성이 없음 • 자아정체감 혼돈	• 정적 자아개념 확립 • 감정이입과 독자적 사고가 가능해짐
행동	• 보상을 받기 위해 행동	• 규범과 질서의 준수	• 책임감 있는 행동
성발달	• 성에 대한 관심 증가	• 다양한 성적 실험 시도	• 성정체감 확립
친구 관계	• 성과 무관한 도당 형성 • 단짝 친구가 생김 • 영웅 숭배 • 성인을 압도함	• 데이트 시작 • 친구들 즐겁게 해주고자 분투 노력 • 이성애의 발전	• 인간관계를 중요시함 • 상대을 고르기 시작
가족 관계	• 가족에 양가감정 경험 • 가족으로부터 독립하기 위해 분투 노력	• 자율성과 인정을 받기 위해 노력 • 반항 혹은 철회 • 사생활 보장을 요구함	• 독립의 성취 • 가족관계의 재정립
인지 발달	• 구체적 조작기 • 현재가 가장 중요함 • 자기 중심적 • 문제 해결의 어려움	• 형식적 조작기 초기 • 문제해결 능력을 갖게 됨 • 몽상이나 환상 • 논리적·연역적·귀납적 사고의 시작	• 형식적 조작기 • 추상적 사고기 • 미래에 관한 결정 • 이상주의
삶의 목표	• 사회화 • 비현실적 목표 설정	• 개인의 관심 분야 확인 • 성취 혹은 중도 탈락	• 생의 목표 설정 • 직업을 갖거나 대학에 진학
건강 관심	• 정상발달 여부에 관심이 집중	• 약물이나 성교의 시도에 대한 관심 증대	• 이상주의 • 생활방식 선택에 대한 의사 결정
지도 내용	• 한계 설정 • 언어적 표현 격려	• 선택을 통해 문제을 해결하도록 도와 줌 • 동료집단의 활용 • 사생활의 비밀 보장	• 삶의 목표에 대한 상담 • 의사결정 과정에 참여 할 수 있도록 배려 • 신뢰감 형성

2. 청소년기 성장발달 증진

청소년기의 주요 발달과제는 안정적이며 긍정적인 자아개념을 발전시켜 나가는 데 있다. 특히 청소년기는 다양한 문제해결 능력과 건강습관이 형성되는 시기이며, 이 시기의 건강습관이 일생을 통해 지속되기 때문에 사전지도를 통한 건강습관의 실천은 평생 건강 차원에서 매우 중요한 의의를 지닌다.

청소년 중 특히 초기 청소년들은 발달 특성 상 특정 행동에 대한 위험을 고려하지 않고, 동료들과 다르게 행동하는 것을 거부하며, 독립을 획득하기 위해 분투하는 노력 과정에서 성인의 가치와 신념을 거부하고 다양한 역할에 대한 실험을 하는 시기이기 때문에 건강을 해치는 위험상황에 노출되기도 한다. 따라서 이들에 대한 적극적인 사전지도와 예방이 강조되며, 부모, 교사, 의료인은 청소년들이 그들의 건강 요구에 현명하게 대처하고 건강과 관련된 책임 있는 선택을 할 수 있도록 지지해 주어야 한다.

청소년기는 아동기나 성인기에 비해 질병으로 인한 입원율이 낮고, 비교적 건강한 상태를 유지하기 때문에 건강에 대해 소홀해지기 쉽다. 특히 청소년의 건강과 질병, 건강관리에 대한 지각은 청소년의 건강 행위에 절대적인 영향을 미치기 때문에 학교에서 건강과 건강 관련 행동에 대한 교육이나 토론을 통해 청소년들에게 건강 증진에 대한 자각과 동기유발의 기회를 제공해 주어야 할 것이다.

1) 영양관리

청소년기는 신체적·성적으로 급격한 성장이 이루어지는 시기이기 때문에 균형 잡힌 영양과 식이는 청소년의 성장발달에 절대적 역할을 한다. 특히 청소년기는 영양과 에너지 요구량이 최대가 되는 시기임에도 불구하고, 집 밖의 활동에 많은 시간을 소비하여 식습관이 불규칙하고, 끼니 거르기, 가벼운 식사, 인스턴트식품 섭취 증가 등과 같은 요소는 청소년들의 영양상태를 위협하는 요인이 되고 있다. 인스턴트식품의 경우 칼로리, 지방, 나트륨 함량이 매우 높은 반면, 성장에 필요한 철분, 칼슘, 비타민 함량이 매우 낮아 청소년 비만을 부추기고 청소년의 성장발달을 저해하는 원인이 되고 있다.

한편, 청소년기는 외모에 대한 관심이 집중되고 신체상이 발달하는 시기인데, 날씬함을 강조하는 사회적 영향으로 이상적 이미지가 신체상에 영향을 미쳐 청소년들의 건강을 해치는 원인이 되기도 한다. 연구 보고에 의하면 실제 청소년·소녀들의 비만율은 15%이고, 표준체중 이하가 25%임에도 불구하고, 대부분의 청소년들은 자신의 체중이 많이 나간다고 생각하고 살을 빼기 위해 엄격한 다이어트를 하는 성향이 있는 것으로 나타났다. 이러한 사회적 현상 및 또래집단과 비슷해지기를 원하는 청소년기 발달 특성으로 인해 불건강한 식습관이 형성되고 결과적으로 청소년들은 영양실조로 건강을 해치기도 한다. 이와 같은 현상은 소년에 비해 소녀에서 더욱 두드러지는 현상이다.

청소년들의 영양상태를 증진시키기 위해서는 영양 섭취와 성장발달과의 관련성에 대한 교육과 상담을 통해 건강한 식습관을 형성하고 이를 실천하도록 해야 한다. 특히 청소년기에 부족하기 쉬운 칼슘, 철분, 아연, 엽산, 비타민을 보충해 주기 위해 신선한 과일, 채소, 주스, 치즈, 크래커, 견과류 등과 같은 식품의 섭취를 권장한다.

2) 운동과 활동

청소년기는 근골격계, 호흡기계와 심혈관계의 크기 및 기능 향상으로 운동에 대한 신체적 내구력과 지구력이 증가하는 시기이다. 특히 심혈관계의 발달은 조직에 필요한 충분한 산소를 공급해 주고, 운동 후 피로한 신체를 빠르게 회복할 수 있도록 해 준다. 이와 같은 신체적 성장은 청소년들로 하여금 다양한 스포츠 활동에 참여할 수 있는 능력을 마련해 준다.

청소년들은 신체적 활동이 현저한 스포츠에 참여하기를 원하며, 조직적이고 경쟁적인 스포츠 활동을 선호한다. 청소년들은 다양한 운동경기에 참여함으로써 그들의 신체가 스포츠를 하는 데 적절함을 실험하고 파악하는 계기가 된다. 특히 청소년의 활동 수준은 신체적·성적 성숙 수준에 의해 좌우되기 때문에 이들의 성숙 수준을 주기적으로 파악하여 수준에 맞는 스포츠 활동에 참여하도록 안내하여 운동이나 활동으로 인한 상해를 예방할 수 있도록 한다.

3) 부모-청소년 관계 증진

청소년기는 자아정체감을 형성하고 부모로부터 독립하기 위해 노력하며, 기존의 가치와 신념에 의문을 갖고 이를 거부하는 시기이다. 이 과정에서 청소년의 가족은 그 어느 발달단계보다도 많은 갈등과 스트레스를 경험하게 된다. Emans와 Goldsteen(1988)은 청소년기 부모-청소년 간 갈등의 원인을 다음과 같이 제시하고 있다.

- 청소년들은 경제적 의존을 제외하고, 심리적·사회적·신체적 측면에서 부모나 가족에게서 점차 독립적이 된다.
- 청소년들은 행동반경이 증대됨에 따라 많은 시간을 가족과 떨어져 생활한다.
- 가족 내 규칙, 돈, 학업 성취도, 종교, 사생활, 대학이나 직장 선택 전반에 걸쳐 세대 갈등이 나타난다.
- 타 가족 구성원들은 새로운 역할을 개발해야 한다.

청소년-가족의 관계를 개선하려면 정직하고 개방적인 관계를 유지해야 하는데, 부모는 청소년의 의견을 충분히 들어 주고 어느 정도의 제한에 대해서는 서로 협상을 통해 개선해 나간다. 의료인과 교사는 부모와 청소년에게 관계 갈등은 흔히 발생하는 것임을 인지시키고, 갈등의 원인에 대한 정보를 제공하여 갈등과 전환의 시기를 부모-청소년이 원만한 관계를 유지할 수 있도록 해야 한다.

4) 성 건강 증진

청소년기 이차 성징의 발현은 청소년의 성에 대한 관심을 자극한다. 청소년 초기에는 성에 대한 환상을 갖기도 하고, 점차 그들의 가치나 신념, 관습에 근거하여 데이트, 성적 접촉, 성교 등을 탐색하기 시작하면서 성적 친밀감을 발전해 나간다. 특히 청소년기의 심리적 발달특성인 개인적 우화, 불멸의 신념, 또래집단의 압력, 그리고 성숙의 증거를 보여 주기 위해 자연스러운 성적 탐색의 일환으로 친밀감을 표현하거나, 성관계를 하면 기분이 좋아지기 때문에 등과 같은 감정적 요인에 의해 무모한 성행동에 가담하는 경우가 흔히 발생한다. 생식기 발달이 진행 중에 있는 청소년들이 무모한 성행동에 가담하는 경우 생식기의 취약성으로 인해 임신이나 성 전파성질환 감염 등 성 건강을 위협하는 다양한 위험 요인에 노출되기 쉽다. 또한 이 시기의 건강 문제가 평생 지속되기 때문에 적극적인 성교육을 통한 예방과 능력부여empowerment가 매우 강조된다.

청소년의 성 건강발달을 격려하기 위해서는 성에 관한 정확한 정보제공과 교육, 책임 있는 의사결정 기술, 청소년의 가치 추구 및 발견 지지, 성에 대한 건전한 태도와 행동의 본보기 등이 요구된다. 즉, 사회는 청소년들이 신체적·인지적·정서적으로 준비가 되어 성숙된 성관계 및 그로 인한 결과를 예견할 수 있을 때까지 성행위를 연기할 수 있도록 도와주기 위해 친밀감, 성적 한계 설정, 사회, 대중매체 및 파트너의 압력 극복하기, 금욕의 이점, 임신과 성 전파성질환 예방 등에 관한 교육과 관리를 통해 건강한 성인으로 성장발달할 수 있도록 도와주어야 한다.

(1) 성교육의 내용과 범위

미국 성정보교육위원회(SIECUS, 2004)에서는 성교육에 포함되어야 하는 주요 개념과 주제 를 제시했는데, 이는 오늘날 전 세계 청소년들의 성 건강 증진을 위한 지침이 되고 있다. 성교육에 포함되어야 하는 주요 개념에는 인간발달, 대인관계, 대인 기법, 성행동, 성건강, 사회와 문화 등이 포함된다. 이를 구체적으로 살펴보면, 인간발달 영역에서는 생식기의 해부와 생리, 사춘기, 생식, 신체상, 성 발달, 성정체감 등이 포함되며, 대인관계 영역에서는 가족, 우정, 사랑, 이성교제, 결혼, 자녀 양육 등이 포함된다. 대인관계 기법에서는 가치관, 의사결정, 의사소통, 자기주장, 협상, 도움 구하기 등이 포함되며, 성행동 영역에는 인간의 성, 자위행위, 성행동 참여, 금욕, 인간의 성반응, 성적 공상, 성기능 부전 등이 포함된다. 성 건강 영역에서는 생식건강, 피임, 임신과 산전관리, 인공유산, 성 전파성질환, AIDS/HIV, 성적 학대 등이 포함되며, 사회와 문화 영역에서는 성과 사회, 성역할, 성과 법, 성과 종교, 성적 다양성, 성과 대중매체, 성과 예술 등과 같은 주제에 관해 다루도록 제시하고 있다. 성교육 내용을 구성하는 주요 개념별 구체적 교육 목표는 표 9-5에 요약하였다.

한편, 미국 성정보교육위원회(SIECUS, 2004)에서는 성교육의 결과 성적으로 건강한 청소년들의 행동 특성을 자기 자신, 부모와 가족 구성원과의 관계, 동료들과의 관계 및 파트너와의 관계로 구분하여 제시하였는데, 이는 성교육의 효과를 평가하는 지침으로 널리 이용되고 있다. 성적으로 건강한 청소년들이 나타내는 행동 특성은 표 9-6에 요약하였다.

표 9-5 주요 개념별 성교육 교육 목표

주요 개념	교육 목표
인간발달	• 자기 몸을 소중히 여기기 • 필요 시 생식과 관련된 정보를 적극적으로 추구 • 성발달을 인간발달 과정의 일부로 받아들임 • 각각의 성을 존중하며, 사회에서 용납되는 적절한 방법으로 상호작용함 • 자신의 성을 인식하고, 타인의 성을 존중 • 성정체감을 확립하고, 타인의 성정체감을 존중
인간관계	• 애정과 친밀감을 적절하게 표현 • 의미 있는 인간관계들 유지·발전시킴 • 인간관계는 수집된 정보에 근거하여 선택 • 인간관계 증진을 위해 대인관계 기법을 활용
대인관계 기법	• 자기 가치관을 확립하고 이에 근거하여 생활함 • 자신의 행동에 대한 책임을 짐 • 효율적 의사결정 능력을 학습하고, 가족, 동료, 파트너와 효율적으로 의사소통
성행동	• 일생을 통해 자신의 성을 표현하고 즐거움을 경험 • 자신의 가치관에 근거하여 성을 표현 • 직접 성교를 하지 않더라도 성적 느낌을 통해 즐거움을 경험 • 자신과 타인에게 해가 되는 성행동을 분별할 수 있음 • 타인의 권리를 존중하면서 자신의 성을 표현 • 성 건강 증진을 위해 새로운 정보를 적극적으로 추구 • 상호 합의에 의한 정직하고, 만족스러우며, 질병이나 원치 않은 임신으로부터 안전한 성교을 함
성 건강	• 정규 건강검진, 유방 자가검진 고환 자가검진 등과 같은 건강 증진 행위를 실천함으로써 성 건강과 관련된 잠정적 문제의 조기 발견 • 원치 않는 임신을 예방하기 위해 적절한 피임법 사용 • AJDS/HV을 포함한 성 전파성질환의 확산 예방 • 원치 않는 임신을 한 경우 자신의 가치관에 근거하여 일관되게 반응 • 조기에 산전관리 받음 • 성적 학대 예방
사회와 문화	• 자신과 성적 가치관이 다른 사람을 존중 • 개인의 성과 관련된 사고, 느낌, 가치관, 행동에 영향을 미치는 가족, 문화, 종교, 대중매체 및 사회적 메시지을 인식하고 사정 • 모든 사람이 정확한 성정보를 제공받을 수 있도록 인간의 기본적 권리 증진에 기여 • 편견이 배제된 행동을 함 • 다양한 인구집단의 성과 관련된 고정관념을 거부 • 타인에게 성교육 실시

자료: http://www.siecus.org

표 9-6 성적으로 건강한 청소년들의 행동 특성

영역	항목	설명
자기 자신에 대한 행동 특성	자기 몸을 소중히 여긴다.	• 사춘기 신체 변화를 이해하고 정상적인 과정으로 받아들인다. • 정기 신체검진, 금연, 금주, 금욕 등과 같은 건강 증진 행위를 실천한다.
	자신의 행동에 대해 책임을 진다.	• 자기 나름대로의 가치관을 갖고 있으며, 가치관에 근거하여 옳고 그른 것을 식별할 수 있다. • 특정 행동에 대한 결과를 예측할 수 있다. • 성과 관련된 대중매체가 제공하는 메시지는 비현실적이며, 성적 본능이 강조된 것임을 이해한다. • 개인적 욕구와 동료집단의 욕구를 구별할 수 있다. • 술이나 물질남용은 판단 능력을 저하한다는 것을 알고 있다. • 자기 자신을 파괴하는 행동을 알고 있으며, 문제 발생 시 도움을 요청할 수 있다.
	성과 관련된 문제에 대한 충분한 지식을 갖고 있다.	• 성행동의 결과를 예측할 수 있다. • 파트너와의 성행동 및 자위행위에 관한 의사결정을 스스로 내릴 수 있다. • 성정체감이 확립되어 있다. • 성역할에 대한 고정관념이 미치는 영향을 이해하고, 자신에게 적절한 성역할을 선택할 수 있다. • 필요 시 성에 관한 정보를 적극적으로 추구한다. • 성적 측면에 동료집단과 문화적 압력이 있음을 인식하고 있다. • 인간의 가치와 경험은 서로 다르고 독특하다는 것을 인식하고 있다.
부모와 가족 구성원과의 관계	성과 관련된 문제에 대해 가족 구성원들과 효율적으로 의사소통한다.	• 독립의 요구와 가족 내 역할 및 책임 간의 균형을 유지한다. • 가족과 경계에 대해 협상할 수 있다. • 타 가족 구성원의 권리를 존중한다. • 어른을 공경하고 존경한다.
	가족의 가치관을 자신의 가치관 속에 통합한다.	• 가족 구성원에게 성에 관해 질문한다. • 성에 관한 문제에 대해 부모의 안내와 지도를 받아들인다. • 부모의 입장을 이해하려고 노력한다.
동료 관계	동료의 성에 무관하게 상대을 존중하고 원만한 상호작용을 한다.	• 친구와 효과적으로 의사소통한다. • 남녀 동료들과의 우정이 돈독하고, 상대방의 입장을 이해 할 수 있다. • 강압에 의한 관계를 거부하며, 이를 구분할 수 있다. • 성적 혐오감을 줄 수 있는 행동을 알고 이를 거절할 수 있다. • 타인의 사생활을 존중하며, 상대의 비밀을 지켜 준다.
	동료관계에서 갈등이 있는 경우 자신의 신념과 가치에 근거하여 행동한다.	• 자신의 가치관과 일치하고, 사회에서 용납될 수 있는 결정을 내릴 수 있다.
파트너와의 관계	발달 수준에 적절한 애정과 친밀감을 파트너에게 표현한다.	• 사랑과 성에 있어 남녀평등한 권리와 의무가 있음을 인식한다. • 성교 이외의 방법으로 자신의 욕구를 표현할 수 있으며, 성교의 유혹을 거절할 수 있다. • 사랑과 성적 매력을 구분할 수 있다. • 파트너의 입장을 이해하려고 노력한다.
	준비된 상태에서 성숙된 성관계를 할 수 있다.	• 파트너와 함께 성관계에 대해 서로 의견을 주고받는다. • 성관계의 범위(sexual limit)에 대해 서로 대화하고 절충한다. • 성관계 시에는 원치 않는 임신을 예방하기 위해 콘돔이나 효과적인 피임 방법을 사용하여 안전한 성교를 한다. • 도움이 필요할 때 학교, 지역사회, 국가기관에 도움을 요청할 수 있으며, 이들 기관에서 제공하는 충고, 관련 정보 및 서비스를 제공받는다.

자료: http://www.siecus.org

(2) 성 건강 증진을 위한 자기관리

① 외음부 자가검진

여자 청소년 중 성관계 경험이 있거나 성행동이 활발한 경우에는 한 달에 한 번씩 외음부 자가 검진을 실시해야 한다. 외음부 이상 병변은 시진과 촉진을 통해 쉽게 발견할 수 있기 때문에 주기적인 자가검진을 하면 생식기의 이상 여부를 조기에 발견하여 치료할 수 있고, 성 전파성질환의 확산을 예방하며, 청소년들의 생식건강을 증진할 수 있다. 아울러 매달 한 번씩 자신의 외음부를 살핌으로써 건강한 자신의 몸에 대한 자각과 건강한 상태를 확인하여 이상이 있을 때 쉽게 발견할 수 있는 이점이 있다.

외음부 자가검진은 이차성징이 나타나고 성관계 경험이 있거나, 빈번한 외음 질환의 과거력이 있는 여자 청소년은 매달 일정한 날을 지정하여 규칙적으로 실시하도록 교육하고, 이상이 발견되면 즉시 병원을 방문하여 진단과 치료를 받아야 한다. 외음부 자가검진 방법은 박스에 제시하였다.

박스 외음부 자가검진 방법

- **준비물**: 손전등과 거울
- **방법**
  - 한 손은 손전등을 외음부에 비추고, 다른 한 손은 외음부를 벌려 가며 체계적으로 관찰한다.
  - 치골, 음핵, 요도구, 대음순, 소음순, 회음부를 육안으로 살펴 변화 여부를 확인한 후 촉진한다.
  - 외음부를 촉진하면서 궤양, 덩어리, 사마귀, 색소 변화 등이 있는지를 확인한다.
- **결과 판정**
  - 외음부에 이전과 다르게 궤양, 덩어리, 사마귀, 색소 변화가 있거나, 소변을 보기가 어렵고, 가렵거나 따가운 경우에는 즉시 병원을 방문하여 진단검사를 받아야 한다.

② 고환 자가검진

최근 급증하고 있는 고환암의 조기 발견과 예방을 위해 매달 일정한 시기에 약 3분간 고환을 체계적으로 촉진하여 검진하는 방법이다. 고환암은 어느 연령층에서나 발생할 수 있으며 최근 청소년들에게도 발생률이 증가하는 추세에 있다. 자가검진을 통해 이상을 조기에 발견할 수 있으며, 초기에 발견 시

혈관

부고환

부고환의 염증

정관

고환의 염증

고환

음낭

그림 **9-8** **고환과 부고환**: 염증이 있으면 정상보다 크기가 커진다.

예후가 좋아 청소년 남아의 생식건강 증진을 위해 매달 일정한 날을 정하여 규칙적으로 실시하도록 교육한다.

고환 자가검진 방법은 목욕이나 샤워 직후 고환과 음낭이 충분히 이완되어 있을 때 손가락을 이용하여 고환을 체계적으로 촉진한다. 만약 비정상적인 덩어리가 만져지면 즉시 전문의를 방문하여 체계적인 진단검사를 받도록 한다. 고환 자가검진 방법은 박스에 제시하였다.

박스 고환 자가검진 방법

- 준비물: 거울
- 방법

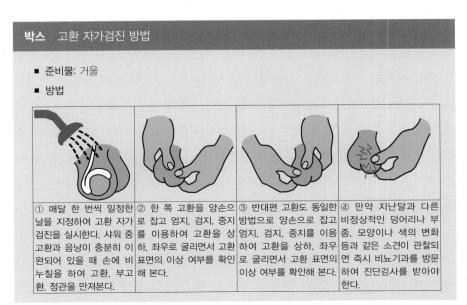

① 매달 한 번씩 일정한 날을 지정하여 고환 자가검진을 실시한다. 샤워 중 고환과 음낭이 충분히 이완되어 있을 때 손에 비누칠을 하여 고환, 부고환, 정관을 만져본다.

② 한 쪽 고환을 양손으로 잡고 엄지, 검지, 중지를 이용하여 고환을 상하, 좌우로 굴리면서 고환 표면의 이상 여부를 확인해 본다.

③ 반대편 고환도 동일한 방법으로 양손으로 잡고 엄지, 검지, 중지를 이용하여 고환을 상하, 좌우로 굴리면서 고환 표면의 이상 여부를 확인해 본다.

④ 만약 지난달과 다른 비정상적인 덩어리나 부종, 모양이나 색의 변화 등과 같은 소견이 관찰되면 즉시 비뇨기과를 방문하여 진단검사를 받아야 한다.

(계속)

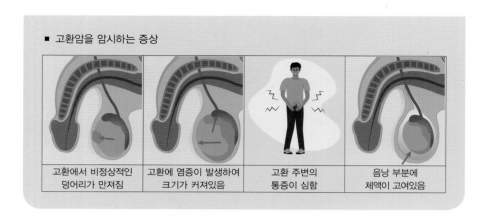

■ 고환암을 암시하는 증상

| 고환에서 비정상적인 덩어리가 만져짐 | 고환에 염증이 발생하여 크기가 커져있음 | 고환 주변의 통증이 심함 | 음낭 부분에 체액이 고여있음 |

③ 유방 자가검진

유방암은 우리나라 여성암 중 상위를 차지하고 있는 질환으로, 최근 생활 및 영양습관의 변화로 발생률이 급증하고 있으며, 우리나라는 외국보다 유방암 발병 연령이 점점 낮아지는 추세이다. 미국암협회American Cancer Society에서는 유방암 조기 발견을 위해 20세 이상의 모든 여성은 유방 자가검진을 매월 실시할 것을 권장하고 있다.

유방암은 유방 자가검진만으로도 조기 발견이 가능하며, 암종이 유방에 국한된 경우 제거 및 치료가 용이한 특성이 있고, 특히 여성들에게 자기 몸에 대한 인식을 증진시키고 스스로 자신의 몸을 관리할 수 있는 능력을 향상시켜 주기 때문에 청소년기부터 유방 자가검진의 중요성과 방법을 교육하여 이를 실천하도록 한다.

유방 자가검진은 유방을 눈으로 관찰하고(유방 시진), 유방을 손으로 만져보아(유방 촉진) 비정상적인 덩어리 유무를 확인하는 과정으로 이루어진다.

유방 시진은 거울 앞에 유방을 노출한 자세에서 차렷 자세, 열중쉬어 자세, 팔을 허리 위에 올려놓은 상태에서 상반신을 앞으로 약간 굽힌 자세, 팔을 머리 위쪽으로 올린 자세를 각각 취하면서 유방의 변화를 세밀하게 관찰한다. 유방 사진 방법은 박스에 제시하였다.

유방 촉진은 유방 조직이 가슴에 골고루 퍼져 조직이 최대한 얇아지는 누운 자세가 촉진에 가장 용이한 자세이다. 오른쪽 유방을 촉진하는 경우 오른쪽 어깨 아랫부분에 베개나 타올을 받치고 팔을 머리 뒤에 위치시킨 후 촉진을 시작한다. 유방 촉진 방법은 박스에 제시하였다.

박스 유방 자가검진 방법(눈으로 관찰하기)

■ **실시 시기:** 유방 자가검진 실시 시기는 유방이 가장 부드러운 시기인 월경이 끝난 1주일 후 매달 규칙적으로 실시한다.

■ **준비물:** 큰 전신용 거울, 침대, 베개, 가운 등

■ **유방 시진(눈으로 관찰하기) 순서**

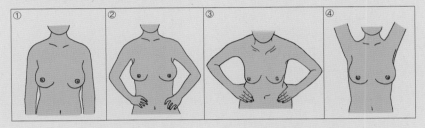

옷을 벗고 거울 앞에 서서 ① 팔을 몸의 옆으로 편하게 내린 차렷 자세, ② 팔을 허리 위에 올려 놓은 열중쉬어 자세, ③ ②의 자세에서 상반신을 앞으로 약간 굽힌 자세, ④ 팔을 머리 위쪽으로 올린 자세를 각각 취하면서 유방의 변화를 세밀하게 관찰한다. 이때 관찰 내용은 다음과 같다.

• 유방의 크기와 대칭성
• 유방의 색, 비후 여부, 비정상적 혈관 유무
• 유두의 모양과 방향, 발적, 궤양 및 분비물 유무
• 자세 이동에 따라 움푹 들어가는 부분이 있는가의 유무

박스   유방 자가검진 방법(손으로 만져보기)

- **실시 시기:** 유방 자가검진 실시 시기는 유방이 가장 부드러운 시기인 월경이 끝난 1주일 후 매달 규칙적으로 실시한다.
- **준비물:** 침대, 베개, 가운 등
- 유방 촉진 시 사용하는 손가락과 압력

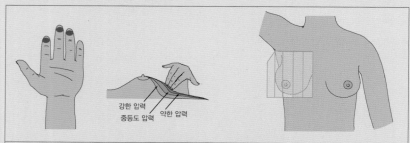

강한 압력
중등도 압력   약한 압력

- 촉진 시 사용하는 손가락: 엄지와 약지를 제외한 세 개의 손가락 지문 면을 이용하여 촉진한다.
- 촉진 부위: 1원짜리 동전 크기로 원을 그리듯 촉진하고, 각 촉진 시마다 약한 압력, 중등도 압력, 강한 압력의 순으로 압력의 세기를 달리하여 촉진하면서 비정상적 덩어리 유무를 확인한다.
- 촉진 범위: 위로는 쇄골까지, 옆으로는 액와 중앙선까지, 아랫부분은 유방이 끝나는 부위까지, 가운데는 흉골 부위까지를 골고루 촉진한다.

- 유방 촉진(손으로 만져보기) 순서

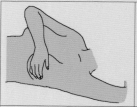

① 왼팔을 올리거나 타올에 어깨를 받힌 뒤 오른손으로 유방을 만져본다.

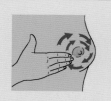

② 오른손 손끝을 이용하여 위의 그림과 같이 화살표 방향으로 골고루 유방을 문지르며 만져본다.

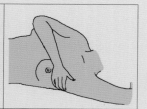

③ 오른손으로 왼팔 겨드랑이 부분과 유방 아랫부분까지 촉진한다.

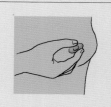

④ 오른손으로 왼쪽 유두를 짜서 분비물이 나오는지 확인한다.

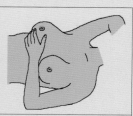

⑤ 반대편 유방도 동일한 방법으로 ①~④의 과정을 반복한다.

(계속)

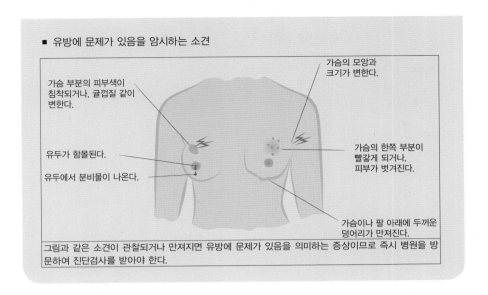

■ 유방에 문제가 있음을 암시하는 소견

가슴 부분의 피부색이 침착되거나, 귤껍질 같이 변한다.

가슴의 모양과 크기가 변한다.

유두가 함몰된다.

유두에서 분비물이 나온다.

가슴의 한쪽 부분이 빨갛게 되거나, 피부가 벗겨진다.

가슴이나 팔 아래에 두꺼운 덩어리가 만져진다.

그림과 같은 소견이 관찰되거나 만져지면 유방에 문제가 있음을 의미하는 증상이므로 즉시 병원을 방문하여 진단검사를 받아야 한다.

5) 성행위 결정을 위한 안내

청소년기는 인지발달단계가 구체적 사고에서 추상적 사고로 발달해 가는 과도기이기 때문에 현실 중심적이며, 미래에 대한 예측을 하는 데 많은 제한이 있다. 따라서 성행위에 대한 결정을 할 때 다음과 같은 성행위 결정을 위한 안내도는 청소년들로 하여금 적절한 성행위를 선택하고 그에 따른 결과를 가시적으로 예측할 수 있게 도와줌으로써 청소년들의 성활동을 안내하는 지침이 될 수 있다(그림 9-10).

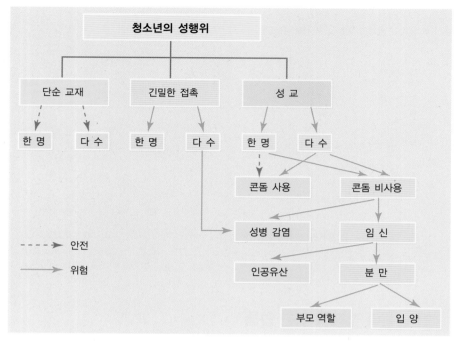

그림 9-9 청소년의 성행위 결정을 위한 안내도

3. 청소년기 성장발달 관련 이슈

1) 10대 임신

　오늘날 사회 각층의 집중적인 노력에도 불구하고 10대 임신과 미혼모 발생이 급증하고 있어 현대 사회의 주요 쟁점이 되고 있다. 10대 청소년들이 신체적·정신적으로 충분히 준비가 되어 있지 않은 이른 연령에 성행동에 가담하게 되는 경우 임신이나 성 전파성질환에 감염될 위험과 학업을 중단하는 빈도가 높다. 또한 10대는 신체·정신·사회적 발달이 진행 중이어서 이 시기에 임신을 하는 경우, 여성의 신체발달은 물론 사회생활 전반에 부정적 영향을 미친다. 연구 보고에 의하면 성 경험이 있는 10대 청소년 7명 중 1명은 임신을 하며, 성교의 동기는 또래집단의 압력이나 대중매체의 영향 및 즉흥적 충동에 의한 경우가 대부분이다. 최근 영화와 TV에서의 성적 노출 경향이 10대 임신의 증가에 영향을 미치고 있다.

(1) 10대 임신의 위험 요소

10대 임신은 10대라는 상황적·발달적 특수성에 의해 임부는 물론 태아의 건강과 안녕을 위협하며, 이후의 삶의 질에 결정적인 영향을 미친다. 따라서 10대 임신으로 인한 부정적 결과를 적극적으로 예방해야 하며, 이를 위해 성인들은 청소년을 대상으로 성행위의 결과 임신을 할 수 있으며, 성행위는 책임감이 선행되어야 함을 강조해야 한다.

① 신체에 미치는 영향

신체적·사회적 성장과 성숙이 진행 중인 10대 소녀의 생식기는 사춘기에 이르러 급속한 성장이 이루어지기 때문에 임신 연령이 낮을수록 자궁이나 골반이 성교나 임신, 분만에 적절한 상태로 충분히 발달되어 있지 않다. 따라서 이 시기에 임신을 하면

그림 **9-10** **10대 임신:** 10대 임신은 청소년에게 신체적·심리적·사회적·경제적으로 부정적 영향을 미치기 때문에 예방을 위한 사전지도와 교육이 절대적으로 필요하다.

태아 성장 부진, 아두-골반 불균형, 분만 시간의 지연, 유산, 조산, 저체중아·기형아 출산 등과 같은 다양한 산과적 합병증을 동반한다. 또한 균형 잡힌 식이에 대한 지식 결여 및 날씬한 신체상을 추구하는 발달 특성 등으로 인해 영양상태가 매우 불량하다. 그 결과 체중 감소나 철분 결핍성 빈혈과 같은 건강 문제를 동반하는 경우가 많다. 특히 10대 소녀의 생식기는 성인 여성보다 질벽의 두께가 얇고 질 내부를 감염으로부터 보호해 주는 질 분비물이 충분히 분비되지 않으며, 산도가 저하되어 있어 감염에 매우 취약하다. 따라서 이 시기에 성관계를 하는 경우 성 전파성질환 감염률이 매우 높고 그 결과 태아기형, 유산, 사산의 원인이 됨은 물론 여성 건강 전반을 위협하는 원인이 된다.

② 심리·사회·경제에 미치는 영향

임신한 10대는 대부분 지식 수준이 낮고 사회적 지지자원이 적으며, 경제적

으로도 많은 어려움을 겪는다. 더욱이 이들에 대한 사회의 부정적 인식은 건강관리 자원에의 접근성을 감소시키는 요인이 된다. 따라서 임신한 10대는 적절한 산전관리를 받지 못하여 임신의 결과에 부정적 영향을 미칠 뿐만 아니라, 임신으로 인해 학업을 중단하거나 직업전선에 뛰어들게 됨으로써 미래의 생에 대한 다양한 선택의 기회가 제한된다. 실제 10대 미혼모 중 학업을 지속한 경우는 극소수에 불과하며 생활하는 동안 다양한 사회·경제적 불이익을 경험한다. 또한 임신한 10대들은 별거나 이혼율이 정상 부부에 비해 2~4배 높고, 안정된 가정을 이루지 못하며, 부모 역할 수행에도 많은 어려움이 있는 것으로 보고되고 있다. 즉, 10대 미혼모는 청소년기의 발달과제를 미처 성취하지 못한 상태에서 부모기의 발달과제가 중복되기 때문에 정상적인 부모 역할을 획득하는 데 많은 어려움이 있다.

③ 신생아 건강에 미치는 영향

10대 임신은 신생아 사망률, 이환율 및 유산, 사산, 조산, 기형아 출산의 빈도가 증가하는 경향이 있다. 특히 산모의 연령이 낮아질수록 출생 시 체중이 2.5kg 이하의 저체중아 출산 빈도가 정상의 2배에 달하고, 신생아 사망률은 정상 임신의 3배를 차지한다.

10대 임부가 분만한 신생아는 영아돌연사증후군의 발생 확률이 높고, 자녀의 지적·정서적 성장발달 장애를 초래하기 쉽다. 즉, 10대 부모가 양육한 아동들은 학대나 방임의 대상이 되고 성장 후에 학업 성취도 및 사회적응 능력이 현저하게 저하되며, 교육의 중단이나 소년범죄의 발생 빈도가 높은 것으로 보고되고 있다.

(2) 청소년의 발달과제와 부모 역할 부담

10대 임신은 청소년기의 발달과제 성취 외에 부모 역할 과제가 추가로 요구되므로 정상적 발달을 더욱 어렵게 만드는 원인이 된다. 즉, 임신한 10대는 발달 특성상 신체상의 변화에 대한 관심이 집중되고, 정서적·경제적 측면에서 가족 구성원에게 의존하게 되며, 임신으로 인해 경험하게 되는 정상적인 신체적·심리적 변화 과정은 청소년의 내적 스트레스를 가중시키게 된다. 또한 이

표 9-7 10대 임신의 발달과제에 따른 갈등 요소

청소년기 발달과제	부모기의 발달과제	갈등 요소
• 자아도취·자기중심적 사고	• 영아와의 감정이입을 통한 관계의 확립	• 아기를 경쟁 상대로 인식하거나 아기의 존재를 부정
• 자아정체감 확립	• 모성 정체강 확립과 역할의 분화	• 부모로서의 책임을 회피 • 아기에게 증오심을 갖게 됨
• 신체상 및 성정체감의 확립	• 임신·분만·산욕기 등 신체상의 변화를 수용	• 신체상의 변화를 거부 • 모유수유 거부
• 가족으로부터 독립	• 가족 역할의 재할당과 재분배	• 가족에게 심리적·경제적 지지들 받는 것에 대해 증오심 경험 • 임신으로 인한 가족과의 갈등 경험
• 인지발달단계가 구체적 조작기에서 형식적 조작기로 이동	• 가족 간의 의사결정 및 자녀 양육에 관한 미래 설계	• 부모 역할 장애 • 자녀의 미래에 대한 설계를 하지 못함

러한 스트레스는 미리 예견할 수 없기 때문에 부모 역할 적응 과정에 많은 어려움을 초래하게 된다.

10대 임신으로 인한 발달과제상의 갈등 요소는 표 9-7에 요약하였다. 따라서 이들에 대한 건강관리와 임신 유지 또는 입양계획과 같은 여러 대안적 선택에 대한 상담이 이루어질 필요가 있다. 특히 데이트 강간이나 성적 학대의 가능성에 대해서도 염두하여 예방적 전략과 안전한 성에 대한 교육이 필수적이다.

2) 청소년기 심리적 부적응

청소년기는 신체적·성적·인지적·정서적 변화가 급격하게 변화하는 시기이기 때문에 청소년들이 이러한 변화에 적절하게 대처하지 못하는 경우 다양한 심리적 부적응이나 문제 행동을 일으킬 수 있다.

청소년기 심리적 부적응은 개인적 특성과 사회적·경제적·문화적 요인 및 환경적 요인 등과 같은 다양한 요인의 영향을 받는데, 일시적 부적응에서부터 상당히 오랜 기간 지속되며 일생에 걸쳐 영향을 미치는 부적응 양상도 있다.

(1) 식이섭취장애

청소년기에 흔히 발생하는 식이섭취장애 유형에는 신경성 식욕부진과 이상식욕항진증이 있다. 신경성 식욕부진Anorexia Nervosa, AN은 일명 거식증이라고도 하며, 섭식을 의도적으로 거절하는 것으로, 청소년 여아에서 흔히 발생한다. 우리나라의 경우 남녀 고등학생을 대상으로 조사한 연구(유희정 외, 1996)에 따르면 유병률이 1.75%이고, 사망률은 12~25%를 차지하는 것으로 보고되고 있다.

신경성 식욕부진이 있는 청소년은 신체상과 체중 감소에 강박적으로 집착하여 현저한 체중 감소, 무월경, 강박적인 신체 활동, 음식을 의도적으로 거부하거나 왜곡된 신체상을 갖게 되는 등의 증상을 나타내며, 대부분 완벽주의 성향이 강하고 성취동기가 매우 높다. 이들 청소년의 가족 역시 성취 중심적 성향이 강하다. 초기에는 다이어트로 시작되지만 점차 진행되면 전해질 불균형, 저혈압, 영양실조, 변비 등과 같은 건강문제를 나타내며, 치료하지 않는 경우 사망에 이를 수도 있다. 회복하는 데 매우 오랜 기간이 소요되며, 심리요법을 병행하여 가족 전체를 치료 과정에 포함시켜야 한다.

그림 **9-11** 왜곡된 신체상

이상식욕항진증bulimia은 일명 폭식증이라고도 하며, 스스로 섭식을 조절하지 못하여 엄청난 양의 음식을 섭취한 후, 이에 대한 죄책감, 수치심 혹은 우울감에 빠져 스스로 구토를 유발하거나 하제를 이용하여 음식물을 배출시키는 것을 반복하는 식이섭취장애의 한 유형이다. 이상식욕항진증 역시 신경성 식욕부진과 마찬가지로 체중에 지나친 관심을 보인다. 식이섭취장애는 한 가지 원인에 의해 유발되는 것이 아니기 때문에 그 원인을 규명하기 위해 포괄적이고 체계적인 평가가 요구되며, 행동 및 인지치료, 심리치료, 가족치료, 입원치료, 약물치료 등을 포함하는 다양한 치료적 접근이 요구된다.

박스 식이섭취장애의 진단 기준

1. 신경성 식욕부진

- 연령과 키에 적절한 정상체중의 유지를 거부함(정상체중의 85% 이하의 체중을 유지하기 위해 노력)
- 저체중임에도 불구하고 체중이 증가하는 것에 대한 강박적인 두려움을 가짐
- 왜곡된 신체상(몸매나 체중에 대한 자기 평가에 예민하고, 현재의 저체중에 대한 심각성을 부인)
- 초경이 있었던 여성이 연속적으로 3회 이상 무월경증 경험(에스트로겐 등 호르몬제를 복용한 후에만 월경이 나타나면 무월경으로 간주)

2. 이상식욕항진증

- 반복적인 폭식으로 다음 2가지 특성이 있다.
  - 2시간 이내에 일반 사람들에 비해 유사한 상황에서 많은 음식을 섭취
  - 음식 섭취에 대한 조절 능력 상실
- 체중 증가를 예방하기 위한 부적절하고 반복적인 보상 행동을 함
  (예: 음식물을 토해내거나, 하제나 이뇨제의 남용, 관장 또는 다른 약물의 남용, 금식이나 과도한 운동)
- 폭식과 부적절한 보상 행동이 적어도 일주일에 2회 이상 최소한 3개월간 지속됨
- 체중이나 체형에 대한 자가 평가가 과도하게 영향을 미침

(2) 우울

청소년기에 흔히 경험하는 심리적 증상 중의 하나인 우울은 아동기나 성인기에 비해 발생 빈도가 높고, 우울이 진행되어 결국 자살로 이어지는 경우도 있다. 청소년들에서 우울을 의심할 수 있는 증상은 박스에 제시하였다.

박스 청소년에서 우울을 의심할 수 있는 증상

- 자기비하 혹은 무력감 경험
- 체중과 식습관의 변화(많이 혹은 덜 먹기)
- 불면 혹은 과도한 수면
- 피로와 에너지 상실
- 활동 양상의 변화(활동하지 않거나 지속적인 활동)
- 일상생활에 대한 관심 결여
- 자기비난과 죄의식
- 학업 성취도 감소
- 죽음에 대한 관심

(3) 자살

자살은 15~19세 한국 청소년의 사망 원인 중 2위를 차지할 정도로 청소년기에 나타나는 극단적인 심리적·행동적 부적응 양상이다. 자살은 소녀보다는 소년에서 발생률이 높은 것으로 보고되고 있다.

연구에 의하면 청소년기 자살은 충동적인 것보다는 아동기 발달 과정에서 경험하는 다양한 원인이 누적되어 발생한다. 청소년기 자살에 영향을 미치는 가족적, 아동기 요인은 다음과 같다.

- 부모의 이혼, 별거, 사망 등으로 가정 내에 한 부모 혹은 양부모가 모두 없는 경우
- 가족, 친척 및 친한 친구가 자살을 시도한 경험이 있는 경우
- 가족 내 심각한 불화, 무관심, 방임, 학대가 존재하는 경우
- 친부모가 아닌 사람과 함께 사는 경우
- 부모가 알코올 중독인 경우

이와 같은 문제를 갖고 성장하는 아동은 불행을 경험하며, 점차 만족스러운 사회적 관계로부터 고립되게 된다. 이러한 상황에서 청소년기를 맞이하면,

그림 **9-12** 청소년들은 상황적 특수성과 청소년기 발달과제를 완수하는 데 많은 스트레스를 경험한다.

청소년기 발달과제 완수를 위한 다양한 스트레스가 가중됨에 따라 더욱 취약한 상태에 이르게 되고, 우울감을 증폭시키면서 청소년 스스로 문제를 해결할수 없게 되면서 자살해야 할지 이대로 살아야 할지 양가감정을 느끼게 되는데, 자살이 최후의 선택이 되었을 때 자살을 결심하게 된다.

자살을 결심한 청소년들은 때때로 자살을 암시하는 행동적·언어적 단서를 최소 한 달 전에 표출하기 때문에 청소년의 자살을 어느 정도 사전에 예방할수 있다. 의료인과 교사는 청소년들이 표출하는 다양한 단서를 확인하여 자살의 가능성이 높은 청소년은 절대 혼자 두지 않도록 하며, 자살 예방을 위한적극적인 중재를 시도해야 한다. 자살을 암시하는 자살 성향과 언어적·행동적단서는 박스에 제시하였다. 청소년은 자신의 감정을 직접 다른 사람에게 표현하지 않을 것이므로 우울해하거나 불안해하거나 자살에 처한 특이한 행동을보일 경우 주위 사람들은 유의해서 관찰해야 한다. 가장 좋은 방법은 청소년에게 우울척도를 이용해 질문을 하는 가운데 직접 자살에 대해 생각해 본 적있는지에 관한 질문을 던져 그렇다는 답을 하는 경우, 즉시 의뢰해 감정상태를 확인할 필요가 있다.

박스 청소년의 자살을 암시하는 단서

- **자살 성향**: 소년범죄, 공격성, 난잡한 성교, 도피, 물질남용, 두통, 복통, 사고에 둔함, 피로, 천천히 말하기, 식욕부진, 죽음에 대한 관심
- **언어적 단서**: "내가 없으면 이 세상은 더 좋아질 텐데.", "나는 더 이상 여기에 있지 않을 것이다." 등과 같은 말
- **행동적 단서**: 가족과 친구로부터 거리를 둠, 소중한 물건을 포기함, 유언 작성, 갑작스런 행동양상의 변화(예: 모범생이던 학생이 갑자기 공격적이 됨), 외모에 대한 관심 저하
- **자살 계기 징후**: 가족 구성원 또는 친구의 사망, 이별, 이혼, 경제적 압박

---

(4) 청소년 비행

청소년 비행은 법적 성인 연령에 미달되는 청소년들이 법에 저촉되는 행위를 하는 것을 총칭하는 용어이다. 비행은 규범으로부터 일탈되는 모든 행동을의미하지만, 법률 위반행위로서의 비행보다는 사회적 관점에서 미성년자로서

지켜야 할 규칙의 위반, 부모에 대한 불복종, 상습적 학교 결석, 가출 음주 및 성행위 등과 같은 반사회적 행동을 의미하는 개념으로 더 널리 사용되고 있다.

우리나라 소년법 제4조에서는 청소년 비행의 범위를 12세 이상 20세 미만의 청소년에 의 한 범죄행위, 촉법행위 및 우범행위로 규정하고 있다. 범죄행위란 14세 이상 20세 미만의 소년이 형벌법령에 위배되는 행위를 하여 형사상 책임이 부과되는 행위이고, 촉법행위란 12세 이상 14세 미만의 소년이 형벌법령을 위반하였으나 연령이 어리기 때문에 형사책임을 묻지 않는 행위를 의미한다. 우범행위는 12세 이상 14세 미만의 소년이 보호자의 정당한 감독에 복종하지 않는 성벽이 있거나, 정당한 이유 없이 가정에서 이탈하거나, 범죄성이 있는 부도덕한 자와 교제하거나, 금전낭비, 부녀유혹, 불건전한 오락 등을 하여 본인의 성격 또는 환경에 비추어서 장래에 형벌법령을 범할 우려가 있다고 인정되는 행위를 의미한다. 한편, 사회적 관점에서 청소년의 비행은 사실적 측면에 기초하여 사회 구성원들이 청소년에 바라는 기대 규범에 위반되는 행위로 개념화할 수 있다. 이에 대한 구체적 유형에는 지위비행, 폭력비행, 재물비행, 집단괴롭힘 등이 포함된다. 지위비행이란 성인이 행했을 때는 문제가 되지 않지만 청소년이기 때문에 기대되는 행위 규범을 위반하는 유형을 의미하며, 폭력비행이란 타인의 의사에 반하여 자신의 의사를 물리적으로 강제하는 유형을 일컫는다. 재물비행은 도구적 의도를 가지고 타인으로부터 재물을 취득하는 것이며, 왕따란 학생에 대한 차별대우를 의미한다. 각각의 유형에 대한 예는 표 9-8에 제시하였다.

청소년 비행은 다양한 요인이 결합되어 발생하기 때문에 다차원적인 측면에서 다루어져야 한다. 즉, 개인적 요인과 가정환경적 요인, 사회환경적 요인으로 접근해 볼 수 있다. 개인적 요인으로는 이전 발달 과정에서의 발달과제를 성공적으로 성취하지 못하여 청년기 발달과제인 역할 정체감을 성공적으로 성취하지 못한 결과에 의해 나타나는 것으로 설명하고 있다. 비행 청소년은 외향적·충동적이며, 자기통제 능력이 부족하고, 나쁜 행동에 대해 죄책감을 갖지 않는 특성이 있다.

가정환경 요인에서는 청소년 비행에 부모의 양육 태도와 양육 행동이 밀접한 관련이 있는 것으로 보고되고 있는데, 청소년 비행과 관련이 있는 가족 특

표 9-8 청소년 비행의 유형과 예시

비행 유형	유형별 예시	
지위비행	담배 피우기, 술 마시기, 무단결석, 가출, 성행위	
폭력비행	심하게 때리기, 패싸움, 심하게 놀리거나 조롱하기, 협박하기	
재물비행	남의 돈이나 물건 훔치기	
집단괴롭힘	왕따 시키기	

성은 다음과 같다.

- 지나치게 엄격하고 권위적인 양육 태도
- 해야 할 일과 하지 말아야 할 일에 대한 구분이 없음
- 부모의 자녀에 대한 감독 소홀
- 자녀 훈육 시 일관성 결여
- 가족 문제나 위기 발생 시 효율적 대처 능력 결여

사회환경 요인에는 대중매체에서의 노골적이고 잔인한 폭력과 외설 장면에 노출, 황금만능주의적 가치관, 좋은 직장이나 교육의 혜택을 충분히 받지 못하는 저소득층 청소년의 경우 자신의 환경에 좌절하여 비합법적인 수단으로 자신이 원하는 것을 쟁취하고자 하면서 비행 청소년이 되는 경우가 많다.

(5) 폭력

청소년기 폭력으로 인한 사망률이 다른 시기에 비해 상대적으로 매우 높기 때문에 이의 예방을 위한 집중적 관리가 요구된다. 청소년의 폭력에 영향을 미치는 요인은 그림 9-13에 제시하였다.

청소년기는 부모로부터의 독립 증가, 권위의 한계에 대한 실험, 다양한 역할에 대한 실험, 성인의 가치 신념에 대한 부정 및 또래집단의 인정 등이 중요해지는 시기이다. 동시에 추상적 사고 능력은 발달 중이어서 제한적인 반면 자신은 전지전능하다는 사고를 갖고 있다. 이와 같은 요인들과 더불어 불안정한 자아개념, 우울, 분노, 빈곤, 경제적 특권, 사회적 조절의 실패 등은 청소년들을 공격적·폭력적으로 이끄는 원인이 된다. 많은 연구에서 폭력적인 TV 프로그

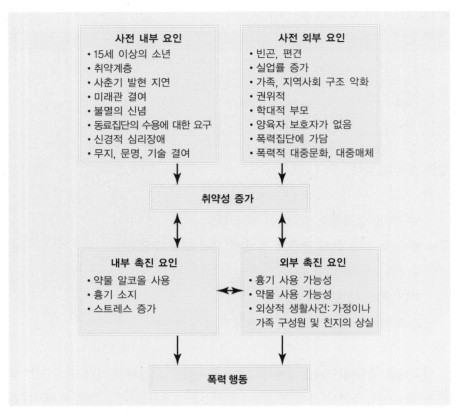

사전 내부 요인	사전 외부 요인
• 15세 이상의 소년 • 취약계층 • 사춘기 발현 지연 • 미래관 결여 • 불멸의 신념 • 동료집단의 수용에 대한 요구 • 신경적 심리장애 • 무지, 문명, 기술 결여	• 빈곤, 편견 • 실업률 증가 • 가족, 지역사회 구조 악화 • 권위적 • 학대적 부모 • 양육자 보호자가 없음 • 폭력집단에 가담 • 폭력적 대중문화, 대중매체

취약성 증가

내부 촉진 요인	외부 촉진 요인
• 약물 알코올 사용 • 흉기 소지 • 스트레스 증가	• 흉기 사용 가능성 • 약물 사용 가능성 • 외상적 생활사건: 가정이나 가족 구성원 및 친지의 상실

폭력 행동

그림 **9-13** 청소년기 폭력 행동에 영향을 미치는 요인

그림 **9-14** 또래로부터의 인터넷상의 집단괴롭힘(cyberbullying)

램이나 음악 비디오, 만화영화 등을 시청한 청소년들에서 폭력적 행동을 나타내는 것과 밀접한 관련이 있다. 따라서 교사, 의료인은 청소년들이 이러한 프로그램에 대해 비판적으로 사고할 수 있는 한계를 설정해 줌으로써 청소년들을 폭력으로부터 보호해야 할 것이다.

3) 인유두종바이러스 감염

인유두종바이러스(Human papillomavirus, 이하 HPV) 감염은 성 활동을 하는 남녀의 80% 이상에서 자신도 모르는 사이에 일생 중 한 번 이상 감염될 정도로 매우 흔한 성 전파성 감염이다.

최근 우리나라를 포함하여 전 세계적으로 HPV 감염자가 빠른 속도로 증가하고 있다. HPV 감염은 대부분 별다른 증상 없이 자연 치유되지만, 일부에서는 생식기 사마귀를 유발하고, 여성의 자궁경부암뿐만 아니라 남성의

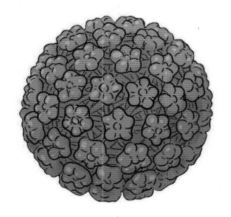

그림 9-15 인유두종바이러스

음경암, 남녀 생식기암, 항문암, 두경부암 발생의 원인이 되는 것으로 알려져 있다.

미국 예방접종자문위원회Advisory Committee on Immunization Practices, ACIP에서는 효과적인 예방접종을 위해, 첫 성행위가 시작되기 전 11~12세 소년과 소녀에게 HPV 백신을 6개월 간격으로 2회 접종할 것을 권고하고 있다.

그러나 HPV 백신이 국내에 처음 도입될 때 '자궁경부암 예방 백신'으로 도입이 되어 여성만 접종하는 백신으로 알고 있는 경우가 많다. 현재 국가 필수예방접종 대상에 여성만 포함되어 남성은 제외되어 있으며, 남성을 대상으로 한 교육 프로그램도 매우 적어 남아의 HPV 백신 접종률은 여아보다 매우 저조하다.

HPV백신은 첫 성관계 이전에 접종하는 것이 가장 효과적이며, 남녀가 모두 접종했을 때 HPV 감염 예방 및 HPV 관련 암 예방 효과가 더 높은 것으로

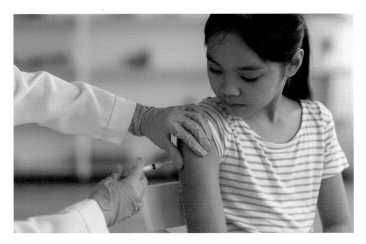

그림 **9-16** 인유두종바이러스 백신 접종

보고되고 있다. 국내 청소년들의 첫 성 경험 평균 연령이 13.1세(질병관리본부, 2016)이므로, HPV 백신 접종의 최적 연령인 11~12세 남아, 여아의 성 건강과 삶의 질 증진을 위해 HPV 백신 접종률 향상을 위한 국가와 사회 및 학부모의 적극적인 노력이 필요하다.

국내에서 접종이 가능한 HPV 백신은 서바릭스 2가 백신, 가다실 4가 백신, 가다실 9가 백신이 있으며 서바릭스 2가 백신과 가다실 4가 백신은 국가필수 예방접종사업에서 지원이 되고 있다. HPV 백신 최초 용량을 9~14세에 접종한 경우에는 2회 접종으로 면역 효과를 유도할 수 있으나, 15세 이후에 투여한 경우에는 3회 접종을 해야 면역 효과를 유도할 수 있다.

HPV 백신은 HPV 감염으로 인해 발생하는 생식기 사마귀, HPV 관련 질병과 암을 예방하는 효과가 있으며, 첫 성관계 이전 접종 시 암 병변 발생 예방 효과가 90% 이상으로 보고되고 있다. 세계보건기구WHO에서는 이상 반응 건수는 백만 명당 1.7건으로 보고하면서 HPV 백신은 효과적이며 매우 안전한 백신으로 발표하였다.

마무리 학습

1. 청소년 초기 자기중심적 성향이 강하게 나타나는 이유와 자기중심성을 반영하는 사례를 예를 들어 설명하시오(참고문헌 혹은 기사의 출처를 밝힐 것).

2. 3~4명이 한 조가 되어 유방 자가검진 혹은 고환 자가검진 방법에 대해 고등학생을 대상으로 교육자료를 만들고, 다른 조와 교육자료에 대해 토의해 봅시다(교육자료 및 토의 내용을 요약하고, 참고문헌 혹은 기사의 출처를 밝힐 것).

3. 10대 임신의 현황, 국가 혹은 지방자치단체의 지원제도에 대해 조사하고, 10대 임신관리 현황에 있어 문제점과 대책에 대해 정리해 봅시다(참고문헌 혹은 기사의 출처를 밝힐 것).

4. 인유두종바이러스 예방접종 국가지원사업에 대해 지원대상, 지원 방법, 접종 절차 및 접종전 후 주의 사항에 대해 조사해 봅시다(참고문헌 혹은 기사의 출처를 밝힐 것).

CHAPTER

10

성인기

학습 목표

1. 성인기 신체 변화에 대해 설명할 수 있다.

2. 성인기 인지발달에 대해 설명할 수 있다.

3. 성인기 사회 및 정서발달에 대해 설명할 수 있다.

4. 성인기 도덕발달에 대해 설명할 수 있다.

5. 성인기 생활양식에 대해 설명할 수 있다.

6. 성인기 성장발달 증진에 대해 설명할 수 있다.

7. 성인기 발달 관련 이슈에 대해 토의할 수 있다.

CHAPTER 10

성인기

성인기의 주요 발달과제는 일, 친밀성, 결혼과 자녀 양육이다. 이 시기는 부모의 보호에서 벗어나 직업을 가지고 배우자를 선택하여 결혼하고 자녀를 출산함으로써 자신의 가정을 갖게 되는, 많은 중요한 선택과 결정을 하게 되는 시기로 종종 다양한 역할을 통합하고 균형을 이루는 문제에서 도전을 받게 된다.

1. 성인기 성장과 발달

1) 신체 변화

우리의 신체는 근육 및 내부 기관이 약 19~26세 사이에 최대의 신체적 가능성에 도달한다. 근육의 성장은 성인 초기까지 완전히 이루어져 근력의 절정이 25~30세 사이에 나타난다. 이때 근육의 긴장도와 조정이 최고도에 달하고 에너지를 조절하는 능력이 매우 높다. 피부는 부드럽고 탄력성이 좋으며 세포 증식과 조직 재생이 잘 된다. 개개인은 신체 기능이 최고의 효율성을 가지며 최적의 운동 기능을 갖게 된다. 척추와 척추의 디스크가 정착되기 시작하면서 키에 있어서는 약간의 감소가 있다. 체중이 증가하는 사람들도 있으며 일정한 체중을 유지하는 사람들도 근육 조직이 감소되고 지방 조직이 증가한다.

초기 성인기의 감각들은 가장 예민한 상태이며 이 기간 동안 거의 변화가 없다. 시력은 20세 때 가장 예민하여 40세까지는 감퇴하지 않는다. 40세 무렵부터는 원시 경향이 나타난다. 시력 변화는 성인기 중기의 일반적인 특성이다. 청력은 20세경에 가장 좋으나 고음 청취에서 20세 이후부터 점차 상실된다. 미각, 후각, 촉각, 온도 및 통증에 대한 감수성은 비교적 안정적이어서 45~50세가 될 때까지 둔화되지 않는다.

심혈관계 질환은 성인기 사망의 주요 원인이다. 성인기 초기부터 심장 기능은 서서히 변화하는데, 평상시 신체의 산소 요구량에 대처하는 심장의 기능에는 변화가 없다. 그러나 심한 운동과 같은 스트레스 상황에서는 최대 심장박동 수의 감소와 심근의 유연성 감소로 심장의 수행 능력은 나이에 따라 감소하여 산소를 필요로 하는 기관에 충분한 산소를 공급하기 어렵다. 또한 동맥벽에 지방과 콜레스테롤을 함유한 플라크plaque의 침착으로 동맥경화증이 발생할 수 있는데, 동맥경화증이 성인기 초기에 발생하는 경우 성인기 중기까지 계속 진행되어 심각한 질병을 유발한다. 식이, 흡연, 운동 부족은 특히 성인기 중기부터 심혈관계 변화에 영향을 미치며 호르몬의 변화 역시 심혈관계 질환의 위험 요인이 된다.

호흡기계의 변화는 심혈관계와 마찬가지로 안정 시에는 연령에 따른 변화로 인한 기능의 차이를 볼 수 없으나, 격렬한 운동이나 신체적 활동 시에는 호흡수가 증가하고 폐활량이 감소된다. 이것은 최대 폐용적이 25세 이후에는 10년마다 10%씩 감소하며 폐, 흉근, 늑골에 있는 결합 조직이 뻣뻣해져 폐 팽창이 어렵기 때문이다. 일상적인 활동에서는 보통 폐활량의 1/2도 사용하지 않기 때문에 노화에 따른 폐의 변화를 느낄 수 없으나 운동 시에는 신체의 산소 요구를 충족시키는 데 어려움이 따르게 된다.

면역계 기능은 청소년기까지 증가하다가 20세 이후부터 감소하게 된다. 이것은 흉선의 변화와 연관이 있는데, 10대에 가장 커져 있는 흉선은 20세부터 점점 위축되면서 50세가 되면 거의 보이지 않게 된다. 흉선의 위축으로 면역 반응이 저하되며 면역계는 흉선만이 아니라 신경계와 내분비계와도 많은 관련이 있어 스트레스를 받을 때 면역 기능이 약화된다. 성인기 초기의 학업 문제,

직업적인 문제, 이성 문제, 결혼과 이혼, 양육, 수면박탈, 만성적 우울은 면역력을 저하시킨다. 공해, 알레르기원, 영양불량, 황폐한 주택위생 등의 신체적 스트레스 역시 면역력을 저하하는 원인이 된다. 신체적·심리적 스트레스가 함께 있을 때 질병 발생의 위험은 더 커진다.

성인기 중기에는 대사율이 감소하기 때문에 운동과 식이가 일상생활 양식의 한 부분이 되지 않으면 과체중이 되기 쉽다. 지방은 특히 여성의 경우 엉덩이 부위에 많이 축적된다. 성인기 중기부터 신체적인 에너지가 저하되고 신체적 매력이 감소하며 근 긴장도가 소실되고 피부 탄력성이 저하된다. 사랑니를 뽑아야 할 경우도 있으며 잇몸질환의 위험이 높은 시기이다.

2) 인지발달

성인기로 전환되면서 인지발달은 양적인 측면만이 아닌, 질적인 측면을 고려하는 사고방식에의 변화를 가져온다. 또한 어떤 특정 영역에서 정보처리와 창의적인 면에서 주요한 함축성을 가지는 보다 진보된 지식을 획득하는 시기이기도 하다.

성인기는 사회적 환경과 경험이 충분한 인지적·지적 자극을 제공하는 한, 형식적·조작적 추론을 사용한다. 성인기의 정신적 능력의 발달은 많은 젊은 성인들의 중요한 목표가 된다. 형식적·조작적 사고의 달성은 검증될 수 있는 모든 가설을 만들고 모든 가능성의 결합을 분석해 보게 한다. 이때는 보다 통찰력이 발달하며 문제는 실제적이고 객관적으로 평가되며 사회적이고 직업적인 의사결정에 헌신하게 되고 에너지를 투입한다. 더 큰 위험을 감수할 수도 있지만 적절한 추론과 분석적인 접근법을 사용하게 된다.

이와 같은 Piaget(1967)의 형식적·조작적 사고에 대해 Perry(1981)는 인식론적 인식epistemic cognition이론을 제기하였다. 인식론적 인식이란 우리가 사실facts, 신념beliefs, 사고ideas에 도달하는 모든 방법에 대한 고찰을 말한다. 더욱 성숙하고 합리적인 사상가는 다른 사람과 생각이 다를 때 그런 자신의 결론에 대해 논리성을 생각한다. 자신의 접근법에 대해 정당화할 수 없을 때는 그것을 수정하여 보다 적절한 방법을 찾게 된다는 것이다. 성인기 초기에는 진리를 오로

지 이론적인 기준과 비교하여 판단하게 된다. 따라서 사람이나 상황과는 별개의, 옳고 그르고, 좋고 나쁘고 하는 이분법적인 사고로 모든 정보, 가치, 권위를 평가하게 된다. 대학교 졸업반 정도가 되면 상대적인 사고로 전환되는데, 상대적 사고란 절대적인 진리란 없으며 의견의 다양성을 인식하고 사람이나 상황에 따라 다른 다양한 진리가 존재할 수 있다고 생각하는 것이다. 그 결과 사고는 보다 유연하고 많은 것을 받아들일 수 있게 된다.

(1) 지능과 연령

Horn과 Noll(1994)은 지능에는 다양한 기초 정신 능력을 포함하는 두 개의 매우 추상적인 요인, 즉 결정성 지능과 유동성 지능이 존재한다고 주장한다. 또한 성인기의 지적 능력에서는 이 두 가지 지능을 구분할 것을 제안하였다.

① 결정성 지능

결정성 지능crystallized intelligence이란 공식 교육 및 일반적 생활 경험에 크게 영향을 받는 학습된 정신 능력을 반영한다. 결정성 지능은 개인이 자신이 속한 문화에서 가치 있게 여기는 지식들을 받아들이고 있는 지의 여부를 나타낸다. 문화적으로 가치 있게 여기는 지식과 경험, 의사소통의 이해 그리고 판단력의 발달, 일상생활에서의 추론적인 사고의 폭을 반영한 대규모의 행동 목록에 의해 측정된다. 결정성 지능과 관련된 근본적 정신 능력 중 일부는 언어 이해력, 개념의 형성, 논리적인 추론, 귀납 등이며 어휘력, 일반상식, 단어연상, 사회적 상황이나 갈등에 대한 반응을 통해서 측정한다.

② 유동성 지능

유동성 지능fluid intelligence이란 '타고난 지능native intelligence'으로 문제해결을 위한 정보의 조직과 재조직에 기초를 둔 정신적 기능으로 선천성 능력에 해당되는 것으로 생물학적으로 결정되며 경험이나 학습과는 무관하다. 유동성 지능은 인지하고, 기억하고, 다양한 범위의 기초 정보에 대해 생각하는 개인의 순수한 능력으로 개인이 속한 문화에 의해 영향을 받지 않고 사전지식이나 학습을 필요로 하지 않는다. 유동성 지능을 반영하는 근본적인 정신 능력들은 수,

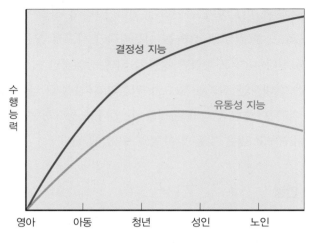

그림 10-1 유동성 지능과 결정성 지능의 변화곡선

공간 그리고 지각 속도이다. 유동성 지능은 글자 연속, 행렬, 공간 지각, 추상적 추론, 지각 속도와 같은 검사를 통해서 측정된다.

결정성 지능과 유동성 지능이 절정에 달하는 시기는 각기 다르다. 유동성 지능은 10대 후반에 절정에 도달하고 성년기에는 중추신경 구조의 점차적인 노화로 인해 감소하기 시작한다. 반면, 결정성 지능은 성인기에서의 교육 경험의 결과로 생의 말기까지 계속 증가한다. 일반 지능 검사는 이 두 가지를 모두 측정하므로 연령에 따라 점수 상에 거의 변화가 없는 것은 결국 지능의 한 형태에서의 증가가 다른 형태의 감소를 상쇄시키기 때문이다.

3) 사회 · 정서발달

(1) 친밀감과 상호성

Erikson은 이 시기의 사회·심리적 발달과업을 친밀감으로 묘사하였고 친밀감이 형성되지 않았을 때 고립감과 외로움을 경험하게 된다고 하였다. 친밀감의 개념은 성적관계만이 아닌 연인, 부모, 자녀, 친구, 배우자 등과의 애정의 상호 호혜적인 표현에 의해 특징지어지는 상호 간의 신뢰를 요구하는 관계를 말한다. 친밀감이란 관계를 맺는 과정에서의 자신의 정체성 상실에 대한 염려 없이 다른 사람과 개방적이고 지지적이며 따뜻한 관계를 경험할 수 있는 능력

그림 **10-2** 성인기의 발달과제는 가족 외의 다른 사람들과 친밀한 관계를 형성하는 것이다.

으로 상대방의 욕구에 반응해 자신의 욕구를 기꺼이 조절할 수 있는 것을 말한다. 이런 상호교환은 초기 성인기에는 자연스러운 것으로 자기 노출을 필요로 한다.

친밀감이 획득되는 주요 과정은 상호성이다. 상호성은 서로의 약점을 받아들이고 서로의 욕구에 대처하는 능력 위에 형성된다. 한쪽이 의존적일 필요가 있을 때 다른 쪽은 강하고 지지적이 되며 이런 역할은 서로 바꿔질 수 있다. 상호성이란 개개인의 발달과 상호 간의 발달, 둘 다를 촉진하는 것으로 두 개인이 서로에게 의존하게 되면서 개개인의 노력보다 둘의 합쳐진 노력이 보다 효율적이라는 것을 알게 되면서 강화된다.

(2) 사랑

성인기의 발달과업은 가족 외의 다른 사람과 친밀한 관계를 형성하는 것으로 특히 연인이나 배우자와의 친밀한 관계를 추구하게 된다. 초기 성인기는 남녀가 정서적 밀접성, 흥미의 공유, 미래의 비전에 대한 공유, 성적인 친밀성 등 관계 형성의 가능성을 탐구하는 시기로 사랑에 대한 관심이 증가한다. 사랑이 학문적 연구 대상이 된 것은 비교적 최근의 일이며 1900년대 후반부터 본격적으로 연구가 이루어지기 시작했다.

Sternberg(1988, 2019)는 사랑의 세 가지 구성요소를 중심으로 사랑의 개념을 보다 종합적으로 설명할 수 있는 구조적 모델을 제시하였다. 그의 사랑의 삼각이론에 따르면 사랑은 열정, 친밀감, 책임감의 세 가지 구성요소로 구성된다. 열정은 다른 사람에 대한 신체적, 성적 매력을 말하며 친밀감은 따뜻함, 밀접성, 나눔의 감정과 연관된다. 헌신 또는 책임감은 그 관계에 대한 인지적 평가로 어떤 문제가 있더라도 관계를 유지시켜 나가려는 의지나 의도를 말한다. 사랑은 낭만적 사랑, 다정한 사랑, 성숙한 사랑의 3가지 유형으로 구분할 수 있다.

① 낭만적 사랑

낭만적 사랑romantic love은 열정적 사랑, 에로스라고도 하며 성, 열병, 빠짐, 탐닉과 같은 강한 요소를 가지고 있으며 연인관계의 초기 단계에서 지배적인 것으로 알려져 왔다. 낭만적 사랑의 다른 요소로는 열정, 두려움, 분노, 성적 욕구, 기쁨, 질투 등의 정서가 포함된다. 성적 욕구가 가장 중요한 요소로 이런 감정들은 우울과 같은 다른 문제를 유발시키는 괴로움의 근원이 되기도 한다. 낭만적 사랑의 이점은 사랑하는 사람과 같이 있고 사랑하는 사람을 위해 시간과 노력을 쏟는 것이 많은 기쁨을 가져다준다는 것이다. 그러나 이런 긍정적인 영향은 상호관계의 질에 따라 달라지며 한쪽에 치우지지 않는 중립적인 연인 관계에서조차 연인이 없는 것보다 더 낮은 행복감과 연관되기도 한다.

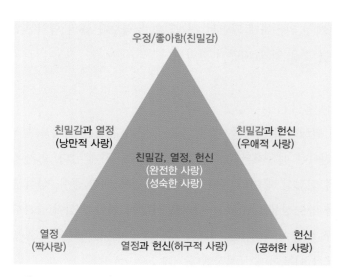

그림 **10-3** Sternberg의 사랑의 삼각형 이론

② 다정한 사랑

다정한 혹은 우애적인 사랑affectionate or companionate love은 열정 그 이상의 사랑이다. 다른 사람에 대해 보살피려는 깊은 마음을 가지고 가까이에 두고자하는 동반자적 사랑이다. 동반자적 사랑의 초기 단계에는 낭만적 사랑의 요소가 포함되지만 사랑이 성숙해지면서 열정은 애정으로 바뀌는 경향이 있다.

Phillip Shaver(1986)는 사랑의 발달 모형에서 낭만적 사랑의 초기 단계는 성적 매력과 충족감, 안정된 애착관계의 불확실성, 다른 사람의 새로움을 탐구하는 데서 오는 흥분 등의 감정이 혼재하면서 사랑이 타오르게 된다고 하였다. 시간이 지나면 성적 매력은 감소되고 애착불안은 감소되나 또 다른 갈등과 회피를 가져오게 되고 새로움은 친밀감으로 대체된다. 연인들은 이때 안정된 애착관계로 서로를 깊게 돌보거나, 아니면 지루하고 실망을 주는 외롭고 적대적인 고통을 주는 관계로 인식하여 관계를 끝내기도 한다.

③ 성숙한 사랑(완전한 사랑)

성숙한 사랑consummated love은 Sternberg 이론에서 가장 강렬하고 채워주는 사랑의 형태로 사랑의 3가지 요소인 열정, 친밀감, 헌신을 모두 포함한다. 열정만 있는 사랑은 '미친 사랑'이며 열정은 없고 친밀감과 책임만 있는 사랑은 '동반자적 사랑'(우애적 사랑)으로 오래된 부부에서 볼 수 있는 형태이다. 열정과 헌신은 있으나 친밀감이 없는 사랑은 '공허한 사랑(얼빠진 사랑)'으로 한 사람이 다른 사람에게 거리를 두고 대할 때 나타난다.

(3) 사회적 역할

성인기를 이해하는 데 있어 가장 흔히 사용되는 개념 중 하나가 사회적 역할이다. 성인기에 사람들은 자기표현의 기회를 확장시키고 많은 사회적 요구와 접촉하게 하는 다양한 역할들을 가지게 된다. 성인기는 일정 기간 개개인이 담당하는 여러 가지의 복잡한 역할이 계속해서 증가하는 시기로 볼 수 있다. 직장인, 배우자, 친구, 부모, 교사, 조언자, 지역사회 지도자 등과 같은 성인기의 특징적인 역할은 삶의 의미와 성인으로서의 정체성을 가져다준다. 또한 역할변화는 성장을 위한 기회를 제공한다.

4) 도덕발달

성인기의 도덕발달을 Kohlberg는 후 인습적인 도덕적 추론의 단계로 명명하고 있다. 후 인습적 도덕발달단계 중에서도 6번째 단계의 도덕성은 성인기에 발달하는 것으로 매우 극소수의 사람들만이 이 단계에 도달한다고 하였다. 6단계는 보편적 논리에 의해 정의된 추상적·윤리적 원칙을 지향하는 단계로

표 **10-1** 성인기의 발달

연령	신체적 발달	인지적 발달	사회·심리적 발달
20~30세	• 빠른 하지운동, 강한 체력, 전체운동 조정을 요구하는 체육적인 기술(높이 뛰기, 테니스 등)은 20대 초에 정점에 이르고 그 이후 하강	• 대학 교육을 받게 되면 모든 정보나 가치, 권위를 옳고 그르고, 좋고 나쁘고로 나누는 이분법적인 사고에서, 절대적인 진리란 없으며 많은 진실과 의견의 다양성을 인정하는 상대적인 사고로 바뀌게 됨	• 자신의 삶에 대한 통제감을 점차 느끼게 됨 • 개별적으로 의미 있는 정체성을 달성하게 됨 • 집을 떠나게 됨
	• 지구력, 손과 팔의 조정에 의존하는 체육기술(야구, 골프, 마라톤 등)은 20대 후반과 30대 초에 정점에 이르고 그 이후 하강	• 가설(가정)적 사고에서 실용적 사고로 바뀌게 되어 논리는 현실 세계의 문제를 해결하는 도구가 됨 • 직업 선택의 폭을 좁혀 나가다가 특정 분야에 정착	• 친밀한 사람과 영원한 관계를 맺으려고 함 • 성인사회에서 자신의 이상적인 모습을 그리면서 이것이 의사결정에 영향을 미치게 됨
	• 촉감의 감각은 감소 • 호흡계, 심혈관계, 면역계, 피부 탄력성은 성년기에 지속	• 한 분야에 몰두하여 그 영역의 전문가가 되어 문제해결 능력이 증진됨 • 창의성이 증가함	• 높은 지위의 직업을 가졌다면 전문적인 기술, 가치와 신임을 획득하게 됨
	• 20대 후반부터 기초대사율 감소로 점차적인 체중 증가가 65세의 중년기까지 계속됨		• 서로 감사하는 성인기 우정과 일에 있어서의 유대감을 발달시키기 시작함 • 형제와의 관계가 보다 우호적이 됨 • 외로움이 20대에 극에 달한다면 그 이후는 점차 감소함
30~40세	• 시력과 청력 감소 시작 • 근골격계가 약화되기 시작	• 상대적인 사고가 더 발달함 • 창의성이 정점에 이름	• 생활 구조를 재평가하고 부적절한 요소를 변경시키려 함
	• 30대 초부터 머리가 회색이 되고 가늘어지기 시작 • 일상생활의 요구가 많아지면서 성적 활동 감소		• 가족, 직업, 지역사회 활동을 통해 사회 안에서 안정된 영역을 형성하게 됨 • 여성의 경우는 직업적 성숙과 지역사회에서의 권위가 연기될 수 있음

법을 초월하여 공정성, 인간권리의 상호성, 인간의 존엄성에 대한 존중 등이 포함된다. 개개인은 자신을 규율과 다른 사람의 기대로부터 차별화할 수 있게 되고 자기가 선택한 원칙의 관점에서 원칙을 정의한다. 즉, 사회적 규칙을 이해하나 그 이상이며 규칙을 초월한다. 사회적 규칙과 현실이 대립될 때 규칙보다는 원칙에 의해 판단한다. 개개인의 권리가 사회와 국가의 요구와 비교·검토되며 개인의 권리나 이해가 원칙에 따른 것일 때는 법을 위반하는 것이 정당화되기도 한다.

그러나 이런 단계의 도덕성은 원칙에 근거한 추론을 자극하는 인지적·사회적 요소가 없을 때는 발달하지 않는다. 다시 말해서 도덕적 원리에 대해 숙고할 시간 및 자원 등의 환경과 그렇게 하도록 하는 자극이 필요하다. 즉, 도덕적 행동이 단순한 관습이나 감정적 요소에 의해 이루어지기보다는 깊이 내면화된 인지적 차원에서 이루어지도록 하기 위해 행동의 근거를 합리적으로 생각하게 하는 도덕 교육이 이루어져야 하며 도덕의 발달이 인간관계에서 성립되고 인간관계에서 작용하는 규칙으로 타인의 복지와 인간적 관심사에 대한 배려의 증대와 관계가 있음을 알게 하는 집단 활동의 경험 또한 제공되어야 한다.

5) 생활양식의 발달

초기 성인기 중에 고정된 생활양식life style이 발달하게 된다. 생활양식은 인성, 목표, 신념, 사회적 기회와 자원들에 대한 내적인 갈등이 행위와 선택의 패턴으로 통합되는 사회적·심리적인 구성체를 의미한다. 생활양식의 중심 요소로는 활동의 속도나 간격, 일과 여가 사이의 균형, 특정 영역에 대한 시간과 에너지의 집중, 친밀성의 정도에 따른 사회적 관계의 형성 등이 포함된다.

일터는 대개 시간 구조를 결정한다. 직장에 갔다 돌아오는 시간, 업무 후에도 충분한 에너지를 느끼는지, 휴가 기간은 어떤지, 매일의 직장생활을 위해 일하지 않는 시간 중에 어떤 준비를 해야 하는지 등이 포함된다. 활동 수준 또는 생활의 속도는 개개인의 기질, 건강, 체력에 의해 일부는 영향을 받고 어느 정도는 기후와 지역사회에 의해 또한 영향을 받는다. 일과 여가의 균형은

그림 **10-4** 성인기의 사회적 역할

직장에서의 요구와 일에 대한 성향의 결과라 할 수 있다. 어떤 사람은 가족과 함께 있는 시간을 직장에서의 시간보다 더 중요하게 여길 수 있고 이런 사람들은 가족과 함께 가정에서 보내는 시간을 가치 있게 여기고 직장 선택 시 이런 점이 우선으로 작용한다. 또 다른 사람들은 가정에서 보내는 시간과 여가 시간보다 많은 시간을 일에 쏟아붓고 이런 사람들은 가족이 공유하는 여가시간이 제한되기 때문에 생활 양식이 각각 별개라 할 수 있다. 여가 활동을 같이 할 수 있는 커플들은 개방된 대화의 기회를 많이 얻게 되어 친밀한 관계를 형성하고 관계에 대한 만족감과 강도가 더 강해진다.

(1) 직업발달

직업을 선택하고 경력을 개발시켜 나가는 직업적 성공에 도달하는 것과 일 (직업, 직장)은 초기 성인기의 중요한 과제이다. 성인기의 성취는 자기효능감을 포함하며 또한 개개인이 스스로에 대해 발달시키는 인지적 관점인 마음의 자세mindset를 포함한다. 성장 마음자세growth mindset는 자신의 자질이 노력을 통해 변화되고 발전할 수 있다는 믿음으로 성공과 성취와 연결된다. 반면 고정 마음자세fixed mindset는 자신의 자질이 변경 불가능한 것으로 변하지 않을 거라고 믿는 것으로 낮은 성취 및 성공과 연관된다. 이러한 마음자세는 도전에 직면했을 때나 진전이 없을 때 "나 자신을 돕기 위해 무엇을 할 수 있을까?" "이것을 더 잘하기 위한 방법은 없을까?"와 같은 전략 유발 질문을 스스로에게 던져봄으로써 자신의 마음자세를 알 수 있다. 성공과 성취에 있어 중요한 요소는 동기화(목표 설정, 계획 수립, 자기 점검)와 기개grit로 보고 있다.

① 동기화

동기는 보통 외적 동기인지 내적 동기인지로 구분하여 점검한다. 외적 동기는 무언가를 얻기 위해 어떤 것을 하는 것으로 이때의 활동은 목표에 대한 수단이 된다. 외적 동기는 보상이나 처벌과 같은 외적인 유인incentive의 영향을 받는다. 예를 들어, 사람들은 돈을 벌기 위해 열심히 일한다고 한다. 내적 동기는 자신을 위해서 어떤 것을 하는 것으로 활동은 그 자체로 끝이 난다. 예를 들어, 직장에서 열심히 일하는 사람은 스스로 동기화되어 있어 일한다고 한다. 최근의 메타분석 연구에서 자기결정성은 인간 동기화에 있어 핵심적인 역할을 하는 것으로 보고되었다(Howard, Gagne, Bureau, 2017). 동기화 연구의 결론은 내적으로 동기화되는 것이 중요하다는 것이다. 이 두 개가 서로 완전히 상반되는 것으로 보기도 하지만 현실 세계에서는 둘 다가 섞여 있다. 예를 들어, 직장에서 사람들은 일을 배우는 것을 좋아하고 일 자체를 즐겨서 열심히 일하기도 하지만 좋은 보수를 받기 위해 혹은 승진을 위해 열심히 일한다고 할 수도 있다. 그래도 유념할 것은 외적 동기화는 좋은 전략이 아니라는 것이다.

② 목표 설정, 계획 수립과 자기 점검

목표를 설정하고 목표에 도달하기 위한 방법을 계획하고 목표를 향한 과정을 점검하고 자기조절을 하는 것은 성취의 중요한 양상이다. 또 다른 좋은 전략은 도전적인 목표를 세우는 것이다. 도전적인 목표는 강한 흥미를 느끼고 몰입하는 것으로 자기계발self-improvement에 전념하는 것이다. 도달하기 쉬운 목표는 별 흥미를 안 가져도 적은 노력으로도 이루어진다. 그러므로 목표는 개개인의 기술 수준에 맞아야 하며 목표가 현실적으로 너무 높다면 결과는 반복된 실패를 가져와 개개인의 자기효능감을 떨어뜨릴 수 있다. 또 목표 설정만으로는 충분하지 않으며 목표 도달을 위한 계획에는 시간을 효율적으로 관리하는 것, 우선순위의 설정, 활동의 조직화 등이 포함된다. 또한 계획대로 얼마나 지키고 실행하는지 자기 점검이 필요하며 자기 점검에 따라 결과를 평가하여 앞으로 할 것을 조정하게 된다.

③ 기개와 용기

장기간의 목표를 성취하는데 있어 열정과 지속성을 포함하는, 용기, 기개, 배짱, '이를 악뭄'으로 표현되는 'grit'라는 개념이 최근 성취의 주요 양상에 나타나기 시작했다. 연구에서는 더 높은 학점의 취득을 포함하는 학업적인 활동과 성공에의 성취와 grit가 연관된다고 보고하고 있다(Clark & Malecki, 2019). 자신이 grit를 가지고 있는지를 확인하기 위해 다음의 질문에 스스로 답해보라고 한다(Clark & Malecki, 2019).

- 나는 나 자신에게 최선을 다하고 있는가?
- 목표에 도달하기 위해 아무리 오래 걸린다 해도 나는 열심히 할 것인가?
- 목표를 정했다면 나는 어떠한 도전과 어려움도 극복할 수 있는가?
- 나는 내가 하고 있는 일에 대해 얼마나 열정적인가?

2. 성인기 성장발달 증진

1) 건강 증진 생활양식

성인들은 대부분 건강을 인식하며 자신의 생활양식을 변화시켜서 스트레스를 줄이고 보다 나은 건강을 성취하려고 노력한다. 따라서 적절한 체중유지, 운동, 영양학적 조절 등에 민감하며 건강 증진 생활양식의 달성을 통해 삶의 질 증진과 기대수명 연장을 기대하게 된다.

성인기의 건강 증진 행위는 안전의 실천, 운동, 식이, 성 등이 포함된다. 보통 15~24세는 교통사고로 인한 사망률이 가장 높은 시기이다. 성인이 되면서 운전면허를 취득하고 자가운전을 하게 되면서 보행사고보다는 추돌사고로 인한 교통사고 재해가 발생하게 되는데, 자가운전을 하는 개개인의 안전운전에 대한 철저한 인식이 필요하며 정기적인 운전자 안전교육 및 건강검진이 동반되어야 한다.

초기 성인기는 일생 중 가장 건강한 시기라 할 수 있다. 그러나 편리함을 추구하고 신체적 활동을 저하시키는 현대인의 생활양식은 후기 성인기의 생활습관병lifestyle disease을 초래할 수 있다. 성인 남성의 주된 사망원인은 심장질환과 암이 각각 1, 2위를 차지하고 있는데, 이러한 위험의 증가 요인은 장기간의 흡연과 과음, 부적절한 식이다. 즉, 질병의 예방과 건강유지에 생활양식이 중요하다는 것을 지적하고 있는 것이다.

건강과 건강 관련 위험에 관한 연구에서 건강한 생활양식의 특성들이 확인되기 시작하였다. 예방적인 건강관리기관의 이용, 규칙적인 운동, 채소와 과일을 많이 먹고 지방은 적게 섭취하면서 균형 잡힌 식사를 하는 것, 금연, 섹스 파트너의 제한, 피임약의 사용 등이 그것이다. 특히 젊은 성인에게 건강을 증진하는 생활양식을 채택하도록 격려하는 것은 예방적 건강관리의 핵심이 되고 있다. 많은 연구에서 식사, 활동 수준, 운동, 도전적이고 지적인 자극을 주는 과제에의 몰두, 흡연과 음주 등의 초기와 중기 성인기에 형성된 생활양식

표 10-2 성인기와 중년기의 건강한 생활양식 지침

항목	설명
건강한 식습관 유지	건강한 식사를 위한 조리법을 식구들과 같이 배우고 조리한다. 적당히 절제해서 먹도록 하며 지루해서나 스트레스로 먹지 않도록 한다.
적당한 체중의 유지	체중을 감소할 필요가 있다면 단기적인 살빼기가 아닌, 습관에 있어서 일생 동안 유지될 수 있는 변화를 실행한다. 합리적이고 균형 잡힌 식사계획을 하고 규칙적으로 운동한다.
운동(신체적으로 보기 좋게 함)	운동을 위해 특별히 시간을 할애하며 그 시간을 지키도록 한다. 지속적으로 하고 보다 더 즐겁게 운동을 하기 위해 친구나 배우자와 같이 하며 서로 격려해 주면 좋다. 합리적인 목표를 세우고 목표에 도달할 수 있는 충분한 시간을 갖도록 한다. 목표치가 너무 높으면 중간에 포기하는 경우가 많다.
알코올 섭취 조절과 금연	술은 적당히 마시거나 그게 안 되면 전혀 마시지 않도록 한다. 사회적인 승인을 위해 혹은 사회적인 일로 꼭 술을 마셔야 된다고 생각하지 않도록 한다. 흡연 시는 스트레스가 없는 시간을 선택하며 금연을 위해 배우자나 친구의 지지를 구한다.
책임감 있는 성행위	건강하고 친밀한 관계를 발달시키기 위해 달라질 필요가 있는 태도나 행동이 무엇인지 생각해 본다. 성과 관련된 해부학적인 지식이나 성기능을 배워서 피임을 선택하고 성병을 예방하도록 한다.
스트레스 관리	일과 가족, 여가 사이에 합리적인 균형을 이루도록 한다. 스트레스가 많다고 인식되면 효율적인 대처 방법을 확인하여 같은 스트레스 발생 시 잘 대처하도록 한다. 규칙적인 운동, 이완, 조용한 명상의 시간을 매일 마련한다.

은 후기 생활의 건강과 수명에 영향을 주는 것으로 제시되고 있다. 따라서 초기 성인기에서는 신체 에너지가 최적인 이 시기를 연장하고 적절한 건강습관을 지지하며 만성질환의 시작을 관찰하여 초기 단계에 질병을 치료하는 것이 중요하다.

(1) 운동

운동만큼 신체활동을 증가시키면서 효율적으로 에너지를 소비하는 방법은 없다. 규칙적인 운동은 수명을 증가시키고 삶의 질을 높인다. 운동은 체중 감소 효과뿐만 아니라 체중 감소가 없이도 심혈관계와 호흡기계의 기능을 형성한다. 또한 긴장감을 저하하고 안녕감, 민첩함, 명료함이 증진된다. 더불어 운동은 혈압과 중성지방을 저하하며 고밀도 지단백 HDL 콜레스테롤을 증가시켜 질병 예방 효과가 있는 것으로 알려져 있는데, 관상동맥질환, 고혈압, 당뇨, 골다공증, 우울, 요통, 뇌졸중, 대장암을 방지하거나 발생률을 낮추는 것으로 보고되고 있다.

우리나라 성인 중 성인기의 운동실천율을 보면 유산소 신체활동 실천율은 성인기 초기인 20대 연령대에서 가장 높고 30대 이후부터 계속 감소하였으며, 근력운동 실천율 역시 20대에 가장 높고 이후 계속 감소하다가 성인기 후기인 50대에 약간 증가하였다.

성인기 운동에는 빠른 걷기, 조깅, 수영, 자전거, 스키 등의 운동이 추천된다. 40세 이상의 성인기에는 속도와 강도를 요구하는 운동보다는 기술과 조정에 더 초점을 맞춘다. 특히 65세에 가까운 성인은 어지럼증, 흉통이나 가슴이 조여들거나 심한 숨참 등 무리한 운동으로 인한 증상은 피해야 한다. 이때의 운동은 과거에 즐겨했던 운동을 다시 시작하거나 개개인에게 적합한 운동을 다시 찾아보는 것이 좋다. 심한 흡연가, 고혈압, 가족력, 당뇨, 오랫동안 운동을 안 했을 때 등 순환기 질환의 위험이 있는 사람이 격렬한 운동 프로그램을 시작하려고 할 때는 시작 전에 신체검진을 받아 보고 운동처방을 받는 것이 안전하다.

운동은 가능한 많은 근육을 포함하는 것이 좋으며 규칙적으로 일주일에 3~4회씩 최소 30분 이상씩 실시한다. 일반적인 건강 증진을 위한 운동은 자

표 **10-3** 한국성인의 운동 실천율(%)

연령	유산소 신체활동 실천율 분율(표준오차)	근력운동 실천율 분율(표준오차)
19~29세	57.8(1.9)	34.5(2.1)
30~39세	47.1(2.2)	23.5(1.5)
40~49세	42.8(1.5)	19.9(1.5)
50~59세	39.9(2.1)	21.6(1.4)
60~69세	40.5(1.7)	23.9(1.7)
70세 이상	29.4(1.8)	19.5(1.5)

출처: 질병관리청, 국민건강통계(2020)

그림 **10-5** 성인기의 운동

신의 최대 운동 능력에서 50~80% 범위의 강도로 하는 것이 좋고 운동의 강도는 유산소 운동인 경우 개개인이 최대한 도달해야 할 맥박수를 측정해서 실시하는데, (220-연령)×75%로 계산한다. 예를 들어, 50세인 남성의 최대 맥박수는 (220-50)×0.75=128이다. 따라서 맥박이 128회/분을 넘게 운동해서는 안 된다.

여러 가지 고려할 점에도 불구하고 운동의 종류와 양상의 선택은 개개인의 선택에 달려있다. 자신을 위해서 그리고 즐거움을 위해서 운동이 행해지는 것이지 운동이 성인기의 책임이거나 또 다른 짐이 되어서는 안 된다.

(2) 스트레스 관리

① 스트레스의 원인

기술, 사회, 정치, 환경, 문화 등 모든 부분에서의 변화가 빠른 속도로 변화하고 있는 현대사회에서 스트레스는 불가피하며, 일생을 통해 스트레스에 접하게 된다. 스트레스는 삶의 한 부분으로 삶의 경험은 곧 스트레스로 연결되며 인간은 스트레스와 함께 생활한다. 이런 스트레스는 개개인에 대한 자극과 발전의 원동력이 되기도 하지만, 개인이 가진 자원과 능력을 능가하여 대처할 수 없고 개인의 안녕상태를 위협할 때 스트레스 증상이 유발되며 스트레스 관련 질환이 야기된다.

아동 역시 아주 어렸을 때부터 스트레스를 경험하고 이에 대한 대처 방법을 개발한다. 아동기나 청소년기에 대처장애를 일으킬 가능성이 높은 사회적·환경적 스트레스원에는 지속적인 빈곤, 신체적 결함이나 만성질환, 애착관계의 조기 단절, 부모가 정신질환이나 약물 중독인 경우, 이혼이나 죽음 등으로 인한 부모와의 이별, 주변의 지속적인 폭력 등이 있다. 성인기 초기에 경험하는 스트레스는 직업의 선택 및 취업, 직무 수행의 생소함 등 생산적인 직업인으로서 자신을 수립하는 것, 결혼을 통한 영구적 관계를 만들어 가는 것, 출산, 양육 등 인생의 큰 생활사건으로 인한 스트레스를 갖게 되는 시기이다. 성인기 중기는 일과 관련해 직장에서의 경력 계발 및 성취와 관련해 스트레스를 많이 갖게 되는 시기이다.

우리나라 성인의 스트레스 인지율을 보면 30대의 성인기 중기가 가장 스트레스 인지율이 높은 시기로 나타났다. 남자는 30~39세가 40.7%의 인지율을 보여 가장 스트레스가 높은 시기로, 여자는 19~29세의 42.6%가 스트레스를 보여 성인기 초기에 가장 스트레스를 느끼는 것으로 나타났다.

성취 지향 스트레스는 상황적인 위기의 스트레스와는 달리 자신이 정한 목표에 의해 측정되는 성공에 대한 내적인 압력에서 오는 과도한 성취 지향 스트레스이다. 또한 이혼이나 별거, 사별, 질병, 실직, 승진 탈락, 낯선 부서 진출, 경제적인 어려움 등으로 인한 스트레스를 갖는다. 성인기 후기는 상실과 관련된 스트레스원이 우세해진다. 부모나 배우자 등 가까운 가족 구성원의 죽음, 상해나 질병, 가까운 가족 구성원의 건강상의 변화, 은퇴 등과 같은 부정적 사

표 **10-4** 한국성인의 스트레스 인지율(%)

스트레스 연령	전체 분율(표준오차)	남 분율(표준오차)	여 분율(표준오차)
19~29세	34.9(2.1)	27.8(2.7)	42.6(3.6)
30~39세	40.2(2.0)	40.7(3.1)	39.6(2.3)
40~49세	32.3(1.6)	34.7(2.4)	29.9(2.0)
50~59세	26.9(1.6)	26.3(2.3)	27.5(2.1)
60~69세	19.0(1.4)	15.0(2.1)	22.7(1.9)
70세 이상	16.1(1.3)	10.3(1.4)	20.2(1.9)

출처: 질병관리청, 국민건강통계(2020)
스트레스 인지율: 평소 일상생활 중에 스트레스를 '대단히 많이' 또는 '많이'느끼는 분율

건으로 인한 스트레스를 받는다.

내적인 원인에 의한 스트레스를 보면 대개 어떤 사건과 사실에 대한 반응과 인지 그리고 평가와 관련된 것으로 걱정과 근심이 많은 사람이거나 완벽하게 행동하려는 사람이다. 또한 비관적 생각이나 자신에 대한 과도한 분석 및 혹평 또는 자신감이 없을 때, 익숙하지 않은 행동(초보운전, 첫 출근, 면접)이 요구될 때, 무언가 결정할 때 오래 걸리는 사람, 상대방이 자기가 기대하는 행동이나 반응을 보이지 않을 때 대인관계에서의 갈등, 한 가지 생각에만 몰두하는 강박관념, 자기주장을 못하는 사람, 과하게 긴장하는 사람인 경우 이런 내적 요인에 의해 스트레스를 받는다.

② 스트레스의 증상과 영향

스트레스는 삶의 만족도를 감소시키고 심혈관질환, 위장관계 질환, 두통 등 스트레스 관련 질환의 원인이 되며, 정신질환 발병을 야기하고 면역 기능을 감소시켜 암의 발생을 증가시킬 수 있다. 불안, 신경과민, 우울, 두통 등 그 외의 신체적 호소가 스트레스 증상으로서 스트레스와 관련된 문제를 나타낸다. 성취 지향 스트레스는 흔히 일 중독자에게 많이 오며 식사를 거르고 잠을 안자는 등의 일 중독습관을 유발한다. 이런 행동과 습관이 극단적이 될 때 심각한 신체적·정서적 결과가 초래되어 영양적인 문제나 소진exhaustion을 가져오게 된다. 일 중독 행위는 개인이 잘 인식하지 못하는 경우가 많으며 신체적 기능에

있어서의 변화가 나타날 때까지 명백하지 않을 수 있다. 스트레스에 대한 신체적, 감정적 증상은 박스에 제시하였다.

박스 스트레스에 의한 신체적, 감정적 증상

- **스트레스에 대한 신체적 증상:** 신체적 피로, 두통, 불면증, 근육통, 목·어깨·허리의 경직, 사지 냉감, 안면홍조, 심계항진, 땀, 소화불량, 복부통증, 설사, 변비, 구토 등의 증상이 있을 수 있으며 감기에 자주 걸린다.
- **스트레스에 대한 감정적 증상:** 주의집중력 저하, 기억력 감소, 좌절감, 우울, 슬픔, 의기소침, 우유부단, 분노, 흥분, 안절부절, 불안, 무기력, 절망감 등이 있다.

---

(3) 스트레스 관리

① 스트레스 유도 상황의 빈도 최소화

- **습관** 많은 행위들이 일상화되고 고정화된 행동방식을 통해 이루어진다. 일상적인 일은 신체적·정신적 에너지 소비를 감소시킨다. 규칙적인 기상과 취침, 운동, 약속 10분 전까지 도착하기, 30분 빨리 출근하기 등 고정화된 생활양식과 습성은 스트레스를 최소화한다.

- **과도한 변화의 회피** 많은 생활의 변화가 있고 그에 따른 부정적 긴장 상태가 유발된 경우 그 이상의 불필요한 변화는 피하도록 한다. 예를 들어, 가족 구성원 중 한 사람이 질병을 앓고 실직을 한다면 지역적인 이동, 임신 등의 변화는 피하도록 한다.

- **시간상 구획 짓기** 이것은 특정 변화에 초점을 두고 적응을 위한 전략을 개발하는 데 소요되는 시간을 일, 주, 달 단위로 구획을 지어 마련하는 것이다. 예를 들어, 자녀 한 명이 당뇨병을 진단받았다면 부모는 보다 나은 관리와 지지를 제공하는 것을 배우기 위해 따로 시간을 내는 것이다. 새로운 정보를 습득하고 사려 깊은 계획을 세워 행동하는 것은 특정한 변화에 보다 쉽게 적응할 수 있도록 하며 강박감, 불안, 좌절, 실패와 관련된 느낌을 감소시킨다.

- **시간 관리** 이용 가능한 시간 내에서 삶에서 가장 중요한 목표를 달성하기 위해 우선순위가 정해진 목표를 세운다. 목표와 관련되어 있지 않은

활동에 소모되는 시간을 줄이도록 할 일을 목록화하고 우선순위를 정한다. 곧 끝내야 할 일을 남겨 두게 되면 불필요한 스트레스와 압박을 받게 된다. 마찬가지로 목표와 관련 없는 것에 과도한 시간이 할애될 때 스트레스의 근원이 된다. 또 시간의 압박과 급박함에 대한 지각을 감소시키도록 한다. 모든 급박함의 지각은 항상 정당한 것은 아니며 일부는 불필요하게 자신 스스로 부과한 것이다. 긍정적인 긴장과 성장을 도모할 수 있는 활동을 계획하여 시간을 현명하게 사용하도록 한다.

- **환경 개선** 환경을 변화시키는 것은 스트레스를 유도하는 상황을 최소화하는 가장 적극적인 접근법이다. 물리적인 작업 환경의 변화는 새로운 지위를 얻거나 새로운 직장으로 옮기지 않는 한 어렵다. 그러나 대인관계적 환경은 마찰을 일으키거나 스트레스를 만드는 사람을 확인하여 가능한 접촉 범위를 최소화하거나 상호작용 양상을 계획하여 수정할 수 있다.

② 스트레스 저항을 증가시키는 정신·신체적 준비

- **운동 증진** 운동은 신체적·정신적 긴장을 완화하는 데 큰 도움을 준다. 운동을 하면 마음이 진정되고 통증을 억제하는 화학물질이 뇌 속에서 분비되어 쾌적한 이완감을 유도한다.
- **자존감의 강화** 긍정적인 자기 이미지를 얻기 위해 긍정적인 언어를 사용한다. 자신의 긍정적 특성에 대한 증가된 지각과 인식은 이러한 특성을 반영하는 행동을 보다 자주 하게 되고, 의미 있는 타인으로부터 긍정적 반응을 이끌어 자존감이 강화된다.
- **자기효능감** 성공한 경험은 장애물을 극복하고 효과적으로 일할 수 있는 능력이 있다는 긍정적인 느낌을 기른다. 자기효능감이 높은 사람은 위기를 잘 조절하고 도전에 덜 불안해 한다. 작은 일이라도 성공한 경험을 상기하며 자신이 잘 할 수 있다는 믿음을 가지도록 노력한다.
- **자기주장의 증진** 자기주장을 못하거나 거절을 못하는 것도 스트레스 요인이 된다. 자기주장은 자신과 자신의 생각과 감정에 대한 표현이며 삶의 과정에서 부딪치게 되는 문제를 보다 효과적으로 다룰 수 있게 하

여 스트레스에 대한 저항력을 증가시킨다. 따라서 자기주장을 공격적인 것보다는 건설적인 것으로 인식하도록 한다. 의견을 제시하고 느낌을 표현하며 반대적 관점을 가지고 있을 경우 이를 밝히도록 한다.

- **대체 목표 설정** 목표 달성이 힘들다고 해서 낙담하고 스트레스를 받을 게 아니라 목표를 성취했을 때 어떠한 보상이 따르는지도 인식하여 이런 보상을 얻는 다른 방법을 찾아본다. 목표를 달성하는 데 넘기 힘든 장애물이 있다면 대체 목표를 설정하여 유사한 보상이나 강화를 얻을 수도 있다.

- **인식의 전환** 인지적 재평가라고도 하며 위협적인 사건으로 명명되는 일련의 사건들을 변화시키는 과정으로 외부의 사실과 사건을 변화시키는 것이 아니라 단순히 어떤 일을 다르게 보는 것을 말한다. 상황을 지각하는 방법과 상황에 대해 가졌던 신념을 변화시키는 것이다. 자신이 변화시킬 수 없는 것은 받아들이며 어느 누구도 완전하지 않다는 것을 기억한다. 스트레스를 위협이 아니라 하나의 도전으로 자신의 성숙과 발전을 위한 것으로 받아들인다.

표 10-5 스트레스 관련 질환

구분	질병
소화기계	소화성 궤양, 궤양성 장염, 신경성 식욕부진, 비만증
호흡기계	기관지천식, 과호흡증
심혈관계	관상동맥성 심질환, 고혈압, 울혈성 심부전, 부정맥
내분비계	갑상선기능항진증, 당뇨병
피부계	소양증, 다한증, 두드러기, 지루성 피부염, 신경성 피부염
근골격계	류마티스성 관절염, 요통
신경계	신체장애, 편두통
면역계	알레르기 질환, 암, 감염성 질환
비뇨생식계	비특이성 요도염, 만성전립선염, 유산, 불임

(4) 영양관리

성인기는 오랫동안의 영양불균형, 영양부족이나 과잉 등의 영양 문제로 인한 신체적 증상이 나타나는 시기이다. 또한 성인기는 직업적으로 가장 왕성한 활동으로 자기실현을 이루는 시기이므로 오랫동안 건강하게 정상적으로 활동하기 위해 적절하고 알맞은 영양 섭취가 이루어져야 한다.

① 정상 체중 유지

체중이란 건강과 밀접한 관계가 있어, 섭취한 열량과 소비된 열량이 서로 균형이 맞을 때 그대로 유지된다. 그러나 경제 수준의 향상과 더불어 생활양식이 서구화되고, 체중과 신장이 점차 증가하면서 성인병의 발병률과 사망률도 증가 추세에 있다.

특히 성인기는 대사율이 저하되므로 고열량 음식을 적게 섭취하고 활동량을 늘려 에너지 대사의 균형을 유지해야 한다.

② 충분한 단백질 섭취

적절한 열량과 모든 필수 아미노산을 섭취한 건강한 성인은 질소 균형상태(질소 섭취량=질소 배설량)에 있으며 조직 기능의 유지를 위해 단백질의 섭취를 통한 질소 균형상태를 이루어야 한다. 육류, 어류, 달걀, 우유 등 매일 필요한 양의 단백질을 섭취하는 것이 중요하다. 임신부나 수유부는 조직 성장과 발달을 위해 새로운 단백질 합성을 해야하기 때문에 더 많은 단백질을 섭취해야 하므로 단백질 결핍증은 임신중독증, 임신 유발성 고혈압 등을 일으킨다.

③ 우유 섭취

우유는 칼슘과 리보플라빈의 함량이 특히 높은 식품이다. 이 두 가지 영양소는 우리나라 식사에서 특히 부족한데, 우유 한 컵(200ml)에는 칼슘 250mg, 리보플라빈이 0.36mg 정도 함유되어 있어, 매일 우유를 한 컵씩 마신다면 이들 영양소의 섭취 수준을 크게 향상시킬 수 있다. 또한 우유의 단백질은 양적으로는 많지 않으나 필수 아미노산의 함량이 높아, 단백질의 질을 높일 수 있다. 또한 우유는 위궤양, 위염, 골다공증, 간장질환, 당뇨병 등의 치료 및 예방을 위해서도 권장되는 식품이다. 이러한 우유의 영양학적 효과는 우유뿐만 아니라 요구르트, 치즈 등의 유제품을 섭취함으로써 얻을 수 있다.

④ 짜게 먹지 않기

식염의 성분이 되는 나트륨은 체내대사에 꼭 필요한 무기질이다. 그러나 나트륨을 많이 섭취하는 경우 고혈압이 유발될 수 있다. 특히 혈관의 탄력성이 저하되어 혈관이 좁아지면서 혈압이 올라가는 성인기에 짠 음식은 고혈압 발병률과 크게 관련된다. 최근 우리나라에 서도 고혈압의 합병증으로 인한 사망률이 점차 증가하는 추세이다.

짜게 먹는 식습관이 있다면 나트륨의 섭취를 줄이도록 노력해야 한다. 나트륨의 섭취를 줄이려면 간장, 된장, 고추장 그리고 식염을 이용한 가공식품의 섭취를 제한하고 무절제한 화학조미료의 사용을 금해야 할 것이다.

⑤ 치아 건강 유지

설탕에 의한 충치 발생은 설탕의 총섭취량보다 섭취 빈도에 더 영향을 받으며, 특히 간식을 통한 섭취와 가장 밀접한 관련이 있다. 사탕, 과자류, 아이스크림, 과일 가공식품 등 대부분의 간식은 설탕 함량도 높을 뿐만 아니라, 부착성이 높아 충치의 발생을 조장하며, 청량음료의 잦은 섭취도 충치를 유발한다. 이에 반하여 신선한 과일이나 채소는 구강 내에서 청정 작용을 한다. 따라서 설탕이 많은 식품을 줄이고 신선한 과일을 섭취하도록 권장한다.

⑥ 담배, 카페인 음료 절제

흡연은 만성폐색성 폐질환과 폐암의 가장 큰 유발 요인이다. 또한 혈중 고밀도 지단백HDL 수준을 떨어뜨리고 혈청의 중성지방을 상승시켜 심근경색증 등 관상동맥 병변을 증가시키는 경향이 있다.

커피와 홍차 그리고 콜라에 함유된 카페인은 중추신경을 자극하며, 이뇨를 촉진하고 혈압을 상승시키며 철분 흡수를 방해하고 불면증을 유발한다.

⑦ 식생활 및 일상생활의 균형

개인의 일과는 쉬고, 먹고, 활동하는 세 부분으로 나누어 볼 수 있다. 식생활은 하루 생활의 중요한 부분으로 일상생활과 식생활의 관계는 다음과 같다. 첫째, 섭취하는 열량과 활동으로 소비되는 열량 사이에 균형을 맞추기 위하여 열량이나 영양소가 편중되어 있는 음식물은 섭취하지 않도록 한다. 둘째, 식사량과 질은 하루의 업무량과 건강상태에 의해 결정된다. 따라서 식사의 질과 양, 활동 및 운동량을 조절함으로써 건강이 유지되도록 한다. 셋째, 규칙적인 식사와 배설, 수면은 밀접한 관계가 있으므로 이런 일상생활과 식생활의 항상성 관계를 유지한다. 넷째, 원만한 식생활은 일상생활의 성취감에 중요한 영향을 미친다. 따라서 규칙적이고, 균형이 잡힌 즐거운 식사를 하도록 노력해야 한다.

⑧ 알코올 절제

알코올 음료는 열량 외의 다른 영양소가 거의 없고 몇 가지 필수 영양소의 흡수를 방해하기 때문에 비타민, 무기질 등의 부족을 일으키기 쉽다. 또한 만성적인 과음자는 간경변이나 지방간 등의 발생 위험이 크며, 임신 중 알코올 섭취는 기형아 출산과 관계가 있다. 알코올은 종종 비약물로 취급되지만, 사실 알코올 중독은 니코틴 다음으로 높은 남용물질이다.

우리나라의 만 19세 이상 월간음주율(최근 1년 동안 한 달에 1회 이상 음주한 분율)을 보면 30~39세가 69.2%, 19~29세가 64.4%, 40~49세가 62.2%로 나타나 30대가 가장 음주율이 높은 것으로 나타났다(질병관리청, 2020년 국민건강통계). 여자는 19~29세가 월간음주율 60.0%로 가장 높았고 남자는 30~39세가 월간음주율 77.6%로 가장 높았다. 1회 평균 음주량이 7잔(여자 5잔)이며, 주 2회 이상 음주한 분율을 나타내는 고위험 음주율은 2020년에 14.1%로 2011년 14.1%와 비슷한 실태이다. 남자의 고위험음주율은 2011년에 23.2%, 2020년에 21.6%로 감소한 반면, 여성의 고위험음주율은 2011년 4.9%에서 2020년 6.3%로 증가하였다.

알코올은 1차적으로 중추신경계를 억제시키는 우울제로 작용해 사고와 행동을 통제하는 뇌의 능력을 방해한다. 알코올은 중추신경계의 억제와 반응 시간을 감소시키기 때문에 안전과 관련된 많은 문제를 유발할 수 있음을 기억해야 한다. 또한 많은 자동차 사고가 음주운전에 의한 것으로 이로 인한 사회적 비용은 매우 크다. 만성 알코올 중독은 광범위한 신체적 손상을 가져온다. 간질환, 심혈관계 질환, 구강·식도·인후 손상, 위장 팽만과 위통, 췌장의 염증과 장관의 자극, 골수·혈액·관절장애 및 여러 가지 암을 유발하는 것으로 알려져 있다. 알코올에 중독된 사람은 후두, 구강, 간암의 발생 가능성이 훨씬 높다. 알코올은 또한 가정폭력, 성폭력을 포함해 각종 범죄와 관련된다. 알코올 중독의 치료는 개별 상담, 가족 상담, 그룹의 지지, 혐오 치료(오심과 구토와 같은, 알코올에 대한 불쾌한 반응을 일으키는 약물의 사용) 등이 있다.

알코올 중독자의 모임이나 지역사회 지지 모임 등은 유사한 문제를 가진 사람들의 격려와 지지를 통해 자신의 삶에 대해 더 잘 통제해 나갈 수 있게 해준다. 자기주장 훈련과 같은 기술들이 도움이 될 수도 있으나, 더욱 유용한 접근은 대상자가 자신의 불안을 관리하고 자존감을 증가시키도록 도와주는 것이다. 불안감이 낮고 자신감이 높은 사람은 물질남용에 좀 더 효과적으로 대처할 수 있기 때문이다.

표 10-6 음주 문제 측정 도구(CAGE)

질문	대답	
1. 술을 끊어야 한다고 생각하십니까?	예	아니오
2. 술 마시는 것을 비난하는 사람들 때문에 귀찮을 때가 있습니까? (주변 사람들이 술을 마시면 안 된다고 비난을 하는 경우를 말합니다.)	예	아니오
3. 음주 때문에 죄책감을 느끼거나 기분이 나쁠 때가 있습니까?	예	아니오
4. 술 마신 다음날 아침에 신경을 안정시키거나 불쾌감을 없애려고 또는 술의 힘을 이용하여 기운을 차리기 위해 해장술을 마실 때가 있습니까?	예	아니오

- 4개의 문항 중 2개 이상 '예'라고 응답하면 알코올 의존으로 볼 수 있음
- 알코올 용어 정의: 남용(술을 적당한 정도로 통제하지 못함. 반복되는 폭음 → 사회적·직업적 기능 감퇴), 의존(사회적응 실패, 알코올에 대한 내성·금단 등 신체적 의존현상을 보이는 상태), 중독(만성적 질환)

주: 절대적인 값은 아니며, 참고용으로만 제공될 수 있음에 유의

표 10-7 국가 5대 암 검진 프로그램

항목	검진 대상	주기	방법
위암	만 40세 이상 남녀	2년	위장조영검사 또는 위내시경검사
간암	만 40세 이상 남녀 중 해당연도 전 2년간 간암 발생 고위험군 해당자	6개월	혈청알파태아단백검사 + 간초음파검사
대장암	만 50세 이상 남녀	1년	분변잠혈검사(대변검사) 결과 이상소견시 대장내시경 또는 대장조영검사
유방암	만 40세 이상 여성	2년	유방촬영
자궁경부암	만 20세 이상 여성	2년	자궁경부세포검사

표 10-8 수치로 본 건강지표

항목	비정상치	의심되는 질병	비고
혈압	140/90mmHg 이상	고혈압	• 6~12개월마다 정기적 혈압체크
질량지수(BMI=체중(kg)/키(m)×키(m))	25 이상	비만	• 비만 1단계: 25.0~29.9 • 비만 2단계: 30.0 이상
혈당	180mg/dl 이상 (식후 2시간), 120mg/dl 이상 (공복 시 혈당)	당뇨병	
총 콜레스테롤	240mg/dl 이상	고지혈증, 동맥경화증, 관상동맥질환 (심근경색증), 뇌혈관질환	
중성지방(triglyceride)	200mg/dl 이상		
고밀도지단백(HDL)	60mg/dl 이상		• 높을수록 좋음
저밀도지단백(LDL)	150mg/dl 이상		• 낮을수록 좋음
AST(GOT)	40IU/L 이상	간염, 지방간, 간경화, 간암	• B형 또는 C형 간염바이러스 항원검사 양성 인자는 6개월마다 체크
ALT(GPT)	40IU/L 이상		
Gamma-GTP	6IU/L 이상		

(5) 성인기에 필요한 정기건강 체크 항목

암은 우리나라에서 첫 번째로 흔한 사망원인이며 환경공해와 스트레스 증가 등 여러 가지 요인으로 인해 암 발생률 또한 해마다 증가하는 추세이다. 과거에는 암이 불치병으로 인식되었으나 의학 기술의 발전으로 암 치료 성공률이 증가하고 있으며, 생활방식을 변화시키고 발암물질에의 노출을 최소화하여 정기적인 검진을 통해 많은 암을 예방할 수 있다. 또한 대표적인 성인병으로 거론되는 고혈압, 당뇨병, 뇌혈관질환, 심장질환 등을 예방하기 위해 정기적인 건강검진을 포함한 건강 증진 생활양식을 이행하는 것이 질병 예방과 조기발견을 돕는 지름길이다. 자신의 건강을 스스로 지키기 위해 우리나라 호발암의 검진 빈도 및 혈압, 혈당, 혈액검사 수치 등 건강지표를 알고 자신의 검진 결과에 관심을 가져야 할 것이다.

일반건강검진의 경우 국민건강보험공단에서 검진 비용을 전액 부담하고 있어 무료로 검진이 가능하며, 의료급여수급권자의 경우에는 국가와 지자체에서 전액 부담하고 있다. 일반건강검진의 대상자, 공통 검사 항목, 성별 연령별 검사 항목은 박스에 제시하였다.

박스 일반건강검진

■ 일반건강검진 대상자

지역가입자	세대주와 만 20세 이상 세대원 중 짝수연도 출생자
피부양자	만 20세이상 짝수연도 출생자
직장가입자	비사무직 전체, 격년제 실시에 따른 사무직대상자 [2018년도부터 사무직 격년제는 출생연도(짝, 홀)기준적용] ** 사업장으로 검진 대상자 명부가 송부됩니다. **
의료급여수급자	만 19세~만 64세 세대주 중 짝수연도 출생자

■ 일반건강검진 검사 항목

공통 검사 항목			
대상 질환	검사 항목	대상 질환	검사 항목
비만	신장, 체중, 허리둘레, 체질량지수	당뇨병	공복혈당
시각/청각이상	시력, 청력	간장질환	AST, ALV, rGTP
고혈압	혈압	폐결핵/흉부질환	흉부방사선촬영
신장질환	요단백, 혈청크레아티닌, e-GFR	구강질환	구강검진
빈혈증	혈색소	* 시력, 청력은 운전면허 신체검사 수치로 활용되므로, 안경착용자의 경우 교정시력으로 검사를 받으시기 바랍니다.	

	검사 항목	대상 연령	비고
성별 연령별 검사 항목	이상 지질 혈증 · 총콜레스테롤 · HDL/LDL 콜레스테롤 · 중성지방(트리글리세라이드)	· 남자: 만 24세 이상 · 여자: 만 40세 이상 (4년 주기)	· 남자: 만 24세, 28세, 32세 · 여자: 만 40세, 44세, 48세의 경우에만 해당
	B형간염항원, 항체	만40세	면역자, 보균지는 제외
	골밀도 검사	만 54세, 66세 여성	
	인지기능장애	만 66세 이상 (2년 주기)	만 66세, 68세, 70세 …
	정신건강(우울증) 검사	만 20세, 30세, 40세, 50세, 60세, 70세	
	생활습관 평가	만 40세, 50세, 60세, 70세	
	노인신체기능 검사	만 66세, 70세, 80세	
	치면세균막 검사	만 40세	구강검진항목

출처: 국민건강보험공단

3. 성인기 발달 관련 이슈

1) 성인 초기 전환기

(1) 어른이 된다는 것

청소년에서 성인기로 전환되어 어른이 된다는 것은 긴 전환의 시기가 요구된다. 성인기로의 전환 시기는 일반적으로 18~25세 사이에 일어난다. 발달의 관점에서 많은 젊은 성인들은 아직 그들이 원하는 직업을 탐색 중이며 독신으로 남을지 결혼할지 등의 어떤 생활방식을 채택할지도 탐색 중에 있다. Jeffrey Arnett(2006)는 성인기로의 전환을 특징짓는 5가지 주요 양상을 제시하였다(박스 참조).

박스 성인기로의 전환을 의미하는 양상

- **사랑과 직업 탐색**: 성인 초기의 전환기는 대부분 개개인에게 정체성의 주요 변화가 일어나는 시점이 된다.
- **자기 집중**: 부모에 대한 의존에서 벗어나 부모들이 통제하거나 지배할 수 없는 성인으로서의 정체감을 형성하고 자신의 삶에 대해 자기결정성을 가지고 자기 책임을 받아들인다.
- **가능성의 시기**: 자신의 삶을 변형시킬 많은 기회가 주어지는 시기로 미래에 대한 낙관성을 가지게 되는 시기이다. 성인기가 될 때까지 살면서 어려움을 경험했던 사람들은 자신의 삶을 재조명하고 재설정할 기회를 가진다.
- **불안정성**: 초기 성인기는 일이든 사랑이든 교육이든 종종 불안정한 상태로 많은 변화가 따르는 불안정한 시기이다.
- **사이에 있는 느낌**: 청소년으로 볼 수도 없고 그렇다고 성인으로 보기도 애매한 어중간한 자신을 보게되는 시기이다.

---

(2) 초기 성인기(성인 초기 전환기)의 변화되는 조망

초기 성인기를 전환의 시기나 발달의 시기로 보고 있지만 많은 문화권에서 성인 역할을 하고 책임을 지게 되는 것이 대부분 늦어지고 있다. 이전 세대에는 늦어도 20대 중후반까지는 대학을 끝내고 직장을 갖고 배우자와 아이와 함께 자기 집에서 독립하여 사는 것으로 기대되었다. 현재 시점에서는 이 시기에 일부 결혼하여 독립한 성인을 제외하고는 대부분 부모와 함께 살고 있는 경우가 많다.

성인기로 들어가는 가장 넓게 통용되는 지표는 교육을 끝내고 평생직장을 갖는 것이다. 또한 성인의 주요 지표는 자신에 대해 책임감을 갖는 것과 감정의 통제, 자신 및 남을 돌볼 수 있는 것이다. 즉, 자기 책임감, 독립적인 결정을 하는 것, 경제적으로 독립하는 것, 타인에 대한 관심과 배려가 성인기의 가장 보편적으로 기술되는 지표이다. 이 중에서 경제적인 독립성이 성인기의 대표적인 지표 중 하나이지만 오늘날에는 경제적인 독립을 하는 것이 종종 긴 여정을 거치는 경우가 많다. 미국에서도 대학 졸업 후 경제적으로 독립을 준비하기 위해 부모와 다시 같이 살기로 하는 대학 졸업생이 증가하고 있다. 이 시기의 가장 극적인 변화는 10대 후반에서 20세 후반까지의 성인으로 전환하는 성인 역할의 개별적인 궤적이 매우 넓은 다양성의 폭을 갖는다는 것이다.

2) 성인 생활양식의 변화

지난 세기 동안 가장 혁신적인 사회의 변화는 오랫동안 전통적인 가족 형태로 여겨오던 것을 더 이상 유지하지 않는 개인에게 붙여진 낙인이 많이 감소하였다는 것이다. 현대의 성인은 혼자 살기, 동거하기, 결혼하기, 이혼하기 등 여러 형태의 가족을 형성한다. 또한 같은 성 혹은 다른 성의 파트너와 살아가는 등 다양한 생활양식을 선택하고 있다.

(1) 독신생활

많은 젊은 성인들이 안정되고 친밀한 관계 내에서의 생활양식을 선택하는 반면, 또 다른 사람들은 독신을 선택한다. 최근 독신자 비율은 급격히 증가하고 있다. 미국에는 2017년 18세 이상 성인의 44.9%가 결혼하지 않았다(US census, 2019). 한국의 '2020년 인구주택총조사'에 따르면, 30대의 42.5%가 결혼하지 않은 것으로 나타났다. 2015년 36.3%와 비교했을 때 약 6.2%가 높아진 수치로, 사상 처음으로 국내 30대 남녀의 미혼율이 40%를 넘어섰다. 물론 결혼하지 않은 커플도 실제적으로는 결혼한 커플과 비슷한 형태의 관계를 형성하고 있다는 사실이 통계적으로는 간과되고 있다. 법적으로 결혼할 수 없는 동성애 커플이나 장기간 동거하고 있는 커플이 해당한다. 이런 커플들은 서로의 경력 계발에 지지적이기는 하지만 결혼을 통해 서로를 구속하려 하지 않는다. 혼자 산다는 것이 반드시 자신의 생활에 대한 만족감이 낮은 것으로 볼 수는 없다. 사실상 이것은 선택과 선호의 문제이다.

독신생활의 이점은 목표에 도달하기 위해 여러 인적자원을 발달시킬 수 있는 시간을 가질 수 있으며 여러 가지 새로운 경험을 쌓을 기회를 가질 수 있고 자신의 관심사에 따른 자유로운 선택을 할 수 있다는 것과 자신의 생애 경로에 대한 결정을 스스로 할 수 있다는 데 있다.

(2) 맞벌이

우리나라의 맞벌이 가구 비율은 2012년 44%에서 2021년 46.3%로 계속 증가 추세에 있다. 초기 성인기의 또 다른 긴장의 근원은 역할에 대한 요구

표 10-9 맞벌이 부부가 일과 집안일을 조화롭게 하기 위한 전략

전략	세부 설명
집안일을 나눠서 하기 위한 계획을 함께 세운다.	집안일의 책임을 나누며 특별한 집안일의 책임은 성별이 아닌, 필요한 기술과 시간을 누가 가지고 있는가의 관점에서 결정한다. 계획을 재조정하기 위해 일정한 시간을 비워둔다.
아기 양육에 대한 배분을 한다.	특히 아버지들은 어린 아이가 있을 때 어머니와 똑같이 자녀 양육 시간을 가지도록 노력한다. 어머니는 아버지들의 자녀 양육은 대개 어머니가 한다는 기준에서 벗어나 자녀 양육 전문가의 역할을 나누어 한다. 부모교육 프로그램에 부부가 함께 참여한다.
의사결정과 책임에 대한 갈등이 있으면 서로 이야기한다.	의사소통을 통해 갈등에 직면하면 느낌과 욕구를 확인하여 그것을 표현한다. 서로 배우자의 의견을 들어보고 이해하려고 노력하며 기꺼이 협상에 임한다.
일과 가족에 대한 균형을 맞춘다.	가치관과 우선해야 될 것의 관점에서 일에 쏟는 시간을 평가해 보고 너무 많으면 줄이도록 한다.
서로 사랑하고 돌보아 주고 관심을 가져 주는 관계인지 돌아본다.	배우자를 위해 시간을 내고 배우자의 생활에 있어 중요한 점에 관심을 가져 준다. 의사소통의 중요한 양상은 건설적인 갈등 해소법이다. 관계의 문제에 대해 건설적이고 긍정적으로 대화하며 비판하고 공격하며 침묵하는 것은 관계를 악화시킨다. 특히 남성들은 토론을 피하고 협상하는 면에 있어서 여성보다 덜 기술적이므로 갈등을 다루는 법이 특히 중요하다.
맞벌이 가족을 도와 주는 직장이나 공공기관을 찾아본다.	맞벌이 부부는 직장을 포함해 사회적인 지지가 없을 때 어려움이 발생하는 경우가 종종 있다. 탄력적인 근무 시간, 시간제 근무 등을 조정해 보고 안 되면 양육기관을 찾아본다. 아동과 가족에 대한 공공정책 개선을 위한 시민운동이 계속되어야 한다.

들 간의 경쟁이다. 역할 습득의 일부는 능력과 관계의 반경을 넓히는 것을 포함하며 또 다른 부분은 동시적인 역할 책임에 대한 기대 사이의 갈등의 균형을 잡는 것을 포함한다. 이 시기의 성인은 일과 친밀한 관계 형성의 요구 사이에서 갈등하며, 또는 아이를 가지려는 욕구와 일에 대한 성취 욕구 사이에서 갈등하게 된다. 남녀 모두에게 직업의 세계는 초기 성인기 중에 생산성이라는 가장 큰 압력을 가하고 전념이라는 가장 엄격한 시험을 치르게 한다. 특히 초기 성인기의 맞벌이 부부는 직업적으로 전념해야 하는 시기에 양육의 부담을 갖게 되므로 상호 이해와 의사소통을 통한 역할의 분담이 절대적으로 필요하다.

(3) 결혼

결혼이란 친밀한 사회적 관계가 발생하는 중심적인 배경이다. 결혼관계는 다른 생활의 스트레스로부터 보호와 사회적 통합감을 포함해서 정신적인 안녕을 제공한다. 대부분의 성인들은 삶에 있어서의 행복이란 일, 친구, 취미, 지역사회 활동을 포함해서 만족스러운 결혼생활을 하는 것에 있다고 본다.

오늘날 결혼에 있어서의 주요 변화는 결혼을 연기하는 젊은이의 수가 많아졌다는 것이다. 이는 출산 연령의 지연, 더 적어진 가족 수, 자녀 양육에 헌신하는 기간의 단축 등 사회적 현상과 연관된다.

① 오늘날의 결혼 동향

우리나라 2021년 혼인 건수는 19만 3천 건, 조혼인율(인구 1천 명당 혼인 건수)은 3.8로 2011년 혼인 건수 33만 건, 조혼인율 6.6과 비교해 결혼율은 90년대 중반 이후부터 계속 큰 폭으로 감소하고 있음을 알 수 있다. 평균 초혼 연령은 2021년에 남자 33.4세, 여자 31.1세로 2011년 남자 31.9세, 여자 29.1세와 비교해보면 남자는 1.5세, 여자는 2세 상승하였다. 스웨덴은 평균 초혼 연령이 여자 34세, 남자 36세이고 이스라엘과 터키는 여자 25세, 남자 27세로 나라에 따라 차이는 있지만 대부분의 나라에서 이전 세대보다는 늦게 결혼하는 추세이다.

이전 세대에는 늦어도 20대 중반까지 대학을 졸업하고 20대 후반에는 직

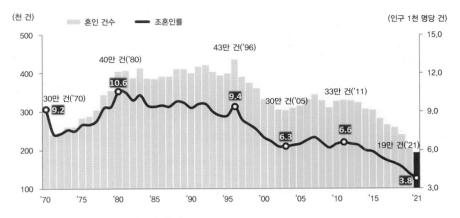

그림 10-6 혼인 건수 및 조혼인율 추이, 1970-2021
출처: 통계청

장을 갖고 집을 마련하며, 배우자와 아이를 갖는 것으로 기대되었다. 오늘날은 18~34세까지 부모와 같이 사는 것이 아주 흔한 주거 양상이 되었다. 일의 관점에서 보면 성역할의 변화로 일하는 여성의 비율 증가와 함께 대학 졸업 후 경제적으로 독립하기까지 예전보다 긴 여정이 필요한 것도 결혼이 늦추어지는 요인이다. 결혼이 늦어지는 것뿐 아니라 결혼 가치관의 변화로 비혼 인구도 계속 늘어나고 있다.

통계청이 조사한 사회조사에서 '결혼을 해야 한다'는 인식이 2010년 64.7% 에서 2020년 51.2%로 감소하고 있다. 또한 응답자의 59.7%가 '결혼하지 않아도 함께 살 수 있다'고 응답하여 동거에 대해서도 긍정적으로 인식이 변화하고 있다.

결혼율 감소에 대한 이유를 조사한 결과, 첫째가 내 집 마련 등 결혼 비용의 증가(55%), 둘째가 출산, 양육에 대한 심리적 부담(43%), 세 번째가 결혼은 선택이라는 인식(36%), 네 번째가 늦은 경제적 자립(30%)과 개인의 자유를 중시하는 가치관 확립(30%)의 순으로 나타났다(한국리서치, 22년 5월, 18세 이상 1,000명 남녀 질문).

② 결혼 준비와 배우자의 선택

데이트하는 관계가 결혼까지 이어지는 것을 결정짓는 가장 중요한 요소는

408

그림 **10-7** 만족스러운 결혼생활은 성인기 삶의 주요한 행복의 요소이다.

결혼하고자 하는 욕구이다. 결혼하려는 욕구 외에 또 중요한 요소는 두 사람 사이의 준비성이다.

결혼에 대한 준비도는 개인의 일정에 따라 결정된다. 군 입대, 학위를 위한 논문 작업 혹은 돈을 벌어야 하는 것 등의 일정을 말하며 이런 일을 해야 하는 사람들은 사랑의 표현보다는 개별적인 목표의 성취가 더 중요하다. 현대사회에서는 특히 결혼 시기를 자유롭게 선택하며 결혼에 대한 주위의 기대가 강하다 하더라도 자신의 일정에 따르는 경향이 있다.

여러 문화권에서 많은 사람들이 낭만적인 사랑이 배우자를 선택하는 가장 중요한 이유라고 믿고 있다. 그러나 보다 더 집합적인 지향을 하는 사회에서는 사랑이 배우자의 선택에 있어 반드시 필요한 것은 아니며 당사자뿐만 아니라 확대가족까지 좋은 선택이라고 믿는 종교적·경제적·가족 배경과 관련된 요인에 기초해 가족원에 의해 선택이 이루어진다. 파트너 선택의 과정에 관한 연구 보고에 의하면 사람들이 결혼을 고려하고 파트너를 선택하며 결혼을 결정하는 것은 매력과 헌신이 깊어지는 과정에 의해 이루어진다는 것을 밝히고 있다.

배우자 선택 과정에 포함되는 4가지 단계에 관한 이론적인 모델에 의하면 각 단계에서 중요한 문제에 대해 바람직하지 않은 정보나 평가를 유발하게 되면 관계는 끝나게 된다. 또한 대체가 되는 매력이 나타나 그 매력이 너무 강한 경우, 초기 관계에 대한 투자를 감소시킬 때 관계는 종결된다. 여기에서 대치적인 매력이란 다른 사람일 수도 있고 일, 학교, 개인적인 목표를 달성하기 위한 욕구일 수도 있다. 이와 반대로 매력적이거나 받아들일 수 있는 대체가 없으면 관계에 대한 투자는 증가된다(그림 10-8).

- **1단계**

두 사람이 만나게 되면 '어떤 요소가 관계를 지속시켜 주는가?'에 대한 질문이 제기된다. 상호작용의 스타일, 예를 들어 수줍어하는지, 소극적인지, 자신을 잘 표현하는지, 사교적인지에 따라 상호작용의 수와 종류가 결정된다. 보편적으로 파트너의 선택은 그가 속한 상호작용 네트워크에 많이 좌우된다. 외모는 처음 매력단계에서 중요한 요소이다. 또한 매너가 좋은 사람들은 매력적 혹은 괜찮은 사람으로 비춰질 수 있다. 사람들은 자신의 목표를 지지해 주고, 자신을 격려해 주며 긍정적이고 경험을 나누며 협력해 나갈 수 있을 것 같은 사람을 찾는다.

상호 만족스러운 관계에의 몰두를 가능하게 하는 심리적인 요소 외에 인구학적 요인도 만남을 가능하게 하는 데 영향을 미친다. 교육적 수준, 직업, 인종 등이 그것이다. 최근 독신이 증가하고 있는 이유 중 하나가 경제적 문제, 고용 기회의 저하 등 사회적 문제와도 관계가 있다.

- **2단계**

이 단계에서는 자신에 대한 정보를 노출하고 관계를 깊게 할 수 있는 다양한 방법으로 상호작용하기 시작한다. 유사성을 발견하고 친밀감을 느끼는 것은 관계 유지의 중심이 된다. 사람은 제각기 어떤 사람이 적합한 파트너인지를 평가하는 기준이 다르다. 어떤 사람에게는 선택하지 않는 기준이 어떤 사람에게는 선택 기준이 되기도 한다. 기준의 예는 연령, 종교, 인종, 교육 수준 등이다. 유사성은 매력을 느끼게 하는 데 기여한다. 나이, 경제력, 종교, 교육적 배경이 유사한 사람끼리 결혼하는 사람이 그렇지 않은 사람보다 훨씬 더 높은 비율을 차지한다.

- **3단계**

자기 노출의 영역을 넘어 성적 욕구, 인간적인 공포, 환상까지도 나누는 단계이다. 새로운 위험이 있긴 하지만 파트너의 긍정적이고 지지적인 반응을 발견하는 것은 신뢰를 깊게 한다. 정보 노출 후에 결코 바람직하다고 볼 수 없는 부정적인 반응은 관계를 종결짓게 한다. 또한 이 단계에서는 역할 일치와 공감의 발견을 통해 그 관계를 자신의 생활로 받아들이고, 친밀감으로 서로에게 로맨틱한 사랑을 표현하는 특별한 방법이

발달하는 단계이기도 하다. 애정 어린 장난, 아기와 같은 말투baby talk의
사용, 새로운 어휘의 사용, 애칭 등을 통해 의사소통의 독특한 방법을
창조한다. 이런 친밀한 의사소통 체계의 형성은 종종 다른 사람에게는
잘 알려지지 않고 공유할 수 없는 개별적인 환경을 창조하면서 커플 사
이에 또 다른 결속감을 제공해 준다.

세 번째 단계는 서로가 사랑한다고 생각하기 시작하는 시점이기도 하다.
그들은 서로 사랑한다고 말하며 낭만적인 사랑의 강도는 Keith Davis
(1985)의 로맨틱한 사랑과 우정 사이의 차이점에서 발견할 수 있다. 즉,
사랑하는 사람들은 그들의 관계를 매력, 전념, 홀린 상태fascination, 유일
성, 절대성exclusiveness, 성적인 바램sexual desire 등으로 표현한다. 친구보다
는 사랑하는 사람에게 더 많이 돌보아 주고픈 마음을 표현하며 심지

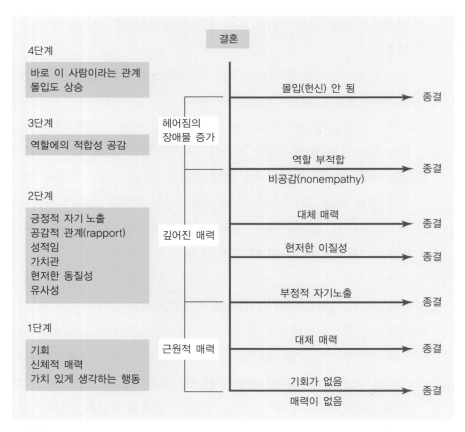

그림 **10-8** 배우자 선택단계

어 자기희생의 국면까지 갈 수도 있다. 이런 사랑 특성의 강도는 특별성 specialness과 행복감euphoria에 있으며 강한 감정일수록 지속되기가 어렵기 에 사랑하는 관계는 상대적인 불안정성(언제 변할지 모름, 언제 깨질지 모름, 영 원하기는 어려움)을 갖는 것으로 설명된다.

- **4단계**

'바로 이 사람이다'라는 관계로 가는 단계이다. 이 단계에서 관계를 깨 뜨리는 것에 대한 장애가, 유지하는 데 대한 장애보다 많아 관계는 공 고해진다. 장애의 첫 번째는 둘 사이가 외부 에 다 노출되어 다른 사람 으로 바뀌게 되면 알려질 위험을 감수해야 한다는 것이다. 둘째는 대체 매력이 없고 서로에 대해 보다 더 확실하게 하는 예측성과 공감의 편안 한 감정에 도달하게 되었다는 점이다. 셋째는 서로가 함께 한 많은 일 들을 통해 주위 사람들에게 커플로 인식된다는 것이다. 이것은 결국 그 들이 함께 하는 것을 지속시켜 주는 사회적 지지가 된다. 이런 관점에 서 자신감의 상실, 친구나 사회적 지지망의 상실 등 헤어지는 대가가 아주 높아지기 시작하는 시점이 된다.

3) 결혼 만족도

처음에는 갈등하고 어렵게 결정한 결혼이었지만 점점 행복해지는 부부가 있는가 하면 열렬히 사랑해서 결혼했지만 점점 힘들어지는 부부도 있다. 이런 차이점은 수많은 연구를 통해 성격과 같은 개인적 요소 그리고 상황적·배경 적 요소에 있다고 보고 있다. 과거에는 결혼관계의 질이 여성의 정신적 건강 에 더 큰 영향을 주는 것으로 보고되었지만 요즈음은 여성과 남성 똑같이 정 신건강에 영향을 미치는 것으로 보고 있다. 그럼에도 여성들은 남편과 아이의 요구, 집안일, 직장 일로 압도당할 때 결혼에 특히 불만족을 느끼게 된다. 동등 한 관계, 책임 배분 등은 결혼 조화도를 강화함으로써 결혼 만족도를 높이게 된다. 가장 최악의 결혼관계는 서로 극단적인 반대로 치닫는 것, 지배와 굴욕, 정서적·신체적 폭력이다.

표 **10-10** 결혼 만족도에 영향을 미치는 요인

만족도 요소	행복한 결혼	불행한 결혼
가족적 배경	사회·경제적 수준, 교육, 종교, 나이의 유사성	사회·경제적 수준, 교육, 종교, 나이의 심한 차이
결혼 연령	23세 이후	23세 이전의 결혼
교제 기간	최소 6개월	6개월 이하
첫 임신시기	최소 결혼 1년 후	결혼 후 1년 이내나 그 전에
확대가족과의 관계	따뜻하고 긍정적	부정적(거리를 두길 원함)
확대가족의 결혼 형태	안정적	불안정적(잦은 별거와 이혼)
경제적 상태와 고용상태	안정적	불안정적
가족들의 책임	역할을 나눔(공정하다는 인식)	주로 여성의 책임(불공평하다는 인식)
인성 특성	긍정적인 정서(좋은 갈등해결 기술)	부정적 정서와 충동적(나쁜 갈등해결 기술)

4) 자녀 양육

(1) 부모 됨의 결정

오늘날 모든 성인이 결혼을 원하거나 가족을 이루는 것은 아니며, 결혼과 부모 됨이 요구하는 책임보다는 이루고자 하는 직업적 성취나 경력을 더 추구하는 사람이 많다.

현대사회에서 부부들은 자녀의 양육childbearing, parenting 시기를 개인적 목표 혹은 가족의 목표와 수행의 배경 속에서 함께 결정해서 정해야 하는 것으로 간주한다. 이런 결정에 영향을 미치는 요소로는 종교적 신념, 경력에 대한 포부, 가족생활에 대한 이상, 사회적인 기대 등이 있다. 예를 들어, 교육 연한이 긴 파트너가 있을 경우 임신이 연기될 수도 있는 것이다. 부모 됨의 연기를 여성의 특성과 연관시킨 연구 결과에서 여성의 교육 수준, 경력, 가족의 수입이 영향 요인으로 밝혀졌다.

(2) 부모 됨

출산 후 어머니들은 새로운 역할과 책임을 갖게 된다. 어머니 역할은 신생

아 출산과 더불어 저절로 획득되는 것이 아니라 문화적·개인적 경험에 의해 영향을 받으며, 학습을 통해 습득된다. 아기의 출산은 집안일 증가, 재정적 부담의 증가, 여가 시간의 감소 등 수많은 생활의 변화를 가져오는데, 이런 변화에 적응하고 어머니로서의 새로운 역할을 획득하는 것을 부모 됨이라 한다. 부모 됨의 적응에 영향을 미치는 요인은 다음과 같다.

① 부모 됨에 대한 준비성

준비성이란 부모가 되고자 하는 강한 욕구를 의미한다. 결혼 후 즉시 자녀를 갖기보다는 어느 정도 시간을 두고 기다린 경우가 부모 됨의 책임과 부담을 기꺼이 받아들이는 경향이 있다. 또한 남편과 아내가 아기를 갖기 전에 부부관계를 발달시킬 시간을 충분히 가졌을 경우 자녀가 태어났을 때 양육 스트레스를 증가시키는 요인들에 대해 더 잘 적응하게 된다.

② 부모 역할 교육

새로운 부모 역할 수행을 위해 부모 교육이 필요하다. 흔히 젊은 부모들은 새로운 역할에 대해 잘 모르기 때문에 생활양식의 변화와 자녀 양육 방법의 무지로 위기에 봉착할 수 있다. 새로 부모가 된 이들은 24시간 계속되는 아기의 요구에 응해야 하는, 여유 없는 일과에 당황하고 일관성 없이 쏟아지는 수많은 육아 정보 가운데 어느 것을 따라야 할지 혼란을 느낀다.

③ 부부간의 역할에 대한 재규정

취업모의 경우는 아버지의 적극적인 자녀 양육 및 가사 협조가 필수적이다. 자녀 양육과 사회생활 병행의 어려움으로 젊은 세대들이 자녀 출산을 기피하는 현상이 만연해 있다. 개별 가정의 육아 부담을 덜어줄 수 있는 적극적인 사회대책이 필요한 시점이다. 취업모가 아니어도 아버지의 양육에 대한 도움은 꼭 필요하다.

④ 부모 됨에 대한 가치 부여

자녀 양육과 양육 스트레스를 줄이기 위해 무엇보다 중요한 것은 부모 됨

그림 **10-9** 부모 됨

표 **10-11** 현대 부부들이 말하는 부모 됨의 장점과 단점

장점	단점
• 온정과 애정을 주고받는 것 • 생활 속에서 자녀가 가져다주는 자극과 즐거움의 경험 • 지역사회에서 책임감 있고 성숙한 사람으로 받아들여지는 것 • 새로운 성장을 하고 생애의 의미를 더하는 기회를 가짐 • 아동이 자라게 돕는 과정에서 성취감과 창의성을 느낌 • 덜 이기적이 되고 희생하는 것을 배우게 됨 • 부모의 일을 잇거나 수입원이 되는 자녀를 얻음	• 자유의 상실, 속박됨 • 경제적인 부담 • 역할 과다(집안일과 직장일 둘 다에 충분한 시간이 없음) • 어머니의 채용 기회를 방해함 • 아동의 건강, 안전, 안녕에 대해 걱정함 • 범죄, 전쟁, 오염으로 뒤덮인 세상에서 아동을 자라게 하는 것에 대한 위험 • 배우자와 같이 보내는 시간의 감소 • 개인 생활이나 개인 영역의 상실 • 아동이 스스로의 잘못에 의해서가 아닌 다른 이유로 나쁘게 될 위험

에 대한 가치 부여이다. 자녀 양육이 다른 무엇과도 바꿀 수 없는 중요한 과업이자 행복감과 만족감을 가져다주는 가치 있는 일임을 인식하는 부모의 정서적 성숙과 정신건강이 전제되어야 한다. 또한 부모 됨은 개인의 성장발달을 돕는 생활 경험 중에서도, 특히 의미 있는 성장의 기회임을 알아야 한다. 자녀의 성취로부터 만족을 얻고 자녀의 좌절과 실패를 통해 슬픔을 같이 하는 경험을 통해 부모는 성숙해진다. 인간의 삶을 통틀어서 가장 중요한 과업은 어쩌면 자녀 양육을 통하여 훌륭한 후손을 이 세상에 남기는 것일지도 모른다. 또한 우리의 부모는 나이가 들더라도 나에게 영원한 친구이며 동반자요 조력자이며 나 역시 그런 부모로서 노후에 오순도순 친밀한 부모-자녀관계로 인생의 황혼기를 장식할 수 있는 부모가 지혜로운 부모라는 인식이다.

(3) 부모 교육

부모 교육 프로그램은 결혼 전 아니면 결혼과 동시에 이루어지는 것이 이상적이다. 수정이 이루어진 순간부터 부모로서의 발달은 시작된다. 부모들은

표 **10-12** 아동의 발달단계에 따른 부모 교육 내용

아동발달 단계	부모 과제	부모 교육 내용
산전	• 태어날 아기에 대해 긍정적 태도를 발달시키고 아기에 대해 행복감을 느낀다.	• 아기 출생에 관한 긍정적인 태도를 양 부모가 발달시키도록 돕는다. • 태어날 아기에 대한 양육환경 준비, 아기 돌보기에 관한 정보 제공(수유, 목욕, 달래기 등) • 분만 과정 정보, 출산 준비, 모유수유 교육
신생아기	• 아기의 욕구에 빨리 대처한다. • 아기로부터의 긍정적인 반응을 이끌어 낸다.	• 조기 접촉을 격려해 애착 형성을 돕는다. • 신생아의 외모와 특성, 행위에 대해 설명한다. • 수유, 기저귀 관리법, 아기 다루기법 교육 • 신생아에 대한 긍정적인 지각을 갖도록 돕는다.
영아기	• 영아 신호의 의미에 대해 습득한다.	• 영아 신호에 대한 민감성 증진으로 무력감, 부정적인 모아상호작용 방지(신뢰감 형성에 대한 것) • 시각, 청각, 촉각, 활동 등 놀이 자극의 제공 • 산통, 이유식, 예방접종, 사고방지 교육
유아기	• 성장과 발달 양상을 이해한다. • 자율성 증진을 위해 통제감을 발달시키나 안전을 위해 한계가 필요하다.	• 아동의 일시적인 독립성에 대처하도록 돕는다. • 훈육에 대한 것(일관성, 동일성, 적절성) • 대소변 가리기(준비도 사정, 방법) • 치아관리, 식사예절과 영양, 예방접종, 사고 예방
학령전기	• 아동과의 분리를 배운다.	• 유치원 경험을 통한 사회성 발달 • 독립성을 발달시키나 일정한 규범 설정 • 영양, 치아관리, 예방접종, 사고예방
학령기	• 친구의 중요성을 이해한다. • 시간이 걸리더라도 스스로 할 수 있게 한다. • 연령 수준에 적합한 일을 제공한다.	• 아동이 한계점과 자기훈육(self discipline)을 발달시키고 있음을 부모가 인식하도록 한다. • 아동을 지도하나 계속 방해하지 않도록 한다. • 스스로의 노력으로 결과를 이끌어 내도록 돕는다.
사춘기	• 자녀가 자신의 삶을 살아 가게 하는 것을 배운다. • 자녀에 대한 전적인 통제를 기대해서는 안 된다. • 의견이 다름을 인정하고 의견을 존중한다. • 지도하나 압력을 가해서는 안 된다.	• 자녀와의 관계와 부모 역할의 변화에 적응하도록 돕는다. • 다양한 삶의 경험과 일터의 현장에 자녀를 노출시키게 한다. • 사춘기 때의 정서와 느낌을 이해하도록 부모와 자녀를 돕는다.

완전한 부모가 되기를 원하지만 부모 역할에 대해 충분히 준비하지 못하며 양육시간을 걱정하고 그들의 생활양식과 일에 미칠 영향에 대해 걱정하게 된다. 그러나 부모들이 양육에 대한 교육을 받을 기회는 많지 않다. 과거에는 대가족 속에서 부모나 조부모들의 자녀 양육에 대한 모델링 또는 직접 경험을 통해 양육에 대해 배울 수 있었다. 요즈음 부모들은 여러 매체를 통해 양육에 관한 정보를 직접 찾아서 습득해야 한다. 특히 어머니들은 양육에 관한 책자에서 또는 의사로부터 아니면 다른 부모들과의 지지망을 통해 지식과 도움을 구한다. 그러나 아버지들은 자녀 양육에 대해 배울 수 있는 사회적 네트워크가 많지 않으므로 부모 교육에는 꼭 아버지를 포함시켜야 하며 양쪽 부모가 모두 자녀 양육을 맡는 것이 바람직하다.

부모 교육은 자녀 양육의 가치를 심어 주며 가족 간의 의사소통을 증진시키고 아동발달에 대해 이해하게 되어 더욱 효율적인 양육 전략을 적용할 수 있게 한다. 또한 부모자녀 간의 상호작용 증진, 보다 유연한 양육 태도, 자녀의 교육자로서 부모의 역할에 대한 인식이 증진되며 부가적인 이점으로 여러 전문가나 다른 부모들과 관심사를 나눌 수 있는 사회적 지지망을 접할 수 있는 기회가 제공된다.

5) 이혼

(1) 이혼율의 변화

이혼은 기본적으로 가족관계를 해체하고, 당사자들에게 중대한 변화를 가져오는 인생에 있어서 결정적 사건이다. 이처럼 중요한 의미를 갖는 이혼이 최근 우리나라에서 급격히 증가하고 있다. 이혼율은 90년대 중반부터 큰 폭으로 증가하다가 2004년을 기점으로 감소하고는 있으나 90년대 이전과 비교하면 증가 추세가 지속된다고 볼 수 있다. 1990년대 중반 이후 이혼율이 급격히 높아진 것은 여성의 사회·경제적 지위의 향상, 결혼 및 가족에 대한 가치관의 변화, 이혼에 대한 태도의 변화를 들 수 있다. 특히 가정 안의 불평등과 폭력, 외도 등을 참지 못한 여성들의 독립 욕구가 높아졌고 경제적 활동에 참여하는 여성이 증가하여 생활력을 가질 수 있기 때문으로 보고 있다.

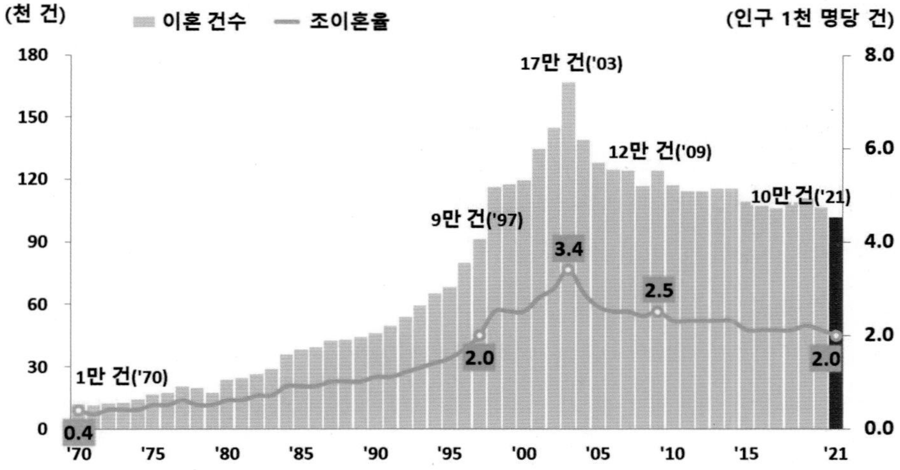

그림 **10-10** 이혼 건수 및 조이혼율 추이(1970–2021)

이혼 빈도의 가장 안정된 지표는 인구 중 결혼한 커플 수에서 이혼한 커플의 비율이다. 배우자가 있는 사람 1,000명을 기준으로 보면(유배우 이혼율), 2000년 5.3건, 2003년 7건, 2008년 4.8건, 2015년 4.5건, 2021년에 4.2건이다. 조이혼율이란 한 해 동안 발생한 전체 이혼 건수를 해당연도의 7월 1일치 인구로 나눠 %로 표시하는 것으로 국제적으로 공인되고 외국과 비교가 가능한 통계방식이다. 우리나라의 조이혼율은 2001년 2.8%, 2003년 3.5%로 상승세를 이어오다가 2008년 2.4%, 2011년 2.3%, 2015년 2.1, 2021년 2.0%로 감소되고 있다.

평균 이혼 연령은 2021년에 남자 50.1세, 여자 46.8세이다. 2011년의 이혼 연령은 남자 45.4세, 여자 41.5세로 10년 전에 비해서 남자 4.7세, 여자 5.3세가 상승하였다. 혼인 연령 증가와 함께 이혼 연령도 지속적인 상승 추세를 보이고 있다.

혼인 지속 기간을 보면 혼인 지속 기간이 긴 부부의 이혼율이 높아지는 추세에 있다. 과거에는 결혼한 지 5년 미만인 부부의 이혼율이 상대적으로 높았지만, 최근에는 이혼의 연령층이 거의 모든 연령층으로 확산되었다. 특히 중년층의 이혼율이 높은 비중을 차지하고 있다. 2021년도 통계를 보면 혼인 지속기간 30년 이상 이혼은 10년 전에 비해 2.2배 수준으로 증가하였다.

연령별 이혼율을 보면 2021년도에 여자는 40대 초반이 1천 명당 7.8건으로 가장 높았고, 특히 60세 이상 이혼율은 전년도 대비 8.5%로 큰 폭으로 증가하였고 계속 증가 추세이다. 남자의 연령별 이혼율은 2021년도에 40대 후반이 1천 명당 7.4건으로 가장 높았고 60세 이상의 이혼 건수는 전년 대비 10.3% 증가, 이혼율은 전년 대비 4.3% 증가하였고 계속 증가되는 추세를 보이고 있다. 60대 이상에서 이혼의 증가율이 빠르게 나타나는 이유는 고령인구 자체가 증가하고 있고 평균 수명 증가 등으로 인해 고령인구의 혼인과 이혼이 활발해지고 있으며 특히 충분한 이혼 사유가 있었음에도 참고 사는 것이 당연하다고 여겼던 과거와는 달리 이혼자에 대한 낙인이 줄면서 이혼에 대해 소극적이었던 자세가 바뀌고 있기 때문이라고 보고 있다.

(2) 이혼에 대한 대처

이혼이 결혼생활의 실패라고 규정할 수 있는 스트레스를 유발하는 사건이지만 이혼이 바람직하지 않음을 의미하지는 않는다. 이혼한 많은 부모들은 단일 부모의 어려움에도 불구하고 이혼 전의 계속되는 논쟁과 적의 속에서 살아가는 것보다 생을 더 잘 관리할 수 있는 것으로 보고하고 있다. 이혼에 대한 사회적 인식도 과거보다 수용적인 방향으로 변화되고 있으며 이혼을 불행한 결혼생활을 해소하고 새로운 삶의 기회를 모색하는 것으로, 새로운 출발 또는 성장의 기회로 인식하는 순기능적 측면이 부각되고 있다.

그럼에도 불구하고 이혼은 개인이나 가족에게 고통을 주는 사건이며 이혼은 경제적인 상실, 정서적 지지의 상실, 부부 혹은 부모 역할의 상실, 사회적지지의 상실을 포함해 수많은 상실과 관련된다. 특히 분노, 자존감의 저하, 무력감, 우울, 자녀에 대한 죄책감 등 심리적 정서적 문제가 나타나기 때문에 이런 부정적 정서에 대한 대처가 필요하다.

이혼의 스트레스원으로는 과거 배우자와의 접촉이나 관계, 자녀 간의 상호작용 문제, 대인관계, 외로움, 경제적 문제, 집안일 문제 등이 있다. 이런 스트레스에 대처하기 위해 직업을 가져 경제적으로 독립하는 독립성 증진, 사회적 활동의 증가를 통한 사회적 지지 체계 확대, 아이들과 더 많은 시간을 보내는 것 등의 독립성, 지지망 형성, 가족 활동이 이혼 후의 삶의 만족도를 높이는 것으로 보고되었다.

대부분의 아이는 부모의 이혼 후 2년 정도가 되면 보다 잘 적응하게 된다. 그러나 아직도 많은 아동과 청소년이 낮은 학업 성취도, 낮은 자아존중감, 낮은 사회적 능력, 보다 많은 정서적·행동적 문제를 나타낸다고 보고되고 있다.

부모의 이혼 후 자녀의 긍정적인 적응에 영향을 미치는 요인 중에 가장 중요한 것은 효율적인 양육으로 알려져 있다. 즉, 부모의 싸움을 자녀가 보지 않게 하고 스트레스를 잘 관리하며 엄한 자녀 양육 방식을 사용하는 정도가 큰 영향을 미친다. 이혼 후 엄마가 자녀를 키울 때에도 아빠와의 관계는 중요하다. 아빠와의 접촉이 더 많고 아빠와 자녀관계가 따뜻할수록 아이들의 공격성과 반항은 줄어든다.

표 10-13 부모의 이혼에 자녀가 적응하게 도와주는 방법

구분	근거
부모의 싸움에서 자녀를 보호	극렬한 부모의 싸움을 목격하는 것은 아이들에게 큰 상처가 된다. 한 부모가 적의감을 계속 표현해도 다른 쪽 부모가 반응하지 않으면 아이들은 더 잘 견딜 수 있다.
아이들에게 가능한 많은 동일성, 친숙함, 예측성 제공	부모의 이혼이 진행되는 시기에도 안정성, 예를 들어 같은 학교, 침실, 보육기관, 친구 등이 유지되면 아동은 더 잘 적응한다.
이혼과 이혼 후 상황에 대해 아이들에게 설명	부모의 이혼에 대해 아이들이 전혀 준비되어 있지 않으면 아이들은 버려질지 모른다는 공포감을 가지기 쉽다. 부모는 아이들에게 아빠와 엄마는 더 이상 같이 살 수 없으며 이사를 해야 하지만, 부모를 볼 수 없는 것이 아님을 설명해야 한다. 부모는 양쪽이 같이 아이들이 이해할 수 있는 이혼의 이유를 설명하고 그것이 나쁜 것이고 비난받을 일이 아님을 확신시켜 주어야 한다.
이혼의 영구성을 강조	부모가 언젠가는 다시 합쳐서 같이 살 수 있을 것이라는 환상을 갖게 하는 것은 아이들이 현재 삶의 현실성을 받아들이기 어렵게 한다. 이혼은 끝난 결정이며 이 사실은 변화시킬 수 없음을 아이들이 알게 해야 한다.
아이들의 감정에 공감적 반응	아이들은 그들의 슬픔, 공포, 분노 등의 감정을 이해하고 지지해 주기를 바란다. 아이들은 적응의 과정에서 자신의 고통스러운 감정을 받아들이거나 부정하거나 회피하게 된다.
엄한 양육법의 고수	성숙한 행동과 일관성 있고 합리적인 훈육으로, 아동에 대해 받아들일 수 있는 요구뿐 아니라 애정과 승인을 다 같이 제공한다. 이혼 후에도 엄하고 권위 있는 훈육을 계속하는 부모는 이혼 후 아동의 위험한 부적응 행동을 크게 줄일 수 있다.
양쪽 부모와 지속적인 관계를 유지	아이들이 다른 쪽 부모와의 관계를 증진해야 할 필요성에 의해 부모들이 이전 배우자에 대한 적의감을 풀 때만이 아이들은 잘 적응한다. 이때 시부모나 친정 부모 그 외 친척들은 한 쪽 편만을 들어서는 안 된다.

마무리 학습

1. '결혼을 반드시 해야 한다.'라고 생각하는지, 아니면 '비혼주의자' 인지에 대한 본인의 입장을 선택하고 그 이유에 대해 요약하시오(참고문헌 혹은 기사의 출처를 제시할 것).

2. 한국의 저출산 문제에 대한 신문기사나 SNS 기사를 5개 이상 조사하고, 이에 대한 대안을 작성하시오(참고문헌 혹은 기사의 출처를 제시할 것).

3. 진정한 성인이 되기 위해 반드시 갖추어야 할 요소가 무엇인지? 성인의 의미에 대해 토론하시오.

4. 기관이나 단체 혹은 보건소에서 제공하는 산전 교육 프로그램 혹은 부부 대상 양육 교육 프로그램의 종류와 내용 및 대상자에 대해 조사하고, 현황과 문제점 및 대안을 정리하시오(참고문헌 혹은 기사의 출처를 제시할 것).

중년기

학습 목표

1. 중년기 신체 변화에 대해 설명할 수 있다.
2. 중년기 인지 변화에 대해 설명할 수 있다.
3. 중년기 사회 및 정서발달에 대해 설명할 수 있다.
4. 중년기 발달 증진에 대해 설명할 수 있다.
5. 중년기 발달 관련 이슈에 대해 토의할 수 있다.

CHAPTER 11

중년기

중년기는 신체 변화가 나타나는 약 40세에 시작하여 은퇴를 맞이하는 60~65세에 이르는 기간을 의미한다. 중년기는 인생에서 생산성의 시기, 책임이 확대되는 시기라 할 수 있다. 이는 성인 초기의 경력을 최대한 발휘하여 사회·경제적으로 가장 안정된 시기이며, 자신의 경력에서 만족에 도달하고 이를 유지하여 다음 세대에 의미 있는 것을 전달하고자 하는 시기이기 때문이다. 반면에 신체 기능이 저하되면서 남은 수명이 살아온 시간보다는 짧음을 인식하게 된다. 요약하면, 중년기는 '노화와 관련된 신체적, 심리적 변화 속에서 일과 관계 및 책임의 균형을 유지하는 것'을 포함한다.

1. 중년기 성장과 발달

1) 신체 변화

중년기의 모든 사람은 노화로 인해 약간의 신체적 변화를 경험하지만 노화 과정의 속도는 개인마다 다르다. 유전적 구성과 생활습관 요인은 만성질환의 발병 여부와 발병 시기에 중요한 영향을 미친다. 최근 연구에 따르면 긍정적인 건강 행위(신체 운동 및 수면), 통제감, 사회적 지원 및 사회적 연결, 감정 조절과 같은 여러 적응 요인의 조화가 중년의 신체 건강 및 인지 기능 저하를 완충하는데 도움이 된다고 한다.

중년기의 가장 눈에 띄는 변화는 외모이다. 외적으로 눈에 띄는 노화의 첫 징후는 일반적으로 40대 또는 50대에 나타나는데 피부는 기본 조직의 지방과 콜라겐 손실로 인해 주름지고 처지기 시작하고, 피부의 작고 국부적인 색소 침착 부위는 특히 손과 얼굴과 같이 햇빛에 노출되는 부위에 검버섯을 생성한다. 사람들은 대부분 머리카락이 가늘어지고 희어지며 손톱과 발톱에 융기가 생기고 두꺼워지고 부서지기 쉽다.

(1) 키와 몸무게

중년기에는 대부분 키가 줄어들고 체중이 증가한다. 평균적으로 30~50세 사이의 남성은 키가 약 1.27cm 감소하고 50~70세 사이에는 1.91cm가 더 감소할 수 있다. 여성의 키는 25~75세 사이의 50년 동안 최대 5.08cm가 감소할 수 있다. 나이가 들어감에 따라 키가 작아지는 정도에는 개인차가 있으며 키

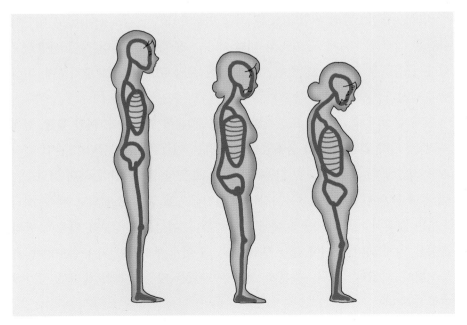

그림 **11-1** **골다공증으로 인한 키의 변화**

의 감소는 척추의 뼈 손실 때문이다.

평균적으로 체지방은 청소년기 체중의 약 10%를 차지하고, 중년에는 20% 이상을 차지한다. 비만은 성인 초기에서 중기까지 증가하는데, 중년 성인의 비만 유병률은 젊은 성인 및 노인보다 높았고, 중년 남성이 중년 여성보다 비만율이 높았다. 중년기에 과체중이 되는 것은 고혈압 및 당뇨병과 같은 만성질환에 걸릴 위험을 증가시키기 때문에 문제가 된다. 예를 들어, 과체중과 비만은 조기 사망, 고혈압, 당뇨병 및 심혈관질환의 위험 증가와 관련이 있다. 최근 연구에서 비만한 사람은 정상 체중인 사람에 비해 수명이 짧고, 심혈관 질환으로 인한 사망 위험이 증가하는 것으로 나타났다.

(2) 근골격계 변화

최대 체력은 종종 20대에 도달하는데 근감소증이라는 용어는 연령과 관련된 근육량 및 힘의 손실을 나타낸다. 나이에 따른 근육 손실은 50세 이후 매년 약 1~2%의 비율로 발생하고 힘의 손실은 특히 등과 다리에서 발생한다. 최근 연구에서는 흡연과 당뇨병이 중년 여성의 근육량 감소를 가속화하는 위험 인자임을 확인하였다.

비만은 근감소증의 위험 요소로 최근 연구자들은 근감소증이 있고 비만한 사람을 설명하기 위해 "근감소성 비만"이라는 용어를 점점 더 많이 사용하고 있다. 근감소성 비만은 모든 원인으로 인한 사망 위험이 24% 증가하며, 여성보다 남성의 사망 위험이 더 크다.

신체 관절의 최고 기능 또한 일반적으로 20대에 발생한다. 뼈와 힘줄, 인대와 같은 기타 결합 조직의 움직임을 완충하는 연골은 많은 사람이 관절 경직과 움직임에 더 큰 어려움을 겪는 중년기에 효율성이 떨어진다. 최대 골밀도는 30대 중후반에 발생하며 이 시점부터 점진적으로 골이 소실되고 뼈 손실의 속도는 천천히 시작되지만 50대에 가속화된다. 여성은 남성보다 약 2배 빨리 골량을 잃게 되며, 중년이 끝날 무렵 뼈는 더 쉽게 부러지고 치유 속도가 더욱 늦어진다. 과일과 채소를 충분히 섭취하면 중년 및 노년층의 골밀도 증가에 영향을 준다.

(3) 시력과 청력

40~59세 사이에 눈의 조절(망막에 초점을 맞추고 상을 유지하는 능력)이 급격히 감소한다. 특히 중년은 가까운 물체를 보는 데 어려움을 겪기 시작하기 때문에 이중초점 렌즈(착용자가 서로 다른 거리에서 항목을 볼 수 있도록 하는 두 부분이 있는 렌즈)가 있는 안경을 착용해야 한다. 중년 성인을 대상으로 한 최근 연구에 따르면 시력 문제(특히 신문 읽기와 시력 문제로 인해 거리에서 아는 사람을 알아보는 데 어려움)가 삶의 만족도 감소, 자존감 감소, 우울 증상 증가, 사회적 고립을 증가시킨다고 한다. 레이저 수술과 인공 수정체 삽입은 중년 성인의 시력 교정을 위한 일상적인 절차가 되었다.

청력은 40세경에 감소하기 시작한다. 일반적으로 중년기에 고음에 대한 감도가 먼저 감소하지만 저음의 소리를 들을 수 있는 능력은 많이 감소하지 않는다. 남성은 일반적으로 여성보다 더 빨리 고음에 대한 감도를 잃는다. 그러나 이러한 성별 차이는 남성이 광산, 자동차 작업 등과 같은 직업에서 소음에 더 많이 노출되었기 때문일 수 있다. 최근 보청기 효과의 발전으로 많은 노인의 청력이 크게 향상되었으나 기술적으로 정교한 보청기의 출현에도 불구하고 많은 사람이 항상 착용하지 않거나 부적절하게 착용하는 경향이 있다.

(4) 세포의 변화

중년이 되면 세포의 정상적 복구 능력이 감소하고, 경우에 따라 이상세포의 증식도 일어날 수 있다. 특히 피부 지방질이 감소하고 콜라겐과 탄력적 섬유질이 위축되면 피부는 늘어지고 주름이 생긴다. 이러한 주름은 피하지방층의 감소로 발생되기도 하는데, 특히 얼굴 부위에 많이 나타나서 이른바 '미소라인'이라고 불리는 주름이 눈 가장자리에 나타나고, 그 외에도 입, 이마, 목 부위에도 발생한다.

피지선의 활동 능력 감소는 매끄럽고 부드럽던 피부를 건조하고 갈라지게 만든다. 피부에서 수분 감소는 폐경기 여성에게서 더욱 심하게 나타난다. 땀샘은 크기, 수, 기능 면에서 감소하기 시작하고, 이는 뒤이어 올 노년기의 체온조절 능력에 영향을 미친다. 따라서 약해진 피부를 보호하기 위해서는 직사광선을 피하고 태양광선 차단 크림을 사용하며 보습제를 발라 주어야 한다.

그림 **11-2** 중년 여성의 미소라인

(5) 모발의 변화

대부분의 중년기 성인은 흰머리가 나기 시작한다. 이것은 가족력이 관계되기 때문에 개인마다 차이가 많다. 흰 머리카락이 생기는 것은 연령이 증가함에 따라 모근에서의 멜라닌 색소 부족에 따른 결과이다. 중년기에는 모발이 가늘어지기 시작하며, 모발의 성장도 느리므로 더 느리게 모발이 교체된다.

보통 대머리라고 불리는 남성형 탈모증은 유전적인 영향을 많이 받는다. 주로 이마 양옆에서 M자 모양으로 이마선이 뒤로 물러나면서 시작되는데, 때때로 성년기에도 나타난다. 그 후에는 머리 뒷부분에 대머리가 나타난다. 때로는 머리 전체가 완전히 벗겨지게 된다.

여성도 중년에 접어들면서 성인 초기의 풍성했던 모발의 양적·질적인 손실이 이루어진다. 특히 머리 가운데의 정수리 부분과 앞머리 쪽의 손실을 많이 호소하면서 모발이 빠지는 것에 대해 예민해진다. 이것은 폐경이 되면 더욱 심하게 나타난다.

(6) 위장계의 변화

대사와 효소 생산의 감소 등은 소화에 필요한 염산의 감소를 초래하여 결국 위장의 긴장도를 감소시킨다. 그 결과 중년기 성인은 음식물 섭취 시 트림의 감소를 호소할 수 있다. 변비를 초래하는 식습관은 대장암의 발생 위험을 높일 수 있다. 특히 간질환에 의한 사망률은 남성이 여성보다 80배 이상의 높은 빈도를 보여 이에 대한 주의가 요구된다.

(7) 심혈관 기능의 변화

심혈관계에서도 중년기는 큰 변화가 일어난다. 즉, 혈관의 탄력성 감소와 혈관벽이 두터워져서 이는 중년기에 동맥경화증, 고혈압, 심근경색증, 뇌졸중의 원인이 되기도 한다. 통계청 자료에 의하면 우리나라 40~59세까지의 사망원인은 암이 1위인 것으로 나타났고 다음으로 자살, 심장질환, 간질환, 뇌혈관질환 순으로 나타났다.

표 11-1 연령집단별 5대 사망원인 및 사망률   (인구 10만 명당)

	1위	2위	3위	4위	5위
0세	출생전후기 병태 (142.0)	선천 기형 (52.5)	영아돌연사 증후군 (22.3)	심장 질환 (3.9)	암 (3.3)
1-9세	암 (2.0)	운수 사고 (0.9)	선천 기형 (0.9)	가해 (타살) (0.7)	심장 질환 (0.6)
10-29세	자살 (12.4)	운수 사고 (3.4)	암 (3.2)	심장 질환 (1.1)	뇌혈관 질환 (0.5)
30-39세	자살 (27.5)	암 (13.4)	심장 질환 (4.2)	운수 사고 (4.0)	뇌혈관 질환 (2.7)
40-59세	암 (80.3)	자살 (32.4)	심장 질환 (19.1)	간 질환 (18.4)	뇌혈관 질환 (13.9)
60세 이상	암 (595.5)	심장 질환 (262.8)	폐렴 (208.1)	뇌혈관 질환 (188.8)	당뇨병 (73.1)

주: 1) 연령별 사망률 = (특정연령의 사망자 수÷특정연령의 연앙인구)×100,000.
출처: 통계청, 「사망원인통계」, 2018.

(8) 여성의 갱년기

① 폐경

중년기가 되면 여성은 월경menstruation 의 양이 점차 감소하다가 중년기의 어느 시점에서 폐경기menopause를 맞게 된다. 이러한 생리적 변화를 겪는 2~5년

사이의 기간을 갱년기climacteric라고 한다. 갱년기라는 말은 '사다리의 단계rung of the ladder'라는 뜻의 그리스어에서 기원한 말로 한 여성이 생산적 단계에서 난소 기능이 감퇴되는 비생산적 단계로 넘어가는 발달단계를 의미한다. 여성마다 차이는 있으나 폐경은 대략 45~55세 사이에 발생한다.

폐경기에 난소에서 에스트로겐 생성이 급격히 감소하고 이러한 감소는 일부 여성에게 불편한 증상(예: "안면 홍조", 메스꺼움, 피로, 빠른 심장박동)을 유발한다. 그러나 문화 간 연구는 폐경 경험의 다양한 변화를 보여준다. 예를 들어, 안면 홍조는 마야 여성에게 흔하지 않고, 아시아 여성은 서구 여성보다 안면 홍조가 적다.

호르몬대체요법HRT은 난소의 생식호르몬 생산 감소 수준을 증가시켜주는 효과가 있다. 그러나 호르몬대체요법과 관련된 건강 위험 때문에 미국국립보건원National Institutes of Health, NIH에서는 자궁적출술을 받은 적이 없고 현재 호르몬을 복용하고 있는 여성의 경우 치료를 계속해야 하는지의 여부를 결정하기 위해 의사와 상의할 것을 권고하고 있다.

호르몬대체요법은 폐경기 여성에서 뼈 손실 및 골절 위험을 낮추는 효과가

피로, 두통, 현기증, 불면, 건망증, 짜증, 집중력 감소, 불안, 우울증

홍조와 발한

숨이 참, 식욕의 변화

체중 증가, 소화기장애, 복부팽만

난소의 난자와 에스트로겐 생성의 감소, 월경의 변화 및 정지, 질 건조와 가려움증

그림 **11-3** 여성 갱년기의 일반적 증세

있다. 연구에 따르면 여성이 폐경 후 10년 이내에 호르몬대체요법을 실시하면 관상동맥 심장질환의 위험이 감소한다. 그러나 호르몬대체요법은 유방암 발병 위험이 있으며, 치료 기간이 길어질수록 유방암 발병 위험이 더욱 증가하므로 주기적으로 진단검사를 받아야 한다.

중년 여성들은 대부분 호르몬대체요법의 대안으로 규칙적인 운동, 마음챙김 훈련, 식품 보조제, 약초 요법, 이완 요법, 침술, 최면 및 비스테로이드성 약물 등을 선택하고 있다. 연구 보고에 의하면 앉아 있는 여성의 경우 6개월 동안의 유산소운동은 갱년기 증상, 특히 식은땀, 기분 변화, 과민반응을 감소시켰으며, 요가가 폐경기 여성의 삶의 질을 향상시킨다고 하였다. 또한 마음챙김 훈련은 폐경 전환기 동안 개선된 심리적 적응과 관련이 있는 것으로 보고되고 있다.

② 폐경에 따른 심리적 반응

여성에게 폐경은 '상실'의 상징으로 받아들여지기 때문에 다양한 부정적인 심리적 증상을 경험하게 한다. 예를 들면, 기분 고조, 불안정, 불안, 우울은 전 폐경기와 관련된 정서장애이다. 따라서 더 잘 흥분하고 신경질적이며 자신의 감정조절 능력이 떨어지게 된다. 이러한 폐경기 여성의 심리적 증상은 에스트로겐 호르몬 분비의 감소와 함께 중년기에 주어지는 가족 및 사회적 관계 속에서의 스트레스, 문화적 상황에 따라 영향을 받는다. 연구 보고에 따르면 자신에 대해 긍정적 자아개념을 가지고 있고 과거에 효과적으로 대처해 온 여성은 폐경과 관련된 심리적 변화를 덜 경험한다고 한다.

(9) 남성의 갱년기

남성의 갱년기는 여성처럼 극적인 변화를 가져오지는 않으나 대략 40~55세 사이에 일명 메타포스증후군metapause syndrome이라는 갱년기를 경험하게 된다.

남성 갱년기는 대표적인 남성호르몬인 테스토스테론testosterone 생성의 감소와 밀접한 연관이 있다. 테스토스테론의 감소는 고환의 축소, 정자 생산과 발기 능력의 감소를 초래한다. 이로 인해 성교 시 정액의 양이 줄고 점액도 감소하여 사정하는 힘도 약해진다. 남성의 성적 에너지가 점진적으로 감소하고 발기하기까지의 시간은 오래 걸리는 반면 그 지속 시간은 더 길어지는 것으로

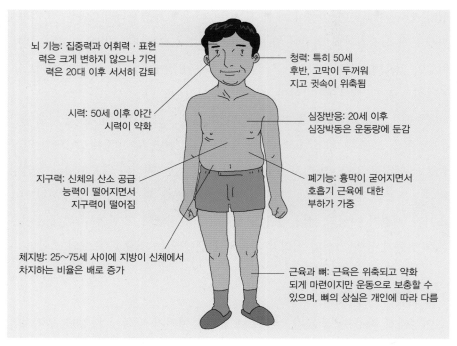

뇌 기능: 집중력과 어휘력·표현력은 크게 변하지 않으나 기억력은 20대 이후 서서히 감퇴

청력: 특히 50세 후반, 고막이 두꺼워지고 귓속이 위축됨

시력: 50세 이후 야간 시력이 약화

심장반응: 20세 이후 심장박동은 운동량에 둔감

지구력: 신체의 산소 공급 능력이 떨어지면서 지구력이 떨어짐

폐기능: 흉막이 굳어지면서 호흡기 근육에 대한 부하가 가중

체지방: 25~75세 사이에 지방이 신체에서 차지하는 비율은 배로 증가

근육과 뼈: 근육은 위축되고 약화되게 마련이지만 운동으로 보충할 수 있으며, 뼈의 상실은 개인에 따라 다름

그림 11-4 남성 갱년기의 일반적 증세

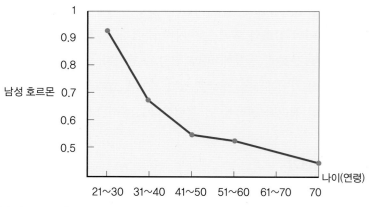

그림 11-5 남성호르몬의 연령에 따른 변화

알려져 있다. 음경에 분포되어 있는 정맥과 동맥의 퇴행성 변화도 발기능력의 감소에 영향을 미친다. 중년기 남성 고환의 기능 감소는 여성의 갱년기 증상과 유사하게 얼굴의 홍조 현상, 어지러움증, 빠른 맥박을 초래하기도 한다. 남성의 경우는 상대적으로 여성처럼 갑작스럽게 변화하지는 않으나, 성인 초기

최대의 성적 능력을 발휘하던 자신과 비교해 심리적인 위축을 가져올 수 있다. 즉, 불안, 긴장, 스트레스, 우울 등과 같은 부정적 정서상태가 야기될 수 있다.

2) 인지변화

(1) 중년기의 지능
① 지적 능력
이제까지 사람의 인지 능력은 약 21세에 최고점에 달했다가 그 후 지속적으로 하락하는 것으로 믿어 왔다. 그러나 학습이 합리적 사고, 언어, 영적 지각과 같은 측면에서 성인기를 통해 지속적으로 이루어지는 것이 발견되었고 몇몇의 종단적 연구에서는 60세 전에는 인지 능력이 감소하지 않는 결과를 나타내 대부분 성인의 지적 능력이 60세의 중년기까지는 감소하지 않는 것으로 판명됐다. 그러나 반응 시간의 감소나 인지적 융통성과 같은 능력에서는 감소가 보이기도 한다. 학습 지능은 교육과 인생의 경험을 통해 축적되고 계속적으로 증가한다. 이것은 젊은 성인보다 중년기를 거치면서 더욱 생산적인 학자나 예술가들에 의해 증명되었다.

Piaget의 인지발달단계에서는 형식적 조작기가 마지막 단계이고, 이 시기는 12세에 시작하여 평생 지속된다. 그는 성인의 사고를 융통적이고 효과적인 것으로 기술하고 있다. 성인은 가설검증을 조합하여 복잡한 문제들을 효과적으로 다룰 수 있기 때문이다. 성인 초기와 중년기의 성인이 정신적인 능력을 유지하는 데는 유전적·환경적·개인적 요인들이 큰 영향을 미친다.

(2) 중년의 기억
① 감각 기억
감각 기억, 즉 시각 기억은 연령의 증가에 따라 시각 능력의 현저한 감소에도 불구하고 연령 증가에 비해 큰 차이는 없는 것으로 나타났고 이런 변화는 90세 이후에 나타난다고 하였다. 그 외 청각 기억, 후각 기억 등에 대한 개념적 소개는 있으나 연구의 저조로 별로 드러난 바는 없다.

② 단기 기억

단기 기억은 나이가 들어감에 따라 능력 저하를 보인다. 특히 단순한 문제에 대한 기억은 연령 증가에 따른 기억 능력 감소의 폭이 그다지 크지는 않으나, 복잡한 문제에 대한 기억 능력은 연령 증가에 따라 그 감소 폭이 매우 크다. 그러나 이것들 모두는 중년기의 일상생활을 유지하는 데 큰 어려움을 줄 정도는 아니다.

③ 장기 기억

장기 기억은 단기 기억보다 연령 증가에 따른 감소 폭이 더 크다고 알려져 있다. 따라서 중년에 접어들어 기억 능력의 감퇴는 생리적 기능 감소에 따른 자존감 저하와 함께 자칫 심리적 위축을 유발하는 요인이 될 수 있다.

④ 문제해결 능력

성인 초기와 중기의 문제해결 능력에 대한 연구 결과들은 비록 중년기가 성인 초기에 비해 추상적인 문제해결 능력은 떨어지지만 현실적이고 실제적인 문제해결 능력에 있어서는 중년기가 더 뛰어남을 보여주었다. 중년기의 성인은 삶의 경험을 토대로 문제에 접근하기 때문에 이러한 이유로 중년기를 지휘하는 세대commend generation로 칭하기도 한다. 비록 중년기가 성인기에 비해 지능이나 기억력이 감소되어도 사회에서 영향력을 행사하는 중요한 위치에 중년의 성인이 있는 것이 바로 이런 이유일 것이다.

3) 사회 · 정서발달

(1) 중년기 발달이론
① 에릭슨의 생산성 대 침체성

Erikson은 중년기의 발달과업을 생산성 대 침체성generativity versus stagnation이라는 심리·사회적 위기를 경험하는 것이라 하였다. Erikson이 제시하고 있는 생산성과 침체성의 진정한 의미는 무엇일까?

생산성 대 침체성이라고 하는 심리·사회적 위기는 다음 세대를 위하여 생활의 제 조건을 개선해야 하는 성인에게 부여된 압력으로 이해될 수 있다. 의사결정을 하고, 장래 계획을 세우고, 다른 사람의 욕구를 예상하고, 평생 주기의 발달단계를 명확하게 이해하는 능력과 같은 성인 중기의 발달과제와 연결된 제 기능을 통해 장래에 대하여 사려 깊은 영향을 끼칠 수가 있는 것이다.

생산성generativity이란 사회가 존재해 가는 데 빠뜨릴 수 없는 능력이다. 생산성은 다음 세대의 출산뿐만 아니라 기술·문화를 창조하고 다음 세대에게 보존하는 모두를 포함하는 개념이다. 즉, 중년기 사회 구성원으로서의 성인은 다음 세대 젊은이들의 삶의 질을 향상시키기 위하여 어느 시점에서부터 자신의 자질, 기능, 창조성을 전달해야 한다는 의무감을 느끼기 시작한다. 이와 같은 기분은 인간은 언젠가 한 번은 죽는 것이라고 하는 필연성을 인식할 때 생긴다. 인간은 영원히 생존할 수 없으므로 자기의 사후에도 계속해 가는 사회에 대한 공헌을 개인적·공적 수준에서 수행해야 한다. 이와 같은 공헌은 일반적으로 개성적이고 창조적인 개인적 가치, 목표의 표출이란 형태로 이루어진다. 그리하여 그것은 인생이 영원히 계속되는 것이 아님을 깨달음과 동시에 인생의 만족에 대한 개인적 투자의 깊이를 반영해 준다. 실제적인 수준에서 생산성이란 성인 중기가 끝날 무렵에 사회가 성인에게 바라는 것이기도 하다. 직업생활에 성공하고 가정관리를 성공적으로 수행하며, 자녀양육을 끝마친 사람에 대하여 지역사회의 다른 사람들은 사회에 공헌해 주기를 갈망한다. 성인 중기의 관리 능력이 제 기관의 발전에 새로운 방향 설정을 제시하는 힘으로 모든 지역사회로부터 평가받게 되는 것이다.

침체stagnation는 생산성과는 대조적으로 성인 중기의 제 요구에 응답할 수 없을 때 발생한다. 침체성이란 심리적인 성장이 결여되고 있는 것을 의미한다. 자기의 에너지나 기능을 개인적 만족 추구만을 위해서 소비하고 있는 성인은 자기의 욕구 이외의 것에 대하여 또는 타인을 돌보는 것에 대하여 만족감을 얻을 수 없다. 가정의 관리, 양육, 직업의 관리를 성공적으로 수행할 수 없는 성인은 성인 중기가 끝날 무렵이 되어 심리적 침체감psychological sense of stagnation을 느끼게 될 것이다. 인생을 지루하고 따분하다고 생각하는 사람, 불평불만을 일삼는 사람, 매사에 비판적인 사람들이 침체성을 보여주는 대표적인 사례이다.

② Jung의 중년기 발달

Jung은 인간발달의 단계를 아동기, 청년기, 중년기, 노년기로 구분하였다. 이중 중년기는 인간발달단계 중 3단계로 약 40세에 시작되며, 인생의 전반에서 후반으로 바뀌는 전환점으로 매우 의미 있는 단계임을 강조하였다.

Jung에 의하면 중년의 성인이 심리적 위기를 경험한다면, 이는 인생의 1차 목표는 달성하였으나, 경험해야 할 인생의 다른 측면에 대해 2차 인생 목표를 설계하고 새 출발을 해야 하는데 그렇지 못한 결과라고 하였다. 이것을 Jung은 중년기의 내재적 욕구가 분출된 것으로 보았으며, 심리적 균형을 위해서는 억압된 측면이 인식되고 개발되어야 한다고 주장하였다.

Jung이 중년기를 인생에서 전환점이라고 한 것은 인간발달의 궁극적인 목적이 자아실현self-realization이라고 볼 때, 젊은 시절의 관심사가 생물학적·본능적·물질적인 가치였다면, 중년기는 문화적이고 정신적인 것에 가치를 두는 인간으로 바뀌게 된다는 점이다. 따라서 한 인간이 조화로운 성격발달이 이루어지기 위해서는 위의 과정을 통한 자아실현이 이루어져야 한다.

③ Levinson의 발달이론

Levinson은 성인기 발달에 관심을 갖고 이 시기에 일어나는 변화를 인생주기모형(성인기 사계절 이론)을 통해 단계적으로 제시하였다. 그의 변화단계에서의 주요 핵심 개념은 인생구조life structure이다. 인생구조란 특정 시기에 개인의 삶에 잠재된 일종의 양식과 설계를 의미하며, 사람 혹은 사물과의 관계가 핵심을 이루고 있다. 인간은 삶의 과정에서 다양한 관계를 형성하는데, 이러한 특별한 관계들은 개인의 성격에 따라 각각 다른 인생구조를 형성하게 된다. 그러나 모든 관계는 변화하기 때문에 인생구조 역시 성인기에 걸쳐 지속적으로 변화하는 것으로 보았다.

Levinson은 직장, 결혼, 가족, 우정, 종교를 인생구조의 핵심 요소로 제시하였고 개인의 생애는 단계마다 안정기와 과도기가 있으며, 각 단계의 과도기는 이전 단계의 삶을 되돌아보고 전 단계의 인생을 수정함으로써 다음 단계로 나아가는 전환의 시기로 제시하였다.

Levinson은 인생의 주기를 성인 이전 시기pre-adulthood, 성인 초기early adulthood,

성인 중기middle adulthood 및 성인 후기late adulthood의 네 단계로 구분하고 이를 '인생의 사계절four seasons'이라 하였다. 각 단계는 인간이 삶에서 결정적인 선택을 하고 독특한 과업을 수행하는 시기를 의미하며, 이 단계들 사이에는 약 5년간의 전환기가 있어서 각각의 안정기를 연결해 주는 교량 역할을 한다. 사람들은 전환기 동안 자신의 인생을 재평가하고 다음 주기의 인생을 구성할 가능성을 탐색하게 된다.

Levinson은 중년기를 세분화하여 성인 중기 전환기, 성인 중기 초보 인생구조, 50세 전환기, 성인 중기 절정 인생구조, 성인 후기 전환기로 구분하였다.

성인 중기 전환기는 40~45세의 기간으로, 성인 중기로 진입하기 위한 과도기를 의미한다. 노화의 증거가 나타나기 시작함에 따라 이 시기의 개인은 지난 삶에 대한 의문을 제기하면서 이전 발달단계에서 수립했던 목표의 성공과 실패 여부에 대한 평가 과정을 통해 다음 단계에 적합한 자신만의 생활구조를 발달시켜 이후의 삶을 준비하는 단계이다. 이 과정에서 개인은 위기를 경험하기도 한다. 이 시기의 발달 과정을 BOOM(Becoming One's Own Man)이라고 하는데, 이제까지 자신을 이끌어 왔던 아버지와 같은 특정한 멘토mentor의 구속에서 벗어나는 것이 주된 과제이다. Levinson은 40세가 되면 경력이 안정적인 지점에 도달하고 성인이 되기 위해 배우려는 이전의 미약한 시도를 능가하여 이제 어엿한 중년의 성인으로서 어떤 삶을 영위할지 기대해야 한다고 하였다.

성인 중기 초보 인생구조는 45~50세의 기간으로 중년의 위기를 극복하고 전 생애 동안 지속될 새로운 인생 구조를 형성하는 시기로, 지나온 삶의 결실을 맺는 생산적인 시기이다.

50세 전환기는 50~55세의 기간으로 중년 입문기의 인생구조를 재평가하고 자아와 세계에 대한 탐색을 하는 시기이다. 이 과정에서 발달적 위기를 경험하기도 한다.

성인 중기 절정 인생구조는 55~60세의 기간으로 중년기의 중요한 목표와 야망을 성취하고 중년기를 마무리하며 개인의 삶을 완성하는 시기이다.

성인 후기 전환기는 60~65세의 시기로 은퇴와 더불어 사회적 영향력이 축소되면서 심리적 위축이나 우울감을 경험하기도 한다. 아울러 다가올 노년기

진입을 위한 인생구조의 기반을 마련하는 시기이다. Levinson이 인생구조이론에서 제시한 발달단계 및 단계별 주요 과업은 표 11-2에 제시하였다.

표 11-2 레빈슨의 발달단계 및 발달과업

발달단계	연령	주요 과업
성인 이전 시기	0~22세	• 발달과업을 제시하지 않음
성인 초기 전환기	17~22세	• 자아정체감을 확립하고 부모에게서 독립하여 성인으로서의 삶에 대한 준비 • 삶의 가능성에 대한 탐색
성인 초기 초보 인생구조	22~28세	• 결혼, 가족으로부터의 분리, 직업 선택 등 성인으로서 중요한 선택을 함 • 자신의 삶을 계획
30세 전환기	28~33세	• 인생구조의 문제점을 인식하고 재평가 • 이전의 선택에 대한 제고와 새로운 선택 모색
성인 초기 절정 인생구조	30~40세	• 사회생활에서 안정적 입장에 위치 • 직장, 가정, 사회생활에 집중 • 삶의 양식을 확립하고 인생의 기반을 다짐
성인 중기 전환기	40~45세	• 신체적 노화의 증거가 나타나기 시작함 • 지나온 삶에 대한 의문을 제기하고, 자기 삶의 가치에 대한 재평가 시도 • 회의, 상실감 등 중년의 위기를 경험하기도 함
성인 중기 초보 인생구조	45~50세	• 중년의 위기를 극복하고, 지나온 삶의 결실을 맺는 생산적인 시기 • 가족들과의 관계 재정립
50세 전환기	50~55세	• 성인 중기 인생구조 재평가 및 인생구조의 수정 시도 • 자아와 세계에 대한 탐색 • 발달적 위기를 경험할 가능성이 있음
성인 중기 절정 인생구조	55~60세	• 중년기를 마무리하는 단계 • 중년기의 중요한 야망과 목표 성취
성인 후기 전환기	60~65세	• 은퇴와 더불어 사회적 영향력이 축소되면서 심리적 위축이나 우울감을 경험 • 긍정적 차원에서 노년기로 들어갈 인생구조의 기반을 마련하는 시기
성인 후기	65세 이상	• 새로운 인생구조의 확립 • 노화로 인한 심리적 충격에 대비

2. 중년기 성장발달 증진

1) 중년의 건강관리

중년기는 신체 변화가 매우 뚜렷하고 만성질환이 새롭게 대두되는 시기이다. 따라서 중년의 성인이 그동안 유지해 온 건강습관과 위험 요인들에 대한 점검이 필요하다.

중년기가 되면 흡연, 지나친 음주, 과식과 같은 그동안의 자기 파괴적인 습관들에 대한 부작용이 신체적 증상으로 눈에 띄게 드러난다. 이러한 습관은

표 11-3 국가 일반 건강검진 목록

공통 검사 항목			
대상 질환	검사 항목	대상 질환	검사 항목
비만	신장, 체중, 허리둘레, 체질량지수	당뇨병	공복혈당
시각/청각이상	시력, 청력	간장질환	AST, ALT, γ-GTP
고혈압	혈압	폐결핵/흉부질환	흉부방사선촬영
신장질환	요단백, 혈청크레아티닌, e-GFR	구강질환	구강검진
빈혈증	혈색소		

성별·연령별 검사 항목		
검사 항목	대상 연령	비고
이상지질혈증 총 콜레스테롤/ HDL/LDL 콜레스테롤/ 중성지방(트리글리세라이드)	남자: 24세 이상(4년 주기) 여자: 40세 이상(4년 주기)	남자: 24세, 28세, 32세... 여자: 40세, 44세, 48세...
B형간염 검사	만 40세	면역자, 보균자는 제외
골밀도 검사	만 54세, 66세 여성	
인지기능장애	만 66세 이상(2년 주기)	66세, 68세, 70세...
정신건강(우울증) 검사	만 20세, 30세, 40세, 50세, 60세, 70세	
생활습관 평가	만 40세, 50세, 60세, 70세	
노인신체기능 검사	만 66세, 70세, 80세	
치면세균막 검사	만 40세	구강검진 항목

출처: 국민건강보험공단

여러 가지 압박을 주는 스트레스에 대처하기 위한 행동이라고 할 수 있다. 그러나 이는 한번 시작되면 벗어나기가 매우 어려운 습관이기 때문에 무엇보다 예방이 중요하다.

중년기 성인의 건강 증진을 위해 수행해야 할 건강관리 영역에는 노화의 수용, 운동과 체중 조절 등이 포함된다. 술 또는 흡연을 멈추거나 줄이는 것은 건강 증진을 위해 매우 중요한 과업이 될 것이며 예방적인 건강검진도 필수적이다. 우리나라에서는 성인기 건강검진을 크게 일반건강검진, 생애전환기 건강

표 11-4 국가 암 검진 목록

검사 항목		검사	대상 연령	비고
위암		위내시경 검사	만 40세 이상 남녀 (2년 주기)	• 위내시경 검사가 어려운 경우 위조영 검사를 선택적으로 시행 가능 • 수검자가 검진비용 10% 부담 • 국가 암검진 대상자, 의료수급권자는 본인부담 없음
대장암		대변검사 (분변잠혈검사)	만 50세 이상 남녀 (1년 주기)	• 비용은 국민건강보험공단이 전액 부담
간암		간초음파검사/ 혈청알파태아 단백검사 (혈액검사)	만 40세 이상 고위험군은 상반기, 하반기 각 1회씩 1년에 총 2회 검진	• 고위험군: 간경변증, B형간염 바이러스 항원 양성, C형간염 바이러스 항체 양성, B형 또는 C형간염 바이러스에 의한 만성 간질환 환자 • 수검자가 검진비용 10% 부담 • 국가 암검진 대상자, 의료수급권자는 본인부담 없음
폐암		저선량 흉부 CT	54~74세 고위험군 (2년 주기)	• 고위험군 기준 ① 현재 흡연 중인 자로 해당연도 전 2년 내 국가건강검진(일반·생애) 시 작성하는 문진표로 흡연력이 30갑년 이상으로 확인되는 자 ② 해당연도 전 2년 내 건강보험 금연 치료 사업 참여를 위해 작성하는 문진표로 흡연력이 30갑년 이상으로 확인되는 자 • 수검자가 검진비용 10% 부담 • 국가 암 검진 대상자, 의료수급권자는 본인부담 없음
여성암 검진	유방암	유방촬영검사	40세 이상 여성 (2년 주기)	• 수검자가 검진비용 10% 부담 • 국가 암 검진 대상자, 의료수급권자는 본인부담 없음
	자궁 경부암	자궁경부 세포검사	만 20세 이상 여성 (2년 주기)	• 비용은 국민건강보험공단이 전액 부담

출처: 국민건강보험공단

검진 및 암 검진으로 나누어 서비스를 제공하고 있다. 특히 생애전환기 건강 검진 대상을 만 40세와 66세로 지정하여 중년기와 노년기로의 전환시기에 연령별 특성에 부합하는 맞춤형 검진을 실시하고 있다. 특히 이 시기는 노화 및 생활습관 등의 원인으로 건강에 큰 변화가 생기는 시기로 생애전환기 건강검진을 통해 만성질환 및 건강 위험 요인의 조기 발견과 관리를 위해 실시한다.

2) 영양관리

다양한 암, 간질환, 뇌혈관 질환, 심장질환 등은 우리나라 중년 성인의 주요 사망원인이다. 이는 신체활동 정도와 영양과 밀접한 관련이 있다. 젊은 성인에 비해 중년기 성인은 앉아서 업무를 해야 하는 상황이 더욱 많음에도 불구하고 식습관에는 아무런 변화를 주지 않는다. 결과적으로 이는 중년기 주요 건강 문제의 근원인 비만을 초래하게 된다. 비만이 유발하는 질병을 그림 11-6에 제시하였다.

수면장애
고혈압, 뇌졸중
간, 담낭질환, 암
순환장애, 동맥경화증
성인당뇨
관절염

그림 11-6 비만이 유발하는 질병

(1) 고지방식이

인체의 지질 수준은 심장질환으로 인한 사망률과 이환율에 영향을 미친다. 이상적으로 혈중 콜레스테롤은 200mg/dL 이하를 유지할 것을 권장한다. 그러나 평균 콜레스테롤 수치가 253mg/dL 이상이라면 심장질환 발생 위험이 매우 높다. 콜레스테롤 수치를 매 1%씩 감소시킬 때마다 심장질환 발생 위험은 2%씩 감소한다. 고지방, 고콜레스테롤 식이 섭취를 줄이고 신체 활동량을 증가시킨다면, 체중을 정상화함으로써 높은 콜레스테롤 수치를 떨어뜨릴 수 있다. 식이의 개선에도 불구하고 지속적으로 콜레스테롤 수준이 올라갈 때는 전문가와 상담 후 약물요법을 적용해야 한다.

(2) 음식 첨가물

음식 첨가물은 암의 발생과 높은 관련이 있다. 예를 들어, 베이컨(햄, 훈제고기)과 시리얼의 보존을 위해 사용되는 식품첨가물 등은 실험실 연구 결과 암을 유발하는 것으로 밝혀졌다. 카페인은 커피, 차, 콜라에 주로 포함된 성분으로 신체적 작업 수행이 가능한 시간을 지속시키고, 지루함을 달래 주며, 집중의 범위를 증가시켜 주는 장점이 있다. 그러나 최근에는 카페인의 부작용으로 커피 섭취량과 췌장암 사이의 관계가 보고되고 있다. 소수의 연구에서는 카페인은 혈중지질과 혈당을 높여서 증가한 혈청 지방 수준이 심혈관계에 부정적 영향을 미친다고 보고하였다. 따라서 지나친 커피 섭취자는 보통 정도의 섭취자보다 협심증이나 심근경색증의 위험성이 더 높아진다. 알코올이나 니코틴과 마찬가지로 카페인도 일상생활에서 쉽게 구할 수 있기 때문에, 일상생활 중 섭취를 당연한 것처럼 여겨 중독을 유발할 수 있는 물질이라는 점을 인식하는 것이 중요하다. 3~4잔의 커피에는 0.5g의 카페인이 포함되어 있는데, 이것은 일반적으로 기초대사량을 10%, 어떤 사람에게는 25%까지도 증가시킨다. 만성적인 신경계 자극 증상으로는 불안정, 수면장애, 심장 자극 효과를 가져오므로 이러한 증상에 대한 사정과 선별을 통해 카페인 중독증상을 확인해야 한다.

(3) 고염식이

장기간의 고염식이는 체내 총수분량을 증가시켜 말초혈관 저항의 증가를 가져와 고혈압을 유발한다. 소금은 40% 정도의 나트륨을 포함하고 있고 고혈압 발생에 10~20% 정도 기여하는 것으로 알려져 있다. 건강을 유지하기 위해서는 하루 1.1~3.37g의 소금 섭취가 안전하다고 알려져 있다.

3) 흡연

2021년 국민건강영양조사에 따르면 우리나라의 흡연실태는 전체 성인 인구의 5명 중 1명 즉, 전체 성인 중 약 1,000만 명이 흡연자(평생 궐련을 5갑(100개비) 이상 피웠고, 현재 담배를 피우는 사람)이다. 성인의 흡연 양상은 흡연 횟수나 흡연량이 많고 흡연 기간이 길기 때문에 청소년에 비해 더 습관으로 고착되고 중독이나 사회·심리적 의존성을 보인다. 이미 습관으로 고착되었기 때문에 성인 흡연자의 70~90%가 금연을 원하고 있음에도 금연에 성공하지 못하고 있다. 금연에 실패하는 원인은 스트레스와 금단증상에 의한 경우가 많아 금연관리에서 스트레스 관리와 금단 증상관리가 금연 성공률을 높이는 데 중요하다.

(1) 건강에 미치는 영향

① 담배의 유해 성분

담배 연기에 일산화탄소와 니코틴 등 대표적인 물질과 함께 중금속, 방사선물질 등 각종 독성물질과 발암물질이 있다. 담배 연기 유해 성분이 폐로 들어가면 우리 몸의 모든 세포와 장기에 피해를 주며 폐포와 기관지에 직접 작용하여 표피세포 등을 파괴하거나 만성 염증질환을 일으킨다.

일산화탄소$_{CO}$는 대표적인 무색·무취의 가스로 담배 연기가 가득한 방에 오래 있을 때 머리가 아프고 정신이 멍해진다. 일산화탄소는 산소보다 혈색소(헤모글로빈)에 100배 정도 잘 결합하여 혈액 내의 산소 농도를 떨어뜨린다. 일산화탄소는 세포의 재생력을 약화시켜 소화성 궤양을 유발하며 혈액순환장애로 동맥경화와 관상동맥질환, 신진대사장애, 조기 노화현상, 미숙아 출산, 자궁 내 성장지연, 영아돌연사증후군을 일으킨다.

니코틴은 습관성 중독물질로 금연을 어렵게 하며 심장박동을 빠르게 하고 혈압을 일시적으로 높인다. 니코틴은 흡입 후 7초 만에 뇌에 도달하고 흡연

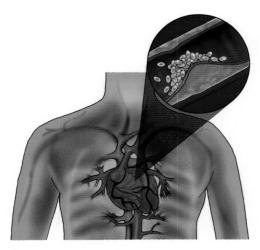

그림 11-7 직접·간접 흡연의 영향: 담배 연기에 노출되면 혈관 내에서 혈소판이 서로 뭉치면서 혈관 벽을 손상시켜 심장마비를 초래하는 원인이 되기도 한다.

20~40분 후 니코틴 효과가 사라진다. 흡입된 니코틴이 몸 밖으로 완전히 배출되는데 약 4~5일 소요된다. 니코틴은 금단증상의 주원인이 되며, 뇌에서 신경전달물질 분비를 자극한다. 신경전달물질인 도파민dopamine은 쾌감, 식욕억제에 관여하며 노르에피네프린norepinephrine은 각성상태와 식욕억제, 아세틸콜린acetylcholine은 각성과 인지항진, 엔돌핀endorphine은 불안과 긴장을 감소시킨다. 이 외에 심장박동 수와 혈압을 상승시키고 혈관 수축, 혈청지질의 변화(저밀도지단백 증가, 고밀도지단백 감소)로 동맥경화를 촉진시킴으로써 심혈관계 질환을 야기한다. 혈중 니코틴이 감소하면서 뇌 속의 니코틴 수용체는 니코틴을 갈망하게 되어 금단증상을 보이게 되고 결국 재흡연을 하게 된다.

(2) 흡연이 유발하는 질환

흡연은 우리 인체 기관의 대부분에서 암 발생을 유발할 수 있다. 기관별 발생률은 다음과 같다.

- 구강암: 흡연자가 비흡연자보다 구강암에 걸릴 확률은 2~18배이다.
- 식도암: 흡연자가 비흡연자보다 식도암에 걸릴 확률은 1.7~6.4배이다.
- 췌장암: 흡연자가 비흡연자보다 췌장암에 걸릴 확률은 1~5.4배이다.

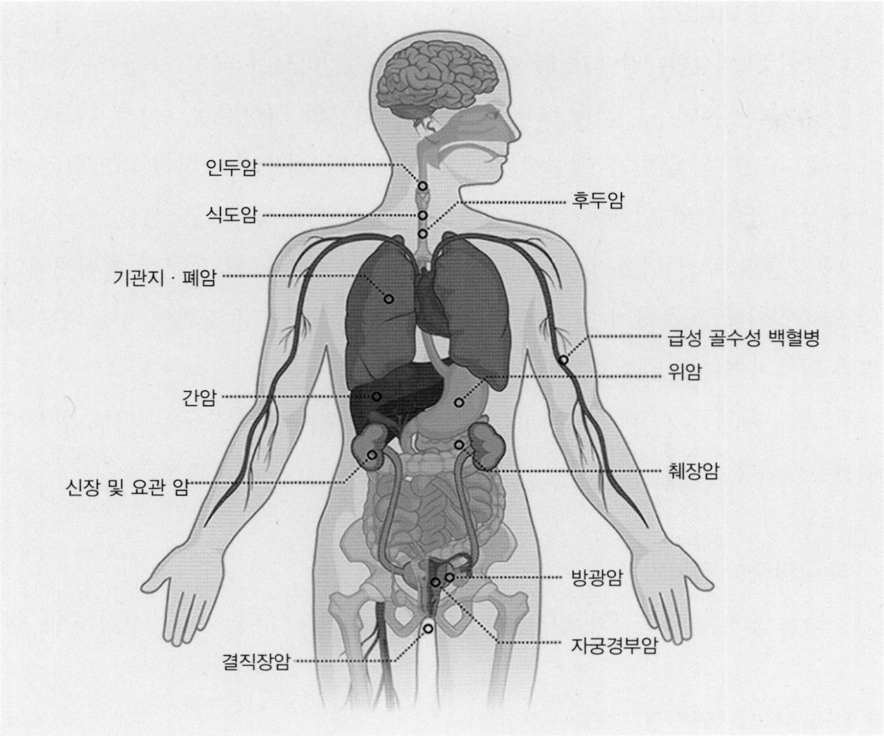

그림 **11-8** 흡연이 유발하는 암

- 방광암: 흡연자가 비흡연자보다 방광암 사망률이 4배 더 높다.
- 만성폐색성폐질환: 흡연자는 비흡연자보다 만성폐색성 폐질환(폐기종, 기관지염, 천식)으로 사망할 확률이 16.7배 더 높다.
- 관상동맥질환: 흡연자가 비흡연자보다 관상동맥질환으로 인한 사망률이 70% 더 높다.
- 뇌혈관질환: 흡연자가 비흡연자보다 뇌혈관질환으로 인한 사망률이 55세 이전은 2.9배 더 높고 55~74세까지는 1.8배 더 높다.

(3) 금연 치료

① 부프로피온

부프로피온bupropion은 항우울제로서 도파민과 노르에피네프린의 혈중농도를 상승시킨다. 과거 알코올 중독의 병력이 있는 사람에게 효과적이다.

② 니코틴 대체요법

니코틴 대체요법이란 니코틴 껌, 니코틴 사탕, 니코틴 패치 등을 사용하는 것을 말한다. 흡연 시 암을 유발하는 것은 타르와 일산화탄소이지 니코틴이 아니다. 니코틴은 금연을 어렵게 만드는 성분이기 때문에 소량의 니코틴을 체내에 주입함으로써 담배에 대한 신체적·심리적 의존성과 금단현상을 극복하는 데 도움을 주기 위한 방법이다. 니코틴 대체요법은 흡연 욕구를 진정시키면서 담배연기에 노출되지 않게 해줌으로써 암과 심혈관계 질환의 주요 원인물질인 타르와 일산화탄소로부터 보호해 준다.

니코틴 패치는 하루 16~24시간 부착한다. 가장 큰 부작용은 피부 발적과 수면장애이다.

③ 금단증상 극복법

금단증상에는 불안감과 신경과민, 우울, 어지러움, 두통, 오심, 소화장애, 변

표 11-5 니코틴 의존도 평가 설문

1. 아침에 일어나서 얼마 만에 첫 번째 담배를 피우십니까?
   - 5분 이내(3점)
   - 31~60분 사이(1점)
   - 60분 이후(0점)
   - 6~30분 사이(2점)
2. 당신은 금연 구역, 예를 들면 교회, 극장, 도서관 등에서 흡연을 참기가 어렵습니까?
   - 예(5점)
   - 아니오(0점)
3. 어떤 경우의 담배가 가장 포기하기 싫으시겠습니까?
   - 아침 첫 담배(1점)
   - 다른 나머지(0점)
4. 하루에 담배를 몇 개비나 피우십니까?
   - 10개비 이하(0점)
   - 11~20개비(1점)
   - 21~30개비(2점)
   - 31개비 이상후(3점)
5. 아침에 일어나서 첫 몇 시간 동안에, 하루 중 다른 시간보다 더 자주 담배를 피우십니까?
   - 예(1점)
   - 아니오(0점)
6. 하루 중 대부분을 누워 지낼 만큼 몹시 아프다면 담배를 피우시겠습니까?
   - 예(1점)
   - 아니오(0점)

- 여섯 문항의 점수를 합산하여 총점을 계산한다.
  - 0~3: 낮은 니코틴 의존도 단계: 니코틴 의존도가 낮기 때문에 의지만으로 금연을 시도할 수 있다. 지금 금연을 시도하면 성공할 가능성이 높다.
  - 4~6: 중등도 니코틴 의존도 단계: 니코틴 의존도가 중증도이기 때문에 금연을 시도할 때 약물의 도움이 필요하다. 니코틴 대체요법과 먹는 약물요법과 같은 효과적인 금연방법을 사용해야 한다.
  - 7~10: 높은 니코틴 의존도 단계: 니코틴 의존도가 높기 때문에 약물의 도움 없이 금연하는 것은 매우 어렵고 고통스럽다. 약물요법과 행동요법이 모두 절실한 상태이다.

출처: 국가건강정보포털

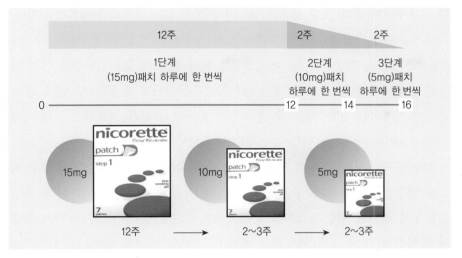

그림 11-9 금연을 위한 패치

비, 설사, 갈증, 불면증이나 수면상태 변화, 근육통, 식은땀, 떨림 등이 있다. 금단증상이 나타나면 전문가와 상의하여 금단증상 극복을 위한 안내를 받도록 한다.

4) 활동과 운동

규칙적인 운동은 중년기 심장질환, 고혈압, 당뇨, 골다공증, 우울증을 예방하고 관리하는 데 도움이 될 뿐만 아니라, 허리 손상, 뇌졸중, 대장암의 발생을 감소시키며 체중 감량에도 효과적이다. 이러한 이점에도 불구하고 일주일에 30분 동안 3~4번의 운동이 잘 이루어지지 않는 경우가 많다.

지속적이고 리듬감 있는 운동은 스트레스에 대처하는 법을 증가시켜 심장기능에도 긍정적인 영향을 미친다. 빠르게 걷기, 조깅, 수영, 자전거 타기와 같은 운동은 중년 성인에게 권장할 만하며, 40세 이상의 성인에게는 스피드와 강도에 초점을 두는 운동보다는 기술과 근력에 초점을 둔 운동이 더 적합하다.

건강관리자가 운동 프로그램 중재를 시작할 때는 대상자가 이전에 즐겼던 운동이 무엇인지 사정하는 것이 필요하다. 만일 그것이 중년이 된 지금에는 현실적이지 못한 운동 방법이라면 대상자 스스로가 새로운 운동 방법을 발견하도록 도와주어야 한다. 또한 활동은 잠재적 손상이 없는 것으로 고려되어야 한다.

심장질환의 위험성이 높은 사람(중증 흡연가, 고혈압과 당뇨 가족력, 오랫동안 운동을 하지 않은 사람)은 격렬한 운동 프로그램의 시작 전에 철저한 건강력과 신체 사정이 수행되어야 한다. 이런 사람들에게는 운동검사가 추천될 수 있다. 운동 시에는 지지적인 신발, 땀을 잘 흡수하는 운동복과 같은 적절한 도구의 선택 또한 중요하다.

건강 증진을 위해 신체적 운동은 가능한 한 많은 근육을 사용해야 하고 최소한 일주일에 3~4회, 30분 정도의 운동을 규칙적으로 수행해야 한다. 유산소운동의 적절한 수준은 220에서 대상자의 연령을 뺀 후 그 수의 75% 수준의 심장박동 수에 도달하는 운동 수준이 적절하다. 예를 들어, 50세의 중년 성인일 경우에는 운동 시 128회 이상으로 심장박동 수가 올라가서는 안 된다(220-50=170: 170의 75%=128회). 이러한 고려사항에도 불구하고 실제 운동 유형의 선택은 개별적이어야 한다. 운동이 일상의 다른 허드렛일처럼 다루어져서도 또는 반대로 지나치게 책임으로 부과되어서도 안 된다. 본인이 재미있어하는

그림 11-10 올바른 걷기방법

운동이 우선적으로 고려되어야 할 조건이다.

5) 성생활의 변화

40대 여성에서 중년과 노년기까지 성적인 만족감을 지속적으로 유지하면서 자녀를 갖는 비율이 증가하고 있다. 폐경 후의 여성은 임신의 위험성이 감소하면서 임신에 대한 두려움 없이 성행위를 즐길 수도 있다. 그러나 폐경은 여성에게 있어 도전해야 할 또 하나의 위기이다.

중년기를 거치면서 남성과 여성은 자주 성적인 만족감을 즐기지만 중년기 성인 남녀는 대부분 성적 반응 주기의 변화를 경험한다. 예를 들어, 남성은 발기의 빈도와 사정하는 힘이 감소하고 정액의 양과 점액도가 감소하며, 성욕의 감소와 같은 성적 기능부전이 여성보다 더 심각하게 나타날 수 있다. 즉, 중년 남성은 40~50세 사이에 조기사정, 성교불능 등의 문제를 처음으로 경험할 수 있다.

폐경 후의 여성은 성교 시 성교통증을 경험할 수 있다. 따라서 상담자는 중년 성인 부부의 성생활 상담 시 성교 전 단계가 왜 이전보다 길어져야 하는지, 부부 사이의 대화가 왜 더욱 필요한지를 강조한다면 정상적인 성 만족감을 경험하도록 하는 데 도움을 줄 수 있을 것이다. 왜냐하면 중년 성인 부부의 성생활도 건강한 부부생활 유지에 중요한 요인이 되기 때문이다. 여성에게 비정상적인 질 출혈이나 2차적인 무월경 등은 심각한 신체적 문제를 의미한다. 비정상적인 질 분비물은 성인 여성이 부인과를 방문하는 주요 원인이다. 비록 임신과 폐경이 2차적인 무월경의 주요 원인이 되기는 하나, 비정상적인 임신, 기능적 질병, 생리적 변화 또는 병리적 문제들은 반드시 확인되어야 한다.

청소년, 젊은 성인과 마찬가지로 중년기 역시 성 전파성질환sexually transmitted disease, STDs이 주요 건강 문제로 나타날 수 있다. 자궁경부암은 인유두종바이러스Human Papillomavirus, HPV 감염과 관련되어 발병될 수 있다. 통계청 자료에 의하면 2021년 HIV 생존 감염인 수는 15,196명으로 전년 대비 658명 증가하였다. 또한 2021년도 성별 연령 현황을 보면 남자 742명, 여자 31명으로, 남성의 경우 성 접촉에 의한 감염이 대부분을 차지하고 여성의 경우 동성 간의 성 접촉

표 **11-6** HIV/AIDS신고 현황 (단위: 명)

구분		20190			2020			2021		
		전체	내국인	외국인	전체	내국인	외국인	전체	내국인	외국인
총계		1,223	1,006	217	1,016	818	198	975	773	202
인구 10만 명당 발생률(명)*		2.36	1.94	0.42	1.96	1.58	0.38	1.88	1.49	0.39
성별	남자	1,112	953	159	935	790	145	897	742	155
	여자	111	53	58	81	28	53	78	31	47
연령별 (세)	0-9	0	0	0	0	0	0	0	0	0
	10-19	31	29	2	17	17	0	17	16	1
	20-29	438	365	73	343	295	48	352	286	66
	30-39	341	258	83	303	219	84	293	216	77
	40-49	202	158	44	152	111	41	148	106	42
	50-59	130	117	13	122	104	18	112	98	14
	60-69	61	59	2	62	55	7	41	39	2
	70세 이상	20	20	0	17	17	0	12	12	0
신고 기관	병의원	754	614	140	731	569	162	712	555	157
	보건소	367	309	58	166	144	22	157	129	28
	기타	102	83	19	119	105	14	106	89	17

* 통계청 주민등록연앙인구 기준
출처: 2021 HIV/ADIS 신고 현황 연보. 질병관리청. 2022[3]

보다는 이성간의 성 접촉에 의해 감염된 것으로 나타났다(질병관리청, 2021). 따라서 중년기 성인의 성 건강 증진을 위해 발달상의 변화뿐만 아니라, 성전염성 질환 예방, 책임감 있는 성적 행동에 관한 인지가 필요하다.

6) 역할관계의 변화

(1) 가족관계

Duvall과 Miller는 가족발달단계를 8단계로 제시하였는데, 성인 중기는 그 중 5~7단계에 해당된다.

- **5단계** 아동을 둔 가족, 제일 큰 아동이 13~20세, 약 7년간의 기간

- **6단계** 첫 자녀부터 막내까지 가족을 떠나는 성인기 자녀를 둔 가족, 약 8년간의 기간
- **7단계** 빈 둥지의 시기부터 은퇴기까지 가족, 약 15년간의 기간

6, 7단계의 발달과업은 Havighurst의 이론과 유사하다. 이 단계는 핵가족에서 부부 중심으로의 변화에 초점을 맞추고 있다. 예를 들어, 6단계에서 자신의 자녀가 독립하는 것을 돕던 부모는 또한 자신들의 늙어가는 부모를 돕기도 한다. 더불어 중년기 성인은 다양한 경력, 사회적 시민으로서의 위치에서 많은 복잡한 책임을 수행한다. 청소년이나 젊은 성인 자녀를 둔 가족은 후부모기 postparental 가족으로 기술된다.

그러나 자녀의 독립을 기준으로 가족발달을 기술하는 이러한 전통적 관점을 비판하는 이론가도 있다. 중년기의 부모는 그들의 상호 의존적 관계를 인식하면서 계속 그들의 청소년 자녀와 성인 자녀를 양육하고 돌보기를 격려받는다. 비록 많은 청소년과 젊은 성인 자녀들이 교육의 종료, 사회진출, 자신들만의 삶의 방식을 찾아 집을 떠나기도 하지만 19~24세 사이 자녀의 반 정도는 여전히 그들의 부모와 함께 사는 경우가 많다. 이런 가족의 자녀들은 더 오랫동안 부모의 도움에 의존한다. 여전히 부모는 자녀의 발전을 도와줌으로써 자녀의 자존감을 증진할 수 있고, 동시에 효과적인 역할 모델이 될 수도 있다. 자녀가 독립하게 되면 부모는 혼자 있는 시간을 방해받지 않을 것이고 다양한 활동을 할 수 있는 시간을 갖게 된다.

부부들은 대부분 가장 행복했던 때를 첫 아이를 출산하기 전의 신혼기와 자녀가 집을 떠난 후의 얼마 동안의 기간을 꼽고 있다. 부모로서의 짐을 벗은 후 '제2의 신혼기'를 맞게 된다. 어느 정도의 경제적 기반 위에 그동안 자녀 양육 때문에 할 수 없었던 것을 자유롭게 시도하게 된다.

나이 든 자녀가 늦게까지 함께 살 때 가족의 생활은 위협받을 수도 있다. 독립해서 집을 떠나는 자녀는 부모가 자녀를 돌보는 무거운 짐을 덞과 동시에 텅 빈 긴 시간을 어떻게 채울지에 대해 걱정을 할 것이다. 이러한 빈둥지증후군 empty nest syndrome 은 부부가 서로 이야기하거나 자녀 없이 서로가 함께 삶을 즐기는 방법에 대해 훈련되지 않은 경우 더욱 심각해 질 것이다

그림 11-11 빈둥지증후군: 자녀가 모두 떠나고 나무의 빈 둥지를 홀로 지키고 있는 중년 여성

    중년의 성인은 더 이상 부모를 의지의 대상으로 보지 않는다. 처음으로 자신의 부모를 이상화하거나 부모의 실수에 대해 비난하지 않고 한 인간으로서의 권리와 약점을 가진 대상으로 바라본다. 그러면서 동시에 자신의 부모가 얼마나 늙었는지도 생각하게 된다. 심리적 의존에서 벗어난 것뿐만 아니라 일상생활의 수행이나 경제적으로도 이제 부모는 돌봄의 대상이 된다. 가족발달의 또 다른 측면에서 보면, 늙어가는 부모는 자주 건강 문제로 고통을 받기 때문에 성인 자녀에게 의존하는 위치에 놓이게 된다. 따라서 중년기 성인은 노부모에 대한 돌봄관계를 인식하고 노인의 독립심을 증진시킬 수 있도록 해야 한다.

    중년이 되면서 신체적인 외모나 힘보다는 개인의 가치나 통합감에 근거해 자신을 돌아볼 수 있어야 한다. 중년기 성인에게 남녀의 친구는 지지체계로 도움을 줄 수 있다. 중년의 성인은 자녀가 가정을 떠난 후 새롭게 자신이 좋아하는 활동을 친구들과 나눌 수 있고 또 새롭게 개발할 수도 있다. 중년의 성인은 자신이 처한 다양하고 복잡한 위치를 고려하면서 자신이 얼마나 많이, 얼마나 잘 할 수 있을지를 되새겨 보아야만 한다.

(2) 일과 스트레스

아마도 중년기 성인의 가장 일반적인 역할은 일하는 것이다. 대부분의 성인은 자신에 대한 가치나 만족을 자신의 직업으로부터 얻는다. 일을 하고 있는 중년기 성인은 자신의 '일'과 '성장하는 것'을 같은 것으로 취급한다. 성장해 감에 따라 책임과 업무의 양은 점차 증가될 것이다. 일하는 성인에게 휴가는 그들의 안녕을 위한 중요한 요소이다. 왜냐하면 중년의 성인은 업무활동이 많은 만큼 작업과 관련된 손상도 많기 때문에 생명에 위협을 주는 치명적인 작업 손상을 포함하여 작업과 관련된 질병 손상도 꾸준히 증가하고 있기 때문이다.

개인의 정신건강은 개인이 가지고 있는 강인함, 이용 가능한 지지원, 의미 있는 사람의 존재 유무에 달려 있다. 특히 이혼이나 노부모의 돌봄과 같은 위기에 직면했을 때 이전부터 도움을 받을 수 있는 지지체계가 잘 구축되어 있다면 부작용은 훨씬 감소될 것이다.

점차 여성의 사회 취업이 증가하고 그에 따른 가족의 부담도 증가되고 있다. 가정은 경제적인 수입의 필요성이 더욱 커지고 있으며, 특히 우리나라와 같이 자녀 양육을 위한 사교육비가 많이 들어가는 현실에서는 이러한 요구는 더욱 증가되고 있다. 또한 어떤 여성들은 막내 자녀가 독립하는 시점에 새로운 자유를 누리면서 자신의 경력을 위해 직업을 갖기 시작하는 경우도 있다. 이런 경우, 남편은 가장 좋은 지원자가 되기도 하면서 동시에 아내의 새로운 추구에 대해 위협을 안겨 주는 존재로 느끼기도 한다. 이러한 새로운 역할변화는 가족에게 새로운 스트레스원이 될 수도 있을 것이다.

부부관계는 자녀가 집에 함께 사는 지의 여부를 떠나서 여성의 심리적 상태를 결정해 주는 중요한 요인이 된다. 결혼하면서 직장을 그만둔 교육받은 여성은 이런 경우 더욱 심한 정신적인 손상을 경험할 수 있다. 오늘날 여성은 과거처럼 남성의 보조자로서의 직업적 위치가 아니라 사회적으로 경력을 크게 인정받는 직업적 위치에 있는 경우가 많다.

중년의 성인은 자신이 일을 가지고 있든 가지고 있지 않든 살아가면서 발생할 수 있는 다양한 스트레스를 스스로 사정해 보고 극복할 수 있는 자신만의 대처 기술을 개발해야 한다. 물론 스트레스는 신체적·정신적 건강을 위협하

그림 **11-12** 스트레스로 인해 발생 될 수 있는 질병

표 **11-7** 스트레스 관리를 위한 효과적 전략

전략	내용
상황의 재평가	비합리적 신념으로부터 생긴 것을 정상적으로 반응하는 것을 배울 것
자신이 해결 가능한 사건에 초점 맞추기	당신이 변화시킬 수 없는 것 또는 절대로 일어나지 않을 것에 대해 걱정하지 말 것 → 당신의 통제 하에서 조절될 수 있는 것에만 초점을 둘 것
생을 유동적 관점으로 바라보기	변화를 기대하고 피할 수 없는 것은 수용할 것 → 그러면 기대하지 않은 많은 변화들로 인해 정서적 충격이 덜 할 것임
대안을 고려하기	절대 성급하게 돌진하지 말 것 → 행동하기 전에 생각할 것
자신을 위한 합리적 목적 설정하기	목표는 높게 두되, 자신의 역량, 동기 및 상황 등 현실에 맞게 설정할 것
규칙적으로 운동하기	신체적 안녕상태는 신체적·정서적 스트레스 모두를 잘 다룰 수 있도록 해줌을 기억할 것
이완요법 마스터하기	이완은 에너지를 재충전하도록 해 주고 스트레스로 인한 신체적 불편감을 감소시켜 줌. 이완요법에 대한 책자나 교실의 도움을 받을 것
분노 감소를 위한 건설적 방법 사용하기	반응을 천천히 하고, 정신적으로 10발자국 뒤로 물러서서, 자신을 다스릴 것. 그리고 나서 조용히 스스로 통제할 수 있는 문제해결 방식을 사용할 것
사회적 지지 자원 찾아보기	친구, 가족, 동료, 조직화된 자치단체는 스트레스 상황에 대처하기 위한 정보를 제공, 지지, 조언을 해줄 수 있음

자료: Berk, L. E.(2007)

는 병적 스트레스_{distress}도 있으나 일생을 살면서 생활에 적절한 압력을 주어 임무수행의 효율성 증대에 도움을 주는 정상적 스트레스_{eustress}도 있다. 그러나 병적 스트레스는 물론 정상 스트레스라도 제대로 관리하지 못할 경우 스트레스로 인한 각종 성인병을 유발할 수 있다.

긍정적인 대인관계는 스트레스 해소에 대한 다양한 정보를 얻을 수 있도록 도와주며 그들과 건강 증진 활동을 함께 할 수 있는 계기를 마련해 주기도 한다. 스트레스를 효과적으로 관리할 수 있는 방법은 표 11-7에 제시하였다.

(3) 노부모 모시기

중년의 성인은 자녀의 양육뿐만 아니라 노부모의 돌봄에 대한 책임도 가지고 있다. 이 때문에 중년의 성인을 자녀와 부모 사이에 낀 '샌드위치 세대'라고 한다.

중년의 성인은 아픈 노부모를 모실 수 있다. 이런 경우 부모를 자신의 집에 모셔야 할지 아니면 노인시설에 보내야 할지에 대한 갈등을 경험하게 된다. 이러한 상황은 중년기 성인과 가족의 또 다른 위기를 낳는 요인이 될 수도 있다. 이러한 위협은 중년기 성인이 일을 가지고 있거나 집안이 협소하여 노부모를 모실 공간이 없는 경우 그리고 지역사회에 노인을 도울 수 있는 자원이 부족할 때 더욱 심각해질 수 있다. 비록 요양원으로 가게 되는 것이 많은 가족에게 바람직하지 않을지는 모르나 노부모는 그것을 요청할지도 모른다.

(4) 이혼

이혼은 심각한 정신적인 손상을 줄 수 있는 주요 요인으로 개인과 가족이 새로운 문제에 직면하게 한다. 우리나라의 조이혼율(인구 1,000명당 이혼 건수)은 1970년 0.4건에서 1995년 1.5건, 2003년 3.5건으로 증가 추세를 유지하다가 2021년 2.0건으로 전년 대비 0.1건 감소하였으나 여전히 우리나라는 OECD 국가 중 가장 이혼율이 높은 나라이다.

이혼이 발생되면 가족 구성원 모두는 그동안 익숙했던 삶의 방식을 변화시켜 새롭게 적응해야 하는 문제에 부딪치게 된다. 이혼 후 1년 동안이 가장 어려운 시기로 알려져 있는데, 특히 경제적인 문제가 그 주요 원인이 된다. 이혼

표 **11-8** 이혼 건수, 조이혼율 및 유배우 이혼율(2011-2021)

	2011	2012	2013	2014	2015	2016	2017	2018	2019	2020	2021
이혼 건수(천 건)	114.3	114.3	115.3	115.5	109.2	107.3	106.0	108.7	110.8	106.5	101.7
증감(천 건)	-2.6	0.0	1.0	0.2	-6.4	-1.8	-1.3	2.7	2.1	-4.3	-4.8
증감률(%)	-2.2	0.0	0.9	0.2	-5.5	-1.7	-1.2	2.5	2.0	-3.9	-4.5
조이혼율*	2.3	2.3	2.3	2.3	2.1	2.1	2.1	2.1	2.2	2.1	2.0
유배우 이혼율**	4.7	4.7	4.8	4.8	4.5	4.4	4.4	4.5	4.5	4.4	4.2

* 인구 1천 명당 건, ** 15세 이상 유배우 인구 1천 명당 건
출처: 통계청

이라는 사건은 시간적으로 제한된 위기 사건 중 하나이다.

(5) 실직 대응

실직을 경험하는 대부분의 사람은 중년기에 해당되는 경우가 많다. 물론 실직은 어느 시기에나 어려운 사건이다. 그러나 중년기 성인의 실직은 젊은이의 실직보다 신체적·정신적으로 더욱더 많은 쇠락을 경험한다. 결과적으로 실직은 생의 목적의 재평가와 같은 중년기의 발달과업들을 파괴시킬 수 있다. 따라서 이들의 스트레스를 감소시키고 다시 용기를 갖도록 하기 위한 사회적 지지가 절대적으로 필요하다.

중년의 실직자가 취업을 할 경우 이전의 사회적 지위나 급여가 그대로 유지되는 경우는 거의 없다. 그들은 대부분 나이로 인한 차별대우를 경험한다. 따라서 경제적 계획, 굴욕감의 감소 그리고 개인의 융통성을 격려하는 것에 초점을 둔 상담은 새로운 직업 역할에 만족할 수 있도록 하는 데 도움을 줄 것이다.

모든 직장인은 언젠가 한 번 이상은 실직을 경험한다. 다음과 같은 사항에 유념하여 자신의 생활패턴을 조절한다면 실직 후 스트레스를 최소화하고 심리적 안정을 빨리 회복할 수 있을 것이다. 첫째, 직장 외의 친구관계를 증진한다. 즉, 직장에서의 인간관계 이외에 다른 분야의 친구를 자주 만나는 것이 좋다. 둘째, 평소에 업무를 위한 시간과 자신만의 여가를 위한 시간을 분명히 해서 휴식 또는 여가시간에는 충분히 생각을 전환하도록 한다. 셋째, 여가시간은 마음과 몸이 모두 충분히 이완될 수 있는 장소를 선택한다. 넷째, 만약 실

직을 했다면 조급해 하지 말고 그동안의 지난 시간을 정리하고 새로운 계획을 세우는 재충전의 시간을 반드시 갖는다. 다섯째, 평소에 지나치게 자신이 꼭 성공해야만 한다거나 완벽하게 업무를 수행해야 한다는 강박관념에 사로잡혀 있지는 않은지 생각해 본다. 마지막으로 위의 모든 것들과 함께 실직한 가족 구성원에게는 가족의 따뜻한 배려와 위로가 가장 큰 힘이 됨을 기억해야 할 것이다.

(6) 은퇴 교육

일반적으로 중년기 말에 은퇴를 하게 되는데, 은퇴는 중년기에서 노년기로 가는, 그리고 일에서 여가의 시간으로 가는 주요 전환점이다. 그러나 이러한 은퇴를 어떻게 맞이할지는 개인이 어떤 준비를 했느냐에 따라 달라질 것이다.

은퇴를 하는 평균 나이는 점차 감소되고 있는 반면 의학기술의 발달로 인간의 생명은 점차 연장되고 있다. 약 60세를 기준으로 은퇴를 한다고 볼 때 인생의 약 1/4를 은퇴 후에 보내야 하는 시간이 된다. 따라서 중년의 후반에 맞게 되는 은퇴의 준비, 특히 수입관리와 주거지 결정은 중년기에 반드시 준비해야 할 중요한 과업이다.

은퇴의 정의는 학자마다 다르다. 주관적 개념의 은퇴는 이전에 경제적 · 사회적 활동이 있었던 사람이 재취업 의사가 없는 것을 의미하기도 하고, 사회적 제도 개념으로서의 은퇴는 우리나라의 경우 공식적으로 퇴직연금을 받고 있거나 지난 1년간 전임으로 고용되지 않은 55세 이상의 사람을 은퇴자를 정의하고 있다(고용노동부, 2000). 은퇴에 포함되는 공통적인 속성은 직업 세계에서 물러나는 것으로 한편으로는 노인을 공식적으로 인정하게 되는 사회체제로 이해되기도 한다.

대부분의 중년 성인에게 은퇴란 단순히 직업 현장에서 물러나는 것 이상의 의미로 개인마다 은퇴의 의미는 차이가 있다. 즉, 은퇴는 부정적인 측면과 긍정적 측면이 모두 포함되어 있다. 인간의 노화로 인한 신체적 · 정서적 · 기능적 변화는 반드시 부정적인 것만은 아니어서 노화됨에 따라 증가하는 '지혜'로 인해 상당기간 문제해결 능력은 유지되며, 학습활동이나 직업적 · 사회적 활동도 가능하다. 따라서 은퇴자가 독립적이고 의미 있는 노년 생활을 준비할 수 있도록 체계적인 은퇴 교육이 국가와 기업체 단위로 활성화해야 한다. 은퇴 교육은 은퇴가 활동적인 생활에서 위축되어 은퇴하는 것이 아니고 어떤 계획된 것으로 은퇴해 나가는 것이라는 메시지를 전달하는 것이다. 은퇴 교육은 은퇴 이전에 은퇴 이후의 생활을 위해 필요한 모든 지식과 정보를 제공하고 실천하도록 도와주는 구체적 활동을 말한다. 은퇴 교육은 은퇴에 대한 긍정적 태도를 갖도록 함과 동시에 은퇴 이후의 생활에 잘 적응하여 성공적인 노인기의 삶을 영위할 수 있도록 돕는 것을 목표로 한다. 최소한 은퇴 5년 전에 이루어져야 할 은퇴 교육은 노인기의 삶을 좀 더 풍요롭게 해주는 또 한 가지 방법이 될 것이다. 효율적인 은퇴 준비를 위한 요소를 표 11-9에 제시하였다.

표 11-9 효율적인 은퇴 준비를 위한 요소

전략	내용
재정	이상적으로, 은퇴를 위한 재정적 계획은 첫 번째 급여를 받으면서 시작되어야 한다. 보통 사람들은 은퇴 후 20년 정도의 시간을 보내므로 최소한 은퇴 10~15년 전부터는 시작해야 한다.
체력	중년에 체력단련 프로그램을 시작하는 것은 중요하다. 왜냐하면 좋은 건강은 은퇴 후의 안녕에 필수적 요소이기 때문이다.
역할 적응	은퇴 전에 자신의 사회적 역할이 명확했던 사람에게는 은퇴가 더욱 어렵다. 새로운 역할에의 철저한 적응이 스트레스를 감소시켜 준다.
거주 지역	이사를 할 것인지 말 것인지에 대해서는 신중하게 고려해야 한다. 왜냐하면 어디에 사느냐는 건강관리, 친구, 가족, 여가 활동, 시간제 직업 등에 영향을 미치기 때문이다.
여가 활동	은퇴자는 주당 평균 50시간의 여가시간을 추가로 더 가지게 된다. 이 시간 동안 무엇을 할 것인지에 대한 구체적인 계획은 정신적 안녕에 영향을 주는 주요 요인이 된다.
건강보험	정부 보조의 건강보험을 선택한다면 은퇴 후의 삶이 질 보호에 도움을 준다.
법률적인 것	은퇴 직전의 시기는 결심을 굳히고 유산에 대한 계획을 시작하기에 좋은 시간이다.

자료: Berk, L. E.(2007)

3. 중년기 발달 관련 이슈

1) 뇌졸중

다양한 원인에 의해 발생되는 뇌졸중Cerebrovascular Accident, CVA, Stroke은 한국의 높은 사망원인 중 하나이다. 일반인들에게 중풍으로 불리는 뇌졸중은 일

그림 **11-13** 뇌졸중 경고 증상

반적으로 수년에 걸친 뇌혈관의 문제가 어느 날 비로소 막히거나 터져서 증상으로 발현되는 것이다. 과거에는 혈관이 터지는 출혈성 뇌졸중이 많았으나 최근에는 뇌혈관이 막혀 발생하는 허혈성 뇌졸중이 더 많다.

뇌졸중의 가장 좋은 치료는 예방이다. 뇌혈관에 손상을 줄 수 있는 위험인자를 사전에 예방한다면 중년기 이후 뇌졸중의 공포로부터 벗어날 수 있을 것이다. 뇌졸중의 경고 증상이 나타나면 즉시 전문적인 진단을 받아야 한다. 뇌졸중의 경고 증상은 그림 11-13에 제시 하였다.

중년기는 비록 뇌졸중이 빈번하게 나타나는 연령대는 아니지만 앞서 제시한 뇌졸중 발생의 위험질병을 잘 다스리지 않거나 경고 증상을 무시할 경우 중년기에도 뇌졸중은 쉽게 올 수 있다. 뇌졸중 예방을 위한 일상생활 지침은 박스에 제시하였다.

박스 뇌졸중 예방을 위한 일상생활 지침

- 자신에게 맞는 건전한 스트레스 해소 방법을 개발하여 실천한다.
- 예방 프로그램에 참여한다(위험인자를 가진 사람은 40대부터, 보통은 50대부터).
- 규칙적인 운동을 해야 한다. 1회당 30분 이상, 1주일에 4회 이상하는 것이 좋다.
- 음식은 짜지 않게 먹고 과식하지 않는다.
- 반드시 금연해야 한다.
- 음주는 부득이한 경우 1~2잔을 제외하고 삼간다.
- 뇌졸중의 경고 증상이 나타나면 발병 후 3시간 이내에 병원에 내원해야 한다.
- 예방을 위해서는 꾸준한 실천이 가장 중요하다.
- 뇌졸중 예방은 본인의 의지가 가장 중요하고 누구도 대신해 줄 수 없다는 것을 명심한다.

2) 관상동맥 질환

동맥경화성 심장병의 대표적 질병이 심근경색증myocardial infarction이다. 심근경색증은 갑작스런 심장발작heart attack을 유발할 수 있는 주요 원인이 되고 있다. 이것은 심장에 산소와 영양을 공급하는 관상동맥이 막히거나 좁아져서 발생한다. 심장은 하루 약 10만 번씩 수축하는데, 관상동맥이 완전히 막히게 되면 심장근육은 지속적인 수축을 할 수 없어 심장발작을 일으키고 더 나아가 생명에 위협을 준다.

심근경색증의 대표적 증상은 갑작스런 흉통이다. 가슴 가운데가 눌리는듯한 조이는 통증이 30분 이상 지속된다면 심근경색증 진단을 위해 즉시 병원을 방문해야 한다. 특히 평소 동맥경화증을 가지고 있는 사람은 더욱 빠른 조치가 요구된다. 심근경색으로 인한 심장발작은 의학적 응급상태로 발생환자의 50%는 병원에 도달하기 전에, 15%는 치료 중에, 또 다른 15%는 발병 후 몇 년 이내에 사망하는 것으로 알려져 있다. 따라서 신속한 응급처치가 가장 큰 관건이 된다.

심근경색증의 직접적 사망원인은 부정맥이다. 부정맥이 지속되면 심장은 충분히 수축할 수 없고 결국 실신을 유발한다. 또한 혈액의 응고 덩어리가 생겨 더욱 혈액순환을 방해한다. 따라서 이로 인한 사망을 줄이기 위해 가능한 한

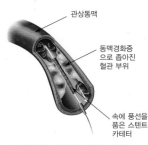

(a) 혈관이 좁아져 혈액순환이 되지 않는 관상동맥 부위로 내부에 풍선을 품은 스텐트 카테터를 삽입한다.

(b) 스텐트 카테터 내부의 풍선을 확장시키면 스텐트가 벌어지면서 좁아진 혈관을 확장시켜 준다.

(c) 카테터와 풍선을 제거하면 좁아진 관상동맥 부위에 확장된 스텐트가 남아 있게 되고 이곳을 통해 심장에 혈액 공급을 원활하게 해준다.

그림 **11-14** 관상동맥 풍선 확장술

빨리 병원 치료를 해야 한다. 오늘날 심근경색증의 치료를 위해 혈전용해제, 관상동맥 풍선 확장술 등으로 심장의 막힌 혈관을 뚫어 주는 시술을 한다(그림 11-14).

심근경색증의 위험 요인 중 유전적 소인, 연령의 증가, 성별은 변화시킬 수 없는 것이나, 나머지 요인들은 충분히 예방이 가능하다. 특히 동맥경화증의 예방은 심근경색증의 1차적인 예방법이다. 동맥경화의 4대 위험인자는 흡연, 당뇨병, 고혈압, 고콜레스테롤혈증이다. 표 11-10에 심장발작을 줄이기 위한 중재 요인과 위험감소율을 제시하였다.

표 11-10 심장발작을 줄이기 위한 중재 요인과 위험감소율

중재 요인	위험감소율
금연	• 70% 감소 • 금연 5년 후, 흡연자에 비해 70% 심장발작의 위험 감소
혈중 콜레스테롤 수치의 감소	• 60% 감소 • 혈중 콜레스테롤이 1% 감소할 때마다 2~3% 감소 • 식이요법으로 콜레스테롤을 10% 감소 • 약물요법으로 20% 감소
고혈압 치료	• 60% 감소 • 꾸준한 식이요법과 약물요법의 병행은 혈압의 감소 가능, 심장발작의 위험을 60%까지 감소 가능
이상체중의 유지	• 55% 감소 • 이상체중을 유지하는 사람은 비만한 사람에 비해 55%까지 심장발작의 위험 감소
규칙적 운동	• 45% 감소 • 활동적으로 움직이는 사람은 앉아만 있는 사람보다 45%의 심장발작 위험 감소
술은 포도주나 맥주로 가끔씩 마시기	• 45% 감소 • 소량의 음주를 하는 사람은 45%의 심장발작 위험 감소, 이는 HDL 콜레스테롤의 형성 촉진과 혈전의 형성 감소로 인한 것으로 생각됨
낮은 용량의 아스피린 복용	• 20% 감소 • 매일 162mg의 아스피린 복용 시 20%의 심장발작 위험 감소 • 이는 혈전 형성을 감소시켜 줌(장기적인 복용은 의학적 부작용 유발 가능)
심리적 스트레스 감소	• 정확한 감소율은 밝혀져 있지 않음

자료: Agarwal(2002); American Heart Association(2006); Ho, Hankey, & Eikelboom(2004)

3) 요실금

신장의 퇴행적 변화도 중년기부터 시작된다. 그러나 대부분의 중년기 성인은 신장의 기능 감소를 감지하지 못하는 경우가 많다. 만약 자녀를 많이 분만한 여성이 운동을 거의 하지 않는다면, 스트레스성 요실금urinary incontinence이 유발되어 사회적 관계 형성에 부정적 영향을 미칠 수 있을 것이다. 요실금은 여성이 남성보다 훨씬 높은 발병률을 보이고 있으며, 중년기 여성의 삶의 질을 떨어뜨리는 주요 질병이다.

요실금의 정의는 자신의 의지와는 상관없이 요도를 통해 소변이 나오는 경우가 객관적으로 증명되고 사회활동이나 위생상의 문제를 일으키는 증상이 있는 것을 말한다. 증상의 발현 정도를 기준으로 볼 때는 지난 1년 동안 정도에 관계없이 조절되지 않는 소변의 유실이 있었을 때 또는 월 2회 이상 소변

유실이 있을 때도 요실금으로 진단한다. 따라서 중년 여성 자신이 요실금 자가검진을 할 수 있도록 자가측정 도구가 소개되고 활용될 수 있도록 격려해야 한다. 요실금의 가장 일반적인 형태는 복압성 요실금으로, 웃음, 기침, 재채기, 무거운 것을 들 때 등과 같은 복압이 증가되는 상황에서 발생하는 것이다. 남성 요실금은 여성보다 흔하지는 않으나 전립선 수술이나 요도 손상이 있을 때 나타날 수 있다.

요실금은 중년기 40대 여성의 40% 이상이 경험하는 건강 문제로 요실금을 가지고 있는 많은 여성은 수치심, 자괴감, 일상생활의 붕괴, 심지어 우울증까지 가져와 가족 전체에게 고통을 주어 선진국에서는 요실금을 '사회적 암'으로 규정하고 국가적 차원에서 그 대책을 고심하기도 한다. 중년기 여성의 요실금(복압성)을 예방하기 위해서 건강관리자는 골반근육 운동(케겔운동), 올바른 배뇨습관, 음식조절, 금연, 변비 치료, 여성호르몬 투여, 비만 교정을 중심으로 하는 지침을 제안해 줄 수 있다. 증상이 경미하고 방광경부의 처짐이 심하지 않은 경우 골반근육 운동만으로도 치료 효과가 높다. 요실금 예방을 위한 골반근육 운동법은 박스에 제시하였다.

요도 자체의 기능이 손상되어 나타나는 요실금은 요도의 기능을 강화시켜

표 11-11 요실금 자가측정 방법

번호	질문
1	기침이나 재채기를 하면서 자기도 모르게 소변이 새서 옷을 적신 적이 있습니까? ① 없다. ② 한 달에 한 번 ③ 일주일에 한 번 ④ 매일
2	소변 새는 양이 얼마나 됩니까? ① 찻숟가락 정도 ② 속옷에 묻을 정도 ③ 속옷을 적실 정도 ④ 다리로 흘러내릴 정도
3	소변이 마려우면 참지 못하고 그대로 속옷에 적시지 않습니까? ① 없다. ② 한 달에 한 번 ③ 일주일에 한 번 ④ 매일
4	소변을 볼 때 아랫배에 통증이 있거나 항상 하복부가 묵직하고 소변을 누어도 시원하지 않습니까? ① 없다. ② 한 달에 한 번 ③ 일주일에 한 번 ④ 매일
5	찬물에 손을 담그거나 물 흐르는 소리를 들을 때 또는 추운 겨울에 소변을 속옷에 적신 적이 있습니까? ① 없다. ② 한 달에 한 번 ③ 일주일에 한 번 ④ 매일

위의 질문 중 각 문항마다 ③, ④번에 해당하는 경우에는 요실금이나 배뇨곤란의 정도가 심하다고 할 수 있다.

주: 절대적인 값은 아니며, 참고용으로만 제공될 수 있음에 유의

주는 수술요법이 고려된다. 대부분 질을 통해 수술을 하고 최근에는 요도 주위에 실리콘과 같은 물질을 주입하는 간단한 수술법이 시술되기도 한다.

박스 요실금 예방을 위한 골반근육 운동법

1. 양쪽 다리를 어깨 넓이만큼 벌린 채 바닥에 누워서 아랫배와 엉덩이 근육을 편안하게 이완시킨 상태로 5초간 골반근육을 수축한다.

2. 바닥에 똑바로 누워 다리를 구부린 상태에서 숨을 들이마시며 엉덩이를 서서히 들면서 5초간 골반근육을 수축한다. 이어 어깨, 등, 엉덩이 순서로 바닥에 내리면서 힘을 뺀다.

3. 양 무릎과 손바닥을 댄 후 숨을 들이마시면서 등을 동그랗게 하고 5초간 골반근육을 수축한다. 이어 숨을 내쉬면서 원상태로 돌아간다.

4. 엉덩이를 깔고 앉은 상태에서 양 발끝이 바깥쪽으로 향한 채 골반근육을 5초 동안 수축하면서 양 발끝을 안쪽으로 향하게 한다.

5. 가부좌하고 앉은 자세에서 골반, 항문, 질을 서서히 조여 준다.

6. 선 채로 양 발꿈치를 붙이고 의자나 탁자를 이용해서 몸의 균형을 잡은 후 양 뒤꿈치를 들면서 운동한다.

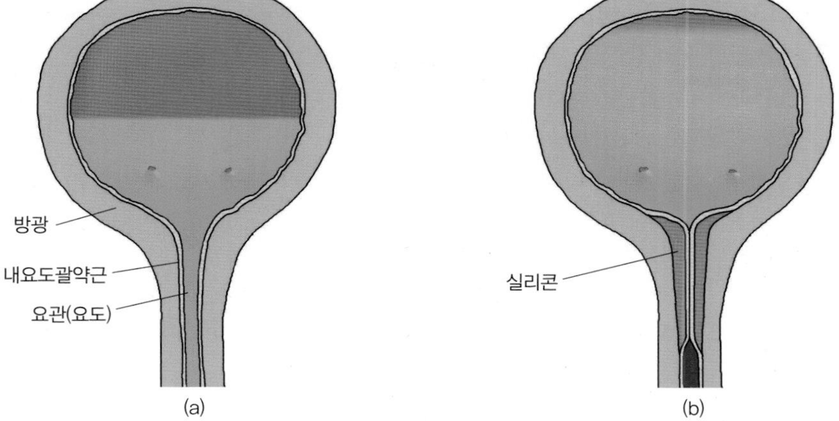

그림 **11-15 실리콘을 이용한 수술법:** 그림 (a)를 보면 내요도괄약근이 약해져 요실금을 억제하는 기능이 상실된 상태이나 그림 (b)는 요도 주위에 주사한 실리콘이 내요도괄약근의 기능을 강화시켜 요실금이 방지되었다.

4) 대사증후군

대사증후군이란 심뇌혈관 질환 및 당뇨병의 위험을 높이는 체지방 증가, 혈압 상승, 혈당 상승, 혈중 지질 이상 등의 이상 상태들의 집합을 말한다. 대사증후군이 있는 경우에는 심혈관 질환의 위험을 두 배 이상 높이며, 당뇨병의 발병을 10배 이상 증가시킨다. 이러한 대사증후군은 단일한 질병이 아니라 유전적 소인과 환경적 인자가 더해져 발생하는 포괄적 질병이다. 일반적으로 대사증후군에는 복부비만, 고혈압, 당뇨, 중성지방, 그리고 HDL 콜레스테롤이 포함된다. 한국인 기준으로 허리둘레가 남자 90cm 이상이고 여자 85cm 이상이면 복부비만에 해당된다. 수축기 혈압이 130mmHg 이상이고 이완기 혈압이 85mmHg 이상인 경우이거나 혈압약을 복용하고 있는 경우 고혈압으로 간주되고, 공복혈당이 100mg/dL 이상 혹은 당뇨병력이 있거나 관련 약물을 복용하고 있을 때 당뇨로 간주된다. 중성지방이 150mg/dL이상인 경우와 흔히 좋은 콜레스테롤이라 알려진 HDL 콜레스테롤이 남자 40mg/dL, 여자 50mg/dL보다 낮은 경우 각각 비정상인 것으로 간주된다. 5가지 중 3가지 이상이 정상 수준에서 벗어나면 이를 대사증후군으로 정의한다.

박스 **대사증후군**

- 아래의 구성요소 중 3가지 이상이 있는 경우를 대사증후군으로 정의할 수 있습니다.
- 복부비만: 허리둘레 남자 90cm 이상, 여자 85cm 이상
- 고중성지방혈증: 중성지방 150mg/dL 이상
- 낮은 HDL 콜레스테롤혈증: 남자 40mg/dL, 여자 50mg/dL 이하
- 높은 혈압: 130/85mmHg 이상
- 혈당장애: 공복혈당 100mg/dL 이상 또는 당뇨병 과거력, 또는 약물복용

출처: 질병관리청

최근 연구에서 낮은 HDL, 고혈압, 큰 허리둘레의 조합이 대사증후군 및 심혈관 질환과 관련이 있는 것으로 나타났다(Mansourian & others, 2019). 체중 감량과 운동은 대사증후군 치료의 일부로 강력히 권장된다(Paydar & Johnson, 2020; Wang & others, 2020).

표 **11-12** 대사증후군 관리를 위한 생활습관 개선 목표

항목	세부 내용
담배	금연
체중	이상체중 유지 및 중심비만 예방 체질량지수 20~25kg/m^2 허리둘레 남자 < 90cm, 여자 < 85cm
지방 섭취량	전체 열량의 30% 이하
포화지방산 섭취	전체 지방 섭취량의 10% 이하
콜레스테롤 섭취	300mg/day

(계속)

항목	세부 내용
단가불포화 섭취	섭치 권장
신선과일, 채소 섭취	하루 5회 이상 섭취
생선, 오메가-3	일주일에 2회 이상 섭취
알코올 섭취	남자 < 21단위/주, 여자 < 14단위/주 단위: 주류의 양 × 알코올 함량비율(%) 예) 4% 맥주 500cc 섭취 4 × 0.5 = 2단위
염분 섭취	소금 하루 6g 이하, 나트륨 < 2.4g/day
유산소 운동	매일 30분 이상(수영, 빠르게 걷기)

출처: 보건복지부, 대한의학회

마무리 학습

1. 중년기 성격발달이론 중 에릭슨의 생산성 대 침체성에 대해 문헌고찰을 하고, 이와 관련된 실예를 TV 드라마 혹은 영화 속에서 찾아 문헌고찰 내용과 비교하여 설명해보시오(참고문헌 혹은 기사의 출처를 제시할 것).

2. 중년기 성인 남녀에게서 나타나는 신체적, 심리적 변화에 대해 문헌고찰을 하고, 이러한 변화가 잘 반영된 TV 드라마 혹은 영화 속의 장면을 찾아 문헌고찰 내용과 비교하여 설명해보시오(참고문헌 혹은 기사의 출처를 제시할 것).

3. 중년기 여성(혹은 남성) 5명과 건강 문제 및 건강관리 방법에 대한 면접을 실시한 후 이를 요약하여 중년기 여성(남성)의 건강 유지 증진 전략을 작성해보시오.

4. 대사증후군 관련 뉴스기사, 컬럼, 논문 등을 5개 찾아 내용을 요약 및 정리하고, 대사증후군 예방을 위해 어떠한 생활습관을 가져야 할지에 대해 구체적으로 정리해보시오(참고문헌 혹은 기사의 출처를 제시할 것).

노년기

학습 목표

1. 노년기 정의와 평균수명, 건강수명에 대해 설명할 수 있다.

2. 노화이론에 대해 설명할 수 있다.

3. 노년기 신체 변화에 대해 설명할 수 있다.

4. 노년기 인지발달에 대해 설명할 수 있다.

5. 노년기 사회 및 심리발달에 대해 설명할 수 있다.

6. 노년기 성장발달 증진에 대해 설명할 수 있다.

7. 노년기 발달 관련 이슈에 대해 토의할 수 있다.

CHAPTER 12

노년기

노년기에는 신체가 노화됨에 따라 기관이나 조직이 탄력을 잃고 딱딱해지며 피부에 주름이 나타난다. 환경에 대한 신체 적응 능력이 현저히 감소하고, 세포 내 적절한 효소 생성 능력이 저하되며, 신체기관은 호르몬에 대한 반응을 제대로 하지 못하게 된다. 이러한 신체 기능의 저하는 사소한 스트레스에도 항상성이 깨지면서 질병에 대한 이환율이 증가하는 원인이 된다. 또한 뇌 조직의 변화로 단기 기억력 감퇴뿐만 아니라 수면 형태의 변화, 사고력, 집중력 감퇴, 자극에 대한 반응 지연, 걸음걸이 변화, 반사 기능 저하 등의 기능 감퇴가 일어난다.

사회·심리적으로는 인생을 마무리하는 단계에서 지나간 일생에 대해 그런대로 만족하고 최선을 다해 의미 있는 일생이었다는 느낌을 갖는 자아통합감이나, 자기 인생이 무의미하며 지나온 인생에 대한 불만으로 우울해하는 절망감을 경험하게 되는 시기이기도 하다.

노년기는 은퇴 후 수입의 감소와 활동 범위 축소로 사회적 역할과 인간관계의 변화에 적응해야 하는 과제를 갖게 된다. 특히 배우자나 주위 지인들과의 사별을 경험하면서 신체적·사회적·심리적으로 더욱 위축될 수 있는 시기이다.

1. 노년기 성장발달

1) 노인 및 노년기의 정의

일반적으로 노년은 신체적 특성이나 기능상태, 사회적 역할과 지위 및 연령 등 다양한 요소를 기준으로 정의한다. 이 중에서 연령은 인구지표나 국가정책 반영 및 국가 간 통계자료를 비교할 때 가장 널리 사용되는 객관적 기준이다. 우리나라 노인복지법에서는 65세 이상을 노인으로 규정하고 있다. 그러나 이와 같은 기준은 노인의 다양성이나 개인차를 충분히 반영해 주지 못하는 한계가 있어 이를 더 세분화하여 노년기를 분류하기도 한다.

오늘날 평균수명 연장으로 노년기가 길어짐에 따라 노년기를 기능 수준에 따라 초기 노인, 노인, 고령 노인으로 구분한다. 초기 노인young-old은 65~74세까지, 노인middle-old은 75~84세까지, 고령 노인old-old은 85세 이상을 의미한다.

2) 평균수명과 건강수명

오늘날 의료기술의 발달과 풍부한 영양 섭취로 인간의 평균수명은 계속 증가하고 있다. 평균수명이란 0세의 출생자가 향후 생존할 것으로 기대되는 평균 생존연수로서 '0세의 기대 여명'을 의미한다. 2022년 기준 우리나라 남성의 평균수명은 80.7세, 여성은 87.1세, 남녀 평균은 83.9세이다. 반면에 건강수명이란 전체 평균수명에서 질병이나 부상으로 고통받은 기간을 제외한 건강한 삶을 유지한 기간을 의미하는데, 2022년 우리나라의 남성 건강수명은 71세, 여성은 77세로 여성이 약 6년 정도 더 높다. 2022년 건강수명을 출생할 때 기대여명과 비교하면 남녀에서 약 10년의 차이가 나는데, 이는 10년간은 건강하지 못한 상태에서 지내게 됨을 의미한다. 이와 같은 평균수명과 건강수명에 있어 연령의 차이는 있으나 그 격차는 전 세계적으로 거의 유사하다. 따라서 노년기 삶의 질을 증진하기 위해 평균수명과 건강수명 간의 격차를 줄이는 다각적 노력이 필요하다. 특히 여성은 남성보다 오래 살고, 혼자 생활하는 기간이 더 길기 때문에 노화로 인한 문제들은 대부분 여성 노인의 문제가 된다는

표 **12-1** 우리나라 및 OECD 주요 국가의 기대수명(2022년 기준) (단위: 세)

국가별	남자	여자	전체
대한민국	80.7	87.1	83.9
일본	81.8	87.8	84.8
캐나다	80.9	84.8	82.8
미국	75.5	81.0	78.2
스위스	82.5	85.9	84.3
독일	78.5	83.5	81.0
헝가리	71.6	78.3	75.0
덴마크	80.0	83.8	81.9
이탈리아	82.0	86.0	84.1
영국	80.4	83.8	82.2

것에 주의를 기울여야 한다.

3) 노화이론

노화는 진행적·불가역적·자연적인 생의 과정으로, 나이가 들어감에 따라 필연적으로 발생하지만, 그 발생 시기는 개인차가 현저하다.

노화의 과정을 설명하는 이론에는 생물학적 이론과 사회심리학적으로 구분되는데, 생물학적 이론은 세포 수준의 퇴행적 변화로 신체 전반에 걸쳐 노

표 **12-2** 생물학적 노화이론

생물학적 노화이론	기본 가정
계획된 노화이론 programming theory	신체의 노화는 유전자 내에 미리 프로그램 된 유형에 따라 진행된다.
유해산소이론 free radical theory	산소분자로부터 유리되는 불안정한 화학물질인 활성산소(free radical)가 세포를 파괴하여 노화가 촉진된다.
교차연결이론 cross-linkage theory	교차연결 물질이 DNA에 부착하여 세포분화 과정에 문제를 초래하고, 그 결과 노화가 발생한다.
마모이론 wear & tear theory	신진대사로 인한 화학적 부산물과 같은 해로운 물질의 축적을 포함하는 내적·외적 스트레스가 마모 과정을 촉진한다.
면역이론 immunity theory	면역기전의 약화로 자가 면역기전이 활성화됨에 따라 그 결과 노화가 발생한다.

표 **12-3** 사회심리학적 노화이론

사회심리학적 노화이론	기본 가정
활동이론 activity theory	사회적 활동을 지속적으로 유지하면 노화에 더 잘 적응할 수 있다.
사회유리이론 social disengagement teory	노화는 사회로부터 점점 유리되고 멀어지는 것을 의미한다.
지속이론 continuity theory	노인이 건강하고 성공적인 노화를 맞이하려면 평생에 걸쳐 구성해 온 역할이나 활동을 지속할 수 있어야 한다.

화가 온다는 관점이며, 사회심리학적 노화이론은 노화에 대한 개인의 행동, 감정, 심리적 과정을 설명해 주는 이론이다. 생물학적 노화이론과 사회심리학적 노화이론은 표 12-2, 표 12-3에 요약하였다.

4) 신체 변화

노년기는 노화와 관련하여 많은 신체의 변화가 나타나는 시기이다. 피부, 심혈관계, 근골격계 등 모든 신체 영역에서 노화가 진행된다. 시간의 흐름에 따라 일어나는 정상적인 신체 변화는 피하거나 되돌릴 수 없다. 이러한 신체의 변화는 환경적 요인, 유전적 요인, 그 밖에 다른 여러 요인의 영향을 받는다. 학자들은 인간의 신체발달은 30세에 정점에 이르고, 그 이후 사망에 이를 때까지 지속적으로 하강한다는 데 합의하고 있다.

(1) 외모의 변화

나이가 들면서 가장 눈에 띄는 변화는 피부, 모발, 치아와 관련된 변화일 것이다. 가시적으로 나타나는 현상은 주름과 탄력성 없는 피부이다. 30세 피부세포의 생존 기간이 100일이라면 70세 된 피부의 생존 기간은 약 46일 정도이다. 나이가 들어도 세포는 재생되지만 재생 속도가 느려져 소멸하는 세포를 따라가지 못한다. 또한 세포 자체도 수분을 유지하는 능력이 감소하여 결과적으로 피부 탄력성이 감소한다.

피부와 더불어 모발의 변화도 특정적인 노화의 지표이다. 노화 초기 단계에 체모에서 멜라닌 색소가 없어지기 시작하여 연령이 증가하면 모발의 상태가 백발이 되면서 윤기를 잃는다. 또한 머리카락의 밀도도 감소하고 머리 선이 뒤로 물러난다.

노년기에는 치아의 색이 탁해지고 상아질 생성이 감소하며 잇몸도 수축한다. 본인의 치아를 유지하는 노인들도 있지만, 노인들은 대부분 치아를 상실한다. 이러한 치아의 상실은 음식 섭취에 영향을 미쳐서 영양상태와도 밀접한 관계가 있다.

(2) 신경계의 변화

신경세포의 기본 단위는 뉴런이며 뇌의 활성 뉴런의 수가 성인기 동안 꾸준히 감소하게 된다. 나이가 들어감에 따라 뇌에서 나타나는 변화는 뇌 무게의 감소, 뉴런의 수상돌기 밀도 감소, 신경세포의 자극전달속도 감소 등을 들 수 있다. 따라서 뇌신경세포의 밀도 감소와 뉴런의 수적 감소로 뇌의 무게가 감소하게 된다.

(3) 감각의 변화

모든 감각 영역(시각, 청각, 미각, 촉각, 후각)은 나이의 변화에 매우 취약하다. 나이가 들어감에 따라 이전과 같은 수준의 결과를 얻기 위해서 좀 더 강한 자극이 필요하다. 시각, 청각, 미각, 후각의 변화는 성인 초기에서 시작되어 점차 소실된다.

인간은 감각을 통해서 외부 세계와 연결되어 있다. 그러므로 이러한 감각의 변화는 노인들의 세상에 대한 지각을 변화시키며, 특히 시각과 청력의 소실은 노인들의 일상생활에서 타인에 대한 의존성을 증대하는 요인이 되기도 한다.

① 시각

시각의 적응은 조명의 변화에 대해 적응하는 것과 관련이 있다. 동공의 크기는 나이가 들어 감에 따라 감소하므로 동공을 통과하는 빛의 양이 감소하여 적은 양의 빛이 망막에 도달하게 된다. 그러므로 노인은 명확하게 보기 위해서 매우 밝은 조명을 필요로 하며, 어두운 곳에서 밝은 곳으로 또는 밝은 곳에서 어두운 곳으로 이동 시 눈이 이러한 밝기의 변화에 적응하는 시간이 지연된다. 노인들은 대부분 섬광에 매우 민감하게 반응하며, 이러한 반응은 밝기의 적응이 느린 점과 함께 야간 운전에 지장을 초래한다.

시각도 점차 감퇴하는데, 이는 눈의 모양체가 굳고 탄력을 잃어서 시력이 떨어지는 현상이다. 이러한 원시는 60세가 되면 안정이 된다. 또 다른 시각의 변화는 노란색 안경을 쓰고 주위의 물체를 보는 것과 같은 황화현상이다. 노랑, 주황, 빨강 계통의 짧은 파동을 가진 빛의 일부를 흡수하게 되어 보라, 남색, 파란색 계통의 색깔을 구분하는 데 어려움을 느낀다. 이 외에도 노년기에는 연령 증가에 따라서 시각 정보를 처리하는 능력이 느려지고 자극 잔존현상이 나타난다. 즉, 순간적으로 꺼졌다 켜졌다 하는 빛을 지속적으로 켜져 있는 것으로 느끼거나, 두 가지 색이 교대로 반짝일 때 두 색의 구별 없이 단지 그 중간색으로 느끼는 현상이 나타난다.

노년기의 대표적인 시각 이상으로는 백내장과 녹내장이 있다. 연구 보고에 의하면 우리나라 노인들은 70대에 이르면 70%가 백내장에 걸리는 것으로 나타났다. 수정체는 통증을 느낄 수 없는 섬유질로 구성되어 있으므로 백내장이 발병해도 통증을 느끼지 못한다. 처음에는 시야가 흐릿하다가 잘 보이지 않게 된다. 백내장은 혼탁한 수정체를 제거하고 인공 수정체를 삽입하는 비교적 간단한 수술로 치유될 수 있다. 녹내장은 안압의 상승으로 인해 시신경이 눌리면서 시력이 손상을 받고 한번 손상된 시력은 회복이 안 되므로 심해지면 시력을 잃게 되는 질환이다.

② 청각

청력은 연령 증가와 더불어 감소한다. 남성의 45%, 여성의 31% 정도가 75세 이상의 나이에 경미한 청력소실을 가지고 있다. 청력소실의 가장 일반적인 특성은 높거나(아주 큰) 낮은(조용한) 소리에의 민감도와 말하는 내용을 이해하는 능력이 감소되는 것이다. 일반적으로 노인성 난청은 귀가 건조해지고 주름이 생기며 소리에 대한 예민성이 둔화되고 언어 구분 역시 둔화되므로 저음으로 천천히 이야기해야 상대방이 알아듣는다.

청력의 감소는 기본적인 인간 상호관계에 지장을 준다. 청력 감소로 인해 대화에 참여하는 능력이 떨어지면서 고립감이나 의심이 증가할 수 있다. 어떤 경우는 대화의 내용을 빠뜨리고 제대로 듣지 못하지만 보통 말소리보다 속삭이는 대화를 더 잘 인식하기도 한다. 청력이 감소된 노인들의 태도는 자존감과의 관계가 깊다. 자존감이 높은 노인은 의사소통에 잘 참여하나, 자존감이 낮은 노인은 자신의 가치를 의심하므로 다른 사람들의 행동을 의심하고 상처받기 쉽다.

③ 미각, 후각

성인들 사이에 미각 수용체의 밀집 정도는 차이가 매우 크다. 나이가 들어감에 따라 미각 기능이 점차 감소한다. 특히 60세 이후에는 미뢰의 감소, 입과 입술의 탄력성 소실, 타액 분비의 감소, 혀의 갈라짐 등과 같은 변화로 맛에 대한 민감성이 저하된다. 이러한 민감성의 감소는 특정한 약물이나 좋지 않은 구강위생으로 생길 수도 있다. 맛에 대한 감지 능력이 약해지므로 노인들은 조미료를 더 많이 넣은 음식을 좋아하게 되고, 소금도 더 첨가하게 되어 고혈압을 악화시키는 원인이 되기도 한다.

냄새를 구분하는 후각 능력 또한 연령 증가와 함께 감퇴한다. 노인이 냄새를 감지하기 위해서는 젊은이들보다 훨씬 짙은 농도의 향이 있어야 하며, 농도가 증가할 때 그 강도를 감지하는 능력 또한 감퇴한다. 후각과 미각의 변화는 식욕을 잃게 만들고 정상적인 식습관에 악영향을 끼친다. 새로운 약과 질병과 관련되어 나타날 수 있는 식욕저하, 치아의 문제로 인한 고통, 소화기관의 변화 등은 노인의 영양 불균형에 기여한다.

(4) 근골격계의 변화

정상 노화 과정에서 근조직은 위축되고 근섬유의 수가 감소하여, 근육조직은 섬유결합조직과 지방들로 대체된다. 근육의 질량이 감소하면 근육의 강도도 감소한다. 그러나 운동을 꾸준히 지속하는 경우 근육의 질량이나 강도의 감소 폭은 감소하는 것으로 알려져 있다.

근육의 질량이나 강도가 감소하면 신체균형 유지, 걸음걸이에 영향을 미치고 낙상이 흔히 발생하며, 그 결과 노인의 삶의 질에 부정적 영향을 미치는 원인이 된다. 따라서 근육의 질량과 강도를 증진시키기 위해서는 지속적인 신체

활동과 운동 및 적절한 영양상태의 유지가 필수적이다.

뼈는 나이가 들어감에 따라 뼈를 구성하고 있는 해면골과 치밀골의 손실이 일어나 부서지기 쉬운 상태로 변화한다. 특히 여성은 폐경과 더불어 여성호르몬인 에스트로겐이 감소됨에 따라 남성보다 더 이른 시기에 더 많은 양의 뼈 손실을 경험하게 된다. 노화로 인한 뼈 손실에 영향을 미치는 요인에는 조골세포와 파골세포의 불균형, 위장관에서 칼슘과 비타민 D 섭취 및 흡수율 감소, 체중부하 운동의 감소, 칼슘의 흡수와 분비에 관여하는 호르몬인 칼시토닌과 부갑상선 호르몬의 불균형, 햇볕에의 노출 시간 감소 및 여성에서 에스트로겐 농도의 감소 등이 있다. 그러므로 신체부하 운동과 칼슘, 비타민 D가 풍부한 음식을 섭취할 경우 노화로 인한 뼈의 손실을 감소시킬 수 있다.

위에서 언급한 신체 변화 이외에 순환기, 소화기, 내분비계 등에도 연령 증가에 따른 변화가 있다. 노인에게서 예견될 수 있는 정상적인 신체의 변화와 이로 말미암아 나타날 수 있는 질환이나 증상을 표 12-4에 요약하였다.

표 12-4 노화와 관련된 신체 변화와 건강 문제

신체기관	노화에 따른 정상 변화	건강 문제
동맥	말초 저항의 증가, 동맥의 탄력성 감소	비정상적 맥박, 잡음, 동맥류
	수축기 혈압과 이완기 혈압의 증가	혈압과 질병 발생률과는 상관관계가 있다. 그러나 이것이 원인과 결과가 된다거나 단순히 어떠한 인자와 상관이 되는지는 명확하지 않다. 약간 상승된 혈압은 뇌에 보호적인 효과를 나타낼 수도 있다.
	혈관의 동맥경화성 변화	동맥 폐색으로 허혈증 발생
소화기계	위산분비 저하(가능성)	철결핍성 빈혈이나 위암·흡수장애와 관련이 있다.
	대장의 운동성 저하	배변 횟수 감소
	간의 합성 저하	혈청 알부민의 감소
	갈증에 대한 민감성 감소	변비, 탈수
	칼슘 흡수 저하	흡수 불량, 골다공증
비뇨기계	방광의 크기 감소	빈뇨와 실금
	신장의 크기와 사구체의 숫자 감소, 신장혈류, 사구체 여과율, 세뇨관의 기능 감소	신장으로 배설되는 약물의 독성

(계속)

신체기관	노화에 따른 정상 변화		건강 문제
생식기계	전립선 비대		전립선 폐색
	골반근육의 약화		스트레스 요실금, 요도 탈출, 방광 탈출
	자궁경부와 질의 분비저하		소양증, 성교 동통
	약간의 성기능 감소		발기부전에 대한 두려움, 성욕에 관한 당혹감
근골격계	골 합성은 감소되고 퇴화는 증가됨		골다공증, 골절
	근육의 양과 강도 감소		피곤
눈	빛의 조절능력 저하, 다양한 빛의 강도 차이를 구별하는 능력의 저하		사고
	수정체의 밀도 증가		백내장
	수정체의 신축성 감소		노안
	안방수의 변화		녹내장
입과 치아	잇몸과 치아 주위의 골조직, 턱뼈의 재흡수		치아 상실, 치주질환
	침의 감소		영양부족, 혀의 작열감
	미뢰의 수적 감소		체중 감소
귀	내이와 외이의 자연적 변화		높은 파장의 소리를 듣는 능력의 상실(노인성 난청)
심장	심장근육과 카테콜아민 저하		심박출량 저하(65세에 50% 저하), 울혈성 심부전의 증가
	판막의 석회화 증가		심잡음·심내막염, 판막협착
	심장근육의 석회화		심장 전도의 손상, 심장 근육의 불안정으로 인한 심박동 주기의 변화
폐	신축성의 감소와 폐포의 크기 증가		폐기능의 변화(폐활량, 최대 노력 호흡 감소 등)
	확산의 감소, 폐포 모세혈관 막의 표면적 감소		산소 분압의 감소
	섬모의 활동저하, 기침반사 감소		기관지를 깨끗이 하는 능력의 감소, 폐렴의 발생률 증가
면역상태	T 임파구의 기능 감소		피부검사 시 음성반응의 확률 증가, 악성종양에의 이환율 증가
	2차적 면역반응 유지(B 임파구의 항체)		
심리적 상태	역할 변화		퇴직
	상실	신체적	배우자 사별 후 일년 내 사망률 증가
		심리적	우울증
		사회적	의미 있는 사람들의 상실(친구, 가족)

(계속)

신체기관	노화에 따른 정상 변화	건강 문제
호르몬	대사율 저하, 혈장 내 알도스테론 농도저하	나트륨 재흡수 저하
	에스트로겐의 저하, 난소 기능저하	폐경 후 이차 성징의 감소
	인슐린의 반응과 말초효과 감소	고혈당증
	고삼투압에 반응하여 항이뇨 호르몬의 증가	저나트륨증을 동반한 부적절한 항이뇨호르몬
	건강한 노인 남성에서 갑상선자극호르몬 분비호르몬에 대한 뇌하수체의 민감성 감소	남성에서 갑상선항진 덜 발생
뇌	뇌 무게의 감소 또는 뇌 특정 부분의 세포수 감소	기억력 감퇴, 노인성 치매
	수면 양상의 변화, 노인들은 꿈을 덜 꾸고 깨어 있는 시간 증가	불면증 증가
	뇌혈관의 동맥경화증 증가	다발경색치매
	모노아민 산화효소(monoamine oxidase)의 활동 증가	우울증
	반응 시간의 감소	반응 속도를 보는 항목의 IQ 점수는 감소하나, 언어나 단어 부분에서는 노년기에 증가
피부	통증이나 온도변화에 대한 반응 감소	사고
	온도와 진동에 대한 반응 감소, 통증의 역치 증가	화상
	피하지방의 감소, 뼈 돌출 부위의 지방 완충 저하	욕창
	땀샘의 위축	체온조절이 어려움
	땀샘의 위축증발에 의한 열 발산 능력 감소	열사병

칼슘 많이 섭취하기	햇볕 자주 쪼이기	걷기	달리기	등산하기
뼈를 튼튼히 하는 일상생활		유산소운동		

그림 **12-1** 노년기 근골격계 건강 유지 방법

5) 인지 변화

노인들의 인지 변화는 크게 지적 능력의 변화와 기억력의 변화로 나타난다. 노인들은 건강에 이상이 있을 때 나타날 수 있는 주요 증상 중의 하나가 인지

능력의 변화이므로 노인의 신체 사정에 있어서 인지 능력의 사정을 포함하는 것이 노인 건강관리에서 중요하다. 학자들은 노인들의 생각하는 과정의 변화, 즉 인지 변화에 대해 많은 관심을 갖고 다양한 연구를 진행해 오고 있다. 나이가 들어감에 따라 뇌의 무게가 감소하고, 회백질이 백질로 변화하는 생리적 변화 이외에도 생활습관, 환경, 유전 등 다양한 요인들이 인지 변화에 영향을 미칠 수 있다.

(1) 지적 능력의 변화

노인의 지적 능력에 대한 견해는 학자마다 서로 다르다. 지능의 변화는 측정하는 방법과 도구에 따라 다른 양상을 보여준다. 횡단적 연구 결과에 의하면 지능은 아동기에 증가하여 청년기 또는 성인기에 절정에 달하며, 중년기부터 감소하는 것으로 나타났다. 하지만 종단적 연구에서 지능은 50세까지 증가하며 60세 정도에서 안정되는 것으로 나타났다. 그러나 노인의 지능 측정의 문제점이 지적되기도 한다. 즉, 성인기에 가장 바람직한 능력은 성취나 성과보다는 적응력이기 때문에 미래의 학업성취 능력을 예측하기 위해서 개발된 소위 지능 검사에 의한 지적 능력 검사는 학업과 관련되지 않은 일반적 지능 측면이 고려되지 못하므로 성인기, 노년기의 지능의 변화를 정확하게 파악하기 힘들다.

Horn과 Catell은 지식을 유동성 지능과 결정성 지능의 두 가지로 나누어 설명하였다. 유동성 지능은 기초적 인식 과정으로 유동성 지식을 지식의 핵심으로 보았으며, 나이가 들어감에 따라 감퇴한다. 반면, 결정성 지능은 연습과 반복의 결과로 획득되는 지능으로, 과거에 축적된 사회 경험을 반영한다. 통상적으로 노인은 유동성 지능은 감퇴하고 결정성 지능은 노년에 그대로 유지되거나 향상되는 것으로 알려져 있다.

노인의 지적 능력은 여러 가지 다른 요인의 영향을 받는다. 즉, 노인의 직업 수준, 건강상태는 노인의 지적 능력에 큰 영향을 미친다. 사고와 문제해결 능력이 필요한 직업에서 여전히 인지 능력을 활용하고 있는 노인은 그렇지 못한 노인들보다 지능 쇠퇴가 적게 일어난다. 그리고 노인의 지적 능력 저하는 건강상태와 관련이 깊을 수 있다. 노인의 건강 문제를 암시하는 가장 중요한 증상

중의 하나가 인식의 변화이기 때문이다. 노년기의 지적 능력에 영향을 미치는 또 다른 요인은 사망 직전에 지적 능력이 급강하하는 현상이다. 노인집단의 지능 평균 점수를 낼 경우 죽음을 앞둔 5년 정도 전부터 지적 능력의 급강하를 보이는 최종적 급강하terminal drop 현상이 나타난다. 즉, 인지 능력의 급강하 현상은 그의 사망이 멀지 않았음을 나타내 주는 지표가 될 수 있다.

① 기억력

기억은 이전에 경험한 생각, 인상, 정보, 감정을 회수하는 능력이다. 노년기의 인지 변화 중 기억력의 변화는 주요한 요소이며, 노인들은 기억력 감퇴로 인해서 좌절을 경험한다.

노년기 기억의 특징은 회고 절정이라 불리는 자서전적인 기억에 있어서는 더 생생히 기억하며, 부정적 생애사건보다는 긍정적 생애사건을 더 잘 기억하고, 처음으로 해본 경험, 중요한 기억들, 기억과 연관된 감정이 깊을수록 잘 기억한다(Wolf & Zimprich, 2020).

기억에는 일화기억episodic memory과 의미기억semantic memory이 있다. 일화기억은 삶의 사건들이 언제, 어디서 일어났는지에 대한 정보의 저장을 말하며, 의미기억은 개개인의 세상에 대한 지식이다. 의미기억은 전문 분야의 지식, 학교에서 배운 일반적인 학문적 지식과 일상생활의 지식을 다 포함한다. 젊은이들이 노인보다 일화기억을 더 잘 기억하며, 노년기에는 의미기억보다 일화기억이 더 많이 쇠퇴하는 것으로 보고되고 있다(Jarjat & Others, 2020). 또한 기억에는 외현기억explicit memory과 암묵기억implicit memory이 있는데, 외현기억은 의식적으로 알고 있고 말할 수 있는 사실에 대한 기억 및 경험에 대한 기억이다. 예전에 본 영화의 줄거리를 말할 수 있고 사려고 했던 물건의 목록을 기억하는 것은 외현기억이다. 암묵기억은 의식적인 회상 없이 기억하는 것으로 자동적으로 수행하는 절차와 기술을 포함한다. 자동차를 운전하거나 컴퓨터의 키보드를 기억하고 문서를 작성하는 것은 암묵기억이다. 노화와 함께 쇠퇴하는 것은 외현기억이라고 하였다. 암묵기억은 외현기억보다 노화의 영향을 덜 받는 것으로 알려져 있다(Ward, 2018).

② 노인의 우울증

노년기에는 노화 현상으로 인한 기능 저하와 기능장애에 따라 신체적 기능이 감소되고 신체적 질병, 직장 은퇴와 경제 상황의 악화, 배우자 상실, 자녀의 독립 및 친구의 죽음 등으로 인해 인간관계의 범위가 축소되어 공허감과 소외감을 느끼게 됨에 따라 우울 문제가 대두된다. 알츠하이머병을 앓고 있는 노인은 우울증을 동반하는 일이 흔하며, 노인을 직접 수발하는 가족 역시 우울이 심각한 것으로 알려져 있다. 피수발자들의 우울이 심할수록 수발자의 우울 정도도 심한 것으로 보고되고 있어 오늘날 노인과 그들 가족의 주요 문제로 부각되고 있다. 이 외에도 노인은 만성질환, 신체 기능 저하, 외로움 등으로 흔히 우울을 경험한다.

그림 **12-2** 노년기 우울

③ 지혜

지혜는 동서고금을 막론하고 나이와 함께 증가하는 것으로 알려져 있다. Erikson은 나이가 들어서 임박한 죽음을 받아들이고 인생의 의미를 찾아내는 데서 비로소 지혜가 발달한다고 하였다. 지혜는 마지막 8단계의 자아통합감 대 절망감의 갈등을 성공적으로 해결한 결과 나타나는 덕목이며, 커다란 후회 없이 자신이 살아온 인생을 인정하는 것이다.

지혜는 전 생애발달, 인간의 본성과 행위, 인생의 과업과 목표, 사회적·세대적 관계 등의 변화와 상태에 관한 지식, 아울러 인생의 불확실성과 예측 불허 등에 관한 총체적인 지식을 일컫는다. 이는 과거의 규칙적인 경험이나 습관에 의해서 굳어진 것이 아니라 독특하고 새로운 인간 문제에 대하여 예외적으로 적합하고 훌륭한 판단을 할 수 있는 능력이며, 이 능력은 연령 증가에 따라 증가할 가능성이 커진다고 할 수 있다.

6) 사회심리 변화

일반적으로 성격은 안정적이고 지속적인 것으로 간주한다. 이와 같이 성격의 안정성을 주장하는 학자들도 있는 반면, 몇몇 학자들은 성격의 변화를 강조한다. 예를 들어, 젊어서 고집 있고 강인한 사람이 부드러워지는가 하면, 나약하고 변화가 심한 이가 강인한 사람이 되기도 한다는 것이다.

(1) 자아통합감 대 절망감

Erikson은 그의 여덟 번째이자 마지막 위기인 '통합감 대 절망감'에서 노인들은 자신의 죽음에 직면해서 자신이 살아온 삶을 되돌아보게 된다고 하였다. 노인들은 자신의 삶을 다시 살 수 없다는 무력한 좌절감에 빠지기보다는 자신의 삶에 대한 통합성, 일관성 그리고 전체성을 느끼려고 노력한다. 이 단계에서 발달하는 덕목이 지혜이다.

자아통합감은 자신의 삶을 의미 있고 만족스러운 것으로 인식하는 것이며, 이를 이룬 노인들은 노년을 동요 없이 평안하게 보내고, 죽음에 대해서도 의연하게 대처할 수 있다. 반면 절망감은 자신이 바라던 삶을 이루지 못했다고 느끼고 이러한 실망감에 대해서 다른 사람을 원망하게 된다. 이는 인생을 낭비했다는 느낌, 이제 모든 것이 다 끝났다는 절망감으로 죽음의 공포에서 벗어나지 못한 채 불행한 죽음을 맞이하기도 한다.

(2) 노년기의 세 가지 위기

Peck은 노년기 심리발달에 관한 Erikson의 이론을 확장하여 노인들이 심리적으로 건강하게 살기 위해서 해결해야 하는 세 가지 중요한 위기를 강조하였다. 첫째는 '자아분화 대 직업역할 몰두'이다. 은퇴를 맞이하여 자신의 직업역할 이상으로 인간으로서 자신의 가치를 재정의할 필요가 있다. 내세울 만한 자신의 특성을 발견할 수 있는 사람들은 활력과 자신감을 유지하는 데 보다 성공하는 경향이 있다. 둘째는 '신체초월 대 신체몰두'이다. 일반적으로 노화와 함께 나타나는 신체적 쇠퇴는 두 번째 위기로 다가온다. 신체적 상태에 관한 걱정을 극복하고 이를 보상할 다른 만족을 구해야 할 필요가 있다. 마지막으로 '자아초월 대 자아몰두'이다. 노인들이 직면하고 있는 가장 어려운 과업이기도 하다. 지금의 자신과 자신의 인생에 대한 관심을 초월하여 다가올 죽음의 실체를 받아들이는 것이다. 예상되는 죽음에 대한 성공적인 적응이 노년기의 가장 중요한 성취가 될 것이다.

(3) Levinson의 노년기 발달단계

Levinson은 노년기를 노년 전환기와 노년기로 구분하였다. 노년 전환기는 60~65세를 말하며, 중년기를 끝내고 노년을 준비하는 시기이다. 이 시기에 갑자기 늙지는 않지만, 정신적·신체적 능력의 변화로 노화와 죽음에 대한 인식이 강화된다. 노년기는 65세 이상으로 사회의 주도 세력에서 물러나는 시기이다. 위엄과 안정 속에서 은퇴하는 것은 또 하나의 중요한 발달과업이다. 이 과업을 성공적으로 수행한 사람들은 은퇴 후에 가치 있는 일에 종사할 수 있다. 그리고 이 시기에 자신의 죽음을 준비하게 된다.

2. 노년기 건강 증진

의학과 과학의 발달로 인간의 평균수명은 길어지고, 이로 인해서 노인인구가 증가하고 있다. 고대 로마의 평균수명은 약 25세였으나 2022년 기준 우리나라 남성의 평균수명은 80.7세, 여성은 87.1세이며, 건강수명은 2022년 기준으로 남성은 71세, 여성은 77세로 여성이 약 6년 정도 더 높다. 건강수명과 평균수명의 격차를 줄이는 것은 노인의 건강과 삶의 질 증진뿐만 아니라 의료비 절감에도 의의가 있기 때문에 매우 중요한 사회적 이슈로 등장하고 있다.

노인이 자신의 건강을 증진시키기 위해서 가장 중요한 요인은 자기 자신의 건강을 증진하려는 스스로에 대한 동기화이다. 그러므로 노인들이 건강한 생활방식을 취하기 위해서 동기를 부여하여 건강 행위를 채택하게 하는 것은 중요하다. 이상적인 건강 유지 행위로는 양질의 영양 섭취, 운동, 적절한 수면과 휴식 등을 포함한다.

1) 노년기 영양

적절한 영양은 신체 기능을 유지하기 위한 필수 요소이다. 영양 부족은 무력감을 생기게 할 수 있고 질병 회복에 영향을 미칠 수 있다. 이러한 영양 부족으로 인한 영향을 자연적인 노화로 인한 영향으로 오인하는 실수를 범하기도 한다. 우리나라의 영양섭취부족자 분율 조사에서 70대 이상 노인의 19.9%가 영양 섭취 부족으로 나타나 10~18세의 23.4%에 이어 높은 분율을 보였다. 특히 소득 수준이 '하'인 노인의 영양 섭취 부족이 18.9%로 빈곤과 영양 섭취 부족이 관련이 있음을 알 수 있다(2020년 국민건강통계추이).

노인들의 부적절한 영양상태는 여러 가지 요인이 있을 수 있지만, 노화의 자연적인 신체 변화가 노인들의 영양 부족에 기여하는 바가 큰 것으로 나타났다. 노인들은 신체적 노화로 인해 각 기관의 기능이 저하됨에 따라 소화와 흡수, 배설 기능의 저하로 이어질 수 있다. 이와 더불어 후각, 시각, 미각 등 감각 기능의 저하와, 잦은 치과적 문제들은 노인들로 하여금 적절한 영양 섭취를 어렵게 하는 원인이 된다. 이 외에 노인들이 평생 섭취해 온 식생활 습관과 생활환경도 영향을 미치며, 경제적 수입의 감소와 물가 상승도 충분한 음식을 장만하는 데 어려움을 줄 수 있다. 지역사회에 혼자 사는 노인들은 쉽게 준비할 수 있는 음식을 선호하거나, 음식에 대한 관심이 부족할 수 있다. 또한 신선한 과일과 야채의 섭취가 감소하고, 캔과 같이 가공되어 나오는 식품의 섭취가 증가하여 영양적 가치가 떨어진다. 이 외에도 노인들이 겪는 질환으로 인해 식욕부진이나 식욕결핍이 나타날 수 있으며, 약물의 복용이나 의치의 부족 등도 음식을 적게 섭취하는 데 영향을 미친다.

노인들은 양질의 영양 섭취를 통해 암, 비만, 위장장애를 예방할 수 있으

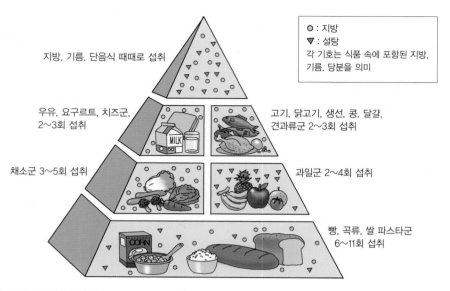

○ : 지방
▽ : 설탕
각 기호는 식품 속에 포함된 지방, 기름, 당분을 의미

지방, 기름, 단음식 때때로 섭취

우유, 요구르트, 치즈군, 2~3회 섭취

고기, 닭고기, 생선, 콩, 달걀, 견과류군 2~3회 섭취

채소군 3~5회 섭취

과일군 2~4회 섭취

빵, 곡류, 쌀 파스타군 6~11회 섭취

그림 **12-3** **식품 피라미드**
자료: 미국 농무성(courtesy department agriculture)

며, 노인들이 일상생활을 수행하는 데 필요한 에너지를 공급한다. 미국 국립과학 아카데미National Academy of Sciences와 국립연구위원회The National Research Council에서 개발한 노인 일일 권장량에 의하면 51~75세 남성은 2,000~2,800kcal를, 76세 이상의 남성은 1,650~2,450kcal를 권장하였다. 51~75세 여성은 1,400~2,200kcal를, 76세 이상의 여성은 1,200~2,000kcal를 섭취할 것을 권장하였다.

노인들의 적절한 영양 섭취를 위해서는 영양상태를 유지하기 위해 필요한 식품에 대한 교육이 필요하다. 지역사회에서는 노인들이 적절한 식품을 얻을 수 있도록 도와야 하며, 매일 식사를 제공하는 노인센터나 식사 봉사활동 등이 필요하다.

2) 운동

노년기의 건강한 신체상태 유지를 위해서 운동을 열심히 하는 것은 매우 중요하다. 신체의 최적 기능을 유지하고 노화에 따라 기능이 퇴화되는 것을 늦추기 위해서 노인들도 정기적으로 신체활동의 기회를 가져야 한다.

그림 **12-4** 노년기의 운동은 생의 활력을 제공해 준다.

걷기와 같은 유산소운동은 심혈관의 기능을 강화시키고, 근력이나 균형감각을 향상시켜 준다. 나이가 들어서도 지속적인 근력운동을 하게 되면 전반적인 감각기능과 민첩성이 매우 좋게 유지된다. 운동과 지각기능에 관한 연구에서는 운동이 중추신경계의 기능을 복합적으로 증진시킨다고 보고하고 있다. 운동을 함으로써 산소를 많이 보유하게 되고 이는 당 대사와 신경계에서 신경전달물질을 증가시키고, 또한 각성 수준도 높여 주며, 자극에 반응하는 속도도 증가시켜 준다.

박스 노년기 운동의 이점

- 수면 증진
- 만성질환 예방: 관절염, 심혈관 질환, 2형 당뇨병, 골다공증, 뇌졸중, 유방암 등
- 많은 질병의 치료의 한 부분: 관절염, 폐질환, 울혈성심부전, 관상동맥질환, 고혈압, 2형 당뇨, 비만, 알츠하이머병
- 세포 기능 증진
- 신체성분 최적화 및 노화로 발생하는 운동기술 쇠퇴 방지
- 정신건강문제 진행 방지 및 정신건강문제 치료에 효과적
- 노인의 뇌 기능, 인지기능, 정서기능 개선

3) 수면

수면 부족은 노인들이 자주 호소하는 불만 중 하나이다. 노인의 약 50% 는 수면의 어려움을 호소한다. 노인이 되면 수면시간이 감소하는 것으로 알려져 있으나 단순 수면시간 단축이 아니라 수면장애 때문이다. 수면장애는 노화로 인한 생물학적 변화로 인해 발생한다. 노인들은 낮잠으로 부족한 수면을 보충하려 하지만, 이로 인해 밤에 숙면을 취하지 못하는 악순환이 계속된다. 노인의 수면양상은 깊이 잠들지 못하고 자주 깨고 쉽게 방해받으며, 다시 잠들기 어렵다는 것이다. 나쁜 수면은 낙상, 비만, 수명의 단축, 낮은 인지기능의 위험요인으로 노인의 수면 문제는 건강 문제와도 밀접한 관련이 있다(Kohn & others, 2020).

노인들이 좋은 수면습관을 형성하기 위해서 노인들에게 수면양상의 변화는 정상적인 것이며 해로운 것이 아님을 알려 주어야 한다. 노인들이 양질의 수면을 취하려면 카페인 섭취를 줄이고 수면제 복용을 피하며, 낮 동안의 신체활동 증진과 낮잠 제한이 도움이 될 수 있다. 그리고 통증으로 고통받는 노인에게는 진통제의 양을 늘리는 것도 하나의 방법이 될 수 있다. 요양원이나 병원에 있는 노인들은 환경에 적응할 수 있도록 도와줌으로써 수면을 향상 시킬 수 있다. 수면장애를 극복하기 위한 지침은 박스에 제시하였다.

그림 **12-5** 노인의 수면장애는 노화로 인한 생물학적 변화로 나타난다.

박스 수면장애를 극복하기 위한 안내

❶ 수면을 돕는 생활습관
- 자고 일어나는 시간을 규칙적으로 한다.
- 취미생활과 활동을 한다.
- 낮잠을 피한다(낮잠이 하루에 취하는 수면의 일부분이라는 것을 기억해야 한다).
- 운동은 잠이 쉽게 들도록 돕는다. 하지만 잠자기 직전의 운동은 피한다.
- 오전 10시 이후에는 카페인 섭취를 피한다.
- 술을 너무 많이 마시지 않는다.
- 감기약, 기침약, 알레르기 약 등 매약을 피한다.
- 수면제 사용을 피한다.
- 담배를 피우지 않는다.

❷ 수면을 돕는 침실
- 조용하고 어두운 환경
- 상쾌하고 편안한 주변 환경
- 단단하고 편한 침대

❸ 다음과 같은 현상이 나타나면 건강관리자를 방문한다.
- 운전하는 동안 졸려움
- 우울, 불안, 심한 스트레스
- 일상생활을 하는 데 문제가 생김

3. 노년기 발달 관련 이슈

1) 치매

치매는 노인의 가장 큰 인지장애라고 할 수 있다. 치매는 크게 두 가지로 구분하는데, 하나는 뇌졸중과 같은 혈관성 장애나, 다른 원인으로 뇌 조직이 괴사하여 일어나는 다발성 경색성 치매multi-infarct dementia이며, 다른 하나는 알츠하이머alzheimer's disease라고 알려진 치매로서 치유가 불가능하다. 알츠하이머는 기억, 판단, 언어, 신체기능의 점진적인 악화로 특징지어지는 진행성이고 비가역적인 뇌장애를 말한다.

(1) 치매 유병률

노령인구의 증가로 인해 전 세계적으로 치매 환자가 증가하고 있다. 2000~
2018년까지 심혈관계질환으로 인한 사망은 7.8% 감소한 반면, 알츠하이머
로 인한 죽음은 146% 증가하였다. 65세 이상 노인의 약 10%가 알츠하이머
를 앓고 있으며, 나이가 듦에 따라 유병률은 극적으로 증가하여 65~74세 노
인의 3%, 75~84세 노인의 17%, 85세 이상 노인의 32%가 치매를 앓고 있다
(Alzheimer's Association, 2020).

우리나라의 65세 이상 노인인구 중 치매 환자는 2020년 약 84만 명이었고,
치매유병율은 10.29%였다. 향후 국내 치매 환자는 지속적으로 증가하여 2030년
에는 치매유병률이 10.56%, 2040년에는 12.71%, 2050년에는 16.09%로 치매
노인이 300만 명을 넘어설 것으로 예상하고 있다(중앙치매센터, 2022년).

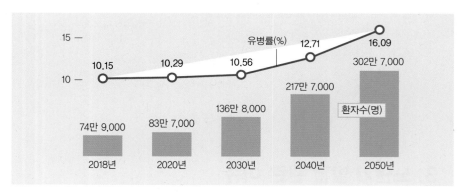

그림 **12-6** 국내 치매 노인 예상 추이
출처: 중앙치매센터

(2) 치매 증상

치매의 대표적인 초기 증상은 기억력 장애이다. 치매 환자의 기억력 장애는
경험한 것 자체를 잊어버리고 점차 심해지면 판단력도 저하된다는 점에서 나
이가 들면서 생기는 기억력 저하와 차이가 있다. 과거의 일도 정확하게 기억하
지 못하지만, 특히 최근의 사건들을 잘 기억하지 못한다. 그 외에 지남력(시간,

표 12-5 치매의 단계별 증상

초기	가족이나 동료들이 치매 환자의 문제를 알아차리기 시작하나, 아직은 혼자 지낼 수 있는 수준

- 초기 치매의 특징은 '최근 기억의 감퇴'가 시작된다는 것이다.
- 예전 기억은 유지되나 최근에 있었던 일을 잊어버린다.
- 음식을 조리하다가 불 끄는 것을 잊어버리는 경우가 빈번해진다.
- 미리 적어 두지 않으면 중요한 약속을 잊어버린다.
- 조금 전에 했던 말을 반복하거나 질문을 되풀이한다.
- 대화 중 정확한 단어가 떠오르지 않아 '그것', '저것'으로 표현하거나 머뭇거린다.
- 관심과 의욕이 없고 매사에 귀찮아한다.

중기	치매임을 쉽게 알 수 있는 단계로 어느 정도의 도움 없이는 혼자 지낼 수 없는 수준

- 돈 계산이 서툴러진다.
- 전화, TV 등 가전제품을 조작하지 못한다.
- 오늘이 며칠인지, 지금이 몇 시인지, 어느 계절인지, 자신이 어디에 있는지를 파악하지 못한다.
- 평소 잘 알고 지내던 사람을 혼동하기 시작하지만 대부분 가족은 알아본다.
- 대답을 못하고 머뭇거리거나 화를 내기도 한다.
- 다른 사람이 말하는 것을 이해하지 못하여 엉뚱한 대답을 하거나 그저 "예"라고 대답한다.
- 익숙한 장소임에도 불구하고 길을 잃어버리는 경우가 많다.
- 옷을 입거나 외모 치장에 실수가 잦아져 도움이 필요하며 외출 시에도 사람의 도움이 필요하다.
- 집안을 계속 배회하거나 반복적인 행동을 거듭한다.

말기	인지기능이 현저히 저하되고 정신행동 증상과 아울러 신경학적 증상 및 기타 신체합병증이 동반되어 독립적인 생활이 거의 불가능한 수준

- 식사, 옷 입기, 세수하기, 대소변 가리기 등에 대해 완전히 다른 사람의 도움을 필요로 한다.
- 대부분의 기억이 상실된다.
- 배우자나 자식을 알아보지 못한다.
- 혼자 웅얼거리거나 전혀 말을 하지 못한다.
- 의미있는 판단을 내릴 수 없고, 간단한 지시를 따르지 못한다.
- 근육이 굳어지고 보행장애가 나타나 거동이 힘들어진다.
- 대소변실금, 욕창, 폐렴, 요도감염, 낙상 등으로 모든 기능을 잃고 누워 지낸다.

장소, 사람을 아는 능력) 장애, 언어 능력장애, 시공간 능력장애, 실행 능력장애, 판단력 장애 등이 생긴다. 정신행동 증상으로 망상과 의심, 환각과 착각, 우울, 무감동, 배회, 초조, 공격성, 수면장애 등이 생길 수 있다. 치매의 단계별 증상은 표 12-5에 제시하였다.

(3) 치매검사

기존에 사용해 온 치매선별검사MMSE-K 도구는 10년 이상 반복 사용하면서 문항의 답을 외워서 답변하는 등의 문제점이 발생하여 검사 항목의 현실성과 신뢰도 제고를 위해 새로운 치매선별검사 도구가 개발되었다. CISTcognitive impairment screening test 검사는 기존의 간이형 정신상태 검사인 MMSE-K 검사를 2021년부터 대체하여 사용하기 위한 도구로 국가 치매검진사업에서 활용이

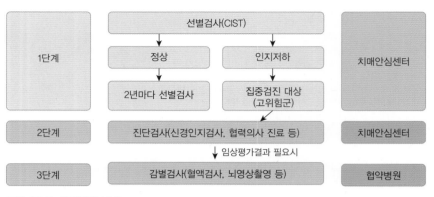

그림 12-7 치매검사 단계
출처: 중앙치매센터(https://www.nid.or.kr/main/main.aspx)

용이하고, 인지기능 저하에 대한 변별력이 우수한 도구로 평가되고 있다. 검사는 13문항, 30점 만점으로 점수가 높을수록 인지기능이 양호함을 의미한다.

(4) 치매 환자 치료와 돌보기

치매는 아직 완치 가능한 치료제가 없는 진행성 질환이며 점차 심각한 인지기능 저하, 행동장애, 일상생활 및 직업적, 사회적 기능장애를 보이게 되므로 꾸준히 약물 치료와 비약물 치료를 병행하는 것이 중요하다. 지속적인 약물치료는 증상이 악화되는 것을 늦춰 주기 때문에 치매 진단을 받으면 바로

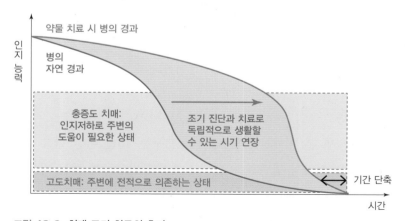

그림 12-8 치매 조기 치료의 효과
출처: 질병관리청

약물 치료를 시행해서 증상의 진행을 늦춰야 하며, 이를 통해 가족들이 치매 환자를 돌보며 쓰게 되는 시간과 비용도 줄일 수 있다.

또한 치매 전 단계인 경도인지장애와 경증치매단계에서는 약물 치료와 함께 인지자극, 인지훈련, 운동, 사회적 교류 등과 같은 비약물 치료가 치매의 진행을 지연시키고 증상을 경감시키는데 도움이 되며 인지기능 유지와 개선에 좋은 영향을 줄 수 있다.

치매 노인을 돌보는 일은 매우 힘든 일이다. 돌봄 제공자는 많은 스트레스를 받게 되고 돌봄 제공자에 의해 환자의 상태 또한 달라지기 때문에 치매관리의 중요성이 강조되고 있다. 평온하고 부드러우며, 서두르지 않는 태도로 치매 노인들을 대해야 하고, 스스로 돌볼 수 있도록 격려해야 한다. 그리고 배회하는 행위와 낙상을 예방하는 등 이들의 안전을 중요하게 고려해야 한다. 낙상은 노인들의 안위를 위협하는 요인이 되며, 심각한 경우 불구를 초래하기도 한다. 또한 2/3는 예방이 가능하기 때문에 낙상 예방 교육은 매우 중요하다. 노인의 낙상 예방법과 초기 치매 환자의 일상생활 돌봄 5원칙은 박스에 제시하였다.

박스 노인의 낙상 예방법

- 매년 실시되는 체력검사 시 시력과 청력검사를 함께 실시한다.
- 어지러움이나 진정작용이 있는 약물 복용 여부를 확인한다.
- 혈압약을 복용할 경우 저혈압이나 기립성 저혈압이 있을 수 있으므로 일어날 때는 천천히 일어나고, 일어나서도 움직이기 전에 잠시 서 있도록 한다.
- 술의 섭취를 제한한다.
- 필요할 때 지팡이나 보행보조기를 이용한다.
- 편안하고, 굽이 낮으며 고무창으로 되어 있는 신발을 신는다.
- 날씨가 춥고 길이 미끄러운 경우, 외출할 일이 있을 경우에는 다른 사람의 도움을 청한다.
- 뼈의 형성을 위해서 규칙적인 운동 프로그램에 참여한다. 걷기와 같은 체중부하 운동이 좋다.
- 집안 환경을 점검하여 낙상의 위험이 될 수 있는 카펫이나, 전선, 가구 등을 치운다.
- 목욕탕에는 손잡이와 미끄럼 방지 매트를 설치한다.
- 화장실과 집 안에 야간 조명을 설치한다.

박스 초기 치매 환자의 일상생활 돌봄 5원칙

1. 스스로 할 수 있도록 격려한다.
- 치매 환자가 할 수 있는 일은 스스로 할 수 있도록 하고 할 수 없는 부분만 도움을 주는 것이 가장 중요하다.
- 스스로 할 수 있도록 격려하여 남아있는 능력을 계속 사용할 수 있게 도와준다.

2. 도움이 필요한 동작은 보조해 준다.
- 치매 환자가 스스로 할 수 있는 것과 할 수 없는 것, 그리고 할 수 없는 일은 얼마나 도와주어야 할 수 있는지를 미리 알고 있어야 한다.

3. 필요한 동작을 보조해 줄 때 간결하고 쉽게 말한다.
- 한 동작씩 단계별로 나누어 말하고 규칙적인 동작을 반복해서 지시한다.

4. 규칙적인 생활을 유지한다.
- 규칙적인 생활은 치매 환자의 혼란을 경감시키고 정신적 안정에 도움을 준다.
- 오늘 하루 동안 해야 할 일이 무엇이고 지금 하는 일 다음에 해야 할 일이 무엇인지 알 수 있게 한다.
- 가족은 치매 환자의 평상시 생활패턴을 중심으로 생활시간표를 짜는 것이 좋다.

5. 따뜻하게 응대하고 치매 환자의 생활을 소중히 여긴다.
- 야단치거나 무시하지 않으며 환경을 마음대로 바꾸지 않는다.
- 치매 환자의 생활패턴을 알아두고 존중하며 가족이 편리한 대로 바꾸지 않는다.
- 환자의 속도에 맞춰 시간이 걸리더라도 스스로 할 수 있도록 충분히 시간을 주고 기다려준다.

2) 노인의 성

노인들도 인간의 기본적인 성욕을 느끼고 유지하고 있으며, 신체 기능은 쇠퇴해도 만족스러운 성생활을 영위할 수 있다. 그러나 노인들은 그들의 성적 행동에 지장을 줄 수 있는 부정적인 사회적 태도에 직면하게 된다. 노인의 성에 대한 많은 잘못된 고정관념들은 박스에 제시하였다.

497

박스 노인의 성에 대한 잘못된 고정관념

- 노인들은 성적 욕구가 없을 것이다.
- 노인들은 성기능 장애로 인해 성교를 할 수 없을 것이다.
- 발기부전은 노화의 자연적인 현상이다.
- 성교는 노인들의 건강에 위험할 수도 있다.
- 노인들은 신체적·성적으로 매력이 없다.
- 노인들이 성적인 행동을 하는 것은 도덕적으로 잘못된 것이거나 병이다.

　노인에 대한 잘못된 인식들로 인해 인간의 기본 욕구 중 하나인 노인들의 성적 욕구가 무시되어 왔다. 최근 연구에 의하면 노인들도 여전히 성적인 면에 관심이 있다는 것을 뒷받침해 준다. 노인들은 건강이 유지되는 한 성적으로 활발할 수 있으며, 노인들의 접촉에 대한 인간의 기본 욕구는 충족되어야 한다. 비록 노화로 인한 신체의 변화로 호르몬의 양이 감소하고, 심장병, 관절염과 같은 만성질환으로 인하여 제약이 있을 수 있지만, 노인들이 성적 표현을 하는 것은 기본 욕구를 충족시키는 것이어서 노인들의 삶의 질이 향상된다. Smith 등(2019)은 노인의 성적 행동은 인생의 큰 기쁨과 연관된다고 하였다.

　고령화 시대를 맞이하여 배우자 없이 살아가는 노인들이 증가하면서 이성 교재나 재혼 문제로 상담하는 노인들이 늘어나고 있다. 노인의 성적 표현은 인간의 본능이며 노후의 심리·정서적인 건강을 향상시킬 수 있는 요소가 되

그림 12-9　노인의 성: 노인의 성 욕구를 건설적이고 성숙한 방법으로 표현할 수 있는 사회적 분위기 조성이 필요하다.

CHAPTER 12 노년기

므로, 노인의 성적 욕구를 단순히 억압하기보다는 건설적이고 성숙한 방법으로 표출할 수 있는 기회를 제공해 주어야 할 것이다.

노년기 독신 노인들을 위해서는 신체적 변화와 성적 욕구에 적응할 수 있는 기회의 폭을 넓혀 주기 위한 방법으로 이성교제와 재혼이 중요한 대안일 수 있다. 이러한 노년기의 성적 적응에 대한 노인 당사자나 가족 그리고 사회 인식이 조정되어야 하며, 노인들이 재혼을 결심하는 데 문제가 되는 재정적 측면이나 기타 여러 제반 여건에 대한 보다 구체적인 개입과 조정이 필요하다.

3) 노인의 사회적 지지

사회적 지지는 사람들이 자신이 보호받고 있고 사랑받고 있으며 존중받고 가치 있는 존재로 여겨지며, 의사소통이 가능하여 일종의 보호를 수행해 줄 수 있는 연결망 속에 속해 있다는 믿음을 가질 수 있는 것으로 알려져 왔다. 이러한 사회적 지지는 크게 두 가지로 나누어 설명할 수 있다. 감정의 표현, 존경심, 자존감 등으로 설명될 수 있는 정서적 지지와 의료적인 돌봄 및 이외 여러 가지 일들을 도와주는 것으로 설명될 수 있는 수단적 지지이다. 이 두 가지는 서로 다르나 상호보완적이다. 이 둘 중에서 정서적 지지는 삶의 질을 유지하고, 나이가 들어감에 따라 동반되는 육체적 한계를 초월하여 생활해 갈 수 있도록 하는 데 많은 도움을 준다. 이러한 사회적 지지는 심지어 개인이 특별한 스트레스 상황에 직면하지 않았을 때에라도 건강과 삶의 질을 향상시키는 데 직접적인 역할을 한다. 그 이유는 다음의 세 가지로 생각해 볼 수 있다.

첫째, 사회적 지지는 의미 있는 관계이기 때문에 사회적 고립을 감소시키는 역할을 한다. 인생 후반기에 친밀한 친구가 있는 사람들은 더 높은 삶의 만족도를 보인다.

둘째, 돌봄이 존재하고 친근한 사람들과의 감정의 교류가 있으며, 정보와 충고 등이 제공된다. 이러한 지지의 존재는 스트레스의 영향을 감소시키고, 스트레스로 인해서 발생할 수 있는 질환이나 우울 등의 부정적인 영향으로부터 보호해 준다. 이러한 지지의 측면은 특히 노인들에게 많은 도움이 된다.

셋째, 의미 있는 사회적 지지체계 안에 속해 있는 것은 생명을 연장시키는 것과 관련이 있다. 이러한 사회체계와의 연관성이 높을수록 낮은 사망률을 보인다. 이는 이러한 지지체계가 노인들에게 필요한 운동을 계속하고, 필요할 때 의료 정보를 찾을 수 있도록 격려해 준다. 가족과 친척, 친구들로 구성된 사회 지지체계는 질병으로 인한 상실 기간 동안 직접적인 도움과 어려움을 극복하고 희망을 가질 수 있도록 격려한다.

그러나 노년기에는 전반적인 사회적 연결망이 감소되기 때문에 가족과의 관계가 더욱 중요해진다. 손자녀가 있는 노인은 없는 노인보다 친척과의 접촉이 훨씬 많다. 이는 손자녀들은 점차 성장하여 결혼으로 인해 새로운 가족이 생기게 되지만, 손자녀가 없는 노인의 경우 주위의 형제나 친구들의 사망에 따라 점차 동반자를 잃게 되기 때문이다. 특히 손자녀의 어린 시절에 함께 개입한 정도가 현재 관계의 질에 영향을 미치게 되어 더욱 밀접한 접촉이나 함께 즐거운 시간을 보내고 정서적 표현을 하는 등 특별한 관계를 유지할 수 있다. 따라서 손자녀들은 필요 시 할아버지나 할머니들에게 실제적인 도움뿐만 아니라 정서적인 도움도 제공할 수 있는 잠재적인 사회적 지지원이 된다.

물리적인 체력의 감소를 경험하고, 재정적 자원의 한계를 느낄지 모르는 노인들이 이러한 제한점들을 극복하기 위해서는 그들이 가지고 있는 가치 있는 사회적 지지의 체계 속에 있다는 것을 확신하는 것이 중요하다. 그리고 이러한 지지체계는 물리적 도움뿐만 아니라 개인적인 가치를 존중하는 것에 바탕을

그림 **12-10** 손자녀와의 친밀한 접촉은 노인의 삶의 질을 높인다.

두어야 한다. 노인들은 자신이 받은 지지보다 훨씬 많은 지지를 사회에 베풀수 있다. 이러한 베풂은 노인들에게 자신이 유용하다는 느낌을 주고 이러한유용성의 느낌은 후반기 삶의 질과 중요한 관련이 있다. 노인들은 대부분 사회적 지지체계의 일환으로 종교 활동을 하고 있다.

4) 성공적 노화

최근 고령 노인이라 할지라도 여전히 적극적이고 독립적인 삶을 영위하는노인들이 증가하고 있기 때문에 연령을 노년의 지표로 보는 데는 여전히 한계가 있다. 이에 대한 대안으로 최근 노인학자들은 노화에 대한 긍정적 태도 형성 및 노인의 안녕 수준에 초점을 맞춘 성공적 노화successful aging의 개념에 관심이 집중되고 있다. 백세시대와 초고령 사회가 도래되면서 우리의 생애에서노인으로 보내는 시간이 가장 길어졌고 이에 따라 기존과 달리 노년기는 생애주기에서 가장 중요한 단계로 변모함에 따라 성공적 노화가 매우 중요해졌다.

성공적 노화란 인생주기의 마지막 단계인 노년기에 경험하는 신체적, 심리적, 사회적 변화에 잘 적응하고 적절하게 대처해가는 과정을 말한다. 신체적쇠퇴, 건강 상실, 낮은 수입 등 객관적인 어려움에도 불구하고 심리사회적인건강과 삶의 만족이 높은 수준을 성공적 노화로 정의한다.

성공적 노화의 개념은 과거 생리적 측면에만 초점을 맞춘 신체적으로 건강한 노후 중심의 개념 및 빈곤, 질병, 고독, 의존성 등 노인에 대한 부정적인 측면에 초점을 맞추어 온 것에서 탈피하여 객관적 상실을 넘어서는 높은 주관적인 안녕감의 역설paradox of wellbeig을 보여주는 개념으로 발전하였다.

성공적 노화이론의 대표적인 학자 Rowe & Kahn(1998)은 성공적 노화에대한 전통적 시각에서 탈피하여 성공적 노화를 3가지 영역으로 규정하였다. 첫째는 질병과 장애의 최소화이다. 질병과 장애가 단순히 없는 것이 아니라노화에 따르는 불가피한 신체적 변화를 전제로 질병의 합병증 위험과 질병으로 인한 장애를 최소화하는 위험 예방을 강조하였다. 둘째는 신체와 정신적기능의 유지이다. 셋째는 '삶에 참여를 지속하기'로 자신을 포함해 다른 사람과의 관계를 지속적으로 잘 유지하는 것을 강조하였다. 세계보건기구WHO 에서는 성공적 노화를 사회적 건강(생산적 참여) 및 좋은 정신적(정서적, 인지적) 상태로 정의하고 있다.

성공적 노화는 전 생애 발달적 관점에서 내적으로 보다 원숙해지는 노년기의 모습을 강조하고 있으며, 성공적 노화는 결과가 아닌 적응하는 과정으로, 개인의 선택과 행동에 좌우되어 누구든지 성공적 노화로 옮겨갈 수 있고, 건강과 연령, 경제상태 등의 인구사회학적 변인에 큰 영향을 받지 않는 개념으로 보고 있다. 이렇듯 성공적 노화는 발달심리적인 측면에서 인지적 기능의 최적화, 생활 만족도, 지각된 자기효능감과 통제력으로 이해하게 되었고 발달이론의 관점에서는 성공적인 노화 개념은 계속되는 발달 과정이라는 특성을 지닌다.

성공적 노화에 영향을 미치는 요인 중 사회적 지지, 자아존중감, 노화 태도가 일관되게 큰 영향을 미치는 요인으로 보고되었다. 자녀를 통한 만족감보다는 스스로 독립적인 자세를 갖고 적극적으로 사회참여 활동을 하고 나이가 듦에 따라 지혜도 증가하여 자신을 가치 있고 능력 있는 개체로 생각하면서, 삶의 의미와 목적을 잃지 않고 심리적 성장과 내적으로 원숙해지는 시기라는 노화의 긍정적 측면을 보고 노화를 수용하는 것이 중요하다.

따라서 노화에 대한 부정적 고정관념을 내면화하지 않고 노화에 대한 긍정적 태도를 갖고 노후를 준비하는 것이 성공적 노화를 위한 효과적인 방안이

그림 **12-11** **성공적 노화:** 노화에 대한 긍정적 태도를 갖고 노후를 준비한다.

라 할 것이다.

5) 죽음에 대한 준비

인생의 마지막에서 궁극적으로 맞이하게 되는 것이 죽음이다. 나이가 든 사람들은 죽음에 대해 더 많이 생각하고 이야기하며, 자신의 죽음을 덜 두려워하는 편이다.

Marshall과 Levy(1990)에 의하면 노인들은 죽음 그 자체보다 죽음 전의 불확실한 시간들을 더 두려워한다고 하였다. 즉, 어디서 살 것인지, 누가 돌보아 줄 것인지, 죽기 전에 경험하게 될 통제력과 독립성의 감소에 어떻게 대처할 것인지 등에 관해서 더 많은 두려움을 느낀다고 한다. 죽음에 대한 태도는 종교의 영향이 크다. 내세에 대한 신념이 큰 사람들은 죽음을 덜 두려워한다.

Kübler-Ross는 죽음과 타협하게 되는 다섯 가지 단계를 제시하였다. 이는 자신의 임박한 죽음을 받아들이지 않는 부정, 죽음에 대한 분노, 죽음이 연기되거나 지연되기를 바라는 타협, 자신의 임박한 죽음을 슬퍼하게 되는 우울, 그리고 죽음에 받아들이게 되는 수용의 단계를 거친다고 하였다. 죽음의 경험도 우리의 삶처럼 개인적이어서 모든 사람이 이와 같은 단계를 거친다고 할 수는 없다. 이러한 이론은 인생의 종말을 맞는 개인의 감정에 대한 이해를 돕는 것이지 건강한 죽음의 지표가 될 수는 없다. 개개인이 죽음을 맞이하는 태도는 신앙, 경험, 문화 등 여러 요인에 따라 달라질 수 있다.

좀 더 평안하고 안정된 죽음을 위해서 1960년대에 호스피스 간호가 대두되었고, 우리나라는 1980년대에 소개되었다. 호스피스 간호는 질환 그 자체에 초점을 두어 환자를 치료하는 것이 아니라 환자를 좀 더 편안하게 하고 남은 날들을 의미 있게 하는데 목표를 둔다. 죽어 가는 환자를 하나의 인간으로 대우하고 품위를 잃지 않으며, 평화스러운 마음으로 임종할 수 있도록 신체적·정신적·사회적 욕구를 충족시켜 주고, 아울러 그들의 가족들도 격려하고 지원해 주는 것이다. 노인들은 다가올 죽음을 준비하고 가족들도 준비하여 평안한 임종으로 생을 마무리할 수 있도록 해야 할 것이다.

상실은 생애주기에서 피할 수 없는 불가피한 부분이다. 특히 배우자의 사망

그림 **12-12** 한국의 공원묘지

은 남겨진 노인에게 그동안 유지해 온 결혼생활과 배우자로서의 역할 상실감 및 정체감 소실을 경험하게 하는 것으로 보고되고 있다. 이러한 상실감은 그동안의 삶에서 유지해 오던 타인과의 친밀한 관계 형성과 개인적인 역할에 대한 삶의 의욕을 감소시키고 장례식 후 얼마 되지 않아 외로움, 불안, 우울을 느끼게 한다. 외향적이고 자존감이 강한 노인일수록 외로움에 쉽게 직면하게 되고 지속해서 과거의 삶을 유지하는 경향이 있다. 즉, 배우자 사망 전에 중요시했던 사회적 관계를 지속하려 노력하고 친척이나 친구들과 좋은 관계로 반응하며, 최소한 이전만큼 접촉한다는 것이다. 또한 일상생활에 대한 자기효능 감이 높은 사람일수록, 일상생활에 잘 적응한다고 알려져 있다.

　외국에서는 죽음에 대한 준비가 모든 연령대의 사람들에게 죽음을 효과적으로 받아들이도록 돕는다는 측면에서 지역사회에서 임종 교육death education 이 제공되고 있으며, 이러한 교육이 점차 대학에서 초등학교까지 확대되는 추세이다. 즉, 노인뿐만 아니라 지역사회 모든 일원이 죽음을 성숙하게 준비하는 태도가 점차 중요시되고 있음을 알 수 있다.

마무리 학습

1. 문헌에 제시된 성공적 노화의 의미를 조사하고, 본인이 생각하는 성공적 노화와 비교하여 설명하시오(참고문헌 혹은 기사의 출처를 제시할 것).

2. 주변의 노인이나 매스컴, TV 드라마, 영화 혹은 소설 등에서 성공적 노화의 모델이 될 수 있는 노인을 찾아보고, 성공적 노화의 의미를 반영하는 모델 노인의 노년기 삶을 기술하시오(참고문헌 혹은 기사의 출처를 제시할 것).

3. 주변에 있는 치매안심센터를 방문하여 치매 환자 선별검사와 관리 방법, 치매가족 지원서비스 및 치매예방 서비스에 대해 조사하시오(관련 증빙자료 첨부할 것).

4. 보건소를 방문하여 국가에서 제공되는 독거노인 지원서비스의 종류에 대해 조사하시오(관련 증빙자료 첨부할 것).

아름다운 생의 마무리

학습 목표

1. 임종과 죽음의 개념을 설명할 수 있다.
2. 사별과 애도의 개념과 과정을 설명할 수 있다.
3. 임종, 죽음과 관련된 이슈에 대해 토의할 수 있다.

CHAPTER 13

아름다운 생의 마무리

죽음은 모든 생명체가 받아들여야만 하는 보편적이며 불가항력적 생활 사건이다. 인간은 언젠가는 죽지만 노년기만큼 죽음의 문제가 일상적인 삶과 직접적으로 연관된 시기는 없을 것이다. 인간은 자신이 죽게 될 것임을 자각하면서 생의 의미와 평생 자신이 간직해 온 가치들을 회고하며 죽음을 맞이하기 위한 준비를 하게 된다. 노년기는 신체기능과 생산성의 저하, 은퇴, 배우자 사별 등의 경험을 통해 상실감과 인생의 유한성을 인식하며 죽음을 구체적으로 자각하게 되는 시기로, 자신의 임종까지 매우 현실적인 준비와 대응이 필요한 단계이기도 하다.

"인생의 중요한 순간마다 곧 죽을지도 모른다는 사실을 명심하는 것이 저에게 가장 중요한 가르침이었습니다. 왠지 아십니까? 여러 가지 자부심과 자만심 그리고 수치심과 실패에 대한 두려움은 죽음과 직면할 때 모두 떨어져 나갑니다. 진실로 중요한 것만 남습니다. 이걸 기억해 두세요. 죽음을 생각하는 것이야말로 무언가 잃을지도 모른다는 두려움에서 벗어나는 최고의 길입니다. 저는 매일 아침 거울을 보면서 자신에게 묻곤 합니다. 오늘이 내 인생의 마지막 날이라면, 지금 하려고 하는 일을 정말 할 것인가?" 이것은 스티브 잡스가 스탠퍼드 대학 졸업식에서 한 강연의 일부이다. 죽음을 생각한다는 것 자체가 그의 삶을 안내하는 원동력이며, 삶과 죽음은 서로 분리되지 않음을 새삼 일깨워준다.

1. 노년기와 죽음

1) 임종과 죽음의 개념

임종과 죽음의 의미는 문화와 연령, 건강상태, 인지 능력, 개인의 발달 특성과 생활 상황 등에 따라 달라질 수 있어 이를 한마디로 정의하는 것은 쉬운 일이 아니다. 기존의 연구에 나타난 임종과 죽음의 의미를 종합해 보면 다음과 같다.

임종dying이란 광의로는 '출생의 순간부터 시작되는 삶의 과정과 동일한 과정'이라 할 수 있으며, 협의로는 '삶을 회복할 가능성이 희박한 상황에 놓인 상태', '죽음이 임박한 상태', '생명이 끝나 가는 것' 등을 의미한다. 일반적으로 임종에 대한 협의의 개념이 널리 사용되고 있다.

죽음death이란 '살아 있는 상태의 종결', '죽어가는 과정dying이 종결되는 것', '생명이 없어지는 현상' 등으로 정의되고 있다. 다시 말해서 임종이란 죽음을 경험하는 일련의 과정이며, 죽음은 유기체가 생존 능력을 상실하여 다시 소생할 수 없는 상태를 의미한다. 그러나 이러한 죽음의 개념은 다양한 유형의 죽음을 모두 포괄하는 데 한계가 있다. 죽음을 설명하는 죽음의 유형은 박스에 제시하였다.

박스 죽음의 유형

- **생물학적 죽음**: 호흡과 심장과 같은 인간 장기의 기능이 정지되어 움직이지 않게 되는 상태를 의미한다. 호흡정지, 심장정지, 동공확대를 죽음의 판단 기준으로 하지만 뇌세포가 소멸하여 뇌 기능이 완전히 정지된 상태를 의미하는 뇌사를 생물학적 죽음으로 인정할 것인가에 대해서는 오랫동안 논란이 제기되어 왔으며, 2000년부터 장기 등 이식에 관한 법률이 시행됨에 따라 뇌사를 공식적으로 인정하게 되었다.
- **의학적 죽음**: 심장 기능, 호흡 기능 및 뇌 반사의 비가역적 정지 또는 소실로 인체의 세포가 불가역적인 상태로 변화한 것을 의미한다.
- **법적 죽음**: 의사가 죽음을 판정한 후 이를 기초로 죽음을 법적으로 인정한 것을 의미한다.
- **사회적 죽음**: 일부 체세포의 기능은 유지되고 있으나 정상 생활인으로서 기능을 전혀 할 수 없는 상태로, 식물인간과 같이 살아있으나 사회적으로는 기능하지 못하는 경우를 말한다. 그러나 사회적 죽음의 판정은 자의적이어서는 안 되며, 반드시 의학적 또는 법적 죽음이 전제되어야 한다.

2) 죽음의 의미

노년기는 죽음에 직면해 있는 시기로서 죽음의 의미를 직시함으로써 죽음과 관련하여 나타나는 변화에 적극적으로 대처할 수 있다. 죽음은 사회문화적, 종교적 배경에 따라 차이는 있으나 '삶의 소멸', '삶으로부터의 해방', '삶의 연장'의 의미로 인식되고 있다.

'삶의 소멸'은 죽음을 무(無), 끝, 자연현상으로 인식하는 것이며, '삶으로부터의 해방'은 죽음을 '힘든 삶에서의 쉼', '허무한 삶에서 해방', '민망한 삶에서 해방'으로 인식하는 것이다. '삶의 연장'은 죽음을 '이승과 연결된 삶', '영원한 삶', '재생하는 삶'으로 인식하는 것을 의미한다. 한국 사람들이 생각하는 죽음의 의미는 박스에 제시하였다.

박스 한국 사람들이 생각하는 죽음의 의미

- 죽음은 시간의 제약 또는 종말이다.
- 죽음은 현세에서의 존재의 소멸이며, 무(無)의 상태가 되는 것이다.
- 죽음은 삶의 연장, 즉 또 다른 새로운 세계나 윤회나 환생, 영생을 의미한다.
- 죽음은 삶의 경험, 가족 등과 같은 소중한 것의 상실이다.
- 죽음은 형벌이다.
- 죽음은 힘든 삶으로부터의 해방이다.
- 죽음은 섬뜩한 저승사자 또는 부드러운 성령이다.
- 죽음을 통하여 차별성이 극복되고 잘못된 관계를 개선하는 계기가 되며, 사랑했던 사람과의 재결합을 가져다준다.
- 죽음은 자연스러운 현상이다.

---

3) 좋은 죽음

(1) 좋은 죽음의 개념

죽음은 생애발달의 한 과정으로 모든 생명체에 일어나는 본질적이며, 필연적인 사건이다. 인간은 죽음을 피할 수 없기 때문에 모두들 좋은 죽음을 맞이하기를 갈망한다.

좋은 죽음good death은 웰다잉Well-dying이라고도 하는데, '행복한 죽음', '바람직한 죽음', '만족스러운 죽음', '잘 죽어가는 것', '평화로운 죽음', '존엄한 죽음dying with dignity', '예견된 죽음', '생의 아름다운 마무리', '준비된 죽음', '편안한 죽음', '아름다운 죽음' 등 다양한 용어로 사용되고 있다.

좋은 죽음에 영향을 주는 요인은 인구학적, 사회/문화적 요인으로 분류된다. 인구학적 요인에는 죽어가는 사람의 나이, 가족관계, 질병의 수와 질병 기간 등이 포함된다. 나이가 너무 젊거나 어린 나이의 죽음은 좋은 죽음으로 받아들여지지 않는다. 임종 시 곁에 있어 줄 자식이 있고 자녀를 앞세우지 않으며, 가족들 사이에서 죽음을 맞이하는 것, 질병에 걸려 죽는 시간까지의 시간이 너무 길지 않게 죽는 것을 좋은 죽음으로 인식한다. 사회문화적 요인에는 가족, 친구 등과의 갈등 관계를 해소하고 사회봉사 및 죽음 준비 교육 참여, 자신에게 주어진 임무의 완수, 버킷리스트, 장례식, 유언을 준비하고, 의료진과의 신뢰 관계가 형성되었을 때를 좋은 죽음으로 인식한다. 이러한 요인들은 임종이 임박해서 준비하기보다는 죽음을 누구에게나 오는 삶의 한 과정으로서 받아들이고 오랜 기간에 걸쳐 서서히 준비해 가야 한다는 의미가 포함되어 있으며, 행복한 죽음을 맞이하려면 후회 없고 행복한 삶을 잘 살아야 한다는 의미와도 그 뜻을 같이하고 있다. Age Concern England(1999)에서 제시한 노년기 좋은 죽음의 속성은 박스에 제시하였다.

박스 노년기 좋은 죽음(good death)의 속성

- 죽음이 언제 오고, 언제 일어날지를 예상할 수 있는 것
- 앞으로 일어날 일들에 대한 조절력을 가지는 것
- 존엄성과 사생활 보호를 받는 것
- 통증 감소와 증상 관리를 받는 것
- 임종 장소를 선택할 수 있는 것
- 필요한 경우 전문가로부터 정보를 얻을 수 있는 것
- 영적, 정서적 요구가 사정되고 지지를 받는 것
- 어느 곳에서든 호스피스 간호를 받을 수 있는 것
- 임종 시 함께 할 사람을 선택할 수 있는 것
- 생명유지장치 사용 여부를 사전에 결정하고 존중받는 것

(계속)

- 주변 사람들과 작별을 고할 시간을 갖는 것
- 언제 떠날 것인지를 알고 무의미한 생명 연장을 하지 않는 것

출처: The future of health and care of older people: the best is yet to come.
Millennium papers. London: Age Concern England; 1999.

(2) 한국인이 인식하는 좋은 죽음

한국 노인들은 천수를 누리고 죽는 것, 자식이나 배우자를 먼저 보내지 않고 죽는 것, 부모 노릇을 다하여 자손들이 잘사는 것을 보고 죽는 것, 자손들에게 부담이나 폐를 끼치지 않고 죽는 것, 주변의 사람들을 배려하는 죽음, 가족이나 자녀가 지켜보는 가운데 죽음을 맞이하는 것, 통증 없이 자다가 죽음, 본인의 집에서 맞이하는 죽음, 준비되고 편안한 죽음, 삶을 마무리하는 죽음 등을 좋은 죽음으로 인식하였다.

윤영호 등(2018)의 연구 보고에 의하면 한국인이 생각하는 좋은 죽음의 요소 중 '가족에게 부담을 주지 않는 것', '의미 있는 사람이 함께 있는 것'을 중

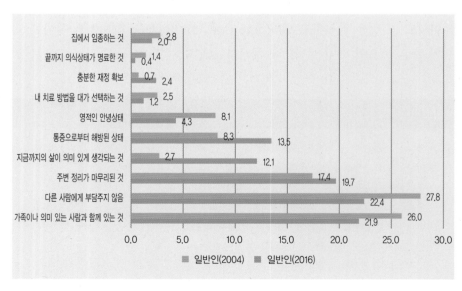

그림 13-1 일반인의 좋은 죽음에 대한 태도 비교(2004년/2016년)

출처: Yun, Y. H., Kim, K. N., Sim, J. A., Kang, E., Lee, J., Choo, J., ... & Jung, K. H. (2018). Priorities of a "good death" according to cancer patients, their family caregivers, physicians, and the general population: a nationwide survey. Supportive Care in Cancer, 26(10), 3479–3488.

요하게 생각하는 것으로 나타났다. 이는 미국과 영국 등 서양인들이 좋은 죽음의 요건으로 개인을 중시하는 분위기와는 차이를 보이는 것으로, 한국인의 좋은 죽음에 대한 인식은 아직도 가족 중심적임을 알 수 있다. 그러나 10여 년 전의 연구 보고와 비교했을 때 2016년의 연구 보고에서는 '주변 정리', '통증 완화', '의미 있는 삶' 등 서구처럼 개인을 중시하는 비중이 점차 증가하고 있다. 이는 정부, 언론, 시민사회와 학자들이 이러한 의식변화를 인지하고 이에 대처해야 할 필요성을 시사한다(그림 13-1).

민들레와 조은희(2017)는 좋은 죽음에 대한 개념분석을 통해 한국 사회에서 좋은 죽음은 환자와 가족, 의료진의 상호작용을 통해 임종 준비기와 임종기에 바램이 이루어지도록 노력하는 역동적이고 지속적인 과정을 거쳐 환자가 존엄성과 조절력을 가지고 편안하게 임종을 맞이하여 가족이 긍정적인 감정을 갖는 것을 의미한다고 하였다.

(3) 좋은 죽음에 대한 국가별 인식

좋은 죽음에 대한 국가별 인식을 살펴보면 미국은 '통증으로부터 해방', '영적인 안녕상태'를, 일본은 '신체적, 정신적 편안함', '희망하는 곳에서 임종'에 우선순위를 두었다. 영국은 '익숙한 환경에서', '존엄과 존경을 유지한 채', '가족, 친구와 함께', '고통 없이 죽어가는 것'에 좋은 죽음의 우선순위를 두었다.

표 13-1 좋은 죽음에 대한 국가별 인식 비교

우리나라	미국	영국	일본
1. 가족에게 부담 주지 않는 것 2. 가족이 함께 있는 것 3. 주변 정리를 마무리 하는 것 4. 통증으로부터 해방	1. 통증으로부터 해방 2. 영적인 평화 3. 가족이 함께 있는 것 4. 정신적인 각성	1. 익숙한 환경 2. 존엄과 존경 유지 3. 희망하는 곳에서 임종 4. 의료진과의 좋은 관계	1. 신체적, 심리적 편안함 2. 희망하는 곳에서 임종 3. 의료진과의 좋은 관계 4. 희망과 기쁨 유지

출처: – Steinhauser KE, Clipp EC, McNeilly M, Christakis NA, McIntyre LM, & Tulsky JA (2000). In search of a good death: Observations of patients, families, and providers. Annals of Internal Medicine, 132(10), 825–832.

– Miyashita M, Kawakami S, Kato D, Yamashita H, Igaki H, Nakano K, ... & Nakagawa K (2015). The importance of good death components among cancer patients, the general population, oncologists, and oncology nurses in Japan: Patients prefer "fighting against cancer". Supportive Care in Cancer, 23(1), 103–110.

– Clark D (2002). Between hope and acceptance: The medicalisation of dying. British Medical Journal, 324(7342), 905–907.

이와 같은 국가별 차이는 좋은 죽음에 대한 인식이 사회문화적 배경에 따라 다르게 인식되고 있음을 알 수 있다(표 13-1).

(4) 생애주기와 좋은 죽음

최근 인구의 급격한 고령화와 더불어 죽음이 가시화되는 시기인 노년기 사회 구성원의 수가 절대적으로 많아지면서 웰빙well-being 뿐만 아니라 웰다잉에 대한 사회적 관심이 고조되고 있다. 이는 좋은 죽음well-dying이 존엄한 삶을 구현하기 위해 삶의 연속선에서 웰빙의 한 구성요소로 인식되기 시작했음을 의미한다. 아울러 좋은 죽음의 측면에서 존엄한 죽음에 관한 논의는 단순히 죽음의 순간 또는 죽음 전후의 시점보다는 존엄한 죽음에 이르도록 하는 과정적 접근이 강조됨을 알 수 있다. 이는 좋은 죽음을 생의 주기 차원에서 고려해야 하는 근거를 제시해 준다.

학자들은 예측 가능한 일반적 죽음이 노년기에 대부분 발생함에 근거하여 좋은 죽음을 맞이하기 위한 준비는 생애 주기 전 과정에서 이루어져야 한다는 데 대부분 합의하고 있다. 출생에서 청·장년기에 이르는 시기는 죽음에 대한 인식 교육이 단계별로 이루어져 죽음을 자연스러운 현상으로 받아들일 수 있도록 하는 준비가 필요하다. 이는 생의 주기 과정에서 인간은 다양한 형태의 죽음을 경험할 수 있기 때문이다. 중년기부터는 자신의 죽음에 대한 준비와 동시에 중요한 사람significant other의 죽음에 대한 적절한 대응이 요구되는 시기이다. 노년기에는 급성 및 만성질환이 발생됨에 따라 의료서비스가 필요해지고 동시에 신체적 정신적 기능 저하에 따른 돌봄서비스가 요구되기도 한다. 노년기에는 이러한 변화를 통해 죽음이 가시권에 왔음을 느끼게 되면서 자신의 임종까지 매우 실질적인 준비와 대응이 필요한 단계가 된다. 생애 주기별 좋은 죽음을 위한 주요 과제는 그림 13-2에 제시하였다.

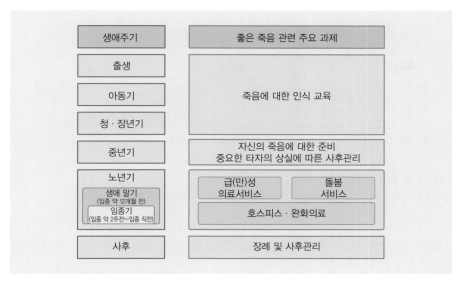

그림 13-2 생애주기별 좋은 죽음을 위한 주요 과제
출처: 정경희 외(2019). 웰다잉을 위한 제도적 기반 마련 방안. 한국보건사회연구원.

4) 삶-죽음의 궤도

노화이론에 의하면 인간은 탄생의 순간부터 죽어가기 시작한다고 한다. 그러나 현실적 측면에서 죽음은 죽음에 대한 위기 정보crisis knowledge of death를 인식하는 순간부터 시작되어 생리적 죽음이 오는 순간에 마무리된다.

Pattison은 자신이 죽을 것임을 인식한 순간부터 시작하여 임종하기까지를 삶-죽음의 궤도living-dying interval라 명명하고, 삶-죽음의 궤도를 급성 위기 단계, 만성적 생과 사의 단계, 그리고 말기단계로 구분하였다. 삶-죽음의 궤도에 대한 연대기적 시간은 개인에 따라 수일 혹은 수년으로 달라질 수 있다.

급성 위기 단계는 자신이 죽을지도 모른다는 죽음에 대한 위기 정보를 접하면서 시작된다. 이 시기에 노인과 가족은 과거에 예상했던 삶을 더 이상 영위할 수 없다는 사실을 접하면서 감정을 조절할 수 없고, 극심한 슬픔과 불안을 경험하며 불안과 스트레스가 최고조에 이른다. 특히 이 시기는 대상자와 가족, 보호자들이 지식을 습득하고자 노력하는 기간이므로 효과적인 위기중재가 가능한 시기이다.

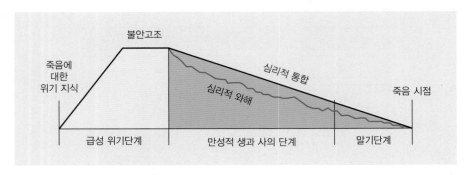

그림 13-3 죽음 단계의 반응

출처: Pattison EM (1977). The experience of dying. Englewood Cliffs, NJ, Prentice–Hall.

만성적 생과 사의 단계에서 노인은 삶과 죽음에 대한 불확실성, 절망과 희망의 혼란을 경험하며 점차 죽음으로 다가간다. 이렇듯 노인은 죽어가고 있지만 노인의 남은 가족은 삶을 영위해야 하며, 필요한 비용지불을 위해 개인의 상태가 허락되는 범위에서 일과 여가 및 인간관계를 정상적으로 유지해야 한다. 노인의 신체적 임종 속도가 가속화되고, 일상생활을 더이상 유지할 수 없을 때 노인과 가족은 말기단계에 이르게 된다.

말기 단계는 종말 단계라고도 하는데, 노인은 외부 세상과 단절되어 신체적 심리적으로 위축되고, 혼돈된 심리적 갈등을 표출하기도 한다. 자신이 갖고 있던 소중한 물건을 선물하거나, 오랜 시간 연락하지 않았던 친구나 친인척에게 연락을 취하기도 한다. 노인의 관심사는 에너지 보존과 삶의 여정을 완수하는 방향으로 전환되며, 마지막 죽음 직전에는 무감동적인 성향을 보이기도 한다. 일부 문화권에서는 이 기간을 '죽음의 시간death watch'이라 부르며 필요한 의식을 거행하기도 한다.

새로운 위기가 발생할 때마다 노인과 가족이 이에 효과적으로 대처하는 경우 노인은 심리적 통합과 존엄성을 유지하는 가운데 행복한 죽음을 맞이하게 될 것이다. 그러나 기존의 위기가 해결되지 않은 채 또 다른 위기가 닥치는 경우 노인은 심리적 와해로 인해 불행한 죽음에 이르기도 한다(그림 13-3).

5) 죽음에 대한 심리적 · 정서적 반응

말기 노인들은 그들의 죽음이 임박했다는 현실을 인식하고 이를 받아들이기까지 다양한 심리적·정서적 행동적 반응을 표출하게 된다. Elizabeth Kübler-Ross는 인간이 죽음을 받아들이기까지의 심리적·정서적 과정을 5단계로 제시하였다. 이 과정이 모든 임종과 사별을 경험하는 당사자와 가족에게 일관되게 적용되지는 않지만 임종과 사별을 경험하는 당사자와 가족의 심리적·정서적 반응을 이해하는데 유용한 정보를 제공해 준다는 점에서 의의가 있다.

(1) 1단계: 부정-고립단계

부정-고립denial and isolation 단계는 자신이 죽을 것이라는 사실을 거부하고 부정하는 단계이다. "아니야, 나한테 이런 일이 일어날 수는 없어!", "뭐라구요? 아니에요! 잘못되었을 겁니다" 같이 죽음을 거부하고 부정하며 스스로 고립된다. 부정은 죽음과 관련된 심각한 감정으로부터 자신을 보호하기 위한 일시적 방어기제의 역할을 한다. 이와 동시에 당사자는 재정적 문제나 마무리하지 못한 일, 가족에 대한 걱정 등에 지나친 관심을 보이는 반응을 표출하기도 한다. 이 단계에서는 본인이 스스로 이를 인정할 때까지 충분한 시간적 여유를 제공해야 한다.

(2) 2단계: 분노단계

분노단계anger stage 는 죽음을 더 이상 부정할 수 없음을 깨닫게 되었을 때 분노, 원망의 감정을 표출하는 단계이다. "왜 하필이면 나인가?"를 외치며, 감정 기복이 매우 심하고, 자신의 분노 감정을 타인에게 투사하는 단계이다. 자신의 존재를 강조하며 나는 아직 잊히지 않았다는 것을 확인받고자 하는 욕구가 있다. 이 단계에 대한 이해가 부족하면 이 시기에 의료진과 가족들 사이에 많은 갈등이 발생하게 된다. 이 단계는 말기 노인과 주변인 모두에게 매우 어려운 시기로 분노를 충분히 표현하게 해주고 말기 노인에 대한 이해와 존중이 절대적으로 필요한 시기이다.

(3) 3단계: 타협의 단계

타협의 단계bargaining는 어떻게든 죽음이 연기되거나 지연되기를 바라는 심리적 노력을 하는 시기이다. 말기 노인은 자신이 처리해야 할 과업이 남아있기 때문에 초인적 능력, 의학이나 신과 타협하고자 하며, 의사나 종교인의 지시에 잘 따르는 반응을 나타낸다. 때로는 이 단계에서 장기기증을 약속하기도 하며, 생명 연장이라는 목적을 이루기 위해 신에게 맹세하거나 무신론자가 종교에 귀의하는 등의 반응을 보인다.

(4) 4단계: 우울단계

우울depression 단계는 스스로 회복에 대한 희망이 없다고 판단하거나 객관적으로 질병이 악화되었을 때 나타난다. "혼자 있고 싶어요."라고 하며 모든 것을 잃을 것이라는 생각에 슬픔을 느낀다. 우울은 자신의 신체적, 사회적 기능 감소에 대한 두려움과 생에 대한 위협을 직감함에 따라 나타나는 반응이며, 최후의 운명을 받아들이는 예비적 수단이기도 하다.

(5) 5단계: 수용단계

수용acceptance단계는 자신의 운명에 대해 더이상 분노하거나 우울해하지 않는 단계이다. 평정을 유지하면서 자신의 감정을 돌아보고, 죽음을 받아들이며 죽음에 앞서 정리를 시작한다. 갑자기 일어나는 죽음이 아니라 생각할 시간적 여유가 있다면 "준비되었습니다." "편안합니다."라며 자연스럽게 받아들인다. 사람에 따라 죽음 회피 의지가 강하면 강할수록 수용단계에 도달하기 힘든 경우가 많다.

2. 사별과 애도

1) 사별

사람들은 누구나 사랑하는 사람이나 가족원을 떠나보내는 경험을 하게 된다. 이는 신체적, 심리적, 사회적, 경제적 및 영적으로 삶의 모든 측면에서의 변화와 고통을 경험하게 되는 위기를 초래하는 충격적인 사건이 될 수 있다. 사별의 현실을 수용하기란 매우 어렵지만, 사별은 누구에게나 일어나는 보편적인 현상이며 인간은 일상에 적응하기 위해 사별의 현실을 수용하기까지 일련의 과정을 겪는다.

사별bereavement은 사전적으로 '사랑하는 이와 죽어서 이별함'을 의미한다. 즉, 사별이란 죽음으로 인하여 소중한 사람을 잃는 경험을 의미하며 인간은 이 과정에서 상실loss을 경험하게 된다. 상실loss이란 인간이 살아가면서 피할 수 없는 경험으로 개인에게 가장 중요하고 의미 있는 사람이나 물건, 생각 등을 잃는 것이다. 인간은 살아가면서 애완동물의 죽음, 이혼, 실직 등 다양한 형태의 상실을 경험하는데, 우리가 사랑하고 돌보던 부모, 형제, 배우자, 친척, 친구의 죽음으로 인한 상실은 그 어떤 상실과 비교할 수 없는 슬픔을 안겨다 주고, 이 중에서도 배우자의 상실은 가장 큰 스트레스를 제공하는 생활 사건으로 인식되고 있다.

사별로 인한 상실은 일반적 슬픔의 강도를 넘어서는 매우 복합적인 인지·정서·사회적 어려움의 총체를 의미한다. 즉, 그리움과 갈망, 고인에 대한 기억, 슬픔, 외로움, 두려움, 절망, 에너지와 즐거움의 감소, 비난과 분노, 고립, 삶의 무의미함 등을 포함한 심리적 상태 또는 이러한 감정들이 복합적으로 표출된다. 이렇듯 사별을 경험하는 과정을 애도 과정grief process이라 한다. 사람들은 대부분 이러한 시련과 고통을 극복하고 현실을 수용하고 적응해 나아가지만, 일부에서는 고인에 대한 기억과 고인이 남겨준 유산들을 현재의 삶 속에 투사하면서 심리적·사회적·건강상 위기를 겪기도 한다.

2) 애도

(1) 애도의 개념

소중한 사람의 죽음으로 인한 상실은 그 고통이 너무도 크기 때문에 인간은 사별의 슬픔을 경험하며 이를 수용하기까지, 그리고 수용 이후 고인과의 내적 유대감을 유지하기 위해 애도 과업grief work을 수행하게 된다(Kastenbaum,

2007). 애도 과업을 수행하는 것은 고인이 이제는 더 이상 존재하지 않는다는 현실과 자신의 상황이 변화했음을 직감했음을 의미한다(Worden, 2009). 이 과정을 통해 인간은 자신의 슬픔에 직면할 수 있게 된다. 반면에 어떤 사람들은 고인의 죽음을 수용하지 못하고 만성적인 부적응적 애도상태에 머무르기도 한다.

애도는 소중한 사람의 상실에 대한 자연적이고 정상적인 정서 반응으로, 강렬한 슬픔, 우울, 불안, 상실한 대상에 대한 집착, 과민, 식습관이나 수면의 변화와 같은 정서적, 심리적, 신체적, 인지적 측면의 개인적인 경험이자 전반적인 과정을 의미한다(Stroebe et al., 2001). 애도는 개인의 신체적, 심리사회적, 인지적, 영적 측면의 삶과 생활 역량에 영향을 미치며, 상실 후 남겨진 사람들의 삶 속에 상실의 경험을 통합시키기 위한 보다 적극적인 과정이라 할 수 있다.

(2) 애도의 과정

애도 반응의 강도와 지속 기간 및 양상은 상실한 대상과 관계, 상실에 대한 대처 방법, 사회문화적 배경이나 개인의 특성에 따라 다양하다. 상실 상황도 영향을 미치는데 예기치 않은 갑작스러운 죽음은 예상된 죽음보다 충격이 더 크며, 파국적인 사망 장면에 노출되었거나 짧은 기간에 연달아 몇 명의 죽음을 경험하게 되면 사별의 과부하로 애도의 과정에 어려움을 경험하는 것으로 알려져 있다.

애도의 과정이 진행되는 시간에는 개인적 차이가 있는데, 일반적으로 자연스러운 애도 반응의 경우, 6개월에서 1년 정도의 시간이 필요한 것으로 알려져 있다. 그러나 고인에 대한 어떤 느낌이나 생각들은 1~2년 이상 지속되기도 한다. 정상적인 애도 반응은 점차 시간이 흐르면서 상실에 적응하기 때문에 치료가 필요하지 않다. 하지만 소중한 사람을 잃는다는 것은 인생의 큰 스트레스이며, 일부에서는 사별 이후의 삶에 적응하지 못하고 우울, 불면, 피로, 안절부절, 죄책감, 식욕부진, 흥미 감소 등과 같은 우울 증상이 만성적으로 나타나는 경우도 있다. 이러한 경우에는 정신과 치료가 필요하며, 이들에 대한 사회적 관심과 지원이 요구된다.

이론가들은 소중한 사람의 상실로 인한 애도의 과정을 일련의 단계로 설명하고 있다. 그러나 애도의 과정은 모든 인간에게 동일하게 나타나지 않고, 각 단계에 따른 반응이나 기간 역시 개인에 따라 매우 다양하며, 때로는 애도의 각 단계에서 전진과 후퇴를 반복하기도 한다. 애도의 각 단계에 적응하는 과정과 시간에는 개인차가 있으나, 애도 과정에 대한 이해는 고인과 사별한 이후 남겨진 사람들이 일상의 삶으로 회복해 나아가는 것을 안내하는 통찰력을 제공함으로써 이들의 적응을 돕는데 활용될 수 있을 것이다.

영국의 정신과 의사 John Bowlby는 소중한 사람의 상실을 경험한 인간이 보편적으로 경험하는 애도반응을 충격과 무감각의 단계, 고인에 대한 강한 그리움과 갈망의 단계, 혼란과 절망의 단계 및 재조직과 회복의 단계의 4단계로 제시하였다.

① 충격, 망연자실의 단계

이 시기는 고인의 상실에 대해 충격을 받고 무감각해지는 시기로 수일에서 수주에 걸쳐 지속된다. 사랑하는 사람이 떠났다는 사실을 받아들이지 못하고 부인하는 시기이다. 모든 감각이 멍해져서 넋을 놓고 지내거나, 때로는 자신이 감당하기 어려운 상실이 일어난 것에 대해 분노가 치미는 경우가 많다. 특히 사전에 예측하지 못했던 갑작스러운 상실일수록 이 단계가 더 길고 고통스러울 수 있다. 메스꺼움, 가슴과 목이 조여 오는 듯한 느낌 등과 같은 신체 반응을 경험한다.

② 고인에 대한 강한 그리움과 갈망의 단계

이 시기는 고인을 보고 싶고 되찾고 싶어서 찾아 헤매며 방황하는 단계로 수주에서 수개월에 걸쳐 지속된다. 슬픔과 그리움으로 상실한 대상과 관련된 물건들에 집착하거나, 고인과 친분이 있었던 사람을 찾아가 생전의 이야기를 하염없이 듣기도 하고, 고인에 대한 생각으로 밤을 지새우기도 한다. 그러나 아무리 노력해도 상황이 변화되지 않고 고인을 만날 수 없다는 사실에 좌절감, 분노, 슬픔 등의 감정을 표출하기도 한다. 식욕부진, 불면증과 같은 신체 증상을 경험한다.

③ 혼란과 절망의 단계

이 시기는 사랑하는 사람이 떠났다는 것을 현실로 받아들이는 단계로 수 주에서 수개월에 걸쳐 지속된다. 아무리 노력해도 고인은 다시 돌아올 수 없다는 생각에 무기력, 무감각, 우울감, 절망감 등을 느끼게 된다. 이러한 심리적인 요인으로 인해 극도의 피로감, 집중력 저하, 불면, 식욕부진, 입 마름, 피곤함 등의 신체적 증상을 경험할 수 있다. 때로는 수면시간이 증가하기도 한다.

④ 재조직과 회복의 단계

점차 자신의 생활을 회복하고 자신을 가다듬는 단계로 수개월에서 수년에 걸쳐 지속된다. 이전 단계에서 경험하던 신체적 증상이나 부정적인 감정이 무뎌지고, 고인과의 추억을 떠올리면 슬픔과 더불어 긍정적인 감정도 점차 느낄 수 있는 시기이다. 이 과정을 통해 고인의 이미지가 내재화되어 삶을 재구성하는 시기이다. 점차 자신의 생활을 회복하고 자신의 변화를 받아들이며 삶의 새로운 목표를 설정하기도 한다.

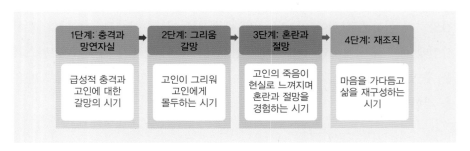

그림 **13-4** John Bowlby의 애도 4단계

(3) 애도 대처

애도 과정을 설명하는 전통적 견해에서는 정상적 애도반응을 순차적 단계를 통해 최종적으로 상실을 수용하고, 고인과의 관계를 종결하는 것으로 보았다. 전통적 견해의 대표적 학자인 Kübler Ross는 죽음을 맞이한 사람은 부정, 분노, 타협, 우울, 수용의 선형적 단계를 거친다고 제시한 바 있다. 그러나 이러한 전통적 견해는 사별로 인한 애도 반응이 구분이 명확한 순차적, 선형적 단계를 거치는 보편적 경험이라기보다는 개인의 특성과 사회문화적 환경에 따라

특수하게 나타나는 복합적, 개별적 경험이라는 관점이 제기되면서 비판을 받게 되었다.

Strobe 등(2017)은 애도를 선형적 단계의 수동적 과정이 아니라, 사별한 개인이 상실 이후의 삶에 적응하기 위해 상실의 의미를 찾고, 자신의 역할과 정체성을 재구성하는 능동적인 과정으로 보았다. Stroebe와 Schut(1999; 2010)는 이중과정모델dual process model을 통해 사별의 결과보다는 사별을 경험한 개인이 어떻게 상실에 대처하는지에 초점을 맞추고, 이들의 대처 양상에 따라 사별 적응에 영향을 미친다고 제시하였다.

이중과정모델에서는 소중한 사람을 상실한 사람의 스트레스원과 대처 양상을 토대로 상실지향loss-orientation 대처와 회복지향restoration-orientation 대처로 분류하였다.

상실지향 대처는 상실 경험 자체에 집중하는 대처 방법으로 고인과의 관계에 몰두하고, 고인이나 죽음과 관련된 상황을 회상하며 고인과 함께하는 삶을 상상하는 것 등이 포함된다.

반면에 회복지향 대처는 고인의 역할을 대신 수행하거나, 고인이 없는 삶을 살아가기 위해 일상을 조정하고, 사별한 개인으로서 새로운 정체성을 찾는 등

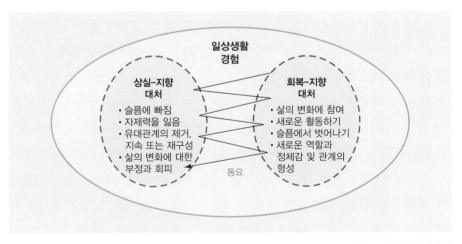

그림 13-5 사별 대처의 이중과정모델: 주기적으로 상실과 회복의 사이를 진동 운동과 같이 반복하면서 이를 통해 점차 적응하면서 상실의 의미를 찾고, 변화한 삶 속에서 새로운 자신의 역할과 정체성을 재정의하며, 타인과의 관계를 수립해 나아가게 된다.
출처: Stroebe, M., & Schut, H. (2010). The dual process model of coping with bereavement: A decade on. OMEGA-Journal of Death and Dying, 61(4), 273-289.

상실로 인해 발생한 이차적 상실에 대한 대처 방법을 의미한다.

Stroebe와 Schut(2010)는 전통적 견해에서 애도 회피를 병리적이며 고정적인 상태로 보았던 것과 달리, 주기적으로 상실과 회복의 사이를 마치 진동 운동을 하듯 반복하는 것을 대처 방법의 하나로 보았다. 따라서 이를 통해 점차 적응해 나가며 상실의 의미를 찾고 변화한 삶 속에서 새로운 자신의 역할과 정체성을 재정의하며, 타인과의 관계를 수립하게 된다고 제시하였다(그림 13-4).

Worden(2018)은 인간이 상실로 인한 슬픔을 극복하기 위해 요구되는 지속적인 과정으로 네 가지 과업을 다음과 같이 제시하였다. 첫째, 상실의 현실 받아들이기, 둘째, 상실로 인한 슬픔의 고통 이겨내기, 셋째, 남은 삶의 여정을 시작하면서 고인과의 내적 유대를 발전시키고, 자신의 삶을 발전시켜 나아가기가 그것이다.

첫 번째 과업은 상실의 현실 받아들이기이다. 이는 죽음이 일어났다는 현실을 받아들이는 것을 통해 불신과 죽음에 대한 부인을 극복하는 것이다.

두 번째 과업은 상실로 인한 슬픔의 고통 이겨내기이다. 슬픔을 겪는 과정으로 생산적인 애도에서는 사별을 겪은 사람이 고통에 압도당하지 않을 정도로 느끼면 괜찮은 것으로 간주한다.

세 번째 과업은 고인이 없는 환경에 적응하기이다. 사별을 겪은 사람은 이제는 더 이상 존재하지 않는 중요한 관계를 인정하고, 고인이 자신의 인생에서 어떤 역할을 했고, 이제는 그 역할을 할 수 없다는 사실을 확인하며, 그 역할을 채울 사람을 찾는 과정을 의미한다.

네 번째 과업은 고인과의 관계를 재배치하여 새로운 삶을 살아가기이다. 이는 고인을 상실한 이후에 바뀐 상황이 만족스럽게 반영될 수 있도록 고인과의 관계를 바꾸고 재설정하여 다시 형성하는 것이다. 즉, 사별을 겪은 사람이 미래에 고통 받으며 살지 않도록 자신의 정체성을 다시 생각하고, 죽은 사람과의 관계를 수정하게 함으로써 과거의 예민한 기억에 방해받지 않고 새로운 관계를 향해 열려있도록 하는 것을 의미한다.

3) 장례 의식

죽으면 모든 것이 끝나기 때문에 장례는 모든 인간의 일생에서 오직 한 번 경험하는 마지막 의례이다. 고인은 장례식의 주체임에도 불구하고 마지막 의례인 장례식은 고인이 없는 상황에서 살아있는 사람의 의지로 치러지기 때문에 고인은 이와 관련하여 어떠한 의사결정도 하지 못하는 경우가 많다. 그러나 장례 의식의 진짜 의미는 고인이 남아있는 자들에게 남기는 마지막 메시지임을 기억해야 한다. 따라서 죽음이 얼마 남지 않은 사람들은 이 사실을 기억하고 장례식의 주체로서 자신의 메시지를 전달하기 위해 생전에 구체적인 장례를 준비해야 한다. 생전 장례 준비는 오랜 시간에 걸쳐 마련된 '준비된 장례'를 치르게 되어 장례의 의미와 기능에 부합하는 방향으로 진행될 것이다.

장례식(葬礼式, Funeral) 또는 장례(葬礼)란 고인을 떠나보내는 과정에 행해지는 일련의 의례를 의미한다. 장례는 한 인간의 죽음이 육체적 소멸로 끝나지 아니하고 사회적으로 의미 있는 죽음으로 되살리는 절차를 진행하는 것이다.

장례 의식은 개인과 가족의 죽음으로 인한 상실이나 고통을 완화해주며, 애도 과정을 용이하게 극복할 수 있도록 해준다. 또한 물질적 감정적 도움의 기능은 지연, 학연, 종교연 등의 사회적 공동체의 결속을 확인하는 기회를 제공해 주기도 한다.

그림 **13-6** 장례식

(1) 장례 의식의 기능

장례 의식은 시신을 위생적으로 처리하고, 두려움을 극복하며, 공동체의 결속과 지지강화, 고인의 죽음에 대한 사회적 확인 및 사회적 교육의 기능을 담당한다. 이를 구체적으로 살펴보면 다음과 같다.

- **시신 처리 기능** 장례 의식을 하는 가장 근원이 되는 기능이다. 고인의 시신을 위생적으로 처리함으로써 남겨진 가족과 사회는 안녕과 질서를 유지하면서 건강한 일상생활을 유지해 나갈 수 있게 된다. 우리나라의 경우 과거에는 매장을 주로 하였으나 오늘날에는 사망자의 91.1%가 화장을 하는 것으로 나타나 화장을 통한 시신 처리가 일반화되고 있다.
- **두려움 극복 기능** 고인의 혼을 위로하는 장례 의식을 통해 사람들이 갖는 두려움을 극복하고 심리적 안정과 편안함을 획득하게 해주는 기능을 담당한다.
- **공동체의 결속과 지지 강화 기능** 고인의 상실로 인한 충격을 완화해 주는 정신적, 물질적 도움 등과 같은 집단지지를 통해 사회적 유대를 강화시켜 준다. 사회적 공동체의 상부상조를 통해 충격에 빠진 유가족들은 슬픔과 고통에서 벗어나 정상으로 회복하고, 이러한 일련의 과정을 통해 사회와 집단은 다시 결속되어 질서를 유지해 나아가게 된다.
- **죽음에 대한 사회적 확인 기능** 장례 의식은 남겨진 사람들에게 고인의 상실에 대해 슬픔을 표현하고 시신을 처리한 후 일상생활로 되돌아오는 과정에 필요한 의례이다. 이는 인간의 죽음을 개인의 육체의 소멸로 끝나지 않고 사회적으로 의미 있는 죽음이 되도록 하면서 고인의 죽음을 사회적으로 확인해 주는 역할을 한다.
- **사회적 교육 기능** 장례 의식은 살아있는 사람들에게 삶의 의미를 다시 한 번 더 각성하게 하는 시간을 제공한다. 죽음을 간접 체험함으로써 죽음 준비 교육의 기능을 수행하며, 장례 의식은 특정 사회의 기본 가치를 반영하기 때문에 사회 구성원으로서 살아가기 위한 기본 예절이나 질서 의식을 가르치고 배우는 교육의 장이 되기도 한다.

이외에도 장례 의식은 고인의 죽음 통보, 사망신고, 호적에서 말소 및 상속 등의 수속 과정과 문화 종교적 차원에서 고인의 영혼을 위로하고, 저승에서의 평안을 기원하는 종교적 의식도 포함된다.

(2) 사회변화와 장례 의식

한국 사회는 2017년에 고령사회로 진입하였으며, 2025년에는 65세 인구가 20.3%로 예상되면서 초고령사회로 진입할 것을 예견하고 있다. 또한 2020년 통계청 자료에 의하면 한국인들의 평균수명은 83.5세로 20년 전보다 약 8년이 연장되었다. 평균수명의 연장은 노년기의 연장으로 이어지면서 웰에이징 담론을 한국 사회에 제기했을 뿐만 아니라 이제는 웰다잉의 문제를 고민해야 하는 상황에 직면하게 되었다.

인구구조의 변화, 도시화, 산업화, 핵가족화 등으로 인한 급격한 사회구조의 변화는 우리의 장례 의식에도 많은 영향을 미쳤다. 과거의 장례 의식과 비교하여 가장 큰 변화는 시신 처리 방식에 있어 매장보다는 화장을 선택하는 비율의 급격히 증가하였고, 사망 장소가 집에서 병원 장례식장으로 이동함에 따라 장례 의식의 집행 주체가 변화하면서 다양화된 죽음의 문화가 형성되어 가는 과정에 있다는 점이다.

오늘날 일반화되어 있는 매장 중심의 장묘문화는 조선 성종 1년(1470)에 화장을 법으로 금지하고 매장을 장묘문화로 선택하면서 형성되었다. 근대 이후 국가에서는 묘지 부족 문제 해결, 죽음의 평등성 실현 그리고 국토의 효율적

그림 **13-7** 연도별 화장 비율

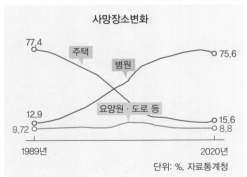

그림 **13-8** 사망 장소의 변화

인 이용을 위해 묘지의 집단화, 면적의 축소, 시한부 묘지제도 도입, 분묘기지권 폐지 등을 통하여 매장 중심의 장묘문화를 화장으로 전환시켰다. 화장의 경우 2005년에는 52.6%였던 것이 2020년에는 89.9%로 사망자 10명 중 9명은 화장을 선택하고 있어 화장이 일반적인 장례문화로 자리 잡아가고 있음을 알 수 있다. 앞으로 노인인구의 급증 현상을 고려한다면 화장 인구는 더욱 증가할 것으로 예상되므로 이에 대한 대비가 필요하다.

사망 장소 역시 과거와 많은 변화를 보이고 있는데, 1990년대 이전만 하여도 자택에서의 사망이 77.4%, 병원 사망이 12.9%이던 것이 2020년에는 병원에서의 사망이 75.6%로 현저하게 증가하였다. 이로 인해 장례가 장의사나 장례식장에 위임되는 추세가 증가함에 따라 자본이 개입된 상품을 통해 죽음의 문제를 다루게 되었고, 이윤을 남기려는 장묘업자들에 의해 장례문화의 산업화가 도래되었다. 과거와 현재의 장례 의식의 차이는 표 13-2에 제시하였고, 장례관련 용어는 박스에 제시하였다.

고령인구의 증가로 인해 필연적으로 고령 1인 가구가 늘어나면서 앞으로의 장례 의식에도 많은 변화가 나타날 것으로 예상된다. 특히 고령 1인 가구의 증

표 13-2 과거와 현재의 장례 의식 비교

	과거	현재
	자택	자택, 병원, 영안실, 장례식장
기간	3일, 5일, 7일	주로 3일 최근에는 2일장도 있음
옷차림	남자: 삼베옷을 입고 머리에는 굴건을 쓰고 대나무로 만든 지팡이를 짚었다. 여자: 삼베옷을 입고 결혼한 사람은 머리에 흰 족두리를 썼고 미혼자는 머리띠를 둘렀다.	주로 검은색 양복이나 흰색 양복 등 검소한 옷을 입는다.
장지	조상들의 무덤이 있는 선산	선산, 공동묘지, 납골당 등
운반 수단	상여	장의차
탈상	3년간 상복을 입고 무덤 앞에 움막을 짓는다.	1년, 100일, 49일, 3일 등 다양하나 대부분 3일 만에 탈상을 한다.
장례 의식의 주체	가족과 공동체	장의사 혹은 장례식장에 위임 (장례문화의 산업화)
변화하지 않은 점	• 고인을 받드는 마음과 정성 • 가족과 공동체가 슬픔을 표현한다. • 예절을 지키며, 서로 지지한다.	

장례 관련 용어	
• 장례(葬礼): 죽음을 처리하는 과정에서 행해지는 일련의 의례 • 장사(葬事): 시신을 화장하거나 매장하는 등의 시신을 처리하는 일련의 행위 • 고인(故人): 장례를 진행하는 과정에서 죽은 이에 대하여 예로서 높여 부른 말 • 시신(屍身): 죽은 사람의 몸체를 높여 부르는 말 • 사망진단서(死亡診斷書): 의사가 사람의 사망을 의학적으로 증명할 때 작성하는 문서 • 시체검안서(屍體檢案書): 의사의 치료를 받지 않고 죽은 사람의 죽음을 확인하는 의사의 증명서 • 상가(喪家): 장례를 치르는 장소로서 상을 당한 자택이나 장례식장 • 상주(喪主): 고인의 자손으로 장례를 주관하는 사람 • 호상(護喪): 장례에 관한 모든 일을 맡아서 진행하는 사람 • 유족(遺族): 고인과 친인척관계에 있는 사람 • 문상(問喪): 고인의 명복을 빌고 유족을 위로하는 일 • 문상객(問喪客): 고인의 명복을 빌고 유족을 위로하러 온 사람	• 임종(臨終): 운명하는 순간을 지켜보는 것 • 운명(殞命): 숨을 거두는 것 • 고복(皐復): 고인이 소생을 바라는 마음에서 시신을 떠난 혼을 불러들이는 것 • 수시(收屍): 시신이 굳어지기 전에 팔과 다리 등을 가지런히 하는 행위 • 안치(安置): 시신의 부패와 세균번식 등을 막기 위하여 냉장 시설에 시신을 모시는 것 • 부고(訃告): 고인의 죽음을 알리는 것 • 염습(殮襲): 시신을 목욕시켜 수의를 입히고 입관하는 일 • 입관(入棺): 시신을 관에 모시는 일 • 보공(補空): 시신이 움직이지 않도록 관의 빈 곳을 채우는 일 • 영구(靈柩): 시신이 들어 있는 관 • 결관(結棺): 영구를 운반하기 편하도록 묶는 일 • 복인(服人): 고인과의 친인척관계에 따라 상복을 입어야 하는 사람들 • 성복(成服): 입관 후 상주와 복인이 상복을 입는 일 • 상식(上食): 고인이 생시에 식사하듯 빈소에 올리는 음식 • 장지(葬地): 시신을 화장하여 납골하는 장소 또는 매장하는 장소 • 발인(發靷): 상가(장례식장)에서 영구를 운구하여 장지로 떠나는 일

가는 앞으로 장례 의식이 개인과 가족의 문제가 아닌 사회문제로 논의되어야 함을 시사하며, 이에 대해 국가와 사회가 관심을 갖고 대책을 마련해 나아가야 할 것이다.

3. 임종, 죽음과 관련된 이슈

전통적으로 죽음은 집에서 살다가 집에서 생을 마감했기 때문에 삶의 공간에 있었다. 이 과정에 가족이 동참했고, 결별의 순간에도 동행하며 아픔을 함께 나누었다. 그러나 오늘날 현대인들은 집을 잃었다. 죽음이 가까워지면 병원으로 옮겨지고, 대부분 가족과 격리된 채 외롭게 세상을 떠나가고 있다. 가족은 죽음 과정의 참여자가 아닌 저 멀리 떨어진 관중이 되었다. 2020년 사망자의 75.6%가 병원에서 사망한 것을 통해 이와 같은 현실을 대변해 주고 있다. 웰빙과 웰다잉을 논하는 시대에 최후 임종 과정에서 인간으로서 품위를 유지하면서 존엄한 죽음을 맞이하고 있는가에 대해선 여전히 윤리 도덕적인 난관에 직면하게 된다.

오늘날 노인인구의 증가와 평균수명의 증대로 인하여 죽음의 질을 어떻게 확보할 것인가에 대한 관심이 높아지고 있다. 노인의 양적 증대와 더불어 건강이 악화되는 시점부터 죽음까지의 기간이 연장되고 있기 때문에 노인의 죽음은 당사자뿐만 아니라 남겨진 가족과 지인, 서비스 제공자 등의 삶과 웰빙에도 영향을 미치게 된다. 이러한 이유로 웰다잉은 죽음을 맞이하는 당사자뿐 아니라 가족과 서비스 제공자 등 다양한 주체의 관점에서 검토되어야 할 것이다.

1) 죽음 준비 교육

죽음 준비 교육death education은 인간다운 죽음을 맞이하려면 어떻게 해야 하는가에 관한 교육으로, 죽음과 관련된 주제에 대한 지식, 태도, 기술이 학습되는 과정을 의미한다. 세계적인 죽음의 권위자인 Alfons Däken 교수는 죽음 준비 교육의 필요성을 "인간은 언젠가는 죽는다는 사실을 받아들일 때 비로소 우리에게 주어진 삶이 얼마나 의미 있는지를 깨닫게 된다. 그런 의미에서 죽음 준비 교육이야말로 진정한 삶에 대한 교육이다."라고 제시하였다. 이는 갑자기 찾아올 죽음에 대비하고, 현재의 삶을 보다 의미 있게 살아야 한다는 의미를 포함하고 있다.

죽음 준비 교육은 네 가지 차원으로 구성되는데, 첫째, 인지적 영역으로 죽음 준비 교육은 죽음과 관련된 경험에 대한 사실적 정보를 제공하고 이 사건들에 대한 이해와 해석을 돕는다. 둘째는 정서적 영역으로, 죽음과 사별에 대한 감정 및 태도를 처리하는 것이다. 셋째는 행동적 영역으로 죽음과 관련한 상황에서 어떻게 행동하는 것이 도움이 되는지, 그리고 적합한지 등에 대해 논하게 된다. 한국 사회는 죽음, 사별과 관련하여 경험하게 되는 다양한 노출을 회피하는 경향이 있다. 이로 인해 유족들은 사별로 인해 공감과 위로 등이 필요한 시기에 어떠한 지지나 연대 없이 혼자 남겨지게 되는 경우가 빈번하다.

죽음 준비 교육은 죽음이나 사별을 경험한 사람들과의 상호작용 기술을 교육함으로써 대처 기제를 향상시켜 준다. 넷째, 가치적 영역의 죽음 준비 교육은 인간의 삶을 지배하는 기본적 가치들을 표명하게 한다. 죽음은 우리 삶에서 피할 수 없는 요소 중 하나로 죽음 준비 교육을 통해 개개인의 삶에 대한 이해와 통찰력을 제공하고 이를 통해 죽음을 수용할 수 있게 한다.

죽음은 나이와는 무관하게 누구에게나 찾아올 수 있으므로, 죽음에 대한 준비는 살아있는 사람 모두에게 관계가 있다. 따라서 학교 교육의 교과 과정 내에 포함되어야 하고, 평생교육의 형태로 눈높이에 맞게 다양한 방식으로 죽음 준비 교육이 제공되어야 한다. 최근 우리나라 대학에서 죽음 준비 교육 관련 강좌가 개설되고 있으나, 전 연령층을 포함하는 단계적이고 체계적인 죽음 준비 교육이 아직은 널리 보급되어 있지 않다. 그러나 죽음 준비 교육을 수강한 노인들은 남은 삶을 더욱 가치 있게 느끼고, 죽음에 대한 불안이 감소했으며, 우울도 현저히 감소한 것으로 나타나 죽음 준비 교육의 확산을 위한 노력이 필요하다. 죽음 준비 교육의 목표는 박스에 제시 하였다.

박스 죽음 준비 교육의 목표

- 학습자 개개인의 삶을 풍요롭게 한다.
- 죽음 준비와 관련한 다양한 정보를 제공한다.
- 개인의 존엄한 죽음을 위한 사회 전반적 체계를 확립한다.
- 전문가 차원에서 죽음 준비와 관련한 대처 기술을 강화한다.
- 개인적 차원에서 죽음과 관련한 문제에 대한 소통 기술을 강화한다.
- 죽음을 둘러싼 제반 문제에 대한 생애주기 별 대응 능력을 강화한다.

---

2) 사전연명의료의향서 작성

사전연명의료의향서란 19세 이상의 사람이 향후 임종 과정에 있는 환자가 되었을 때를 대비하여 '연명의료 및 호스피스에 관한 의향'을 문서로 작성해 밝혀두는 것을 말한다. 사전연명의료의향서를 작성하는 것은 생의 마지막 단계에 자율 의지에 따라 인간으로서 존엄성을 유지하며 품위 있는 죽음을 받

그림 13-9 사전 연명의료의향서 작성 및 조회
출처: 국립연명의료관리기관(https://www.lst.go.kr/addt/medicalintent.do)

아들이고자 하는 본인의 자기결정권을 확보하는 것이라 할 수 있다. 여기에서 연명의료라 함은 임종 과정에 있는 환자에게 하는 심폐소생술, 혈액 투석, 항암제 투여, 인공호흡기 착용 및 그 밖에 대통령령으로 정하는 의학적 시술로서 치료 효과 없이 임종 과정의 기간만을 연장하는 것을 의미한다.

사전연명의료의향서는 반드시 보건복지부의 지정을 받은 사전연명의료의향서 등록기관을 방문하여 충분한 설명을 듣고 작성해야 한다. 등록기관을 통해 작성·등록된 사전연명의료의향서는 국가의 연명의료 정보처리시스템의 데이터베이스에 보관되어야 비로소 법적 효력을 인정받을 수 있다. 사전연명의료의향서 서식은 부록에 제시하였다.

사전에 사전연명의료의향서를 작성해둔 경우, 작성자가 임종 과정에 진입하게 되는 시점에서 담당 의사는 연명의료 정보처리시스템에서 그 내용을 조회하여 환자에게 직접 확인하고 연명의료를 유보 또는 중단할 수 있다. 만약 작성자가 임종 과정에 진입하게 되는 시점에 의사소통 능력이 없는 상태라면, 담당 의사와 전문의 1인이 함께 사전연명의료의향서를 확인하여야 연명의료를 유보 또는 중단할 수 있게 된다. 연명의료에 관하여 대상자의 상황에 따른 의사를 확인하는 방법은 그림 13-10에 제시하였다.

미국에서는 50개 주 가운데 49개 주에서 건강할 때 존엄한 죽음을 원한다는 의사표시를 해두는 리빙윌living will을 법제화하고 있다. 존엄한 죽음을 실천하기 위해 리빙윌에 서명해 두었다가, 의료기관에서 치료받게 되는 경우 이 선언서를 제시하는 방식으로 실행되고 있다. 죽음은 누구에게나, 언제든지, 어디에서나 일어날 수 있으므로 죽음에 대비하기 위해 자기가 원하는 죽음의 방식을 미리 가족과 협의할 필요가 있고 이를 유서 형식으로 문서화 해 두면 만

환자의 의사 능력이 있을 때	• 연명의료계획서(말기·임종기 환자 작성 가능) • 사전연명의료의향서(원하는 사람 작성 가능) + 담당의사의 확인

환자의 의사 능력이 없을 때	• 사전연명의료의향서 + 의사 2인의 확인
	• 가족 2인 이상의 일치하는 진술 + 의사 2인의 확인
	   * 가족: ①배우자 ②직계 존·비속 ③형제자매 (①②없는 경우)
	   * 환자 가족이 1인뿐인 경우, 1인의 진술로도 가능

환자의 의사를 확인할 수 없고, 의사표현할 수 없는 상태일 때	• 미성년자의 경우, 친권자인 법정대리인의 결정 + 의사 2인의 확인 • 환자가족 전원의 합의* + 의사 2인의 확인 * 행방불명자 등 복지부령으로 정하는 자 제외

그림 **13-10** 연명의료에 관한 대상자 상황별 의사를 확인하는 방법
자료: 보건복지부

약의 사태에 대비할 수 있을 것이다. 리빙윌에 서명함으로써 자기 자신의 삶을 되새겨보면서 인간다운 삶과 품위 있는 죽음을 맞이하려면 어떻게 해야 하는지 깊이 성찰해보고 보다 의미 있는 삶을 영위함으로써 죽음을 편안하게 맞이하겠다는 결심을 하는 것을 의미한다. 존엄한 죽음을 위한 선언서¹(living will)의 내용은 박스에 제시하였다.

박스 존엄한 죽음을 위한 선언

"저는 제가 병에 걸려 치료가 불가능하고 죽음이 임박할 경우를 대비하여 저의 가족, 친척, 그리고 저의 치료를 담당하고 있는 분들께 다음 같은 저의 희망을 밝혀두고자 합니다. 이 선언서는 저의 정신이 아직 온전한 상태에 있을 때 적어놓은 것입니다. 따라서 저의 정신이 온전 할 때는 이 선언서를 파기할 수도 있겠지만, 철회하겠다는 문서를 재차 작성하지 않는 한 유효합니다.

(1) 저의 병이 현대의학으로 치료할 수 없고 곧 죽음이 임박하리라는 진단을 받은 경우, 죽는 시간을 뒤로 미루기 위한 연명 조치는 일체 거부합니다.

(2) 다만 그런 경우 저의 고통 완화를 위한 조치는 최대한 취해 주시기 바랍니다. 이로 인한 부작용으로 죽음을 일찍 맞아도 상관없습니다.

(3) 제가 몇 개월 이상 혼수상태에 빠졌을 때는 생명을 인위적으로 유지하기 위한 연명조치를 중단해주시기 바랍니다. 이와 같은 저의 선언서를 통해 제가 바라는 사항을 충실하게 실행해주신 분들께 깊은 감사를 드립니다. 아울러 저의 요청에 따라 진행된 모든 행위의 책임은 저 자신에게 있음을 분명히 밝히고자 합니다."

3) 호스피스

(1) 호스피스의 의미

호스피스hospice는 'Hospes', 'Hospitum'이라는 어원에서 유래된 것으로 손님 혹은 손님을 맞이하는 장소란 의미를 포함하고 있다. 중세 시대에는 호스피스가 여행자들의 휴식과 은신처로 사용되었으며, 19~20세기에는 임종 환자를 돌보는 의료시설을 의미하는 용어로 사용되어 왔다.

오늘날 호스피스는 죽음을 앞둔 말기 환자와 그의 가족을 편안하게 돌보는 모든 프로그램을 총칭하는 용어로 사용되고 있다. 말기 환자가 생존해 있는 기간 동안 인간으로서의 존엄성과 양질의 삶을 유지할 수 있도록 신체적, 정서적, 사회적, 영적인 돌봄을 통해 삶의 마지막 순간을 평안하게 맞이할 수 있도록 돕는 역할을 한다. 또한 고인 사별 후 남은 가족이 겪는 고통과 슬픔을 잘 극복할 수 있도록 돕는 것을 포함한다. 즉, 호스피스란 임종을 맞는 환자들이 삶의 자연스러운 과정으로서 죽음을 인식하고, 마지막 순간까지 삶과 죽음의 질을 함께 생각하면서 인간으로서의 존엄을 유지하는 가운데 인간답게 편안한 방식으로 죽음을 맞이할 수 있도록 보살피는 과정을 총칭하는 것이다.

(2) 호스피스 · 완화의료

호스피스 · 완화의료는 생명을 위협하는 질환을 앓고 있는 환자의 신체 증상을 적극적으로 조절하고 환자와 가족의 심리 사회적, 영적 어려움을 돕기 위해 호스피스 · 완화의료 전문가가 다학제적 팀을 이루어 환자와 가족의 고통을 경감시키고, 이들의 삶의 질 향상을 목표로 하는 의료서비스를 의미한다. 호스피스 · 완화의료 병동과 일반 병동의 차이점으로 표 13-3에 제시하였다.

정부에서는 고령화와 함께 생애말기 삶의 질이 강조됨에 따라 존엄하고 편안한 생애 말기 보장을 위한 '제1차 호스피스 연명의료 종합계획(2019~2023)'을 수립하였다. 여기에는 호스피스 · 완화의료 서비스에 대한 접근성 확대를 주요 내용으로 서비스 대상 질환 확대, 서비스의 종류 다양화, 서비스 제공을 위한 인프라 확충과 전문성 강화 등의 내용을 포함하고 있다.

표 **13-3** 호스피스·완화의료 병동과 일반 병동의 차이점

구분	호스피스·완화의료 병동	일반 병동
죽음의 정의	죽음은 삶의 일부분이며 과정	죽음은 의료의 실패
목적	삶의 질 향상	질병의 완치, 생명 연장
접근 방법	총체적 고통에 대한 다학제적 접근	질병 중심의 의학적 접근
대상	환자와 가족	환자
치료 기간	질병의 치료가 중단된 이후라도 임종까지 지속적으로 환자를 돌보고 이후에 사별 가족 돌봄	질병 치료가 가능한 동안 돌봄 제공

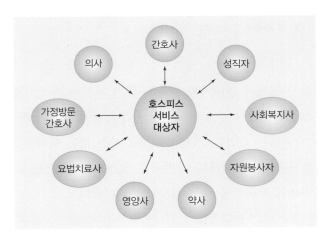

그림 **13-11** 호스피스·완화의료 서비스 팀

　　서비스 대상 질병의 경우 과거에는 말기암, 에이즈(후천성면역결핍증), 만성폐쇄성호흡기질환, 만성 간경화 등 4개 질환에만 호스피스 서비스가 제공되었는데 암, 에이즈, 심혈관 질환, 간경변, 신부전, 만성호흡부전, 당뇨, 다발성 신경증, 파킨슨병, 알츠하이머, 치매, 류마티즘 관절염, 약제저항 결핵 등 서비스 제공 대상 질환이 13개로 확대되었다.

　　호스피스·완화의료 서비스 요구도가 증가함에 따라 임종기 환자가 본인의 선택에 따라 편안하게 삶을 마무리할 수 있도록 다양한 방식의 호스피스·완화의료 서비스를 마련하고 있다. 호스피스·완화의료 서비스의 종류에는 입원형, 가정형, 자문형이 있는데, 입원형은 보건복지부 지정 호스피스전문기관의 호스피스 병동에서 호스피스 전담인력과 조직을 두고 서비스를 제공하는 것

그림 13-12 암 사망자의 호스피스 이용률
출처: 보건복지부

이다. 가정형은 가정에서 지내기를 원하는 말기 환자와 가족에게 보건복지부 지정 호스피스 전문기관의 호스피스 팀이 가정으로 방문하여 통증관리 및 전문상담 등을 제공하는 것이며, 자문형은 호스피스 병동 이외 일반 병동과 외래에서 진료를 받는 말기 환자와 가족에게 호스피스 팀이 담당 의사와 함께 호스피스·완화의료 서비스를 제공하는 것을 의미한다.

또한 제1차 호스피스 연명의료 종합계획에서는 서비스 제공을 위한 인프라 확충과 전문성 강화를 위해 인력과 시설의 지역 격차 해소 및 인력 전문성 강화 방안에 대한 내용을 구체화하고 있다.

암으로 사망한 사망자의 호스피스 이용률을 살펴보면 2008년 7.3%에서 2017년 22.0%로 호스피스 이용률이 지속적으로 증가하고 있음을 알 수 있다. 연구보고에 의하면 호스피스 돌봄을 받은 환자와 가족은 가족기능 향상, 가족 간의 결속과 유대감 증진, 사회적 지지 증진, 신체적, 심리·사회적, 영적 고통 완화 등의 효과가 있는 것으로 나타났다. 또한 사별 후 남겨진 가족들의 심리적 안녕 증진과 호스피스 서비스에 대한 만족도가 매우 높은 것으로 나타나 임종을 맞이하는 환자와 가족의 삶의 질 향상을 위해 앞으로 호스피스가 적극적으로 활성화되어야 할 것이다.

— **CHAPTER 13**
마무리 학습

1. 부모님께 사전연명의료의향서를 작성하기 위해 필요한 절차와 법적 효력을 발생하기 위한 조건에 대해 설명을 드리고자 할 때 필요한 내용을 조사하여 이를 리플릿으로 만들어보시오(참고문헌 혹은 기사의 출처를 제시할 것).

2. 고독사란 주로 혼자 사는 사람이 돌발적인 질병 등으로 사망하는 것을 말한다. 최근 노인인구의 증가와 더불어 노인 1인 가구가 증가하면서 고독사를 맞이하는 노인이 늘고 있다. 노인의 고독사와 관련된 자료(뉴스 기사, 칼럼, 논문 등)를 찾아 정리하고 본인의 입장을 기술해 보시오(관련자료 출처, 제목, 내용, 본인 의견 순으로 정리하고 참고문헌 혹은 기사의 출처를 제시할 것).

3. 호스피스 서비스를 받으려는 주변의 지인에게 호스피스·완화의료 수혜 자격, 제공기관, 이용 가능한 호스피스 서비스 및 이용 절차 등을 소개하고자 한다. 관련 내용을 조사하고, 이를 교육용 리플릿으로 제작하여 교육하시오(참고문헌이나 출처를 제시할 것).

SUPPLEMENT

나에게 맞는 ──
오늘의 맞춤정책

보건복지 / 영유아

곧 아이가 태어난다면?
영유아 초기 건강검진 꼭 받으세요!

초기에 발견 가능한 질환을 조기에 확인할 수 있도록!

"2021년 1월 1일 출생자부터 적용"

검진대상

신생아(생후 14일~35일)

※ 출생신고 전에도 대상자 사전 등록 후 건강검진 가능

검진항목

문진 및 진찰, 신체계측, 건강교육 및 상담

*코로나19 상황 고려해 검진 기간 유예도 가능

신청방법

국민건강보험공단 지사 또는 고객센터에 영유아 건강검진 대상자 사전등록

고객센터
1577-1000

지사찾기

* 등록 신청시 '영유아 생년월일, 모 또는 부의 주민등록번호' 정보 필요

건강검진 예약하기

PC
공단 홈페이지
https://nhis.or.kr → 건강iN
→ 검진기관/병원찾기

모바일 앱
The건강보험 → 건강iN →
검진기관/병원찾기

비용부담

본인 부담 없음

건강보험가입자
공단 전액 부담

의료급여수급권자
국가 및 지자체에서 부담

영유아 건강검진 프로그램

영유아 건강검진이 총 7차에서
총 **8차**로 확대 시행

검진시기	검진항목	검진방법
1차 생후 14~35일	문진 및 진찰	문진표, 진찰, 청각, 시각문진, 시각검사
	신체계측	키, 몸무게, 머리둘레
	건강교육	영양, 수면, 안전사고예방
2차 생후 4~6개월	문진 및 진찰	문진표, 진찰, 청각, 시각문진, 시각검사
	신체계측	키, 몸무게, 머리둘레
	건강교육	영양, 수면, 안전사고예방, 전자미디어 노출
3차 생후 9~12개월	문진 및 진찰	문진표, 진찰, 청각, 시각문진, 시각검사
	신체계측	키, 몸무게, 머리둘레
	발달평가 및 상담	검사도구에 의한 평가 및 상담
	건강교육	영양, 구강, 안전사고예방, 정서 및 사회성
4차 생후 18~24개월	문진 및 진찰	문진표, 진찰, 청각, 시각문진, 시각검사
	신체계측	키, 몸무게, 머리둘레
	발달평가 및 상담	검사도구에 의한 평가 및 상담
	건강교육	영양, 안전사고예방, 대소변 가리기, 전자미디어 노출, 개인 위생
★ 구강검진(생후 18~29개월) 문진표, 진찰, 구강보건교육 등		
5차 생후 30~36개월	문진 및 진찰	문진표, 진찰, 청각, 시각문진, 시각검사
	신체계측	키, 몸무게, 머리둘레, 체질량지수
	발달평가 및 상담	검사도구에 의한 평가 및 상담
	건강교육	영양, 대소변 가리기, 정서 및 사회성, 취학전 준비
6차 생후 42~48개월	문진 및 진찰	문진표, 진찰, 청각, 시각문진, 시력검사
	신체계측	키, 몸무게, 머리둘레, 체질량지수
	발달평가 및 상담	검사도구에 의한 평가 및 상담
	건강교육	안전사고예방, 영양
★ 구강검진(생후 42~53개월) 문진표, 진찰, 구강보건교육 등		
7차 생후 54~60개월	문진 및 진찰	문진표, 진찰, 청각, 시각문진, 시력검사
	신체계측	키, 몸무게, 머리둘레, 체질량지수
	발달평가 및 상담	검사도구에 의한 평가 및 상담
	건강교육	안전사고예방, 영양, 전자미디어노출
★ 구강검진(생후 54~65개월) 문진표, 진찰, 구강보건교육 등		
8차 생후 66~71개월	문진 및 진찰	문진표, 진찰, 청각, 시각문진, 시력검사
	신체계측	키, 몸무게, 머리둘레
	발달평가 및 상담	검사도구에 의한 평가 및 상담
	건강교육	영양, 안전사고예방, 취학 전 준비

신설

문의처 | 국민건강보험공단 https://nhis.or.kr | ☎1577-1000

출처: 국민건강보험공단

■ 호스피스·완화의료 및 임종과정에 있는 환자의 연명의료결정에 관한 법률 시행규칙 [별지 제6호서식]

(앞쪽)

사전연명의료의향서

※ 색상이 어두운 부분은 작성하지 않으며, [ ]에는 해당되는 곳에 √표시를 합니다.

등록번호	※ 등록번호는 등록기관에서 부여합니다.		
작성자	성 명		주민등록번호
	주 소		
	전화번호		
호스피스 이용	[ ] 이용 의향이 있음		[ ] 이용 의향이 없음
사전연명 의료의향서 등록기관의 설명사항 확인	설명 사항	[ ] 연명의료의 시행방법 및 연명의료중단등결정에 대한 사항 [ ] 호스피스의 선택 및 이용에 관한 사항 [ ] 사전연명의료의향서의 효력 및 효력 상실에 관한 사항 [ ] 사전연명의료의향서의 작성·등록·보관 및 통보에 관한 사항 [ ] 사전연명의료의향서의 변경·철회 및 그에 따른 조치에 관한 사항 [ ] 등록기관의 폐업·휴업 및 지정 취소에 따른 기록의 이관에 관한 사항	
	확인	위의 사항을 설명 받고 이해했음을 확인합니다. 년 월 일 성명 (서명 또는 인)	
환자 사망 전 열람허용 여부	[ ] 열람 가능	[ ] 열람 거부	[ ] 그 밖의 의견
사전연명 의료의향서 등록기관 및 상담자	기관 명칭		소재지
	상담자 성명		전화번호

　본인은 「호스피스·완화의료 및 임종과정에 있는 환자의 연명의료결정에 관한 법률」 제12조 및 같은 법 시행규칙 제8조에 따라 위와 같은 내용을 직접 작성했으며, 임종과정에 있다는 의학적 판단을 받은 경우 연명의료를 시행하지 않거나 중단하는 것에 동의합니다.

작성일　　　　　　　년　　월　　일

작성자　　　　　　　(서명 또는 인)

등록일　　　　　　　년　　월　　일

등록자　　　　　　　(서명 또는 인)

210㎜×297㎜[백상지(80g/㎡) 또는 중질지(80g/㎡)]

유의사항

1. 사전연명의료의향서란 「호스피스·완화의료 및 임종과정에 있는 환자의 연명의료결정에 관한 법률」 제12조에 따라 19세 이상인 사람이 자신의 연명의료중단등결정 및 호스피스에 관한 의사를 직접 문서로 작성한 것을 말하며, 호스피스전문기관에서 호스피스를 이용하려는 경우에는 같은 법 제28조에 따라 신청해야 합니다.

2. 사전연명의료의향서를 작성하고자 하는 사람은 보건복지부장관이 지정한 사전연명의료의향서 등록기관을 통하여 직접 작성해야 합니다.

3. 사전연명의료의향서를 작성한 사람은 언제든지 그 의사를 변경하거나 철회할 수 있으며, 이 경우 등록기관의 장은 지체 없이 사전연명의료의향서를 변경하거나 등록을 말소해야 합니다.

4. 사전연명의료의향서는 ① 본인이 직접 작성하지 않은 경우, ② 본인의 자발적 의사에 따라 작성되지 않은 경우, ③ 사전연명의료의향서 등록기관으로부터 「호스피스·완화의료 및 임종과정에 있는 환자의 연명의료결정에 관한 법률」 제12조 제2항에 따른 설명이 제공되지 않거나 작성자의 확인을 받지 않은 경우, ④ 사전연명의료의향서 작성·등록 후에 연명의료계획서가 다시 작성된 경우에는 효력을 잃습니다.

5. 사전연명의료의향서에 기록된 연명의료중단등결정에 대한 작성자의 의사는 향후 작성자를 진료하게 될 담당의사와 해당 분야의 전문의 1명이 모두 작성자를 임종과정에 있는 환자라고 판단한 경우에만 이행될 수 있습니다.

210mm×297mm[백상지(80g/㎡) 또는 중질지(80g/㎡)]

● **국내 문헌**

강문희 · 신현옥 · 정옥환 · 정정옥(2004). 아동발달. 교문사.

강희성(2002). 중고령자의 은퇴 준비교육프로그램 욕구에 관한 연구. 한림대학교 석사학위논문.

과학기술정보통신부, 한국지능정보사회진흥원(2021). 스마트폰 과의존 예방 · 해소

김미예 외(2004). 최신 아동건강간호학(총론). 수문사.

김미예 외(2005). 최신아동건강간호학 총론, 각론. 수문사.

김미혜(1993). 노년을 위한 퇴직 준비 프로그램 개발. 1993 연합학술대회, 한국노년학회.

김영혜 · 안민순 · 오윤정 · 오진아 · 이영은 · 이지원 · 전화연 · 정향미 · 김영희 · 이애경(2006). 인간성장발달과
　　　건강증진. 수문사.

김인경(1994). 청소년기 자아중심성 하위구인의 내용타당성 연구. 한국심리학회지: 발달, 7(1), 21–43.

김재경 · 임병식(2020). 삶과 죽음을 성찰하는 싸나톨로지(죽음학)의 대학 공교육을 위한 인식조사. 교양
　　　교육연구, 14(5), 189–200.

김혜진 · 송혜원 · 이예진 · 송인한(2021). 사별 경험자의 복합비애에 영향을 미치는 요인. 보건사회연구,
　　　41(3), 75–91.

김희숙 외(2006). 아동건강간호학 1. 군자출판사.

김희순 · 신영희 · 오가실 · 김태임 · 심미경(2005). 초산모의 양육스트레스. 영아신호에 대한 민감성, 양육환
　　　경. 아동간호학회지, 11(4), 415–426.

김희순 · 오가실 · 신영희 · 김태임 · 유하나 · 심미경 · 정경화(2005). 초산모의 양육스트레스에 영향을 미치는
　　　요인. 아동간호학회지, 11(3), 290–300.

모니카 렌츠, 전진만 옮김(2017). 어떻게 죽음을 마주할 것인가. 책세상.

문영임 · 구현영 · 박호란(2005). 초등학교 저학년 아동의 인터넷 중독 실태와 영향요인. 아동간호학회지,
　　　11(3), 263–272.

민들레 · 조은희(2017). 한국사회에서 좋은 죽음에 대한 개념분석. 노인간호학회지, 19(1), 28–38.

박성연(1996). 인간발달 I: 아동발달. 교육과학사.

서봉연(1992). 청소년기의 자아정체감의 발달.

송명자(1995). 발달심리학. 학지사.

송현동 · 김설희 · 김광환 · 구진희(2022). 노인의 장례문화 인식변화에 대한 연구. 디지털융복합연구, 20(5),
　　　671–680.

신영희 · 박병희 · 김천수(1999). 브레즐튼 신생아행동평가법. 계명출판부.

신영희(2000). 모유의 영양 및 면역학적 고찰. 부모자녀 건강학회지, 3, 94–107.

알폰스 데켄, 길태영 역(2017). 잘 살고 잘 웃고 좋은 죽음과 만나다. 예감출판사.

양준석 · 유지영(2018). 사별경험 중년여성을 위한 애도 프로그램 개발 및 효과. 상담학연구, 19(3), 293–312.

영유아건강연구회(2003). 아동의 건강관리. 현문사.

오원옥(2004). 고학년 초등학생의 컴퓨터 게임 중독 실태 및 영향요인. 아동간호학회지, 10(3), 282–290.

윤진 외 9인(1992). 청소년심리학. 한국청소년연구원.

오진탁(2007). 마지막 선물: 웰다잉, 죽음이 가르쳐주는 삶의 지혜. 세종서적.

오진탁(2010). 삶, 죽음에게 길을 묻다. 종이거울.

윤경자·이기숙·김은경 역(2001). 성인발달과 노화. 교문사.

윤영미·박효미(2006). 초등학교 고학년 학생의 인터넷 중독에 영향하는 개인적, 환경적 요인에 대한 탐
    구. 아동간호학회지. 12(1), 34–43.

이인섭(1986). 한국아동의 언어발달 연구. 고려대학교 대학원 박사학위논문.

이춘재(1992). 청소년기의 신체발달.

이훈구(2006). 인간 행동의 이해. 법문사.

임현숙 등(2000). 발달의 관점에서 본 생애주기 영양학. 교문사.

장휘숙(1992). 청년심리학. 장승.

정경희·김경래·서제희·유재언·이선희·김현정(2018). 죽음의 질 제고를 통한 노년기 존엄성 확보 방안.
    한국보건사회연구원 연구보고서(2018–02–01).

정옥분(2005). 발달심리학: 전생애 인간발달. 학지사.

정은순·김이순·이화자·김영혜·송미경(2002). 초등학생들의 집단따돌림에 관한 연구. 아동간호학회지,
    8(4), 422–434.

조결자 외(2000). 가족 중심의 아동간호학. 현문사.

조복희·정옥분·유가효(2004). 인간발달: 발달심리적 접근. 교문사.

최경숙(2004). 발달심리학: 아동·청소년기. 교문사.

최정훈 외 5인(2006). 인간 행동의 이해. 법문사.

최준식(2018), 임종학 강의. 김영사.

통계청(2021). 인구 동향 조사 보도자료: 2020년 출생 통계. 통계청

한국보건사회연구원(2021). 2021년도 가족과 출산조사: (구)전국 출산력 및 가족보건 복지실태조사. 한국
    보건사회연구원, 세종특별자치시. https://doi.org/10.23060/kihasa.a.2021.50

한국소아과학회(2002). 한국소아발육표준치.

한국언어병리학회 편(2004). 언어장애의 이해와 치료: 언어장애 아동의 가정지도. 군자출사.

한국인간발달학회 편(1995). 유아의 심리. 중앙적성출판사.

한국청소년개발원(2004). 청소년심리학: 청소년 총서 7. 한국교육과학사.

한국호스피스완화의료학회(2018). 호스피스·완화의료. 군자출판사.

한림대 생사학연구소 www.lifendeath.or.kr

홍숙자(2001). 노년학 개론(개정판). 도서출판 하우.

홍창희·고광욱·김길영 편(1994). 소아과학. 대한교과서 주식회사.

황상민(1995). 정서발달.

● 국외 문헌

Adams, B. N.(1986). The family: a sociological interpretation(4th ed.). San Diego. Harcourt Brace Jovanovich.

Adler, A.(1935). The fundamental views of individual psychology. International Journal of Individual Psychology, 1, 5–8.

Agarwal, D. P.(2002). Cardioprotective effects of light–moderate consumption of alcohol: A review of putative mechani. Alcohol & Alcoholosm, 37, 409–415.

Ainsworth, M. D. S. & Blehar, M., Waters, E. & Wall, S.(1978). Patterns of Attachment. Hilldale, NJ: Erlbaum.

Ainsworth, M. D. S.(1979). Attachment as related to mother–infant interaction. In J. G. Rosenblatt, R. A. Hinde, C. Beer, & M. Busnel(Eds.), Advances in the study of behavior, 9. Orlando, FL: Academic Press.

Alexander, L. L., LaRosa, J. H., Bader, H., Garfield, S.(2004). New dimensions in women's health(3rded.).Boston: Jones and Bartlett Publishers.

Amato, P. R.(2000). The Consequences of divorce for adults and children. Journal of Marriage and the Family, 62, 1,269–1, 287.

Amato, P. R.(2001). Children of divorce in the 1990s: An update of the Amato and Keith(1991) metaanalysis. Journal of Family Psychology, 15, 355–370.

American Academy of Pediatrics Committee on Psychosocial Aspects of Child and Family Health(1998). Guidance for effective discipline. Pediatrics, 101, 723.

American Heart Association(2006). Heart attack and angina statistics. Retrieved from www.americanheart.org.

Antoine, C. & Young, B.(2021). Cesarean section one hundred years 1920–2020: The Good, the bad and the ugly. Journal of the Pernatal Medicine, 49(1), 5–16.https://doi.org/10.1515/jpm–2020–0305

Aslin, R. N., Pisoni, D. B., & Jusczyk, P. W.(1983). Auditory development and speech perception in infancy. In M. M. Haith & J. J. Campos(Eds.), Handbook of Child Psychology, 2: Infancy and development psychology. NY: Wiley.

Bardid, F., De Meester, A., Tallir, I., Cardon, G., Lenoir, M., & Haerens, L.(2016). Configurations of actual and perceived motor competence among children: Associations with motivation for sports and global self–worth. Human Movement Science, 50, 1–9.

Bandura, A.(1977). Social learning theory. Englewood cliffs, NJ: Prentice—Hall.

Becker, J. M. P.(1977). A Learning analysis of the development of peer—oriented behavior in ninemonth—old infants. Developmental Psychology, 13, 481—491.

Belsky, J., & Steinberg, L. D.(1978). The effects of day care: A critical review. Child Development, 49, 929—949.

Berk, L. E.(2005). Development through the lifespan(4th ed.). New York: Allyn & Bacon.

Berk, L. E.(2006). Development through the lifespan(4th ed.). Boston: Pearson.

Berk, L. E.(2007). Development through the lifespan(4th ed.). New York: Pearson Education, Inc.

Berman, W. H., & Turk, D. C.(1981). Adaptation to divorce: Problems and coping strategies. Journal of Marriage and the Family, 43, 179—189.

Berndt, T. J.(1981). Age changes and changes over time in prosocial interactions and behavior between friends. Developmental Psychology, 17, 408—416.

Bigelow AE, MacLean K, Proctor J, Myatt T, Gillis R, Power M.(2009). Maternal sensitivity throughout infancy: continuity and relation to attachment security. Infant Behavior and Development, 33(1), 50—60. doi: 10.1016/j.infbeh.2009.10.009. Epub.

Bornstein, MH, & Lansford, J.(2010). Parenting. In M. H. Bornstein (Ed.), Handbook of cultural developmental science. NY: Psychology Press.

Bower, T. G. R.(1982). Development in human infancy. NY: W. H.

Bowlby, J.(1958). The nature of the child's tie to his mother, International journal of Psychoanalysis, 39, 35.

Breslin, F. C. & Mustard, C.(2003). Factors influencing the impact of unemployment on mental health among young and older adults in logitudinal, population—based survey. Scandinavian J. of Work, Environment, & Health, 29, 5—14.

Bronfenbrenner, U.(1979). The Ecology of Human Development: Experiments by Nature and Design. Cambridge, MA: Harvard University Press.

Butler, R. N. & Lewis, M. I.(1993). Love and sex after, 60. New York: Ballantine Books.

Clark, D.(2002). Between hope and acceptance: The medicalisation of dying. British Medical Journal, 324(7342), 905—907.

Clark—stewart, K. A. & Hevey, C. M.(1981). Longitudinal relations in repeated observations of motherchild interaction from 1 to 2 years. Developmental Psychology, 17, 127—145.

Clausen, J. A.(1975). The social meaning of differential physical and sexual maturation. In S. E. Dragastin & G. Elder(Eds.). Adolescence in the life cycle: Psychological change and social context. NY: Wiley.

Costanzo, P. R., & Shaw, M. E.(1966) Conformity as a function of age level. Child Development, 37, 967–975.

Craig–Bray, L., Adams, G. R., & Dobson, W. R.(1988). Identity formation and social relations during late adolescence. Journal of Youth and Adolescence, 17, 173–187.

Crouter, A. C. & Manke, B.(1997). Development of a typology of dual–earner families: A window into differences between and within families in relationships, roles and activities. Journal of Family Psychology, 11, 62–75.

Cummings, E. M.(1980). Caregiver stability and day care. Developmental Psychology, 16, 31–37.

Dunn, J., Cheng, H., O'Connor, T. G., & Bridges, L.(2004). Children's perspectives on their relationships with their nonresident fathers: Influences, outcomes and implications. Journal of Child Psychology and Psychiatry, 45, 553–566.

Edelman, C. L. & Mandle, C. L.(2002). Health promotio–through the lifespan(5th ed.). St. Louis Missouri: Mosby.

Elkind, D.(1974). A sympathetic understanding of the child from birth to sixteen. Boston: Allyn & Bacon.

Elliot, L.(1999). What's going on in there? How the brain and mind develop in the first five years of life. Bantam Books, New York.

Erber, J. T.(1981). Remote memory and age: A review. Experimental Aging Research, 1, 189–199.

Erikson, E. H.(1974). Dimensions of a new identity. New York: Norton.

Erikson, E.(1963). Childhood and society. NewYork: Norton.

Fantz, R. L.(1961). The origins of form perception. Scientific American, 204, 66–72.

Fearon RP, Bakermans–Kranenburg MJ, van Ijzendoorn MH, Lapsley AM, Roisman GI.(2010). The significance of insecure attachment and disorganization in the development of children's externalizing behavior: a meta–analytic study. Child Development, 81(2), 435–456. doi: 10.1111/j.1467–8624.2009.01405.x.

Fifer, W. P. & Moon, C. M.(1989). Psychobiology of newborn auditory preferences. Seminars in Perinatology, 13, 430–433.

Flavell, J. H., Miller, P. H. & Miller, S. H.(1993). Cognitive Development. Englewood Cliffs, NJ: Prentice Hall.

Freud, S.(1957). In J. strachey(ed.), The standard edition of the complete psychological works of Sigmond Freud. Vol. 18. London: Hogarth.

Gibson, E. J. & Walk, R. D.(1960). The visual cliff. Scientific American, 202, 64–71.

Ginsberg, H. & Opper, S.(1988). Piaget's theory of intellectual development : An introduction(3rd ed.). Englewood Cliffs, NJ : Prentice–Hall.

Glick, P. C.(1957). American families. New York : Wiley.

Goldfarb, W.(1943). Effects of early institutional care on adolescent personalty. Journal of Experimental Education, 12, 106–129.

Guyton, A. C. & Hall, J. H.(2000). Textbook of Medical Physiology(10th ed.). WB Saunders Company.

Havighurst, R. L.(1972). Developmental tasks and education(3rd ed.). NY.: david Makay.

Hayward, C., Killen, J., Wilson, D., & Hammer, L.(1997). Psychiatric risk associated with early puberty in adolescent girls. Journal of the American Academy of Child & Adolescent Psychiatry, 36(2), 255–262.

Hepper, P. G. & Leader, L. R.(1996). Fetal habituation. Fetal and Maternal Medicine Review, 8, 109–123.

Hertherington, E. M., & Parke, R. D.(1993). Child psychology: A contemporary view(4th ed.). NY: MeGraw–Hill.

Ho, W. K., Hankey, C. J., & Eikelboom, J. W.(2004). Prevention of coronary heart disease with aspirine and clopidogrel: Efficacy, safty, and cost–effectiveness. Expert Opinion on Pharmacotherapy, 5, 493–503.

Horn, J. L. & Cattell, R. B.(1968). Reinforcement and test of the theory of fluid and crystallized intelligence. Journal of Educational Psychology, 58.

Horn, J. L. & Donaldson, G.(1980). On the myth of intellectual decline in adulthood. American Psychologist, 31, 701–719.

Yun, Y. H., Kim, K. N., Sim, J. A., Kang, E., Lee, J., Choo, J., & Jung, K. H.(2018). Priorities of a "good death" according to cancer patients, their family caregivers, physicians, and the general population: a nationwide survey. Supportive Care in Cancer, 26, 3479–3488.

Kagan, J.(1989). Temperamental contributions to social behavior. American Psychologist, 44, 668–674.

Kandel, E. R., Schwartz, J. H. & Jessell, T. M.(2000). Principle of neural science(4th ed.). McGraw–Hill Health Professions Division, New York.

Keag, O. E., Norman, J. E., & Stock, S. J.(2018). Long–term risks and benefits associated with cesarean delivery for mother, baby, and subsequent pregnancies: Systematic review and meta-analysis. PLoS medicine, 15(1), e1002494.

Keating, D. P.(1980). Thinking processes in adolescence. In J. Adelson(Ed.). Handbook of adolescent psychology. NY: Wiley.

Kohlberg, L.(1976). Moral stage and moralization: The cognitive-developmental approach. In T. Lickona(ed.), Moral development and behavior. New York: Holt, Rinehart & Winston.

Kowaz, A. M., & Marcia, J. E.(1991). Development and validation of a measure of Eriksonian industry. Journal of Personality and Social Psychology, 60, 390-397.

Kubler-Ross, E.(1969). On death and dying. New York: Macmillan.

Labouvie-Vief, G.(1985). Logic and self-regulation from youth to maturity: A model. In M. Commons, F. Richards, & C. Armon(Eds.), Beyond formal operations: Late adolescent and adult cognitive development(pp. 158-180). New York: Praeger.

Lamb, M. E.(1986). The father's role : Applied perspectives. NY: Wiley.

Leifer, G. & Hartston, H.(2004). Growth & development: Across the lifespan. St. Louis Missouri: Saunders.

Leon, K.(2003). Risk and protective factors in young children's adjustment to parental divorce: A review of the research. Family Relations, 52, 258-270.

Lerner, J. V., Lerner, R. M., & Zavski, S.(1985). Temperament and elementary school children's actual and rated academic performance: A test of "goodness-of-fit" model. Journal of Child Psychology and Psychiatry, 26, 125-136.

Londerville, S., & Main, M.(1981). Security of attachment, compliance, and maternal training methods in the second year of life. Developmental Psychology, 17, 289-299.

Marshall, V. & Levy, J.(1990). Aging and dying in R. Binstock & L. George (Eds.) Hand book of aging and the social sciences (3rd ed.). New York: Academic Press.

Maurer, D & Salapaatek, P.(1976). Developmental changes in the scanning of faces by young infants, Child Development, 47, 523-527.

McGowan, S.(2022). Neurodevelopmental outcomes associated with prematurity from infancy through early school age: A literature review. Pediatric Nursing, 48(5), 223-229, 247.

Miire, K. L.(1977). The developing human: Clinically oriented embryology(2nd ed). WB Saunders Company, philadelphia.

Neugarten, B. L.(1981). Growing old in 2020:How will it be different? Natinal Forum, 61(3), 28-30.

Nicki, L. P., & Barbara, L. M.(2002). Pediatric nursing-caring for children and their families. New

York: Delmar Thomson Learing.

Parkes, C. M.(1998). Coping with loss: Bereavement in adult life. Bmj, 316(7134), 856–859.

Parke, R. D.(1990). In search of fathers : A narrative of an empirical Journey. In I. Siegel & G. Brody(eds.), Methods of family research, 153–188. Hillsdale, NJ: Erlbaum.

Perry, W. G.(1981). Cognitive and ethical growth. In A. Chickering(ed.), The modern American College, 76–116. San Francisco: Jossey–Bass.

Petersen, A. C.(1988). Adolescent development. Annual Review of Psychology, 39, 338–358.

Piaget, J. & Inhelder, B.(1969). The psychology of child. NY: Basic Books.

Piaget, J.(1952). The origins of intelligence in children. New York: International Universities Press.

Piaget, J.(1967). Six psychological studies. New York: Vintage.

Piaget, J.(1973). The psychology of intelligence. Totowa, NJ: Littlefield & Adams.

Piaget, J.(1980). Recent studies in genetic epistemology. Cashiers Foundation Archives, Jean.

Piaget, J.(1981). Intelligence and affectivity: Their relationship during child devel–opment(Trans. & Ed. by T. A. Brown & C. E. Kaegi). Annual Reviews Monograph.

Piaget, J.(1983). Piaget's theory. In P. H. Mussen(ed.), Handbook of child psychology, 1, NY: Wiley, 103–128.

Rabbit, P. & McGinnis, L.(1988). Do clear old people have earlier and richer first memories? Psychology and Aging, 3.

Rubin, Z.(1980). Children's Friendships. Cambrige, MA: Havard Univ. Press.

Rutter, M.(1979). Maternal deprivation, 1972–1978: new findings, new concepts, new approaches. Child Development, 50, 283–305.

Scales, J.(1999). The Future of Helath and Care of Older People: The Best is Yet to Come. Age Concern England.

Schaal, B. et al(1995). Order sensing in human fetus: Anatomical, functional and chemoecological bases. In JP Lecanuet, WP Fifer, NA Krasnegor & WP Smotherman(eds.). Fetal development. A psychobiological perspective, 205–237, Hillsdale, NJ: LEA.

Shaffer, D. R.(1993). Developmental Psychology: Children and Adolescence(3rd ed.). CA : Brooks/Cole.

Simmons, R. G., Rosenberg, F., & Rosenberg, M.(1987). Disturbance in the self–image at adolescence. American Sociological Review, 38, 553–568.

Sotiriadis, A., Makrydimas, G., Papatheodorou, S., Ioannidis, J. P., & McGoldrick, E.(2018).

Corticosteroids for preventing neonatal respiratory morbidity after elective caesarean section at term. Cochrane Database of Systematic Reviews, (8).

South, S. J.(1993). Racial and ethnic differences in the desire to marry. Journal of Marriage and the Family, 55, 357–370.

Sroufe LA, Coffino B, Carlson EA.(2010). Conceptualizing the Role of Early Experience: Lessons from the Minnesota Longitudinal Study. Developmental Review, 30(1): 36–51.

Stein, P. J.(1989). The diverse world of the single adult. In J. M. Henslin(ed.), Marriage and Family in a changing society(3rd ed.), New York: Free Press.

Steinberg, L.(1999). Adolescence(5th ed). McGraw-Hill.

Steinhauser, K. E., Clipp, E. C., McNeilly, M., Christakis, N. A., McIntyre, L. M., & Tulsky, J. A.(2000). In search of a good death: observations of patients, families, and providers. Annals of internal medicine, 132(10), 825–832.

Sternberg, R. J.(1988). The triangle of love. New York: Basic Books.

Stroebe, M. & Schut, H.(2010). The dual process model of coping with bereavement: A decade on. OMEGA-Journal of Death and Dying, 61(4), 273–289.

Tanner, J. M.(1968). Earlier maturation in man, Scientific American. 218, 21–27.

Tanner, J. M.(1970). Physical growth. In P. H. Mussen(ed.), Carmichael's manual of child psychology, NY: Wiley.

Thomas, A., & Chess, S.(1977). Temperament and development. NY: Bruner Maxel.

Thomas, A., & Chess, S.(1984). Genesis and evaluation of behavioral: From infancy to early adult life. American Journal of Psychiatry, 141, 1–9.

Thompson, RA, & Newton, E.(2009). Infant-caregiver communication. In H. T. Reis & S. Sprecher(Eds.), Encyclopedia of human relationships. Thousand Oaks, CA: Sage.

Thornburg, H. D.(1982). Development in adolescence(2nd ed.). Monterey, CA: Brooks/Cole.

Tiedeman, D. V. & O'Hara, R. P.(1963). Career development: Choice and adjustment. New York: College Entrance Examination Board.

Van Riper, C. & Emerick, L.(1984). Speech correction: an introduction in speech pathology and audiology. Englewood Cliffs, N.J.: Prentice-Hall.

Van Riper, C.(1973). The treatment of stuttering. Englewood Cliffs, NJ.: Prentice-Hall.

Van Riper, C.(1982). The nature of stuttering. Englewood Cliffs, NJ.: Prentice-Hall.

Vaughn, B. E., Gove, F. L., & Egeland, B.(1980). The relationship between out-of-home care and the quality of infant-mother attachment in an economically disadvantaged population.

Child Development, 1203–1214.

Venetsanou, F., & Kambas, A.(2017). Can motor proficiency in preschool age affect physical activity in adolescence?. Pediatric Exercise Science, 29(2), 254–259.

Walsh, T., & Devlin, M.(1998). Eating Disorders: Progress and Problems. Science, 280, 1387–1390.

Watkins, W. E., & Pollitt, E.(1998). Iron deficiency and cognition among school-age children. In S. G. McGregor(Ed.), Recent advances in research on the effects of health and nutrition on children's development and school achievement in the Third World. Washington, DC: Pan American Health Organization.

White, R. W.(1966). Lives in progress(2nd ed.). New York: Holt, Rinehart & Winston.

Wong, D. L.(1999). Nursing care of infants and children(6th ed.). St. Louis Missouri: Mosby.

Zigmond, M. J., Bloom, F. E., Landis, S. C., Roberts, J. L., & Squire, L.R.(eds)(1999). Fundamental Neuroscience. Academic Press, San Diego.

ㅈ

● 영문 색인